全国二级建造师执业资格考试
创/新/教/材

市政公用工程管理与实务

全国二级建造师执业资格考试用书编写组　组编

哈尔滨工程大学出版社
Harbin Engineering University Press

内 容 简 介

本书主要根据考试大纲要求,从市政公用工程施工的实践出发,在紧扣法规、标准及规范的基础上,针对常用的市政公用工程施工技术和施工管理相关知识进行了编写,旨在加强考生对理论知识的掌握,提高考生解决工程管理与施工难题的能力。全书通过图文并茂的形式,对考试内容进行解读,并精心编写了具有代表性的"专家解读"和"典型例题"模块,对重点、难点和延伸的知识点进行多层次的专项解读,旨在帮助考生更好地理解和掌握知识点,使考生能在有限的时间内科学、有效地备考。

图书在版编目(CIP)数据

市政公用工程管理与实务 / 全国二级建造师执业资格考试用书编写组组编. — 哈尔滨 : 哈尔滨工程大学出版社, 2023.9

全国二级建造师执业资格考试创新教材

ISBN 978-7-5661-3895-8

Ⅰ. ①市… Ⅱ. ①全… Ⅲ. ①市政工程-工程管理-资格考试-自学参考资料 Ⅳ. ①TU99

中国国家版本馆 CIP 数据核字(2023)第 157852 号

市政公用工程管理与实务
SHIZHENG GONGYONG GONGCHENG GUANLI YU SHIWU

选题策划 李惊宇
责任编辑 张 彦
封面设计 天 一

出版发行 哈尔滨工程大学出版社
社 址 哈尔滨市南岗区南通大街 145 号
邮政编码 150001
发行电话 0451-82519328
传 真 0451-82519699
经 销 新华书店
印 刷 河南承创印务有限公司
开 本 787 mm×1 092 mm 1/16
印 张 21.5
字 数 550 千字
版 次 2023 年 9 月第 1 版
印 次 2023 年 9 月第 1 次印刷
定 价 58.00 元
http://www.hrbeupress.com
E-mail:heupress@hrbeu.edu.cn

编写组成员

主　编　黎　鹏　张　谦

主　审　王　菲　张　震　赵丽敏　郭明柱
董　政　吴春霞

参　编　王爱勤　郑　伟　杨　飞　彭　伟
张云国　白新华　王　欢　顾先龙
董　林　贾小静　戴梦婷　李惊宇
王　辉　柴泽江　李　辉　韩　春

图书使用说明

一、图书特色

全书采用双色印刷，并结合“组织结构图 + 表格总结对比 + 专家解读 + 典型例题”等多种形式，有针对性而又不失详尽地解读考点，给考生提供多层次、新视角的全新解读，帮助考生备考。同时，对本系列图书中的难点、重点、易考点进行解读，使之易懂、易学、易掌握。

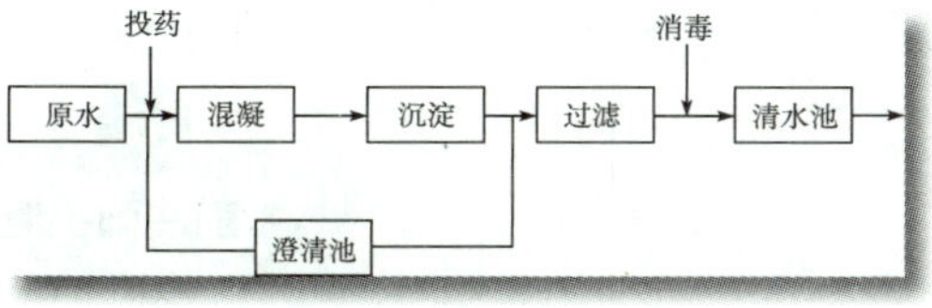

→ 把知识点转化为组织结构图，内容更清晰，层次更分明

类型	竞争性成本计划	指导性成本计划	实施性成本计划
依据	招标文件中的合同条件、工程量清单等	合同价	项目实施方案、施工预算(主要)
编制时间	工程项目投标及签订合同阶段	选派项目经理阶段	项目施工准备阶段
所属类别	估算成本计划(较粗略)	预算成本计划	预算成本计划

← 采用表格总结对比，知识点可纵向、横向贯通，学习更全面

专家解读

组织措施一般与人员和组织结构模式，以及工作流程和体系相关。经济措施一般与钱相关。技术措施一般与施工方案和施工方法相关。管理措施一般与合同和控制相关。

→ 多层次、多方位、新视角解读，打破难点

典型例题

【单选题】建设工程项目决策期管理工作的主要任务是（　　）。

A.确定项目的定义　　B.明确项目管理团队

C.实现项目的投资目标　　D.实现项目的使用功能

A。【解析】工程建设项目生命周期包括决策阶段、实施阶段和使用阶段。其中，决策阶段管理工作的主要任务是确定项目的定义，实施阶段管理工作的主要任务是实现项目的目标（费用、进度、质量目标）。

← 以题代点、知识巩固，掌握考题特点

链接

根据《建设工程施工合同（示范文本）》，基准日期后，法律变化导致承包人在合同履……包……

提示

数量指标的关键词是“××指标”，质量指标的关键词是“××降低率”，效益指标的关键词是“××降低额”。对项目管理机构进行成本管理绩效考核的主要依据是成本计划确定的各类指标。

→ 多维创新复习模块，分块学习灵活记忆

二、增值服务

为全面地帮助考生复习备考，我们特向购买本系列图书的考生提供特色增值服务（视频课程、在线题库、思维导图、电子资料），让考生在进行本系列图书学习的同时可以通过观看视频、线上做题（“天一网校”APP）等方式，实现线上线下有效备考。

获取方法

1 视频课程

2 在线题库

5 考前模拟卷（考前 1 个月上线）

扫描封面二维码→刮开涂层获取激活码→输入激活码→选择相应科目激活→激活成功

3 思维导图

4 新增考点解读（每年 1 月左右上线）

6 考前冲刺手册（考前 1 个月上线）

注册并登录 https://www.tianyiwangxiao.com →点击“资料”→选择“建筑工程”下的“二级建造师”→获取相应科目导图和资料

学习方式

“天一网校”小程序

扫描上方小程序码→在“课程目录”中看课做题

“天一网校”APP

扫描上方二维码下载“天一网校”APP →在“我的”中看课做题

“天一网校”网页端

https://www.tianyiwangxiao.com

登录上方网址→点击“我的课程”→在“学习中心”中看课做题

目录

Contents

2K310000 市政公用工程施工技术

2K311000 城镇道路工程

2K311010 城镇道路工程结构与材料

一、城市道路结构分类与组成

城市道路是城市中用于连接各个组成部分的设施，是城市总体布局的骨架。

（一）城市道路的分类

按城市道路横断面形式，道路可分为单幅路、两幅路、三幅路、四幅路等。当快速路两侧设置辅路时，应采用四幅路；当两侧不设置辅路时，应采用两幅路。主干路宜采用四幅路或三幅路；次干路宜采用单幅路或两幅路，支路宜采用单幅路。

按交通目的，道路可分为疏通性道路和服务性道路。

按力学特性，道路可分为柔性道路和刚性道路。

按使用功能，道路可分为生活性道路和交通性道路。

（二）城市道路的分级

在市政工程中，我国目前进行道路分级的主要依据是交通性质、交通量和行车速度。根据《城市道路交通工程项目规范》，城市道路应按道路在道路网中的地位、交通功能以及对沿线的服务功能等，分为快速路、主干路、次干路和支路四个等级。

各等级城市道路设计速度应符合表1-1的规定。各等级城市道路设计使用年限应符合表1-2的规定。

表1-1 各等级城市道路的设计速度

道路等级	快速路			主干路			次干路			支路		
设计速度/（km·h^{-1}）	100	80	60	60	50	40	50	40	30	40	30	20

表1-2 路面结构的设计使用年限/年

道路等级	快速路	主干路	次干路	支路
沥青路面	15	15	15	10
水泥混凝土路面	30	30	20	20

关于道路的功能与性质，下面以典型例题的形式进行介绍。

典型例题

【单选题】以集散交通的功能为主，兼有服务功能的城镇道路称为（　　）。

A. 快速路　　B. 主干路

C. 次干路　　D. 支路

C。【解析】根据《城市道路工程设计规范》，城市道路应按道路在道路网中的地位、交通功能以及对沿线的服务功能等，分为快速路、主干路、次干路和支路四个等级，并应符合下列规定：(1)快速路应中央分隔、全部控制出入、控制出入口间距及形式，应实现交通连续通行，单向设置不应少于两条车道，并应设有配套的交通安全与管理设施。快速路两侧不应设置吸引大量车流、人流的公共建筑物的出入口。(2)主干路应连接城市各主要分区，应以交通功能为主。主干路两侧不宜设置吸引大量车流、人流的公共建筑物的出入口。(3)次干路应与主干路结合组成干路网，应以集散交通的功能为主，兼有服务功能。(4)支路宜与次干路和居住区、工业区、交通设施等内部道路相连接，应解决局部地区交通，以服务功能为主。

（三）城市道路的组成

城市道路的基本组成包括以下主要部分：

(1)车行道。用于车辆行驶的部分，根据行驶车辆的不同分为机动车道和非机动车道。

(2)人行道。用于行人步行交通且禁止车辆通行的专用道路。

(3)绿化带。沿街布置的行道树、林荫道、小片绿地等。

(4)排水设施。明沟、雨水口、地下管道构筑物、检查井等。

(5)交叉口、停车场等。

(6)辅助交通设施。交通信号灯、路灯、护栏等。

(7)沿街地下管线。敷设于人行道或绿化带下的电缆、给排水管、污水管等。

二、城市道路路面施工

（一）城市道路路面的分类

根据受力变形特点，道路路面可分为柔性路面和刚性路面。柔性路面一般是指沥青类路面，在荷载作用下弯沉变形较大、抗弯强度较小。刚性路面则主要是指水泥类路面，此类路面在荷载作用下弯拉强度大，弯沉变形小。

根据面层材料的不同，道路路面可分为沥青路面、水泥混凝土路面和砌块路面三大类，各面层类型及适用范围宜符合下列规定：

(1)沥青路面面层类型包括沥青混合料、沥青贯入式和沥青表面处治。沥青混合料适用于各交通等级道路；沥青贯入式与沥青表面处治路面适用于中、轻交通道路。

(2)水泥混凝土路面面层类型包括普通混凝土、钢筋混凝土、连续配筋混凝土与钢纤维混凝土，适用于各交通等级道路。

(3)砌块路面适用于支路、广场、停车场、人行道与步行街。

提示

随着施工技术的发展,砌块路面现已较少使用,已逐步被沥青贯入式和沥青表面处治所替代,如支路、停车场等,现大多不再使用砌块路面。

以下主要介绍沥青路面和水泥混凝土路面。

(二)沥青路面

1. 沥青路面结构

根据《公路沥青路面设计规范》,沥青道路路面的基本结构层一般为面层、基层、垫层三个主要层次。当路面各层的厚度较大时,又再细分为若干个层次,如面层分为表层(上面层)、中面层和下面层,基层分为上基层和下基层等。

面层直接承受汽车车轮的作用并直接受阳光、雨雪、冰冻等温度和湿度及其变化的作用,应具有足够的结构强度、高温稳定性、低温抗裂性、抗疲劳、抗水损害;为保证交通安全和舒适性,面层应有足够的抗滑能力及良好的平整度。

基层主要起承重作用,应具有足够的强度和扩散荷载的能力并具有足够的水稳定性。

垫层的主要作用为改善土基的湿度和温度状况,保证面层和基层的强度稳定性和抗冻胀能力,扩散由基层传来的荷载应力,以减小土基所产生的变形。垫层应具有一定的强度和良好的水稳定性。

专家解读

沥青混凝土路面的下面层通常采用特粗式、粗粒式或中粒式沥青混凝土。一般把路面基层的上基层叫作基层,下基层叫作底基层。垫层根据功能不同有防冻垫层、排水垫层等。

细粒式沥青混凝土用作沥青混凝土面层的磨耗层(上层)或者沥青碎石等面层的封层和磨耗层时,常用的厚度为15~20 mm。

2. 沥青路面材料

沥青路面面层材料主要使用沥青混凝土。沥青混凝土通常是利用沥青、粗集料、细集料、矿粉以及外掺剂经过一定的配比混合而成的混合料,也称沥青混合料。在实际生产过程中也会在沥青中掺加橡胶、树脂、高分子聚合物、磨细的橡胶粉或其他填料等外掺剂形成改性沥青,再配合沥青混合料其他成分形成改性沥青混合料,以用于较高要求的城市路面。改性沥青混合料具有较为优越的使用性能。

用于沥青路面面层的沥青混合料,应具备较高的强度、刚度、温度稳定性,且成型后应具备良好的平整度和粗糙度。常用的沥青品种有:道路石油沥青、液体石油沥青、乳化石油沥青等。

根据材料组成分布、矿料与矿料及矿料与沥青间的相互作用、剩余空隙率的大小等不同,沥青混合料可分为悬浮-密实结构、骨架-空隙结构、骨架-密实结构三大类。各组成类型及特点见表1-3。

表 1-3　沥青混合料的结构类型及特点

类型	式样	特点	典型代表
悬浮－密实结构	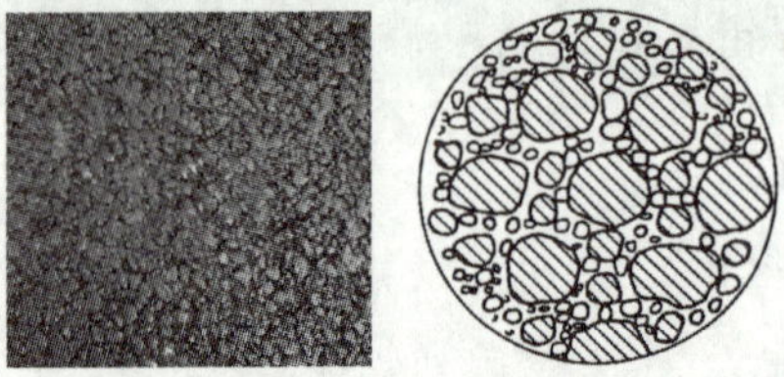	连续型密级配矿料； 黏聚力较高； 密实性与耐久性好； 内摩擦角较小； 高温稳定性较差	普通沥青混合料(AC)
骨架－空隙结构	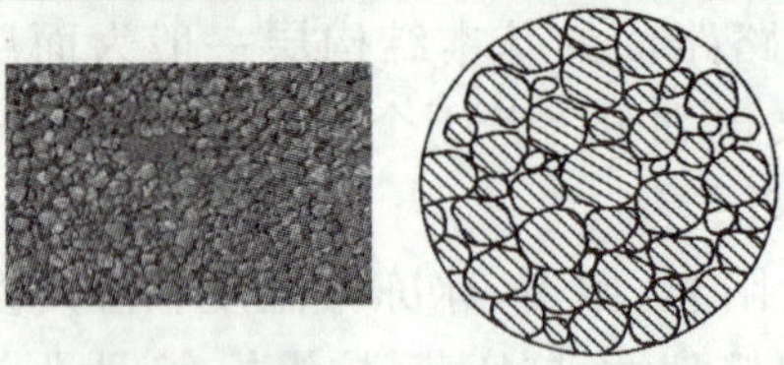	连续型开级配矿料； 内摩擦角较高； 高温稳定性较好； 黏聚力较低； 耐久性差	排水沥青混合料(OGFC)、沥青碎石混合料(AM)
骨架－密实结构	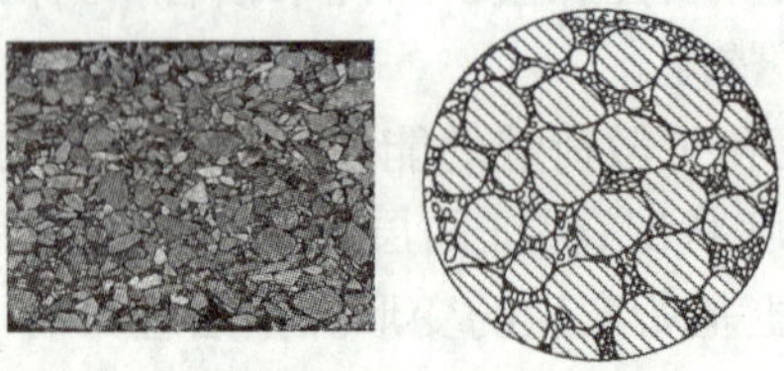	间断型级配矿料； 密实度较高； 黏聚力、内摩擦角都较高； 高温稳定性好； 施工和易性较差	沥青玛瑞脂碎石混合料(SMA)

常见沥青混合料的适用范围及特性见表 1-4。

表 1-4　沥青混合料的适用范围及特性

类型	适用范围	特性
普通沥青混合料(AC)	次干路、支路、人行道	—
排水沥青混合料(OGFC)	排水路面	排水、抗滑、降噪
沥青玛瑞脂碎石混合料(SMA)	快速路、主干路	高温稳定性、低温抗裂性、抗变形性、耐久性、抗滑性

专家解读

SMA 沥青混合料是指由沥青、矿粉、纤维稳定剂、细集料填充于粗集料间隙组成的间断级配骨架密实型沥青混合料。选用的沥青应有较大的黏度、较低的针入度、较高的软化点以及良好的温度稳定性，最好采用改性沥青。其结构特点大致可归结为“三多一少”，即粗集料多(70% ~80%)、矿粉多(7% ~13%)、沥青多(6.5% ~7%)、细集料少。

典型例题

【单选题】下列沥青混凝土面层中，降噪效果最好的是(　　)。

A. AC－13　　B. AC－20

C. SMA　　D. OGFC

D。【解析】对抗滑、排水或降噪有特殊要求的表面层可采用开级配沥青混合料，表面层下应设置防水层，防水层可采用改性乳化沥青或改性沥青等。OGFC 属于典型的开级配沥青混合料。

（三）水泥混凝土路面

1. 水泥混凝土路面结构

水泥混凝土路面结构一般由面层、基层、底基层和垫层组成。与沥青路面不同，水泥混凝土路面面层为一层水泥混凝土层，很少再去分层。

2. 水泥混凝土路面材料

面层宜采用设接缝的普通水泥混凝土。当面层板的平面尺寸较大或形状不规则，路面结构下埋有地下设施，位于高填方、软土地基、填挖交界段等有可能产生不均匀沉降的路基段时，应采用接缝设置传力杆的钢筋混凝土面层。连续配筋混凝土、碾压混凝土和钢纤维混凝土等其他面层类型可依据适用条件选用。

承受极重、特重或重交通荷载的路面，基层下应设置底基层；承受中等或轻交通荷载时，可不设底基层。当基层采用无机结合料稳定类材料，且上路床由细粒土组成时，应在基层下设置粒料类底基层。

关于基层材料类型及厚度的问题，下面以典型例题的形式进行介绍。

典型例题

【多选题】关于水泥混凝土路面基层构造的说法，正确的有（　　）。

A. 特重交通水泥混凝土路面宜选用级配碎石、碾压混凝土、沥青混凝土作为基层

B. 中轻交通等级混凝土路面宜选用水泥稳定碎石，石灰、粉煤灰稳定碎石作为基层

C. 采用轨模式摊铺机施工时，基层宽度比混凝土面层每侧至少宽出 300 mm

D. 级配粒料宽度宜与路肩同宽

E. 采用滑模式摊铺机施工时，基层宽度比混凝土面层每侧至少宽出 500 mm

BD。【解析】基层和底基层的材料可依据交通荷载等级、结构层组合要求和材料供应条件，分别参照表 1-5 和表 1-6 选用。

表 1-5　各交通荷载等级的基层材料类型

交通荷载等级	基层材料类型
极重、特重	贫混凝土、碾压混凝土
	沥青混凝土
重	密级配沥青稳定碎石
	水泥稳定碎石
中等、轻	级配碎石
	水泥稳定碎石，石灰、粉煤灰稳定碎石

表 1-6　各交通荷载等级的底基层材料类型

交通荷载等级	底基层材料类型
极重、特重、重	级配碎石，水泥稳定碎石，石灰、粉煤灰稳定碎石
中等、轻	未筛分碎石、级配砾石，或不设

基层的宽度应比混凝土面层每侧宽出 300 mm（小型机具施工时）或 500 mm（采用轨模式摊铺机工作时）或 650 mm（滑模式摊铺机施工时）。

根据《公路水泥混凝土路面设计规范》，遇有以下情况时，应在基层或底基层下设置垫层：

（1）季节性冰冻地区，路面结构厚度小于最小防冻厚度要求时，应设置防冻垫层，使路面结构厚度符合要求。

（2）水文地质条件不良的土质路堑，路床土湿度较大时，宜设置排水垫层。垫层的宽应与路基同宽，厚度不得小于 150 mm。防冻垫层和排水垫层宜采用碎石、砂砾等颗粒材料。

三、挡土墙

挡土墙是指支承路基填土或山坡土体，防止填土或土体变形失稳的构造物。

（一）挡土墙的结构类型

常见的挡土墙类型有重力式挡土墙、悬臂式挡土墙、扶壁式挡土墙等，见图 1-1。

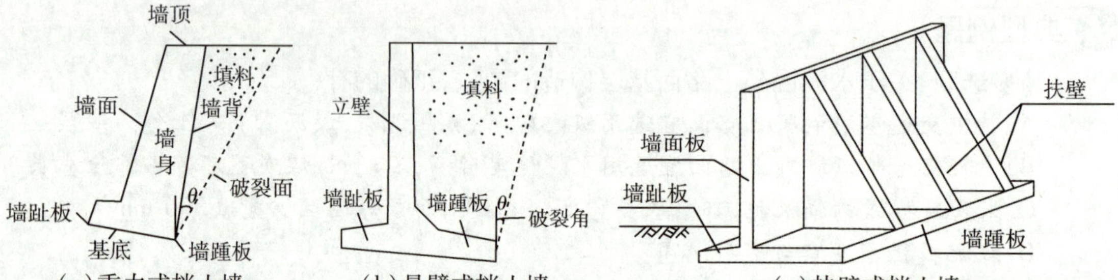

图 1-1　常见的挡土墙类型

1. 重力式挡土墙

重力式挡土墙是使用最多的一种挡土墙类型。其依靠墙体自身重力平衡土体，一般形式简单、施工方便、圬工量大，对基础要求也较高。依据墙背形式不同，其种类有普通重力式挡墙、不带衡重台的折线墙背式重力挡墙和衡重式挡墙。

条件允许的情况下，可以在制作挡土墙时，在墙背中加入钢筋，制成加筋挡土墙，可以提高挡土墙的强度，进而减少挡土墙所需混凝土。

2. 悬臂式挡土墙

悬臂式挡土墙一般用钢筋混凝土建造，由三个悬臂板组成，即立壁、墙趾板和墙踵板。

墙的稳定性主要靠墙踵底板上的土重，而墙体内的拉应力则由钢筋承担。其优点是能充分利用钢筋混凝土的受力特性，墙体截面较小。

3. 扶壁式挡土墙

当挡土墙后的填土比较高时，为了增强悬臂式挡土墙中立壁的抗弯性能，常沿墙的纵向每隔一定距离设一道扶壁，故称为扶壁式挡土墙。扶壁式挡土墙依靠底板上的填土重量维持挡土构筑物的稳定。

（二）挡土墙的结构受力特点

挡土墙上的土压力按照墙的位移情况可分为主动土压力（图 1-2）、静止土压力（图 1-3）和被动土压力(图1-4)三种。主动土压力是指挡土墙在墙后填土作用下向前发生移动,致使墙后填土的应力达到极限平衡状态时,填土施于墙背上的土压力;静止土压力是指挡土墙不发生任何方向的位移,墙后填土施于墙背上的土压力;被动土压力是指挡土墙在某种外力作用下向后发生移动而推挤填土,致使填土的应力达到极限平衡状态时,填土施于墙背上的土压力。三种土压力的大小关系是被动土压力>静止土压力>主动土压力。

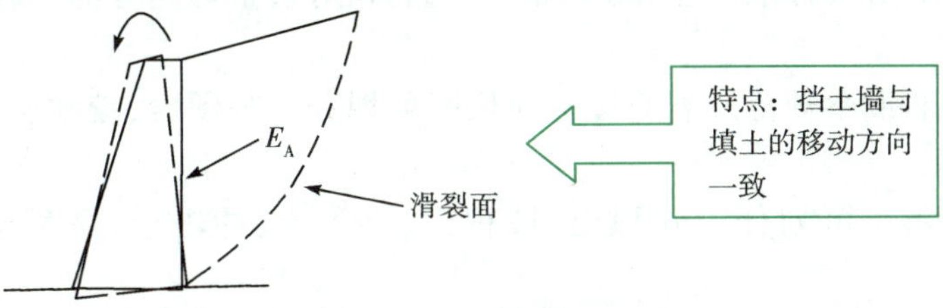

图1-2 主动土压力

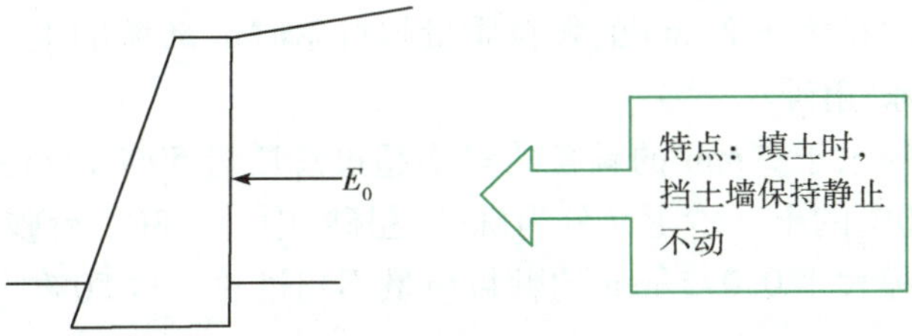

图1-3 静止土压力

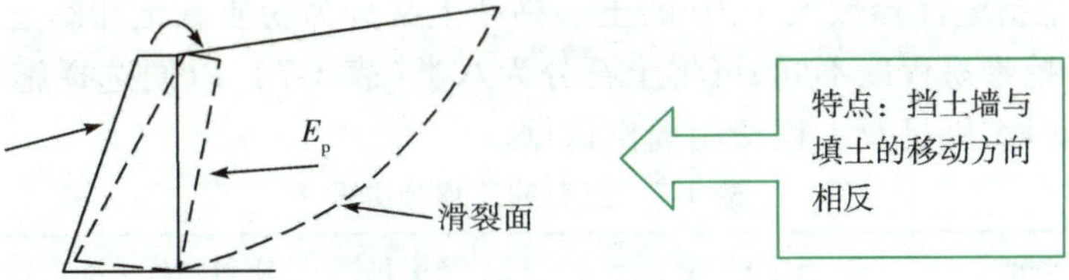

图1-4 被动土压力

(三)挡土墙的排水

挡土墙的排水处理是否得当,直接影响到挡土墙的安全及使用效果。因此,挡土墙应设置排水设施,以疏干墙后坡料中的水分,防止地表水下渗造成墙后积水,从而使墙身免受额外的静水压力;消除黏性土填料因含水量增加产生的膨胀压力;减少季节性冰冻地区填料的冻胀压力。

挡土墙的排水设施通常由地面排水和墙身排水两部分组成。地面排水可设置地面排水沟,引排地面水;夯实回填土顶面和地面松土,防止雨水和地面水下渗,必要时可加设铺砌;对路堑挡土墙墙趾前的边沟应予以铺砌加固,以防止边沟水渗入基础。墙身排水主要是为了迅速排除墙后积水。

浆砌挡土墙应根据渗水量在墙身的适当高度处布置泄水孔。泄水孔宜上下交错布置,在泄水孔进口处应设置粗粒料反滤层,以避免堵塞孔道。挡墙后面的填土,应优先选择抗剪强度高和透水性较强的填料。当采用黏性土作填料时,宜掺入适量的砂砾或碎石。不应采用淤泥质土、耕植土、膨胀性黏土等软弱有害的岩土体作为填料。

2K311020　城镇道路路基施工

一、岩土的工程分类

根据《土的工程分类标准》，土按其不同粒组的相对含量可划分为巨粒类土、粗粒类土、细粒类土。

根据《岩土工程勘察规范》，岩石按坚硬程度可划分为坚硬岩、较硬岩、较软岩、软岩、极软岩。

根据地质成因，土可划分为残积土、坡积土、洪积土、冲击土、淤积土、冰积土和风积土等。

根据粒径和塑性指数，土可划分为碎石土、砂土、粉土、黏性土，具体内容如下：

（1）碎石土是指粒径大于2 mm的颗粒质量超过总质量50%的土。碎石土又分为漂石、块石、卵石、碎石、圆砾、角砾。

（2）砂土是指粒径大于2 mm的颗粒质量不超过总质量50%，粒径大于0.075 mm的颗粒质量超过总质量50%的土。砂土又分为砾砂、粗砂、中砂、细砂、粉砂。

（3）粉土是指粒径大于0.075 mm的颗粒质量不超过总质量50%，且塑性指数等于或小于10的土。

（4）黏性土是指塑性指数大于10的土。黏性土又分为粉质黏土和黏土。

根据土方开挖难易程度不同，可将土石分为八类（表1-7），以便选择施工方法和确定劳动量，为计算劳动量、机具及工程费用提供依据。

表1-7　土石的工程分类表

土的分类	土的级别	土的名称	坚实系数	密度/（$t \cdot m^{-3}$）	开挖方法及工具
一类土（松软土）	Ⅰ	砂土、粉土、冲击砂土层、疏松的种植土、淤泥（泥炭）	0.5~0.6	0.6~1.5	用锹、锄头挖掘，少许用脚蹬
二类土（普通土）	Ⅱ	粉质黏土；潮湿的黄土；夹有碎石、卵石的砂；粉土混卵（碎）石；种植土、填土	0.6~0.8	1.1~1.6	用锹、锄头挖掘，少许用镐翻松
三类土（坚土）	Ⅲ	软及中等密实黏土；重粉质黏土、砾石土；干黄土、含有碎石卵石的黄土、粉质黏土；压实的填土	0.8~1.0	1.75~1.9	主要用镐，少许用锹、锄头挖掘，部分用撬棍
四类土（砂砾坚土）	Ⅳ	坚硬密实的黏性土或黄土；含碎石卵石的中等密实的黏性土或黄土；粗卵石；天然级配砂石；软泥灰岩	1.0~1.5	1.9	整个先用镐、撬棍，后用锹挖掘，部分用楔子或大锤

（续表）

土的分类	土的级别	土的名称	坚实系数	密度/（$t \cdot m^{-3}$）	开挖方法及工具
五类土（软石）	Ⅴ～Ⅵ	硬质黏土；中等的页岩、泥灰岩、白垩土；胶结不紧的砂岩；软石灰及贝壳石灰石	1.5～4.0	1.1～2.7	用镐或撬棍、大锤挖掘，部分使用爆破方法
六类土（次坚石）	Ⅶ～Ⅸ	泥岩、砂岩、砾岩；坚实的页岩、泥灰岩、密实的石灰岩；风化花岗岩、片麻岩及正长岩	4.0～10.0	2.2～2.9	用爆破方法开挖，部分用风镐
七类土（坚石）	Ⅹ～ⅩⅢ	大理石；辉绿岩；玢岩；粗、中粒花岗岩；坚实的白云岩、砂岩、砾岩、片麻岩、石灰岩；微风化安山岩、玄武岩	10.0～18.0	2.5～3.1	用爆破方法开挖
八类土（特坚石）	ⅩⅣ～ⅩⅥ	安山岩；玄武岩；花岗片麻岩；坚实的细粒花岗岩、闪长岩、石英岩、辉长岩、辉绿岩、玢岩、角闪岩	18.0～25.0	2.7～3.3	用爆破方法开挖

专家解读

要熟悉工程用土分类，掌握土的性能参数，如含水量ω、天然密度ρ、孔隙比e、塑限w_P、液限w_L、塑性指数I_P、液性指数I_L、孔隙率n等。岩土的工程性能包括内摩擦角、土抗剪强度、黏聚力、土的天然含水量、土的天然密度、土的干密度、土的密实度、土的可松性。

二、路基试验路段设置

公路路基压实是公路工程施工中的一个重要环节，对公路的整体质量具有重要意义。因此，需要在路基压实施工前，依据自身条件进行标准试验段。其技术参数包括路基预沉量值、压实遍数、路基宽度内每层虚铺厚度、合适的压实机具和压实方式。

下列情况应进行试验路段施工：

(1)二级及二级以上公路路堤。

(2)填石路堤、土石路堤。

(3)特殊填料路堤。

(4)特殊路基。

(5)拟采用新技术、新工艺、新材料、新设备的路基。

试验路段应选择地质条件、路基断面形式等具有代表性的地段，长度宜不小于200 m。

试验路段施工总结宜包括下列内容：

(1)填料试验、检测报告等。

(2)压实工艺主要参数：机械组合；压实机械规格、松铺厚度、碾压遍数、碾压速度、最佳含水率及碾压时含水率范围等。

(3)过程工艺控制方法。

(4)质量控制标准。

(5)施工组织方案及工艺的优化。

(6)原始记录、过程记录。

(7)对施工图的修改建议等。

(8)安全保证措施。

(9)环保措施。

三、城镇道路路基施工技术

(一)路基施工的一般要求

1. 施工前的准备工作

开工前,建设单位应向施工、监理、设计等单位有关人员进行交底,并应形成文件。建设单位应组织设计、勘测单位向施工单位移交现场测量控制桩、水准点,并形成文件。施工单位应结合实际情况,制定施工测量方案,建立测量控制网、线、点,并应编制施工组织设计。应结合工程特点对现场作业人员进行技术安全培训,对特殊工种进行资格培训。

施工前,应对道路中线控制桩、边线桩及高程控制桩等进行复核,确认无误后方可施工。应根据现场与周边环境条件、交通状况与道路交通管理部门,研究制定交通疏导或导行方案,并实施完毕。施工中影响或阻断既有人行交通时,应在施工前采取措施,保障人行交通畅通、安全。应根据工程地质勘察报告,对路基土进行天然含水量、液限、塑限、标准击实、CBR 试验,必要时应做颗粒分析、有机质含量、易溶盐含量、冻膨胀和膨胀量等试验。应根据工程规模、环境条件,修筑临时施工道路。

2. 施工中的要求

当施工中破坏地面原有排水系统时,应采取有效处理措施。施工中,发现文物、古迹、不明物时应立即停止施工,保护好现场,通知建设单位及有关管理部门到场处理。

(二)路基施工排水与降水

施工前,应根据工程地质、水文、气象资料、施工工期和现场环境编制排水与降水方案。在施工期间排水设施应及时维修、清理,保证排水通畅。

施工排水与降水应保证路基土壤天然结构不受扰动,保证附近建筑物和构筑物的安全。

(三)土方路基施工要求

1. 施工前的准备工作

路基施工前,应将现状地面上的积水排除、疏干,将树根坑、井穴、坟坑等进行技术处理,并将地面整平。路基范围内遇有软土地层或土质不良、边坡易被雨水冲刷的地段,当设计未做处理规定时,应按相关规范办理变更设计,并据以制定专项施工方案。

2. 施工中的要求

路基填、挖接近完成时,应恢复道路中线、路基边线,进行整形,并碾压成活。

当遇有翻浆时，必须采取处理措施。当采用石灰土处理翻浆时，土壤宜就地取材。使用房渣土、粉砂土等作为填料时，应经试验确定。路堑、边坡开挖方法应根据地势、环境状况、路堑尺寸及土壤种类确定。路堑边坡的坡度应符合设计规定，如地质情况与原设计不符或地层中夹有易塌方土壤时，应及时办理设计变更。土方开挖应根据地面坡度、开挖断面、纵向长度及出土方向等因素结合土方调配，选用安全、经济的开挖方案。

3. 挖方施工技术要点

土方开挖应符合下列规定：

(1)应自上而下逐级进行，严禁掏底开挖。

(2)开挖至边坡线前，应预留一定宽度，预留的宽度应保证刷坡过程中设计边坡线外的土层不受到扰动。

(3)拟用作路基填料的土方，应分类开挖、分类使用。非适用材料作为弃方时应按规定处理。

(4)开挖至零填、路堑路床部分后，应及时进行路床施工；如不能及时进行，宜在设计路床顶高程以上预留至少 300 mm 厚的保护层。

(5)应采取临时排水措施，施工作业面不得积水。

4. 填方施工技术要点

路基填筑应按不同性质的土进行分类分层压实；路基高边坡施工应制定专项施工方案。

填方前应将地面积水、积雪(冰)和冻土层、生活垃圾等清除干净。

填方材料的强度(CBR)值应符合设计要求，其最小强度值应符合表 1-8 规定。不应使用淤泥、沼泽土、泥炭土、冻土、有机土以及含生活垃圾的土做路基填料。对液限大于 50%、塑性指数大于 26、可溶盐含量大于 5%、700 ℃有机质烧失量大于 8% 的土，未经技术处理不得用作路基填料。

表 1-8 路基填料强度(CBR)的最小值

填方类型	路床顶面以下深度/cm	最小强度/%	
		城市快速路、主干路	其他等级道路
路床	0～30	8.0	6.0
路基	30～80	5.0	4.0
	80～150	4.0	3.0
	>150	3.0	2.0

填方中使用房渣土、工业废渣等需经过试验，确认可靠并经建设单位、设计单位同意后方可使用。

路基填方高度应按设计标高增加预沉量值。预沉量应根据工程性质、填方高度、填料种类、压实系数和地基情况与建设单位、监理工程师、设计单位共同商定确认。

不同性质的土应分类、分层填筑，不得混填，填土中大于 10 cm 的土块应打碎或剔除。

填土应分层进行。下层填土验收合格后，方可进行上层填筑。路基填土宽度每侧应比设计规定宽 50 cm。

路基填筑中宜做成双向横坡，一般土质填筑横坡宜为2%～3%，透水性小的土类填筑横坡宜为4%。

透水性较大的土壤边坡不宜被透水性较小的土壤所覆盖。

受潮湿及冻融影响较小的土壤应填在路基的上部。

在路基宽度内，每层虚铺厚度应视压实机具的功能确定。人工夯实虚铺厚度应小于20 cm。

路基填土中断时，应对已填路基表面土层压实并进行维护。

原地面横向坡度在1∶10～1∶5时，应先翻松表土再进行填土；原地面横向坡度陡于1∶5时应做成台阶形，每级台阶宽度不得小于1 m，台阶顶面应向内倾斜；在沙土地段可不做台阶，但应翻松表层土。

压实应符合下列要求：

(1)路基压实度应符合相关规定。

(2)压实应先轻后重、先慢后快、均匀一致。压路机最快速度不宜超过4 km/h。

(3)填土的压实遍数，应按压实度要求，经现场试验确定。

(4)压实过程中应采取措施保护地下管线、构筑物安全。

(5)碾压应自路基边缘向中央进行，压路机轮外缘距路基边应保持安全距离，压实度应达到要求，且表面应无显著轮迹、翻浆、起皮、波浪等现象。

(6)压实应在土壤含水量接近最佳含水量值时进行。其含水量偏差幅度经试验确定。

(7)当管道位于路基范围内时，其沟槽的回填土压实度应符合现行国家标准《给水排水管道工程施工及验收规范》的有关规定，且管顶以上50 cm范围内不得用压路机压实。当管道结构顶面至路床的覆土厚度不大于50 cm时，应对管道结构进行加固。当管道结构顶面至路床的覆土厚度在50～80 cm时，路基压实过程中应对管道结构采取保护或加固措施。

专家解读

路基压实原则除了"先轻后重、先慢后快"外，还包括"先静后振、先低后高、轮迹重叠"。"四先四后一重叠"是高频考点，需准确掌握。要充分了解压实原则的含义，先轻后重就是要先采用轻型压路机进行碾压达到初始密实度，再用重型压路机达到最终压实度，如果先用重型压路机直接碾压，会对压实度造成损害，最后一次碾压所用的压路机的吨位应为12 t级以上；先慢后快，速度是相对的，一般认为小于2 km/h为慢压，大于2 km/h小于4 km/h为快压；先静后振，是指针对振动压路机，初始碾压要用静力压路机或关掉振动的钢轮振动压路机，再用打开振动的钢轮振动压路机碾压；先低后高的原则是路基、基层和面层通用的碾压顺序，具体含义是直线和不设超高的平曲线段，应由两侧向中心碾压；设超高的平曲线段，应由内侧向外侧碾压。

(四)石方路基施工要求

施工前应根据地质条件、工程作业环境，选定施工机具设备。

开挖路堑发现岩性有突变时，应及时报请设计单位办理变更设计。

石方填筑路基应符合下列规定：

(1)修筑填石路堤应进行地表清理，先码砌边部，然后逐层水平填筑石料，确保边坡稳定。

(2)施工前应先修筑试验段,以确定能达到最大压实干密度的松铺厚度与压实机械组合,以及相应的压实遍数、沉降差等施工参数。

(3)填石路堤宜选用12 t以上的振动压路机、25 t以上的轮胎压路机或2.5 t以上的夯锤压(夯)实。

(4)路基范围内管线、构筑物四周的沟槽宜回填土料。

(五)软土路基施工技术

软土路基施工应符合下列规定:

(1)软土路基施工应列入地基固结期。应按设计要求进行预压,预压期内除补填因加固沉降引起的补填土方外,严禁其他作业。

(2)施工前应修筑路基处理试验路段,以获取各种施工参数。

(3)置换土施工应符合下列要求:填筑前,应排除地表水,清除腐殖土、淤泥。填料宜采用透水性土。处于常水位以下部分的填土,不得使用非透水性土壤。填土应由路中心向两侧按要求分层填筑并压实,层厚宜为15 cm。分段填筑时,接茬应按分层做成台阶形状,台阶宽不宜小于2 m。

(4)当软土层厚度小于3.0 m,且位于水下或为含水量极高的淤泥时,可使用抛石挤淤,并应符合下列要求:应使用不易风化石料,石料中尺寸小于30 cm粒径的含量不得超过20%。抛填方向应根据道路横断面下卧软土地层坡度而定。坡度平坦时自地基中部渐次向两侧扩展;坡度陡于1∶10时,自高侧向低侧抛填,并在低侧边部多抛投,使低侧边部约有2 m宽的平台顶面。抛石露出水面或软土面后,应用较小石块填平、碾压密实,再铺设反滤层填土压实。

(5)采用砂垫层置换时,砂垫层应宽出路基边脚0.5~1.0 m,两侧以片石护砌。

(六)检验标准

1. 土方路基(路床)质量检验标准

(1)主控项目。

路基压实度应符合规定。检验方法:环刀法、灌砂法或灌水法。

弯沉值,不应大于设计规定。检验方法:弯沉仪检测。

(2)一般项目。

土路基允许偏差应符合规定。允许偏差项目包括路床纵断高程、路床中线偏位、路床平整度、路床宽度、路床横坡、边坡。

路床应平整、坚实,无显著轮迹、翻浆、波浪、起皮等现象,路堤边坡应密实、稳定、平顺等。

2. 填石路堤质量检验标准

(1)主控项目。

压实密度应符合试验路段确定的施工工艺,沉降差不应大于试验路段确定的沉降差。

(2)一般项目。

路床顶面应嵌缝牢固,表面均匀、平整、稳定,无推移、浮石。

边坡应稳定、平顺,无松石。

填石方路基允许偏差应符合规定。允许偏差项目包括路床纵断高程、路床中线偏位、路床平整度、路床宽度、路床横坡、边坡。

四、路基质量问题处理

（一）路基土质不良问题处理

道路施工中，路基土质的状况对道路施工影响很大。不良土质路基的处理是道路施工的重要步骤，不良路基的处理效果对道路质量的影响是决定性的。路基的土质状况由土质的湿度、温度、结构、土体水分含盐量等情况决定，因此在路基施工前需要针对具体土质类别采取相应的处理方法。常见的不良土质类别有软土、湿陷性黄土、冻土、膨胀土等。

不良土质处理方法总的来说有三大类，即置换、改良、补强等。具体来说，常见的不良土质处理方法有换填法、挤密法、排水固结法、强夯法、加筋处理等。

对于软土路基，通常采用换填、挤密、排水固结的方法进行处理：

（1）换填法，能够彻底改善不良土质路基对道路施工质量的危害，从原理上来讲属于土的置换。换填法适用于暗沟、暗塘等软弱土浅层处理。

（2）挤密法，是一种软土路基相对常用的处理方法，一般向软土路基中添加大石块、毛石等容易就地取材的材料，对软土路基进行挤密填实，达到改善软土路基的目的。

（3）排水固结法，即将软土中的水排出一部分以改善土质的状况。适用于深层饱和软弱土层的地基处理。

对于湿陷性黄土路基，可采用灰土垫层、强夯法、灰土挤密桩等施工简单、处理效果好、造价低的方法，以改变土体结构，防止湿陷性黄土受水侵蚀后的破坏。

对于膨胀土路基，常用的方法有利用灰土桩、水泥桩等无机结合料桩，对膨胀土路基进行改良和加固。

（二）路基压实度不足问题处理

路基压实度不足主要包括路基行车带压实度不足和路基边缘压实度不足。

路基行车带压实度不足容易出现“弹簧土”现象。“弹簧土”是遇有土层表面松散，推挤时开裂或有回弹现象的土。“弹簧土”的产生一般是因为选土不当，采用了含水量较大的黏性土或粉质黏性土作为土料进行碾压或夯击，由于原状土被扰动，颗粒之间的毛细孔遭到破坏，水分不易渗透和散发，降低了土体的强度，并使之产生了弹性颤动，形成了具有软塑状态的“弹簧土”。

“弹簧土”现象施工原因分析如下：

（1）路基施工前，没有对现场的积水、淤泥、洞穴、生活垃圾、树根等进行技术处理。

（2）填土范围有含水量过大软弱土层，未做有效处理，水分又无法散发，压实时就会产生弹簧现象。

（3）土基压实没有在土壤接近最佳含水量时进行。

（4）土层虚铺厚度过大。

（5）压实遍数不符合要求且碾压不均匀，碾压机械吨位不够。

“弹簧土”现象材料原因分析如下：

(1)回填土含水量过大。

(2)路基填料力学性能达不到规范要求。

“弹簧土”现象的防治措施如下:

(1)对于含水量过大的土,可采用翻松晾晒或均匀掺入生石灰粉来降低含水量,达到最佳含水量时重新进行碾压。

(2)填料不符合要求应挖出进行换土处理。

路基边缘压实度不足的主要原因大致同路基行车带一致,但除技术原因外,路基未进行超宽填筑以及压实机械难以完全压到路基边缘也是较为重要的原因。在施工过程中,应格外注意路基边缘的压实度,并采取选择合理的压实机械、超宽填筑等设计避免此类质量问题的发生。

典型例题

【单选题】某路基压实施工时,产生“弹簧土”现象,宜采用的处理措施是(　　)。

A. 增大压实机具功率　　B. 适量洒水

C. 掺生石灰翻拌后压实　　D. 降低压路机碾压速度

C。【解析】路基出现“弹簧土”现象的主要原因是材料含水量太大,这时候需要翻松晾晒或均匀掺入生石灰粉来降低含水量,达到最佳含水量时重新进行碾压。

2K311030　城镇道路基层施工

一、城镇道路基层材料

(一)常用无机结合料稳定基层的特性

无机结合料稳定基层在高等级公路中应用非常广泛,它属于半刚性基层,具有整体性好、强度高、抗水性良好、孔隙率较小、结构较密实的特点。它包括水泥稳定土基层、石灰稳定土基层和石灰工业废渣(二灰)稳定土基层。

1. 水泥稳定土基层

在粉碎的土或原状松散的土(包括各种粗、中、细粒土)中,掺入适量的水泥和水,按照技术要求,经拌合摊铺,在最佳含水量下压实及养生成型,其抗压强度符合规定要求,以此修建的路面基层称为水泥稳定土基层。其具有强度高、稳定性好、板体性好、承载力高、强度可随龄期增长等优点,同时也具有收缩系数大、易产生收缩裂缝、不能直接接受汽车轮胎的磨耗作用等缺点。

专家解读

水泥土不得用作快速路、主干路的基层,可作底基层。

2. 石灰稳定土基层

在粉碎的土和原状松散的土(包括各种粗、中、细粒土)中掺入适量消解后的石灰和水,按照一定技术要求,经拌合后,在最佳含水量时摊铺、压实及养生,其抗压强度符合规定要求的路面基层称为石灰稳定土基层。该稳定土有良好的板体性，但其水稳性、抗冻性及早期强度较其他无机结合料低。

专家解读

石灰土已严禁用于高等级道路基层，如高速公路、一级公路、二级公路及城市快速路、主干路，但可以用于各级道路的底基层。其适用性不如水泥稳定土。

3. 石灰工业废渣（二灰）稳定土基层

一定数量的石灰和粉煤灰，或石灰和煤渣与其他集料（土）相配合，加入适量的水（通常为最佳含水量），经拌合、压实及养生后得到的路面结构层，当其抗压强度符合规定要求时，称为石灰工业废渣稳定土基层。石灰工业废渣稳定土中，使用最广的是石灰粉煤灰类。石灰工业废渣稳定土，特别是二灰稳定土，具有良好的力学性能、水稳性、板体性和一定的抗冻性。二灰稳定土基层也具有一定的收缩性，但相比于水泥稳定土基层和二灰稳定土基层，收缩性最小。石灰工业废渣的初期强度低，但随龄期的增长，强度的增长幅度也会变大。

专家解读

二灰土禁止用作快速路、主干路的基层，可作底基层。二灰砂砾（碎石）适宜作各级公路、城市道路的基层和底基层。

（二）级配碎（砾）石基层

级配碎（砾）石是指粗、中、小碎（砾）石集料按一定比例混合而成的混合料，当其颗粒符合规定的密实级配要求时，称为级配（砾）石。级配碎石可用作道路的基层和底基层。级配砾适用于轻交通道路的基层以及各种道路的底基层。

链接

级配碎石基层、级配砾石基层、沥青类基层属于柔性基层。水泥稳定土基层、石灰稳定土基层和石灰工业废渣（二灰）稳定土基层属于半刚性基层。

典型例题

【单选题】下列基层材料中，可作为高等级路面基层的是（　　）。

A. 二灰稳定粒料　　B. 石灰稳定土

C. 石灰粉煤灰稳定土　　D. 水泥稳定土

A。【解析】二灰稳定粒料可用于高级路面的基层与底基层。石灰稳定土、石灰粉煤灰稳定土、水泥稳定土，不可用于高级路面的基层，只可用于高级路面的底基层。其中，石灰土还有个最明显的劣势，即干缩及温缩特性十分明显，容易导致道路基层开裂。

二、土工合成材料的应用

（一）土工合成材料类型

土工合成材料是用人工合成聚合物制成的材料，可置于工程结构表面、内部以及结构层间，起到排水、隔离、防护、加筋、过滤等作用。土工合成材料分为土工织物、土工膜、土工复合材料、土工特种材料四大类。其中，土工特种材料分为土工格栅、土工带、土工格室、土工网、土工模袋、超轻型合成材料、土工织物膨润土垫（GCL）、植生袋等类型。

应根据工程设计与施工需要，对土工合成材料的物理性能、力学性能、水力学性能和耐久性能等性能指标进行检验。

土工合成材料性能指标测试应按现行《公路工程土工合成材料试验规程》等相关规范、规程的规定进行，并应考虑工程实际条件，分析荷载、加荷速率、使用时间、温度、岩土体性质等工程环境对指标测定值的影响。对重要工程尚应进行现场试验。

（二）土工合成材料的工程应用

土工合成材料可应用于公路路基、挡墙、路基防排水、路基防护、路基不均匀沉降防治、路面裂缝防治、特殊土和特殊路基处治、地基处理等工程中，可按表 1-9 的规定选择合适的土工合成材料。土工合成材料运送过程中应有封盖，现场存放时应通风干燥，并远离火源，不得受日光照射和被雨水淋泡。

表 1-9　土工合成材料的工程应用

应用场合	宜采用的土工合成材料
路基加筋	土工格栅、土工织物、土工格室
地基处理	排水带、土工格栅、无纺土工织物、土工格室、泡沫聚苯乙烯板块(EPS)
路基防排水	排水板、排水管、长丝热粘排水体、缠绕式排水管、透水软管、透水硬管、复合土工膜、无纺土工织物、土工织物膨润土垫
路基防护	三维土工网、平面土工网、土工格室、土工模袋、植生袋
路基不均匀沉降防治	土工格栅、土工织物、土工格室、泡沫聚苯乙烯板块(EPS)
防沙固沙	土工格室、土工织物、土工格栅
膨胀土路基处治	土工格栅、无纺土工织物、复合土工膜
盐渍土路基处治与构筑物表面防腐	复合土工膜、土工织物、土工格栅
路面裂缝防治	无纺土工织物、玻璃纤维格栅

（三）土工合成材料的选用

应根据实际工程的土质条件、酸碱度、使用状态，选择性能匹配的土工合成材料。

采用聚乙烯、聚丙烯（丙纶）材料制成的土工合成材料可用于酸、碱的化学环境中，不宜用于长期直接暴露于阳光的环境中。确需长时间在直接暴露于阳光下的环境中使用时，应选择添加了抗老化剂的品种。

采用聚酯类（涤纶）材料制成的土工合成材料包括聚酯土工布（也称涤纶土工布）、聚酯格栅等，具有较好的抗光老化性能，可用于长时间暴露于阳光下的环境中，但化学稳定性较差，尤其是在碱性条件下易发生不可逆的水解反应，使材料性能下降甚至完全丧失，因此不宜用于酸、碱等化学环境中。与水泥、石灰类材料直接接触的环境，不宜采用聚酯类材料。

采用聚酰胺类(尼龙)材料制成的土工合成材料,具有极好的耐磨特性,但耐碱不耐酸,因此,不适于在酸性环境中长期使用。

采用玻璃纤维制成的土工合成材料包括聚酯玻纤布、玻纤格栅等,具有较好的耐高温和抗变形特性,但耐磨性较差,耐酸不耐碱,因此,不适于在与水泥、石灰直接接触等碱性环境中长期使用。

(四)土工合成材料的施工技术要求

关于土工合成材料的施工技术要求,下面以典型例题的形式进行介绍。

典型例题

【多选题】关于土工合成材料加固软土路基的说法,正确的有(　　)。

A. 铺设土工合成材料时,不得出现扭曲、折皱、重叠

B. 土工合成材料在路堤边部应留有足够的锚固长度,按路堤底宽全断面铺设

C. 上下层土工合成材料接缝应交替错开

D. 铺设土工布加固地基时,土工布应满足抗压强度、顶破强度等技术指标

E. 土工合成材料铺设锚固检验合格后,不允许运料车直接在其上行走

ABCE。【解析】土工合成材料应具有抗拉强度高、耐腐蚀、抗微生物侵蚀、整体连续性好、质量轻、施工方便等特点,其质量、厚度、抗拉强度、顶破强度、渗透系数、单幅宽度应符合相应的要求。

三、城镇道路基层施工技术

(一)基层施工工艺流程

基层施工工艺流程见图1-5。

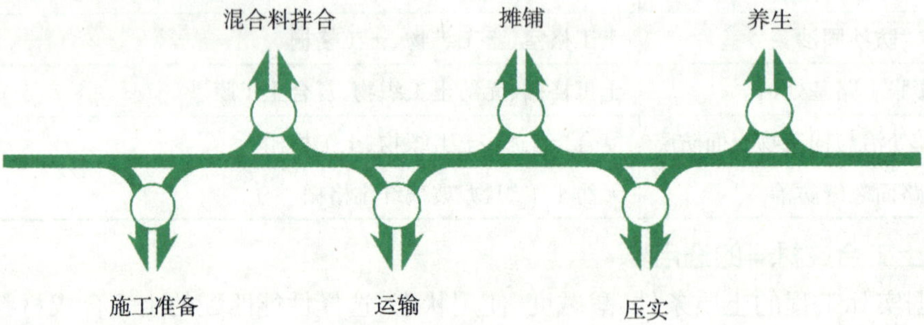

图1-5　基层施工工艺流程

(二)基层施工要求

1. 一般要求

石灰稳定土类材料宜在冬期开始前30~45 d完成施工,水泥稳定土类材料宜在冬期开始前15~30 d完成施工。

高填土路基与软土路基,应在沉降值符合设计规定且沉降稳定后,方可施工道路基层。

稳定土类道路基层材料配合比中,石灰、水泥等稳定剂计量应以稳定剂质量占全部土(粒料)的干质量百分率表示。

基层材料的摊铺宽度应为设计宽度两侧加施工必要附加宽度。

基层施工中严禁用贴薄层方法整平修补表面。

2. 水泥稳定土类基层施工要求

原材料应符合下列规定：

(1)水泥应选用初凝时间大于3 h、终凝时间不小于6 h的32.5级、42.5级普通硅酸盐水泥、矿渣硅酸盐、火山灰硅酸盐水泥。水泥应有出厂合格证与生产日期，复验合格方可使用。水泥贮存期超过3个月或受潮，应进行性能试验，合格后方可使用。

(2)土的均匀系数不应小于5，宜大于10，塑性指数宜为10~17；土中小于0.6 mm颗粒的含量应小于30%；宜选用粗粒土、中粒土。

(3)级配碎石、砂砾、未筛分碎石、碎石土、砾石和煤矸石、粒状矿渣等材料均可做粒料原材；当作基层时，粒料最大粒径不宜超过37.5 mm；当作底基层时，城市快速路、主干路的粒料最大粒径不应超过37.5 mm，次干路及以下道路的粒料最大粒径不应超过53 mm；各种粒料，应按其自然级配状况，经人工调整使其符合稳定土的颗粒范围和技术指标规定；城市快速路、主干路基层与底基层中碎石、砾石、煤矸石等的压碎值均不应大于30%，其他道路基层、底基层中碎石、砾石、煤矸石等的压碎值分别不应大于30%、35%；集料中有机质含量不应超过2%；集料中硫酸盐含量不应超过0.25%。

(4)水应符合国家现行标准《混凝土用水标准》的规定。宜使用饮用水及不含油类等杂质的清洁中性水，pH值宜为6~8。

城镇道路中使用水泥稳定土类材料，宜采用搅拌厂集中拌制。集中搅拌水泥稳定土类材料应符合下列规定：

(1)集料应过筛，级配应符合设计要求。

(2)混合料配合比应符合要求，计量准确；含水量应符合施工要求，并搅拌均匀。

(3)搅拌厂应向现场提供产品合格证及水泥用量、粒料级配、混合料配合比、R7强度标准值。

(4)水泥稳定土类材料运输时，应采取措施防止水分损失。

链接

水泥稳定土拌合分路拌法和集中厂拌法两种。在市政道路工程中一般采用集中厂拌法。采用集中厂拌法时，应格外注意运输过程中的水分损失，并应确保摊铺在合理的时间内完成。

摊铺应符合下列规定：

(1)施工前应通过试验确定压实系数。水泥土的压实系数宜为1.53~1.58；水泥稳定砂砾的压实系数宜为1.30~1.35。

(2)宜采用专用摊铺机械摊铺。

(3)水泥稳定土类材料自搅拌至摊铺完成，不应超过3 h。应按当班施工长度计算用料量。

(4)分层摊铺时，应在下层养护7 d后，方可摊铺上层材料。

碾压应符合下列规定:

(1)应在含水量等于或略大于最佳含水量时进行。

(2)宜采用12~18 t压路机做初步稳定碾压,混合料初步稳定后用大于18 t的压路机碾压(先轻后重),压至表面平整、无明显轮迹,且达到要求的压实度。

(3)水泥稳定土类材料,宜在水泥初凝前碾压成活。

(4)当使用振动压路机时,应符合环境保护和周围建筑物及地下管线、构筑物的安全要求。

纵、横接缝均应设直茬。接缝应符合下列规定:

(1)纵向接缝宜设在路中线处。接缝应做成阶梯形,梯级宽不应小于1/2层厚。

(2)横向接缝应尽量减少。

养护应符合下列规定:

(1)基层宜采用洒水养护,保持湿润。采用乳化沥青养护,应在其上撒布适量石屑。

(2)养护期间应封闭交通。

(3)常温下成活后应经7 d养护,方可在其上铺筑面层。

典型例题

【单选题】在常温条件下,水泥稳定土基层的养护时间至少应为( )d。

A. 5　　B. 6

C. 7　　D. 8

C。【解析】水泥稳定土基层必须保湿养护,防止忽干忽湿,常温下成活后应经7 d养护,方可在其上铺筑上层。

3. 石灰稳定土类基层施工要求

原材料应符合下列规定:

(1)土宜采用塑性指数10~15的粉质黏土、黏土;土中的有机物含量宜小于10%;使用旧路的级配砾石、砂石或杂填土等应先进行试验;级配砾石、砂石等材料的最大粒径不宜超过分层厚度的60%,且不应大于10 cm;土中欲掺入碎砖等粒料时,粒料掺入含量应经试验确定。

(2)石灰宜用1~3级的新灰;磨细生石灰,可不经消解直接使用;块灰应在使用前2~3 d完成消解,未能消解的生石灰块应筛除,消解石灰的粒径不得大于10 mm;对储存较久或经过雨期的消解石灰应先经过试验,根据活性氧化物的含量决定能否使用和使用办法。

提示

水的要求可参考水泥稳定土类基层原材料的要求。

在城镇人口密集区,应使用厂拌石灰土,不得使用路拌石灰土。厂拌石灰土应符合下列规定:

(1)石灰土搅拌前,应先筛除集料中不符合要求的颗粒,使集料的级配和最大粒径符合要求。

(2)宜采用强制式搅拌机进行搅拌。配合比应准确,搅拌应均匀;含水量宜略大于最佳值;石灰土应过筛(20 mm 方孔)。

(3)应根据土和石灰的含水量变化、集料的颗粒组成变化,及时调整搅拌用水量。

(4)拌成的石灰土应及时运送到铺筑现场。运输中应采取防止水分蒸发和防扬尘措施。

(5)搅拌厂应向现场提供石灰土配合比,R7 强度标准值及石灰中活性氧化物含量的资料。

采用人工搅拌石灰土应符合下列规定:

(1)所用土应预先打碎、过筛(20 mm 方孔),集中堆放、集中拌合。

(2)应按需要量将土和石灰按配合比要求,进行掺配。掺配时土应保持适宜的含水量,掺配后过筛(20 mm 方孔),至颜色均匀一致为止。

(3)作业人员应佩戴劳动保护用品,现场应采取防扬尘措施。

厂拌石灰土摊铺应符合下列规定:

(1)路床应湿润。

(2)压实系数应经试验确定。现场人工摊铺时,压实系数宜为 1.65 ~ 1.70。

(3)石灰土宜采用机械摊铺。每次摊铺长度宜为一个碾压段。

(4)摊铺掺有粗集料的石灰土时,粗集料应均匀。

碾压应符合下列规定:

(1)铺好的石灰土应当天碾压成活。

(2)碾压时的含水量宜在最佳含水量的允许偏差范围内。

(3)直线和不设超高的平曲线段,应由两侧向中心碾压;设超高的平曲线段,应由内侧向外侧碾压。

(4)初压时,碾速宜为 20 ~ 30 m/min,灰土初步稳定后,碾速宜为 30 ~ 40 m/min。

(5)人工摊铺时,宜先用 6 ~ 8 t 压路机碾压,灰土初步稳定,找补整形后,方可用重型压路机碾压。

(6)当采用碎石嵌丁封层时,嵌丁石料应在石灰土底层压实度达到 85% 时撒铺,然后继续碾压,使其嵌入底层,并保持表面有棱角外露。

石灰土养护应符合下列规定:

(1)石灰土成活后应立即洒水(或覆盖)养护,保持湿润,直至上层结构施工为止。

(2)石灰土碾压成活后可采取喷洒沥青透层油养护,并宜在其含水量为 10% 左右时进行。

(3)石灰土养护期应封闭交通。

提示

接缝的要求可参考水泥稳定土类基层施工相关要求。

4. 石灰、粉煤灰稳定砂砾基层施工要求

原材料应符合下列规定:

(1)石灰和水应符合石灰稳定土类基层的相关规定。

(2)粉煤灰中的 SiO_2、Al_2O_3 和 Fe_2O_3 总量宜大于 70%;在温度为 700 ℃时的烧失量宜

小于或等于10%；当烧失量大于10%时，应经试验确认混合料强度符合要求时，方可采用；细度应满足90%通过0.3 mm筛孔，70%通过0.075 mm筛孔，比表面积宜大于2 500 cm^2/g。

(3)砂砾应经破碎、筛分，级配宜符合相关规定，破碎砂砾中最大粒径不应大于37.5 mm。

混合料应由搅拌厂集中拌制且应符合下列规定：

(1)宜采用强制式搅拌机拌制，并应符合下列要求：

①搅拌时应先将石灰、粉煤灰搅拌均匀，再加入砂砾(碎石)和水搅拌均匀。混合料含水量宜略大于最佳含水量。

②拌制石灰粉煤灰砂砾均应做延迟时间试验，以确定混合料在贮存场存放时间及现场完成作业时间。

③混合料含水量应视气候条件适当调整。

(2)搅拌厂应向现场提供产品合格证及石灰活性氧化物含量、粒料级配、混合料配合比及R7强度标准值的资料。

(3)运送混合料应覆盖，防止遗撒、扬尘。

摊铺除遵守石灰稳定土类基层摊铺要求的有关规定外，尚应符合下列规定：

(1)混合料在摊铺前其含水量宜在最佳含水量的允许偏差范围内。

(2)混合料每层最大压实厚度应为20 cm，且不宜小于10 cm。

(3)摊铺中发生粗、细集料离析时，应及时翻拌均匀。

养护应符合下列规定：

(1)混合料基层，应在潮湿状态下养护。养护期视季节而定，常温下不宜少于7 d。

(2)采用洒水养护时，应及时洒水，保持混合料湿润；采用喷洒沥青乳液养护时，应及时在乳液面撒嵌丁料。

(3)养护期间宜封闭交通。需通行的机动车辆应限速，严禁履带车辆通行。

提示

碾压的要求可参考石灰稳定土类基层的施工相关要求。

典型例题

【单选题】关于石灰粉煤灰稳定碎石混合料基层施工的说法，错误的是(　　)。

A. 可用薄层贴补的方法进行找平

B. 采用先轻型、后重型压路机碾压

C. 混合料每层最大压实厚度为200 mm

D. 混合料可采用沥青乳液进行养护

A。【解析】石灰粉煤灰稳定碎石混合料基层施工时，严禁用贴薄层方法整平修补表面。故选项A错误。

5. 级配砂砾及级配砾石基层施工要求

级配砂砾及级配砾石应符合下列要求：

(1)天然砂砾应质地坚硬，含泥量不应大于砂质量(粒径小于5 mm)的10%，砾石颗粒中细长及扁平颗粒的含量不应超过 20%。

(2)级配砾石做次干路及其以下道路底基层时,级配中最大粒径宜小于 53 mm,做基层时最大粒径不应大于 37.5 mm。

摊铺应符合下列规定:

(1)压实系数应通过试验段确定。每层摊铺虚厚不宜超过 30 cm。

(2)砂砾应摊铺均匀一致,发生粗、细骨料集中或离析现象时,应及时翻拌均匀。

(3)摊铺长度至少为一个碾压段 30~50 m。

碾压成活应符合下列规定:

(1)碾压前应洒水,洒水量应使全部砂砾湿润,且不导致其层下翻浆。

(2)碾压过程中应保持砂砾湿润。

(3)碾压时应自路边向路中倒轴碾压。采用 12 t 以上压路机进行,初始碾速宜为 25~30 m/min;砂砾初步稳定后,碾速宜控制在 30~40 m/min。碾压至轮迹不应大于 5 mm,砂石表面应平整、坚实,无松散和粗、细集料集中等现象。

(4)上层铺筑前,不得开放交通。

6. 级配碎石及级配碎砾石基层施工要求

级配碎石及级配碎砾石材料应符合下列规定:

(1)轧制碎石的材料可为各种类型的岩石(软质岩石除外)、砾石。轧制碎石的砾石粒径应为碎石最大粒径的 3 倍以上,碎石中不应有黏土块、植物根叶、腐殖质等有害物质。

(2)碎石中针片状颗粒的总含量不应超过 20%。

(3)碎石或碎砾石应为多棱角块体,软弱颗粒含量应小于 5%;扁平细长碎石含量应小于 20%。

摊铺应符合下列规定:

(1)宜采用机械摊铺符合级配要求的厂拌级配碎石或级配碎砾石。

(2)压实系数应通过试验段确定,人工摊铺宜为 1.40~1.50;机械摊铺宜为 1.25~1.35。

(3)摊铺碎石每层应按虚厚一次铺齐,颗粒分布均匀,厚度一致,不得多次找补。

(4)已摊平的碎石,碾压前应断绝交通,保持摊铺层清洁。

碾压除应遵守石灰稳定土类基层碾压要求的有关规定外,尚应符合下列规定:

(1)碾压前和碾压中应适量洒水。

(2)碾压中对有过碾现象的部位,应进行换填处理。

成活应符合下列规定:

(1)碎石压实后及成活中应适量洒水。

(2)视压实碎石的缝隙情况撒布嵌缝料。

(3)宜采用 12 t 以上的压路机碾压成活,碾压至缝隙嵌挤应密实,稳定坚实,表面平整,轮迹小于 5 mm。

(4)未铺装上层前,对已成活的碎石基层应保持养护,不得开放交通。

2K311040　城镇道路面层施工

我国城市道路面层主要分为沥青混合料面层、水泥混凝土面层以及块料面层。其中块料面层主要用于公园、广场及人行道处，使用范围局限下文不再过多赘述。

一、沥青混合料面层施工技术

（一）原材料要求

1. 沥青

沥青宜优先采用 A 级作为道路面层使用。B 级沥青可作为次干路及其以下道路面层使用。当缺乏所需标号的沥青时，可采用不同标号沥青掺配，掺配比应经试验确定。在高温条件下宜采用黏度较大的乳化沥青，寒冷条件下宜使用黏度较小的乳化沥青。

沥青材料品种与标号的选择应根据道路等级、气候条件、交通量及其组成、面层结构与层次、施工工艺等因素，结合当地使用经验确定，并应符合表 1-10 的规定。

表 1-10　沥青材料的适用范围

沥青材料类型	适用范围
道路石油沥青	中交通的表面层、重交通的中下面层以及特重交通的下面层
改性沥青	特重交通、重交通、交叉口进口道、公交车专用道与停靠站、长大纵坡、气候严酷地区的沥青路面
乳化沥青	透层、粘层、稀浆封层、冷拌沥青混合料与表面处治
改性乳化沥青	交通量较大或重要道路的粘层、稀浆封层、桥面铺装的粘层、表面处治、冷拌沥青混合料、微表处等
液体石油沥青	透层、表面处治或冷拌沥青混合料
泡沫沥青	厂拌冷再生混合料、就地冷再生混合料

专家解读

组成沥青混合料的沥青应具有较好的大气稳定性、温度稳定性和水稳定性，还应有较大的塑性和适当的稠度。塑性表示在一定温度和外力作用下材料发生变形但不断裂的能力，对于沥青常用“延度”表示。沥青的稠度主要表征其黏结性的大小。

2. 粗集料

粗集料应符合工程设计规定的级配范围。集料对沥青的黏附性，城市快速路、主干路应大于或等于 4 级；次干路及以下道路应大于或等于 3 级。集料具有一定的破碎面颗粒含量，具有 1 个破碎面宜大于 90%，2 个及以上的宜大于 80%。

3. 细集料

细集料应洁净、干燥、无风化、无杂质。热拌密级配沥青混合料中天然砂的用量不宜超过集料总量的20%,SMA和OGFC不宜使用天然砂。

4. 矿粉

矿粉应用石灰岩等憎水性石料磨制。城市快速路与主干路的沥青面层不宜采用粉煤灰做填料。当次干路及以下道路用粉煤灰做填料时,其用量不应超过填料总量50%,粉煤灰的烧失量应小于12%。

5. 纤维稳定剂

纤维稳定剂应在250 ℃条件下不变质。不宜使用石棉纤维。

(二)一般要求

施工中应根据面层厚度和沥青混合料的种类、组成、施工季节,确定铺筑层次及各分层厚度。

城镇道路不宜使用煤沥青。确需使用时,应制定保护施工人员防止吸入煤沥青蒸气或皮肤直接接触煤沥青的措施。

沥青混合料面层集料的最大粒径应与分层压实层厚度相匹配。密级配沥青混合料,每层的压实厚度不宜小于集料公称最大粒径的2.5~3倍;对SMA和OGFC等嵌挤型混合料不宜小于公称最大粒径的2~2.5倍。

各层沥青混合料应满足所在层位的功能性要求,便于施工,不容易离析。各层应连续施工并联结成为一个整体。当发现混合料结构组合及级配类型的设计不合理时,应进行修改、调整,以确保沥青路面的使用性能。

(三)施工准备

热拌沥青混合料铺筑前,应复查基层和附属构筑物质量,确认符合要求,并对施工机具设备进行检查,确认处于良好状态。不符合要求的不得铺筑沥青面层。旧沥青路面或下卧层已被污染时,必须清洗或经铣刨处理后方可铺筑沥青混合料。

沥青混合料搅拌及施工温度应根据沥青标号及黏度、气候条件、铺装层的厚度、下卧层温度确定。普通沥青混合料搅拌及压实温度宜通过在135~175 ℃条件下测定的黏度-温度曲线确定。

沥青路面各类基层都必须喷洒透层油,沥青面层必须在透层油完全渗透入基层后方可铺筑。基层上设置下封层时,透层油不宜省略。气温低于10 ℃或风力大于5级及以上时,即将降雨时不得喷洒透层油。透层油宜选择渗透性好的液体沥青、乳化沥青、煤沥青等。

双层式或三层式热拌热铺沥青混合料路面的沥青层之间,水泥混凝土路面、沥青稳定碎石基层或旧沥青路面层上加铺沥青层,路缘石、雨水口、检查井等构造物与新铺沥青混合料接触的侧面应喷洒粘层油。粘层油宜采用快裂或中裂乳化沥青、改性乳化沥青,也可采用快、中凝液体石油沥青。

(四)混合料的拌制

热拌沥青混合料宜由有资质的沥青混合料集中搅拌站供应。

自行设置集中搅拌站应符合下列规定:

(1)搅拌站的设置必须符合国家有关环境保护、消防、安全等规定。

(2)搅拌站与工地现场距离应满足混合料运抵现场时,施工对温度的要求,且混合料不离析。

(3)搅拌站贮料场及场内道路应做硬化处理,具有完备的排水设施。

(4)各种集料(含外掺剂、混合料成品)必须分仓贮存,并有防雨设施。

(5)搅拌机必须设二级除尘装置。矿粉料仓应配置振动卸料装置。

(6)采用连续式搅拌机搅拌时,使用的集料料源应稳定不变。

(7)采用间歇式搅拌机搅拌时,搅拌能力应满足施工进度要求。冷料仓的数量应满足配合比需要,通常不宜少于 5 ~ 6 个。

(8)沥青混合料搅拌设备的各种传感器必须按规定周期检定。

(9)集料与沥青混合料取样应符合现行试验规程的要求。

搅拌机应配备计算机控制系统。生产过程中应逐盘采集材料用量和沥青混合料搅拌量、搅拌温度等各种参数指导生产。

沥青混合料搅拌时间应经试拌确定,以沥青均匀裹覆集料为度。间歇式搅拌机每盘的搅拌周期不宜少于 45 s,其中干拌时间不宜少于 5 ~ 10 s。

用成品仓贮存沥青混合料,贮存期混合料降温不得大于 10 ℃。贮存时间普通沥青混合料不得超过 72 h。

生产添加纤维的沥青混合料时,搅拌机应配备同步添加投料装置,搅拌时间宜延长 5 s 以上。

沥青混合料可采用间歇式拌和机或连续式拌和机拌制。高速公路和一级公路宜采用间歇式拌和机拌和。连续式拌和机使用的集料必须稳定不变,一个工程从多处进料、料源或质量不稳定时,不得采用连续式拌和机。

沥青混合料拌和设备的各种传感器必须定期检定,周期不少于每年一次。冷料供料装置需经标定得出集料供料曲线。

(五)混合料的运输

热拌沥青混合料宜采用较大吨位的运料车运输,但不得超载运输,或急刹车、急弯掉头使透层、封层造成损伤。运料车的运力应稍有富余,施工过程中摊铺机前方应有运料车等候。对高速公路、一级公路,宜待等候的运料车多于 5 辆后开始摊铺。

运料车每次使用前后必须清扫干净,在车厢板上涂一薄层防止沥青黏结的隔离剂或防黏剂,但不得有余液积聚在车厢底部。从拌和机向运料车上装料时,应多次挪动汽车位置,平衡装料,以减少混合料离析。运料车每次卸料必须倒净,如有余料应及时清除。运料车运输混合料宜用苫布覆盖保温、防雨、防污染。

运料车进入摊铺现场时,轮胎上不得沾有泥土等可能污染路面的脏物,否则宜设水池洗净轮胎后进入工程现场。沥青混合料在摊铺地点凭运料单接收,若混合料不符合施工温度要求,或已经结成团块、已遭雨淋的不得铺筑。

(六)混合料的摊铺

热拌沥青混合料应采用沥青摊铺机摊铺。摊铺机的受料斗应涂刷薄层隔离剂或防黏结剂。

铺筑高速公路、一级公路沥青混合料时,1 台摊铺机的铺筑宽度不宜超过 6 m(双车道)~7.5 m(3 车道以上),通常宜采用 2 台或更多台数的摊铺机前后错开 10 ~ 20 m,呈梯队方式同步摊铺,两幅之间应有 30 ~ 60 mm 左右宽度的搭接,并躲开车道轮迹带,上、下层的搭接位置宜错开 200 mm 以上。

摊铺机应具有自动或半自动方式调节摊铺厚度及找平的位置、可加热的振动熨平板或初步振动压实装置、摊铺宽度可调整等功能，且受料斗斗容应能保证更换运料车时连续摊铺。

摊铺机应采用自动找平方式，采用自动调平摊铺机摊铺最下层沥青混合料时，应使用钢丝或路缘石、平石控制高程与摊铺厚度，以上各层可用导梁引导高程控制，或采用声呐平衡梁控制方式。经摊铺机初步压实的摊铺层应符合平整度、横坡的要求。

沥青混合料的最低摊铺温度应根据气温、下卧层表面温度、摊铺层厚度与沥青混合料种类经试验确定。城市快速路、主干路不宜在气温低于 10 ℃条件下施工。

沥青混合料的松铺系数应根据混合料类型、施工机械和施工工艺等应通过试验段确定，试验段长不宜小于 100 m。松铺系数可按照表 1-11 进行初选。

表 1-11　沥青混合料的松铺系数

种类	机械摊铺	人工摊铺
沥青混凝土混合料	1.15～1.35	1.25～1.50
沥青碎石混合料	1.15～1.30	1.20～1.45

摊铺沥青混合料应均匀、连续不间断，不得随意变换摊铺速度或中途停顿。摊铺速度宜为 2～6 m/min。摊铺时螺旋送料器应不停顿地转动，两侧应保持有不少于送料器高度 2/3 的混合料，并保证在摊铺机全宽度断面上不发生离析。熨平板按所需厚度固定后不得随意调整。

摊铺层发生缺陷应找补，并停机检查，排除故障。

用机械摊铺的混合料，不宜用人工反复修整。当不得不由人工做局部找补或更换混合料时，需仔细进行，特别严重的缺陷应整层铲除。

在路面狭窄部分、平曲线半径过小的匝道或加宽部分，以及小规模工程不能采用摊铺机铺筑时可用人工摊铺混合料。人工摊铺沥青混合料应符合下列要求：

(1) 半幅施工时，路中一侧宜事先设置挡板。

(2) 沥青混合料宜卸在铁板上，摊铺时应扣锹布料，不得扬锹远甩。铁锹等工具宜沾防黏结剂或加热使用。

(3) 边摊铺边用刮板整平，刮平时应轻重一致，控制次数，严防集料离析。

(4) 摊铺不得中途停顿，并加快碾压。如因故不能及时碾压时，应立即停止摊铺，并对已卸下的沥青混合料覆盖苫布保温。

(5) 低温施工时，每次卸下的混合料应覆盖苫布保温。

在雨季铺筑沥青路面时，应加强与气象台（站）的联系，已摊铺的沥青层因遇雨未行压实的应予铲除。

（七）沥青路面的压实及成形

热拌沥青混合料的压实应符合下列规定：

(1) 应选择合理的压路机组合方式及碾压步骤，以达到最佳碾压结果。沥青混合料压实宜采用钢筒式静态压路机与轮胎压路机或振动压路机组合的方式压实。沥青混凝土的压实层最大厚度不宜大于 100 mm，沥青稳定碎石混合料的压实层厚度不宜大于 120 mm，但当采用大功率压路机且经试验证明能达到压实度时允许增大到 150 mm。

(2)压实应按初压、复压、终压(包括成形)三个阶段进行。压路机应以慢而均匀的速度碾压，压路机的碾压速度宜符合表 1-12 的规定。

表 1-12　压路机碾压速度

单位：km/h

压路机类型	初压		复压		终压	
	适宜	最大	适宜	最大	适宜	最大
钢筒式压路机	1.5～2	3	2.5～3.5	5	2.5～3.5	5
轮胎压路机	—	—	3.5～4.5	6	4～6	8
振动压路机	1.5～2(静压)	5(静压)	1.5～2(振动)	1.5～2(振动)	2～3(静压)	5(静压)

(3)初压应符合下列要求：

①初压温度应符合规范的有关规定，以能稳定混合料，且不产生推移、发裂为度。

②碾压应从外侧向中心碾压，碾速稳定均匀。

③初压应采用轻型钢筒式压路机碾压 1～2 遍。初压后应检查平整度、路拱，必要时应修整。

(4)复压应紧跟初压连续进行，并应符合下列要求：

①复压应连续进行。碾压段长度宜为 60～80 m。当采用不同型号的压路机组合碾压时，每一台压路机均应做全幅碾压。

②密级配沥青混凝土的复压宜优先采用重型的轮胎压路机进行搓揉碾压，以增加密水性，其总质量不宜小于 25 t，吨位不足时宜附加重物，使每一个轮胎的压力不小于 15 kN。冷态时的轮胎充气压力不小于 0.55 MPa，轮胎发热后不小于 0.6 MPa，且各个轮胎的气压大体相同，相邻碾压带应重叠 1/3～1/2 的碾压轮宽度，碾压至要求的压实度为止。

③对大粒径沥青稳定碎石类的基层，宜优先采用振动压路机复压。厚度小于 30 mm 的沥青层不宜采用振动压路机碾压。相邻碾压带重叠宽度宜为 10～20 cm。振动压路机折返时应先停止振动。

④当采用三轮钢筒式压路机时，总质量不宜小于 12 t，相邻碾压带宜重叠后轮的 1/2 宽度，并不应少于 200 mm。

⑤大型压路机难于碾压的部位，宜采用小型压实工具进行压实。

(5)终压温度应符合规范的有关规定。终压宜选用双轮钢筒式压路机，碾压至无明显轮迹为止。

专家解读

热拌沥青混合料的初压、复压、终压三个阶段中，复压最为重要。目前用于复压的压路机有轮胎压路机、振动压路机、钢筒式压路机，一般都能达到要求，但从实际效果看，用轮胎压路机更容易掌握，效果更好，为此宜优先采用轮胎压路机。

碾压过程中碾压轮应保持清洁,可对钢轮涂刷隔离剂或防黏剂,严禁刷柴油。当采用向碾压轮喷水(可添加少量表面活性剂)方式时,必须严格控制喷水量应成雾状,不得漫流,以防混合料降温过快。轮胎压路机开始碾压阶段,可适当烘烤、涂刷少量隔离剂或防黏结剂,也可少量喷水,并先到高温区碾压使轮胎尽快升温,之后停止洒水。轮胎压路机轮胎外围宜加设围裙保温。

压路机不得在未碾压成形路段上转向、调头、加水或停留。在当天成形的路面上,不得停放各种机械设备或车辆,不得散落矿料、油料等杂物。

(八)接缝及其他

关于接缝的施工要求,下面以典型例题的形式进行介绍。

典型例题

【多选题】关于沥青混合料面层的接缝的说法,正确的有(　　)。

A. 表面层接缝应采用直茬

B. 上下层的纵向热接缝应错开 30～40 cm

C. 上下层的横向接缝应错开 15 cm 以上

D. 高等级路面如城市主干路等上面层的横向接缝多采用阶梯型接缝

E. 对冷接茬施作前,应在茬表面涂少量沥青并预热

AE。【解析】上下层的纵向热接缝应错开 15 cm;冷接缝应错开 30～40 cm。相邻两幅及上下层的横向接缝应错开 1 m 以上。城市快速路、主干路等高等级路面上面层的横向接缝多采用平接缝。

专家解读

新旧路接缝处的工序为将新旧路接缝处切割成阶梯形→清洗切割面→干燥后涂刷粘层油→新沥青混凝土摊铺→骑缝碾压。

沥青路面雨季施工应符合下列要求:

(1)注意气象预报,加强工地现场、沥青拌和厂及气象台站之间的联系,控制施工长度,各项工序紧密衔接。

(2)运料车和工地应备有防雨设施,并做好基层及路肩排水。

铺筑好的沥青层应严格控制交通,做好保护,保持整洁,不得造成污染,严禁在沥青层上堆放施工产生的土或杂物,严禁在已铺沥青层上制作水泥砂浆。

(九)改性沥青混合料面层施工技术

改性沥青混合料常用的有改性沥青 SMA 混合料和 OGFC 混合料。其施工技术与沥青混合料施工技术大部分相似,也有其特殊的地方。

制造改性沥青的基质沥青应与改性剂有良好的配伍性,其质量应符合规定的 A 级或 B 级道路石油沥青的技术要求。供应商在提供改性沥青的质量报告时应提供基质沥青的质量检验报告或沥青样品。

聚合物改性沥青混合料的施工温度根据实践经验并参照表 1-13 选择。通常宜较普通

沥青混合料的施工温度提高 10～20 ℃。对采用冷态胶乳直接喷入法制作的改性沥青混合料，集料烘干温度应进一步提高。

表 1-13　聚合物改性沥青混合料的正常施工温度范围　单位：℃

工序	聚合物改性沥青品种		
	SBS 类	SBR 胶乳类	EVA、PE 类
沥青加热温度	160～165		
改性沥青现场制作温度	165～170	—	165～170
成品改性沥青加热温度，不大于	175	—	175
集料加热温度	190～220	200～210	185～195
改性沥青 SMA 混合料出厂温度	170～185	160～180	165～180
混合料最高温度（废弃温度）	195		
混合料贮存温度	拌和出料后降低不超过 10		
摊铺温度，不低于	160		
初压开始温度，不低于	150		
碾压终了的表面温度，不低于	90		
开放交通时的路表温度，不高于	50		

SMA 混合料的施工温度应视纤维品种和数量、矿粉用量的不同，在改性沥青混合料的基础上做适当提高。

改性沥青和 SMA 混合料的搅拌时间应适当延长，搅拌宜选择间歇式搅拌机。改性沥青混合料的贮存时间不得超过 24 h；SMA 混合料应当日使用；OGFC 应随拌随用。

改性沥青混合料在运输、等候过程中，如发现有沥青结合料沿车厢板滴漏时，应及时采取措施予以纠正。

SMA 和 OGFC 混合料的压实应符合下列规定：

（1）SMA 混合料宜采用振动压路机或钢筒式压路机碾压。振动压路机应遵循"紧跟、慢压、高频、低幅"的原则，即紧跟在摊铺机后面，采取高频率、低振幅的方式慢速碾压。如发现 SMA 混合料高温碾压有推拥现象，应复查其级配是否合适。

（2）SMA 混合料不宜采用轮胎压路机碾压。除沥青用量较低，经试验证明采用轮胎压路机碾压有良好效果外，不宜采用轮胎压路机碾压，以防将沥青结合料搓揉挤压上浮。

（3）OGFC 混合料宜用 12 t 以上的钢筒式压路机碾压。

专家解读

热拌改性沥青混合料路面施工环境温度不应低于 10 ℃。沥青混合料分层摊铺时，应避免层间污染。

典型例题

【单选题】振动压路机在碾压改性沥青混合料路面时，应遵循（　　）的慢速碾压原则。

A. 高频率、高振幅　　B. 高频率、低振幅

C. 低频率、低振幅　　D. 低频率、高振幅

B。【解析】改性沥青混合料路面不得采用轮胎压路机，采用振动压路机时，其振动频率和振幅应随压实进行调整，不能保持一成不变。振动压路机应遵循“紧跟、慢压、高频、低幅”的原则。

（十）沥青贯入式及沥青表面处治施工技术

施工前应将基层清扫干净，并对路缘石、检查井等采取防止喷洒沥青污染的措施。

各工序应紧密衔接，当日的作业段宜当日完成。

沥青贯入式与沥青表面处治面层，宜在干燥和较热的季节施工，并宜在日最高温度低于 15 ℃到来以前半个月结束。

各层集料必须保持干燥、洁净，喷洒沥青宜在 3 级（含）风以下进行。

沥青贯入式面层与表面处治面层碾压定形后，应通过有序开放交通，并控制车速碾压成型。开放交通后发现泛油时，应撒嵌缝料处理。

沥青贯入式面层宜作城市次干路以下道路面层使用。其主石料层厚应根据碎石的粒径确定，厚度不宜超过 10 cm。

施工沥青表面处治面层，宜采用沥青洒布车及集料撒布机联合作业。喷洒沥青，应保持稳定速度和喷洒量，洒布宽度范围内喷洒应均匀。

二、水泥混凝土面层施工技术

（一）原材料要求

1. 水泥

重交通以上等级道路、城市快速路、主干路应采用 42.5 级以上的道路硅酸盐水泥或硅酸盐水泥、普通硅酸盐水泥；中、轻交通等级的道路可采用矿渣水泥，其强度等级不宜低于 32.5 级。水泥应有出厂合格证（含化学成分、物理指标），并经复验合格，方可使用。

不同等级、厂牌、品种、出厂日期的水泥不得混存、混用。出厂期超过 3 个月或受潮的水泥，必须经过试验，合格后方可使用。

用于不同交通等级道路面层水泥的弯拉强度、抗压强度最小值应符合相关规定。

2. 粗集料

粗集料应采用质地坚硬、耐久、洁净的碎石、砾石、破碎砾石，并应符合相关规定。城市快速路、主干路、次干路及有抗（盐）冻要求的次干路、支路混凝土路面使用的粗集料级别不应低于Ⅰ级。Ⅰ级集料吸水率不应大于 1.0%，Ⅱ级集料吸水率不应大于 2.0%。

粗集料宜采用人工级配。其级配范围宜符合相关规定。

粗集料的最大公称粒径，碎砾石不应大于 26.5 mm，碎石不应大于 31.5 mm，砾石不宜

大于 19.0 mm；钢纤维混凝土粗集料最大粒径不宜大于 19.0 mm。

3. 细集料

细集料宜采用质地坚硬、细度模数在 2.5 以上、符合级配规定的洁净粗砂、中砂。

砂的技术要求应符合相关规定。

使用机制砂时，除应满足相关规定外，还应检验砂磨光值，其值宜大于35，不宜使用抗磨性较差的水成岩类机制砂。

城市快速路、主干路宜采用一级砂和二级砂。

海砂不得直接用于混凝土面层。淡化海砂不应用于城市快速路、主干路、次干路，可用于支路。

4. 水

水应符合国家现行标准《混凝土用水标准》的规定。宜使用饮用水及不含油类等杂质的清洁中性水，pH 值为 6 ~ 8。

5. 外加剂

外加剂宜使用无氯盐类的防冻剂、引气剂、减水剂等。

外加剂应符合现行国家标准《混凝土外加剂》的有关规定，并应有合格证。

使用外加剂应经掺配试验，并应符合现行国家标准《混凝土外加剂应用技术规范》的有关规定。

6. 钢筋

钢筋的品种、规格、成分，应符合国家现行标准和设计规定，应具有生产厂的牌号、炉号，检验报告和合格证，并经复试(含见证取样)合格。

钢筋不得有锈蚀、裂纹、断伤和刻痕等缺陷。

钢筋应按类型、直径、钢号、批号等分别堆放，并应避免油污、锈蚀。

7. 钢纤维

用于混凝土路面的钢纤维应符合下列规定：

(1)单丝钢纤维抗拉强度不宜小于 600 MPa。

(2)钢纤维长度应与混凝土粗集料最大公称粒径相匹配，最短长度宜大于粗集料最大公称粒径的 1/3；最大长度不宜大于粗集料最大公称粒径的 2 倍，钢纤维长度与标称值的允许偏差为 ±10%。

(3)宜使用经防蚀处理的钢纤维，严禁使用带尖刺的钢纤维。

(4)应符合国家现行标准《混凝土用钢纤维》的有关要求。

8. 其他

传力杆(拉杆)、滑动套材质、规格应符合规定。可用镀锌铁皮管、硬塑料管等制作滑动套。

胀缝板宜采用厚 20 mm、水稳定性好、具有一定柔性的板材制作，且应经防腐处理。

填缝材料宜采用树脂类、橡胶类、聚氯乙烯胶泥类、改性沥青类填缝材料，并宜加入耐老化剂。

（二）混凝土配合比设计

混凝土面层的配合比应满足弯拉强度、工作性、耐久性三项技术要求。

路面混凝土外加剂的使用应符合下列要求：

(1)高温施工时，混凝土搅拌物的初凝时间不得小于3 h；低温施工时，终凝时间不得大于10 h。

(2)外加剂的掺量应由混凝土试配试验确定。

(3)引气剂与减水剂或高校减水剂等外加剂复配在同一水溶液中时，不应发生絮凝现象。

混凝土配合比确定与调整应符合下列规定：

(1)计算的普通混凝土、钢纤维混凝土配合比，应在实验室内经试配检验抗弯强度、坍落度、含气量等配合比设计的各项指标，并根据结果进行配合比调整。

(2)实验室的基准配合比应通过搅拌机实际搅拌检验，并经试验段的验证。

(3)配合比调整时，水灰比不得增大，单位水泥用量、钢纤维体积率不得减小。

(4)施工期间应根据气温和运距等的变化，微调外加剂掺量，微调加水量与砂石料称量。

(5)当需要掺加粉煤灰时，对粉煤灰原材料及配合比设计的其他相关要求应参照国家现行标准《公路水泥混凝土路面施工技术细则》的有关规定执行。

典型例题

【单选题】下列指标中，不属于混凝土路面配合比设计指标的是(　　)。

A. 弯拉强度　　B. 抗压强度

C. 工作性　　D. 耐久性

B。【解析】混凝土的配合比设计应满足技术经济性的要求。除此之外，还应满足弯拉强度、工作性、耐久性三项指标要求。

（三）施工准备

施工前，应按设计规定划分混凝土板块，板块划分应从路口开始，必须避免出现锐角。曲线段分块，应使横向分块线与该点法线方向一致。直线段分块线应与面层胀、缩缝结合，分块距离宜均匀。分块线距检查井盖的边缘，宜大于1 m。

混凝土摊铺前，应完成下列准备工作：

(1)混凝土施工配合比已获监理工程师批准，搅拌站经试运转，确认合格。

(2)模板支设完毕，检验合格。

(3)混凝土摊铺、养护、成形等机具试运行合格。专用器材已准备就绪。

(4)运输与现场浇筑通道已修筑，且符合要求。

（四）模板与钢筋

模板应符合下列规定：

(1)模板应与混凝土的摊铺机械相匹配。模板高度应为混凝土板设计厚度。

(2)钢模板应直顺、平整，每1 m设置1处支撑装置。

(3)木模板直线部分板厚不宜小于5 cm，每0.8～1 m设1处支撑装置；弯道部分板厚宜为1.5～3 cm，每0.5～0.8 m设1处支撑装置，模板与混凝土接触面及模板顶面应刨光。

(4)模板制作允许偏差应符合相关规定。

模板安装应符合下列规定：

(1)支模前应核对路面标高、面板分块、胀缝和构造物位置。

(2)模板应安装稳固、顺直、平整，无扭曲，相邻模板连接应紧密平顺。不应错位。

(3)严禁在基层上挖槽嵌入模板。

(4)使用轨道摊铺机应采用专用钢制轨模。

(5)模板安装完毕，应进行检验，合格后方可使用。其安装质量应符合相关规定。

钢筋安装应符合下列规定：

(1)钢筋安装前应检查其原材料品种、规格与加工质量，确认符合设计规定。

(2)钢筋网、角隅钢筋等安装应牢固、位置准确。钢筋安装后应进行检查，合格后方可使用。

(3)传力杆安装应牢固、位置准确。胀缝传力杆应与胀缝板、提缝板一起安装。

(4)钢筋加工和安装的允许偏差均应符合相关规定。

混凝土抗压强度达8.0 MPa及以上方可拆模。当缺乏强度实测数据时。侧模允许最早拆模时间宜符合表1-14的规定。

表1-14　混凝土侧模的允许最早拆模时间　　单位：h

昼夜平均气温	-5 ℃	0 ℃	5 ℃	10 ℃	15 ℃	20 ℃	25 ℃	≥30 ℃
硅酸盐水泥、R型水泥	240	120	60	36	34	28	24	18
道路、普通硅酸盐水泥	360	168	72	48	36	30	24	18
矿渣硅酸盐水泥	—	—	120	60	50	45	36	24

注：允许最早拆侧模时间从混凝土面板经整成形后开始计算。

(五)混凝土搅拌与运输

面层用混凝土宜选择具备资质、混凝土质量稳定的搅拌站供应。

现场自行设立搅拌站应符合下列规定：

(1)搅拌站应具备供水、供电、排水、运输道路和分仓堆放砂石料及搭建水泥仓的条件。

(2)搅拌站管理、生产和运输能力，应满足浇筑作业需要。

(3)搅拌站宜设有计算机控制数据信息采集系统。

混凝土搅拌应符合下列规定：

(1)混凝土的搅拌时间应按配合比要求与施工对其工作性要求经试拌确定最佳搅拌时间。每盘最长总搅拌时间宜80～120 s。

(2)外加剂宜稀释成溶液，均匀加入进行搅拌。

(3)混凝土应搅拌均匀，出仓温度应符合施工要求。

(4)搅拌钢纤维混凝土，除应满足上述要求外，尚应符合下列要求。

①当钢纤维体积率较高，搅拌物较干时，搅拌设备一次搅拌量不宜大于其额定搅拌量的80%。

②钢纤维混凝土的投料次序、方法和搅拌时间，应以搅拌过程中钢纤维不产生结团和满

足使用要求为前提，通过试拌确定。

③钢纤维混凝土严禁用人工搅拌。

施工中应根据运距、混凝土搅拌能力、摊铺能力确定运输车辆的数量与配置。

不同摊铺工艺的混凝土搅拌物从搅拌机出料到运输、铺筑完毕的允许最长时间应符合表 1-15 的规定。

表 1-15 混凝土拌合物出料到运输、铺筑完毕允许最长时间

施工气温*/℃	到运输完毕允许最长时间/h		到铺筑完毕允许最长时间/h	
	滑模、轨道	三辊轴、小机具	滑模、轨道	三辊轴、小机具
5～9	2.0	1.5	2.5	2.0
10～19	1.5	1.0	2.0	1.5
20～29	1.0	0.75	1.5	1.25
30～35	0.75	0.50	1.25	1.0

注：表中“*”指施工时间的日间平均气温，使用缓凝剂延长凝结时间后，本表数值可增加 0.25～0.5 h。

(六)混凝土铺筑

混凝土铺筑前应检查下列项目：

(1)基层或砂垫层表面、模板位置、高程等符合设计要求。模板支撑接缝严密、模内洁净、隔离剂涂刷均匀。

(2)钢筋、预埋胀缝板的位置正确，传力杆等安装符合要求。

(3)混凝土搅拌、运输与摊铺设备，状况良好。

三辊轴机组铺筑应符合下列规定：

(1)三辊轴机组铺筑混凝土面层时，辊轴直径应与摊铺层厚度匹配，且必须同时配备一台安装插入式振捣器组的排式振捣机，振捣器的直径宜为 50～100 mm，间距不应大于其有效作用半径的 1.5 倍，且不得大于 50 cm。

(2)当面层铺装厚度小于 15 cm 时，可采用振捣梁。其振捣频率宜为 50～100 Hz，振捣加速度宜为 $4g \sim 5g$(g 为重力加速度)。

(3)当一次摊铺双车道面层时，应配备纵缝拉杆插入机，并配有插入深度控制和拉杆间距调整装置。

(4)铺筑作业应符合下列要求：

①卸料应均匀，布料应与摊铺速度相适应。

②设有接缝拉杆的混凝土面层，应在面层施工中及时安设拉杆。

③三辊轴整平机分段整平的作业单元长度宜为 20～30 m，振捣机振实与三辊轴整平工序之间的时间间隔不宜超过 15 min。

④在一个作业单元长度内，应采用前进振动、后退静滚方式作业，最佳滚压遍数应经过试铺确定。

采用轨道摊铺机铺筑时，最小摊铺宽度不宜小于 3.75 m，并应符合下列规定：

(1)应根据设计车道数按表1-16的技术参数选择摊铺机。

表1-16 轨道摊铺机的基本技术参数

项目	发动机功率/kW	最大摊铺宽度/m	摊铺厚度/mm	摊铺速度(m·min^{-1})	整机质量/t
三车道轨道摊铺机	33~45	11.75~18.3	250~600	1~3	13~38
双车道轨道摊铺机	15~33	7.5~9.0	250~600	1~3	7~13
单车道轨道摊铺机	8~22	3.5~4.5	250~450	1~4	≤7

(2)坍落度宜控制在20~40 mm。不同坍落度时的松铺系数K可参考表1-17确定,并按此计算出松铺高度。

表1-17 松铺系数K与坍落度S_L的关系

坍落度S_L/mm	5	10	20	30	40	50	60
松铺系数K	1.30	1.25	1.22	1.19	1.17	1.15	1.12

(3)当施工钢筋混凝土面层时,宜选用两台箱型轨道摊铺机分两层两次布料。下层混凝土的布料长度应根据钢筋网片长度和混凝土凝结时间确定,且不宜超过20 m。

(4)振实作业应符合下列要求:

①轨道摊铺机应配备振捣器组,当面板厚度超过150 mm、坍落度小于30 mm时,必须插入振捣。

②轨道摊铺机应配备振动梁或振动板对混凝土表面进行振捣和修整。使用振动板振动提浆饰面时,提浆厚度宜控制在(4±1)mm。

(5)面层表面整平时,应及时清除余料,用抹平板完成表面整修。

链接

采用振动器进行振捣时,其顺序为:插入式振捣器→平板式振捣器→振动梁(先重后轻)→无缝钢管滚杆提浆赶浆。

人工小型机具施工水泥混凝土路面层,应符合下列规定:

(1)混凝土松铺系数宜控制在1.10~1.25。

(2)摊铺厚度达到混凝土板厚的2/3时,应拔出模内钢钎,并填实钎洞。

(3)混凝土面层分两次摊铺时,上层混凝土的摊铺应在下层混凝土初凝前完成,且下层厚度宜为总厚的3/5。

(4)混凝土摊铺应与钢筋网、传力杆及边缘角隅钢筋的安放相配合。

(5)一块混凝土板应一次连续浇筑完毕。

(6)混凝土使用插入式振捣器振捣时,不应过振,且振动时间不宜小于30 s,移动间距不宜大于50 cm。使用平板振捣器振捣时应重叠10~20 cm,振捣器行进速度应均匀一致。

(7)真空脱水作业应符合下列要求:

①真空脱水应在面层混凝土振捣后、抹面前进行。

②开机后应逐渐升高真空度,当达到要求的真空度,开始正常出水后,真空度应保持稳定,最大真空度不宜超过0.085 MPa,待达到规定脱水时间和脱水量时,应逐渐减小真空度。

③真空系统安装与吸水垫放置位置，应便于混凝土摊铺与面层脱水，不得出现未经吸水的脱空部位。

④混凝土试件，应与吸水作业同条件制作、同条件养护。

⑤真空吸水作业后，应重新压实整平，并拉毛、压痕或刻痕。

(8)成活应符合下列要求：

①现场应采取防风、防晒等措施；抹面拉毛等应在跳板上进行，抹面时严禁在板面上洒水、撒水泥粉。

②采用机械抹面时，真空吸水完成后即可进行。先用带有浮动圆盘的重型抹面机粗抹，再用带有振动圆盘的轻型抹面机或人工细抹一遍。

③混凝土抹面不宜少于4次，先找平抹平，待混凝土表面无泌水时再抹面，并依据水泥品种与气温控制抹面间隔时间。

专家解读

路面表面构造应采用刻槽、压槽、拉槽或拉毛等方法制作。构造的平均纹理深度应为1~2 mm。

(七)水泥混凝土路面接缝的布置

纵向接缝的布设应视路面总宽度、行车道及硬路肩宽度以及施工铺筑宽度而定：

(1)一次铺筑宽度小于路面宽度时，应设置纵向施工缝。

(2)一次铺筑宽度大于4.5 m时，应设置纵向缩缝。

(3)碾压混凝土面层一次摊铺宽度大于7.5 m时，应设置纵向缩缝；钢纤维混凝土面层在摊铺宽度小于7.5 m时，可不设纵向缩缝。

(4)行车道路面与混凝土硬路肩之间的纵向接缝必须设置拉杆。

纵缝应与路线中线平行。在路面等宽的路段内或路面变宽路段的等宽部分，纵缝的间距和形式应保持一致。路面变宽段的加宽部分与等宽部分之间，应以纵向施工缝隔开。加宽板在变宽段起终点处的宽度不应小于1 m。

每日施工结束或因临时原因中断施工时，必须设置横向施工缝，其位置宜选在缩缝或胀缝处。设在缩缝处的施工缝，应采用加传力杆的平缝形式；设在胀缝处的施工缝，其构造应与胀缝相同。

横向缩缝可等间距或变间距布置，应采用假缝形式。极重、特重和重交通荷载公路的横向缩缝，中等和轻交通荷载公路邻近胀缝或自由端部的3条横向缩缝，收费广场的横向缩缝，应采用设传力杆假缝形式。其他情况可采用不设传力杆假缝形式。传力杆的设置不应妨碍相邻混凝土板的自由伸缩，钢筋表面应做防锈处理。

链接

假缝的施工方法，应采用切缝法。当条件受限时，可采用压缝法。

横缝施工应符合下列规定：

(1)胀缝间距应符合设计规定，缝宽宜为20 mm。在与结构物衔接处、道路交叉和填挖土方变化处，应设胀缝。

(2)胀缝上部的预留填缝空隙，宜用提缝板留置。提缝板应直顺，与胀缝板密合、垂直于面层。

(3)缩缝应垂直板面，宽度宜为4～6 mm。切缝深度：设传力杆时，不应小于面层厚的1/3，且不得小于70 mm；不设传力杆时，不应小于面层厚的1/4，且不应小于60 mm。

(4)机切缝时，宜在水泥混凝土强度达到设计强度25%～30%时进行。

当混凝土面层施工采取人工抹面、遇有5级以上风时，应停止施工。

(八)面层养护与填缝

水泥混凝土面层成活后，应及时养护。可选用保湿法和塑料薄膜覆盖等方法养护。气温较高时，养护不宜少于14 d；低温时，养护期不宜少于21 d。

昼夜温差大的地区，应采取保温、保湿的养护措施。

养护期间应封闭交通，不应堆放重物；养护终结，应及时清除面层养护材料。

混凝土板在达到设计弯拉强度的40%以后，方可允许行人通行。

填缝应符合下列规定：

(1)混凝土板养护期满后应及时填缝，缝内遗留的砂石、灰浆等杂物，应剔除干净。

(2)应按设计要求选择填缝料，并根据填料品种制定工艺技术措施。

(3)浇注填缝料必须在缝槽干燥状态下进行，填缝料应与混凝土缝壁黏附紧密，不渗水。

(4)填缝料的充满度应根据施工季节而定，常温施工应与路面平，冬期施工，宜略低于板面。

专家解读

水泥混凝土路面抗弯拉强度应达到设计强度，并应在填缝完成后开放交通。

三、城镇道路养护、大修、改造技术

(一)沥青路面养护技术

1. 基本规定

沥青路面养护分为日常养护和养护工程。日常养护包括日常巡查、日常保养和日常维修；养护工程包括预防养护、修复养护、专项养护和应急养护。

沥青路面日常养护应满足下列质量要求：

(1)沥青路面保持干净、整洁，及时清除杂物、积水。

(2)及时发现并处治裂缝、坑槽、松散、沉陷、车辙等病害，与原路面结合的界面顺直、紧密、耐久，达到平整、美观等效果。

(3)路缘石保持线条直顺、顶面平整、无缺失，具有良好的视线诱导与挡水引流效果。

(4)路面障碍及时清理或报告，并做好沥青路面日常巡查、病害处治和障碍清理记录。

2. 日常养护

日常巡查应主要检查沥青路面病害，以及易诱发路面病害或影响通行的积水、积雪、积冰、污染物、散落物、路障等情况。

日常巡查宜采用乘车、骑行或步行巡查方式，乘车巡查过程中发现路面突发病害及异常情况时应停车辅助人工检查。

日常保养应包括下列主要工作内容：

(1)清除路面泥土杂物、污染物、散落物等。

(2)排除路面积水，疏通路面排水。

(3)清除路面积雪、积冰、积沙等。

(4)实施路面夏季洒水降温作业。

日常维修工作计划应根据沥青路面损坏状况调查与评价以及日常巡查记录结果按月度进行编制。沥青路面日常维修应按工作计划进行，并根据日常维修工作记录信息适时进行日常维修质量评价与反馈。应分析沥青路面各类损坏与病害产生的原因，并根据路面结构类型、使用年限、处治季节、气温等实际情况，采取相应的病害处治措施。

3. 病害处置

沥青路面出现的裂缝、坑槽、车辙、沉陷、波浪拥包、松散、泛油等病害应及时进行处治，防止路面病害发展与扩大。

因路基或基层局部强度不足、松散、碎裂等原因形成的沥青路面病害，应在处治好路基或基层病害后，进行沥青面层处治。

病害处治方案应根据病害类型、范围与严重程度确定，做好材料、设备和施工准备，进行病害精细处治，达到可靠、耐久、经济、美观的处治效果。

病害修补面积应大于病害实际面积，修补范围的轮廓线应与路面中心线平行或垂直，并在病害修补的边缘部位采取涂覆黏层材料、贴缝胶、界面加热等措施，保证修补部分与原路面界面黏结牢固、有效防水。

因修补不良造成修补区再次损坏，应分析诊断修补不良产生再次损坏的原因，进行根治，保证再次修补的质量。

对坑槽、车辙、沉陷等需将原路面沥青面层挖除或铣刨后进行修补作业的病害，宜随挖随补。

裂缝处治可采用灌缝、贴缝、带状挖补方式，或进行组合使用。灌缝材料宜采用密封胶；贴缝材料可采用热粘式贴缝胶和自粘式贴缝胶，其工艺可分为直接贴缝和灌缝后贴缝。裂缝处治后出现明显变形、唧泥等破坏的，应采用带状挖补方法进行彻底处理，对损坏的基层宜采用大粒径透水性沥青混合料进行回填处理，面层应采用与原沥青面层相同的材料进行修补，并做好纵横向排水处理措施。重度局部块裂、龟裂应按坑槽修补方法进行。

坑槽可采用就地热修补、热料热补、冷料冷补等方式，坑槽修补应符合下列规定：

(1)坑槽修补材料应具有足够的强度以及良好的高低温性能、抗水损坏和老化性能。

(2)应按“圆洞方补、斜洞正补”的原则，确定路面坑槽破损的边界。坑槽修补轮廓线与行车方向平行或垂直，并超过坑槽破损边界 10～15 cm。

(3)坑槽处治至损坏的最底部，修补后新填补部分应略高于原沥青路面。

(4)雨季和多雨地区，应对路面坑槽修补接缝处进行封缝处理。

(5)坑槽修补完成后,应清理作业区域,开放交通。

因基层局部强度不足或松散造成的路面沉陷,应铣刨或挖除沥青面层,处理好基层后,重铺沥青面层。因路基不均匀沉降引起的路面沉陷,根据路面破损状况可采取下列处治措施:

(1)路面略有下沉、无破损或仅有少量轻微裂缝时,可在沉陷部位喷洒黏层沥青,用沥青混合料将沉陷部分填补,并压实、整平。

(2)路面出现较大范围的不均匀下沉时,可对沉陷路段两端衔接部位各 10 m 范围内分层、分台阶铣刨沥青面层,纵向台阶搭接宽度不宜小于 30 cm,横向台阶搭接宽度不宜小于 20 cm,清理干净下承层,喷洒黏层沥青,在侧壁涂覆乳化沥青后,分层重铺沥青面层。

(3)路基密实稳定、不再继续下沉后,进行沥青面层处治。

4. 养护工程

沥青路面预防养护、修复养护和应急养护中涉及修复养护的工程,应进行养护工程设计。专项养护工程沥青路面设计可根据工程技术特点进行。养护对策选择应最大限度利用既有路面结构,并对路面结构层中的病害进行处治。

5. 封层

封层适用于有轻微病害、存在病害隐患或尚未出现病害,路面技术状况优良以上且结构强度满足要求的沥青路面,可作为预防养护措施。

封层包括含砂雾封层、稀浆封层、微表处、碎石封层、纤维封层、复合封层等措施。

针对特殊路段的沥青路面抗滑性能要求,宜选用微表处、碎石封层、纤维封层、复合封层等封层措施,并保证具有良好的抗滑性能及耐久性。

封层施工应采用机械化作业方式,施工前彻底清除原路面的泥土、杂物,保持原路面干净、干燥,并按有关规定处治原路面病害。

稀浆封层混合料按矿料级配的不同,可分为细封层、中封层和粗封层,分别以 ES-1、ES-2、ES-3 表示;微表处混合料按矿料级配的不同,可分为Ⅱ型和Ⅲ型,分别以 MS-2 和 MS-3 表示。稀浆封层及微表处类型、功能及适用范围应符合表 1-18 的规定。

表 1-18　稀浆封层及微表处类型、功能及适用范围

稀浆混合料类型	混合料规格	功能	适用范围
稀浆封层	ES-1	封水、防滑和改善路表外观	适用于支路、停车场的罩面
	ES-2		次干路以下的罩面以及新建道路的下封层
	ES-3		次干路的罩面,以及新建道路的下封层
微表处	MS-2	封水、防滑、耐磨和改善路表外观	中等交通等级快速路和主干路的罩面
	MS-3	封水、防滑、耐磨、改善路表外观和填补车辙	快速路、主干路的罩面

链接

微表处和稀浆封层工程完工后，应将施工全线以1 km作为一个评价路段按以下规定进行质量检查和验收。(1)主控项目：抗滑性能、渗水系数、厚度应满足相关要求。(2)一般项目：表面应平整、密实、均匀，无松散、花白料、轮迹和划痕；横向接缝、纵向接缝和边线质量应符合相关规定。

6. 功能性罩面

功能性罩面适用于各等级公路预防或修复病害、需要改善抗滑等使用性能且结构强度满足使用要求的沥青路面，铺筑厚度小于40 mm的功能性罩面可作为预防养护措施。

(二)水泥混凝土路面养护技术

1. 养护内容

行车道与硬路肩上的泥土和杂物，应经常予以清扫。当设有中间带、变速车道、爬坡车道、应急停车带时，其上的泥土和杂物亦应清扫干净。

水泥混凝土路面各种接缝的填缝料出现缺损或溢出，应及时填补或清除，并应防止泥土、砂石及其他杂物挤压进入接缝内，影响混凝土路面板的正常伸缩。

路基路面(包括路肩、中央分隔带)排水设施，应经常检查和疏通，防止积水，以保护路面不受地面水和地下水的损害。

对路面的较大损坏，应对路面检查评定结果确定的养护对策，安排大、中修或专项工程，进行维修和整治。局部路段路面损坏严重的，应予以翻修，以达到设计标准；整个路段路面平整度、抗滑能力不足的，可采取罩面，铺筑加铺层，以恢复其表面功能；整个路段路面接缝填缝料失效的，应予以全面更换。

对承载能力不足或不适应交通发展要求的路面，可根据不同情况进行加铺、加宽，以提高承载能力和通行能力。

2. 日常养护

水泥混凝土路面日常养护应做好预防性、经常性养护，通过经常的巡视检查，及早发现缺陷，查清原因，采取适当措施，清除障碍物，保持路面状况良好。

应对接缝进行适时的保养，保持接缝完好，表面平顺。

(1)填缝料凸出板面，高速公路、一级公路超出3 mm，其他等级公路超过5 mm时应铲平。

(2)填缝料外溢流淌到接缝两侧面板，影响路面平整度和路容时应予清除。

(3)杂物嵌入接缝时应予清除，若杂物系小石块及其他坚硬物，应及时剔除。

必须对路面、路肩、中央分隔带、边沟、边坡、挡土墙以及所有排水构造物进行妥善的日常维护，保持系统的排水功能。当排水系统整体功能不能满足要求时，应通过改善或改建工程进行完善提高。对路面排水设施，应采取经常性的巡查并与重点检查相结合，发现损坏应及时安排修复，发现堵塞必须立即疏通，路段积水应及时排出。

3. 病害修复

对宽度小于3mm的轻微裂缝，可采取扩缝灌浆。对贯穿全厚的大于3 mm小于15 mm

的中等裂缝,可采取条带罩面进行补缝。对宽度大于 15 mm 的严重裂缝可采用全深度补块。全深度补块分集料嵌锁法、刨挖法、设置传力杆法。

水泥混凝土路面板和基层之间由于出现空隙而导致路面沉陷的,可采用沥青灌注、水泥浆、水泥粉煤灰浆和水泥砂浆灌浆等方法进行板下封堵。

水泥混凝土路面唧泥病害,应采取压浆处理。水泥混凝土面板进行压浆处理后,应对接缝及时灌缝。

错台的处置方法有磨平法和填补法两种,可按错台的轻重程度选定。高差小于或等于 10 mm的错台,可采用磨平机磨平,或人工凿平。高差大于 10 mm 的严重错台,可采取沥青砂或水泥混凝土进行处治。

沉陷处理应设置排水设施。面板顶升基本要求:面板在顶升前,应用水准仪测量下沉板的下沉量,测站距下沉处应大于 50 m,并绘出纵断面,求出升起值。在混凝土面板上钻孔,孔深应略大于板厚 2 cm。板块顶升宜采用起重设备或千斤顶。灌注材料可采用水泥砂浆。灌注材料压入后,每灌一孔应用木楔堵塞,压浆全部完毕,应拔出木楔,宜用高强水泥砂浆堵孔。压浆材料的抗压强度达到 6 MPa 时,方可开放交通。

坑洞修补应根据不同情况采取相应措施进行。对个别的坑洞,应清除洞内杂物,用水泥砂浆等材料填充,达到平整密实。对较多坑洞且连成一片的,应采取薄层修补方法进行修补。低等级公路对面积较大,深度在 3 cm 以内,成片的坑洞,可用沥青混凝土进行修补。

(三)旧路补强施工技术

路面在使用过程中,由于行车荷载和环境因素的不断作用,其使用性能会逐渐衰变。当路面的结构状况或表面功能不能满足使用要求时,需采取修复措施以恢复或提高其使用性能。在旧道路路面上铺设加铺层,是一项充分利用旧路面剩余强度,可在较长时期内恢复或提高路面使用性能的有效技术措施。

常见的旧路补强情形有沥青路面加铺沥青混合料面层和水泥混凝土路面加铺沥青混合料面层两种。原有沥青路面、水泥混凝土路面作为新路面的基层,新加铺的沥青混合料作为新路面的面层。

旧路面加铺补强前,应对原有路面的主要病害按上文提到的方法进行修补,保证路面基本无损坏、平整后方可进行加铺沥青混合料面层。对于水泥混凝土路面,还应事先将接缝处理干净。

旧路面加铺沥青面层时,往往会抬高路面高程,因此在旧路补强过程中,应注意路面上原有检查井、雨水管的位置和高程,并做相应的抬高处理。

链接

基底处理的方式有两种,一种是开挖式基底处理(即换填基底材料),另一种是非开挖式基底处理。对于脱空部位,非开挖式基底处理常采用注浆的方法,需经过试验确定的参数有注浆压力、初凝时间、注浆流量、浆液扩散半径等。

2K312000 城市桥梁工程

2K312010 城市桥梁结构形式及通用施工技术

一、城市桥梁结构分类与组成

（一）桥梁的分类

关于桥梁的分类，下面以典型例题的形式进行介绍。

典型例题

【单选题】关于桥梁分类的说法，错误的是（　　）。

A. 桥梁按跨径长度将三孔标准跨径总长为 500 m 的桥梁划分为特大桥

B. 桥梁按受力特点可分为梁式桥、钢架桥、拱式桥、悬索桥以及组合体系桥

C. 桥梁按跨越障碍的性质分为跨河桥、跨线桥、高架桥和栈桥

D. 桥梁按上部结构的行车道位置可分为上承式桥、中承式桥和下承式桥

A。【解析】桥梁按照多孔跨径总长度或者单孔跨径的长度划分的具体要求见表 1-19。

表 1-19 桥梁分类

桥梁分类	多孔跨径总长 L/m	单孔跨径 L_k/m
特大桥	$L>1\ 000$	$L_k>150$
大桥	$100\leqslant L\leqslant 1\ 000$	$40\leqslant L_k\leqslant 150$
中桥	$30<L<100$	$20\leqslant L_k<40$
小桥	$8\leqslant L\leqslant 30$	$5\leqslant L_k<20$

桥梁按结构受力特点，可分为梁式桥、刚架桥、拱式桥、悬索桥以及组合体系桥，具体内容如下：

（1）梁式桥。梁式桥是以它的抗弯能力来承受荷载的。梁分为简支梁、悬臂梁、固端梁和连续梁等。悬臂梁、固端梁和连续梁都是利用支座上的卸载弯矩去减少跨中弯矩，以同等抗弯能力的构件断面就可建成更大跨径的桥梁。

（2）刚架桥。刚架桥是由受弯的上部梁（或板）与承压的下部柱（或墩）整体结合在一起的结构。由于梁与柱的刚性连接，梁因柱的抗弯刚度而得到卸载作用，整个体系是压弯结构，也是有推力的结构。刚架分直腿刚架与斜腿刚架。刚架桥受力状态介于梁式桥和拱式桥之间。

（3）拱式桥。拱式体系的主要承重结构是拱肋（或拱圈），以承压为主，通过一个水平推力把原本由荷载产生的弯矩应力变成压应力或大部分转化为压应力，可采用抗压能力强的圬工材料（石、混凝土与钢筋混凝土）来修建。拱分单铰拱、双铰拱、三铰拱和无铰拱。拱是

有推力的结构,对地基要求较高,一般常建于地基良好的地区。混凝土拱桥因铰的构造复杂、不易制作,故一般采用无铰拱体系。

(4)悬索桥。悬索桥是指以悬索为主要承重结构的桥。其主要构造是缆、塔、锚、吊索及桥面,一般还有加劲梁。其受力特征是:荷载由吊索传至缆,再传至锚墩,传力途径简捷、明确。悬索桥的特点是:构造简单,受力明确;跨径愈大,材料耗费愈少、桥的造价愈低。悬索桥是大跨桥梁的主要形式,因其主要构件受拉力,材料利用效率最高,更由于近代悬索桥的主缆采用高强钢丝,悬索桥的自重较轻,在刚度满足使用要求的情况下,能充分显示出其优越性,使其能比其他形式的桥梁更能经济合理地修建大跨度桥梁。

(5)组合体系桥。组合体系桥梁是由上述各类桥梁结构组合而成的桥梁类型。连续钢构:是由梁和钢架相结合的体系。梁、拱组合体系:这类体系中有系杆拱、桁架拱、多跨拱梁结构等。它们利用梁的受弯与拱的承压特点组成联合结构。斜拉桥:是指由承压的塔、受拉的索与承弯的梁体组合起来的一种结构体系。

典型例题

【单选题】关于桥梁结构受力特点的说法,错误的是(　　)。

A. 拱式桥的承重结构以受压为主,桥墩或桥台承受水平推力

B. 梁式桥是一种在竖向荷载作用下无水平反力的结构

C. 刚架桥在竖向荷载作用下,梁部主要受弯,而柱脚处也具有水平反力

D. 在相同荷载作用下,同样跨径的刚架桥正弯矩比梁式桥要大

D。【解析】对于同样的跨径,在相同的荷载作用下,刚架桥的跨中正弯矩比一般梁式桥要小。故选项D错误。

(二)桥梁结构组成

无论何种类型的桥梁均由上部结构、下部结构、支座系统、附属设施四个基本部分组成。进一步可细分为“五大部件”与“五小部件”。

1. 五大部件

关于桥梁五大部件的组成和作用,下面以典型例题的形式进行介绍。

典型例题

【多选题】桥台的作用有(　　)。

A. 传递桥跨结构恒载

B. 与路堤衔接,防止路堤滑坡

C. 防止河道冲刷

D. 承受台后路堤土压力

E. 传递汽车活载

ABDE。【解析】桥梁“五大部件”的桥台与桥墩、墩台基础组成桥梁的下部结构,“五大部件”还包括桥跨结构和支座系统,其组成及作用在历年中皆有考查,具体内容如下。(1)桥跨结构(或称桥孔结构、上部结构):路线遇到障碍(如江河、山谷或其他路线等)而搭建的结构物。(2)支座系统:支承上部结构并传递荷载于桥梁墩台上的结构。应保证上部结构在预计的荷载、温度变化或其他因素作用下的位移功能。(3)桥墩:在河中或岸上支承两侧桥跨上部结构的构筑物。(4)墩台基础:保证桥梁墩台安全并将荷载传至地基的结构,常常需要在水中施工,因而遇到的问题也很复杂。

2. 五小部件

所谓“五小部件”是指直接与桥梁服务功能有关的部件，过去称为桥面构造，组成如下：

(1)桥面铺装(铺筑在桥面板上的防护层)。桥面铺装是指铺筑在桥面板上的防护层，用以防止车轮(或履带)直接磨耗桥面板，并扩散车轮荷载，也为车辆提供平整防滑的行驶表面。

(2)排水防水系统。桥面防水是桥梁耐久性的一个重要方面，对延长桥梁寿命起到关键性的作用。而桥面防水又是一个涉及铺装材料、设计、施工综合性的系统工程，还必须和桥面排水等配合，做到“防排结合”。

(3)防撞护栏。防撞护栏是一种纵向结构设施，通过自身变形或迫使车辆爬高来吸收车辆的碰撞能量，以达到最大限度减少事故损失的目的。防撞护栏的设置应实现以下功能：阻止事故车辆越出路外或进入对向车道；使事故车辆回到正常行驶方向；最大限度地减少乘员的伤亡；诱导驾驶员的视线。

(4)伸缩缝。桥跨上部结构之间或桥跨上部结构与桥台端墙之间所设的伸(膨胀)缝、缩(收缩)缝。伸缩缝是结构缝的一种，目的是为减小由于温差(早期水化热或使用期季节温差)和体积变化(施工期或使用早期的混凝土收缩)等间接作用效应积累的影响，将混凝土结构分割为较小的单元，避免引起较大的约束应力和开裂。

(5)灯光照明。桥梁夜景照明系统是一个城市的标志性景观，一定程度上代表着这个城市的审美，是城市对外的名片。

(三)桥梁设计参数

净跨径：相邻两个桥墩或桥台之间的净距(梁桥)，拱跨两个拱脚截面最低点之间的水平距离(拱桥)。

计算跨径：桥跨结构相邻两个支座中心距离(具有支座的梁桥)，两相邻拱脚截面形心点之间的水平距离(拱桥)。

总跨径：各孔净跨径之和。

桥梁全长：桥梁两端两个桥台的侧墙或八字墙后端点之间的距离。

桥下净空(高)：设计洪水位或计算通航至桥跨结构最下缘的距离。

标准跨径：相邻桥墩中线之间的距离(梁桥)。

建筑高度：桥上行车道顶面至桥跨结构最下缘之间的距离。应不大于容许建筑高度。

净矢高：从拱顶截面下缘至相邻两拱脚截面下缘最低点之连线的垂直距离。

矢跨比：拱桥中拱圈(或拱肋)的计算矢高与计算跨径之比，又称拱矢度。能够反映拱桥受力特性的重要指标。

二、桥梁支座系统施工

(一)一般规定

当实际支座安装温度与设计要求不同时，应通过计算设置支座顺桥方向的预偏量。

支座安装平面位置和顶面高程必须正确，不得偏斜、脱空、不均匀受力。

支座滑动面上的聚四氟乙烯滑板和不锈钢板位置应正确，不得有划痕、碰伤。

墩台帽、盖梁上的支座垫石和挡块宜二次浇筑,确保其高程和位置的准确。垫石混凝土的强度必须符合设计要求。

(二)板式橡胶支座

支座安装前应将垫石顶面清理干净,采用干硬性水泥砂浆抹平,顶面标高应符合设计要求。

梁板安放时应位置准确,且与支座密贴。如就位不准或与支座不密贴时,必须重新起吊,采取垫钢板等措施,并应使支座位置控制在允许偏差内。不得用撬棍移动梁、板。

(三)盆式橡胶支座

当支座上、下座板与梁底和墩台顶采用螺栓连接时,螺栓预留孔尺寸应符合设计要求,安装前应清理干净,采用环氧砂浆灌注;当采用电焊连接时,预埋钢垫板应锚固可靠、位置准确。墩顶预埋钢板下的混凝土宜分 2 次浇筑,且一端灌入,另一端排气,预埋钢板不得出现空鼓。焊接时应采取防止烧坏混凝土的措施。

现浇梁底部预埋钢板或滑板应根据浇筑时气温、预应力筋张拉、混凝土收缩和徐变对梁长的影响设置相对于设计支承中心的预偏值。

活动支座安装前应采用丙酮或酒精解体清洗其各相对滑移面,擦净后在聚四氟乙烯板顶面满注硅脂。重新组装时应保持精度。

支座安装后,支座与墩台顶钢垫板间应密贴。

链接

预制梁盆式支座安装时,应预先将支座上钢板预埋至梁体内,然后利用螺栓将支座固定在梁体预埋钢板上,吊运预制梁并缓慢地落至临时支撑上,进行盖梁支座灌浆作业,最后拆除各支座上、下连接钢板及螺栓。

(四)球形支座

支座出厂时,应由生产厂家将支座调平,并拧紧连接螺栓,防止运输安装过程中发生转动和倾覆。支座可根据设计需要预设转角和位移,但需在厂内装配时调整好。

支座安装前应开箱检查配件清单、检验报告、支座产品合格证及支座安装养护细则。施工单位开箱后不得拆卸、转动连接螺栓。

当下支座板与墩台采用螺栓连接时,应先用钢楔块将下支座板四角调平,高程、位置应符合设计要求,用环氧砂浆灌注地脚螺栓孔及支座底面垫层。环氧砂浆硬化后,方可拆除四角钢楔,并用环氧砂浆填满楔块位置。

当下支座板与墩台采用焊接连接时,应采用对称、间断焊接方法将下支座板与墩台上预埋钢板焊接。焊接时应采取防止烧伤支座和混凝土的措施。

当梁体安装完毕,或现浇混凝土梁体达到设计强度后,在梁体预应力张拉之前,应拆除上、下支座板连接板。

下面以典型例题的形式对桥梁支座的作用及验收进行介绍。

典型例题

【案例题】某公司承接了某市高架桥工程。桥幅宽 25 m。共 14 跨，跨径为 16 m，为双向六车道，上部结构为预应力空心板梁，半幅桥断面示意图（单位：mm）见下图。

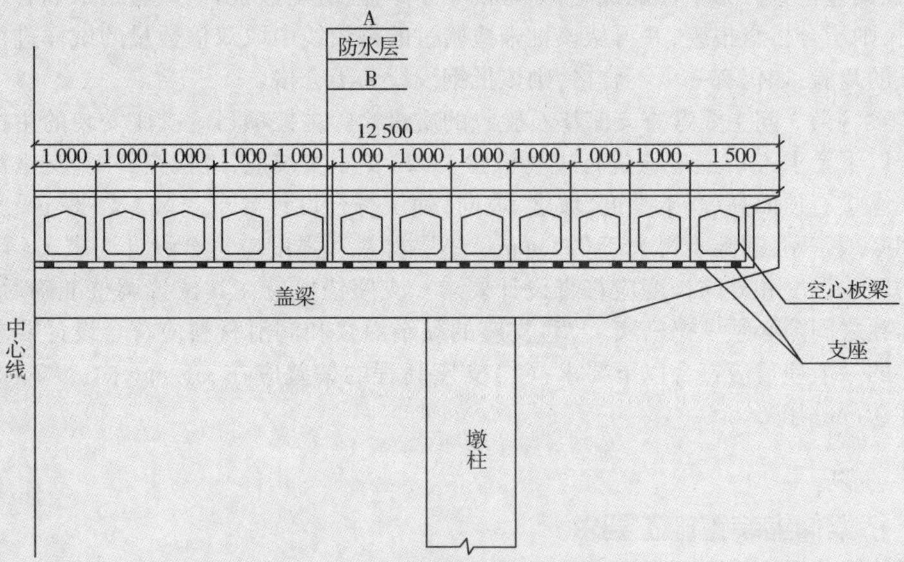

项目部采购了一批钢绞线共计 50 t，抽取部分进行了力学性能试验及其他试验，检验合格后用于预应力空心板梁制作。

空心梁板安装前，项目部对支座垫石进行了检查验收。

【问题】

1. 写出图中桥梁支座的作用，以及支座的名称。

2. 项目部采购的钢绞线按规定应抽取多少盘进行力学性能试验和其他试验？

3. 写出支座垫石验收的质量检验主控项目。

【答案】

1. 作用：连接上部和下部结构，传递荷载和变形。名称：板式橡胶支座。

2. 应抽取 3 盘，并从每盘所选用的钢绞线端部正常部位截取一根试样进行试验。

3. 顶面高程、平整度、坡度、坡向、垫石材料和强度。

【解析】

本案例第 1 问主要考查桥梁支座的作用及分类。桥梁支座是桥跨结构的重要支撑部分，是桥梁的重要组成，使桥梁构成一个整体。它连接桥梁上部结构和下部结构，并能够将桥跨结构的支撑反力传给桥墩，还在一定程度上能够适应梁体转动和自由伸缩的需要。桥梁支座按变形的情况可分为固定支座、单向活动支座和多向活动支座；按支座材料的情况可分为钢支座、混凝土支座、铅支座、聚四氟乙烯支座、橡胶支座等；按支座结构形式可分为弧形支座、板式橡胶支座、摇轴支座、盆式橡胶支座、球形支座、拉压支座等。

本案例第2问主要考查钢绞线检验的规定。钢绞线检验每批不得大于60 t;从每批钢绞线中任取3盘,并从每盘所选用的钢绞线端部正常部位截取一根试样,进行表面质量、直径偏差检查和力学性能试验,如每批少于3盘,应全数检查,试验结果如有一项不合格时,则不合格盘报废,并再从该批未检验过的钢绞线中取双倍数量的试样进行该不合格项的复验,如仍有一项不合格,则该批钢绞线为不合格。

本案例第3问主要考查支座垫石验收的质量检验主控项目。支座安装的主控项目应符合以下要求:(1)支座应进行进场检验。(2)支座安装前,应检查跨距、支座栓孔位置和支座垫石顶面高程、平整度、坡度、坡向,确认符合设计要求。(3)支座与梁底及垫石之间必须密贴,间隙不得大于0.3 mm。垫层材料和强度应符合设计要求。(4)支座锚栓的埋置深度和外露长度应符合设计要求。支座锚栓应在其位置调整准确后固结,锚栓与孔之间隙必须填捣密实。(5)支座的黏结灌浆和润滑材料应符合设计要求。支座安装的一般项目应符合以下要求:(1)支座高程的偏差应在±5 mm内。(2)支座偏位应在3 mm内。

三、桥梁伸缩装置施工要求

选择伸缩装置应符合下列规定:

(1)伸缩装置与设计伸缩量应相匹配。

(2)具有足够强度,能承受与设计标准相一致的荷载。

(3)城市桥梁伸缩装置应具有良好的防水、防噪声性能。

(4)安装、维护、保养、更换简便。

伸缩装置安装前应检查修正梁端预留缝的间隙,缝宽应符合设计要求,上下必须贯通,不得堵塞。伸缩装置应锚固可靠,浇筑锚固段(过渡段)混凝土时应采取措施防止堵塞梁端伸缩缝隙。伸缩装置安装前应对照设计要求、产品说明,对成品进行验收,合格后方可使用。安装伸缩装置时应按安装时气温确定安装定位值,保证设计伸缩量。伸缩装置宜采用后嵌法安装,即先铺桥面层,再切割出预留槽安装伸缩装置。

填充式伸缩装置施工应符合下列规定:

(1)预留槽宜为50 cm宽、5 cm深,安装前预留槽基面和侧面应进行清洗和烘干。

(2)梁端伸缩缝处应黏固止水密封条。

(3)填料填充前应在预留槽基面上涂刷底胶,热拌混合料应分层摊铺在槽内并捣实。

(4)填料顶面应略高于桥面,并撒布一层黑色碎石,用压路机碾压成型。

四、桥面防水系统施工技术

(一)基本规定

桥面防水工程应根据桥梁的类别、所处地理位置、自然环境、所在道路等级、防水层使用年限划分为两个防水等级。

防水层材料的选用应符合下列规定:

(1)当采用沥青混凝土铺装面层时,防水层应采用防水卷材或防水涂料等柔性防水材料。

(2)当采用水泥混凝土铺装面层时,宜采用水泥基渗透结晶型等刚性防水,严禁采用卷材防水。

桥面防水工程应按施工工序进行检验,每一工序合格后方可进行下一道工序作业。桥面防水工程必须由有防水施工资质的专业队伍施工。防水材料进场后,施工单位应对材料性能进行复测,严禁工程中使用不合格产品。桥面防水系统应建立管理、维修、养护制度,并定期检查。

(二)桥面防水设计

当桥面纵向或横向坡度大于4%时,不宜采用卷材防水层。

当进行桥面防水设计时,不宜将防水卷材和防水涂料复合使用。

桥面防水材料应根据使用地点的历年有效最高气温、有效最低气温、桥面坡度、铺装层厚度和防水层上沥青混凝土的摊铺温度等因素进行选择;当选择防水卷材或防水涂料时,还应满足与其材料的耐热性、低温柔性和热老化性相适应的要求。

对结构刚度较小或使用环境的最高有效温度和最低有效温度差、温度梯度较大的桥梁,宜选用拉伸性能和胀缩性能较强的防水卷材或防水涂料。

当桥梁的平曲线半径小于或等于60 m时,桥面防水宜采用防水涂料。

对防水等级为Ⅰ级的桥梁,卷材防水层以上沥青混凝土面层的厚度不应小于80 mm。

护栏、路缘石等桥面附属构件的防水处理应符合下列要求:

(1)当附属构件放置在防水层上时,下部的防水层应做卷材加强层,当施工不便时,可采用涂刷防水涂料。

(2)当附属构件基座与防水层基层相连时,防水层应覆盖在附属构件基座的上部,并应在地脚螺栓周围做密封处理。

在混凝土基面的转角处和基面与防撞护栏、隔离墩、路缘石等构件立面的交接处防水卷材不应上翻,应直抵相交结构立面且与基面密贴,并应采用防水密封材料将防水层端部与结构立面的凹角处填满。

(三)桥面防水系统施工控制

1. 基层要求

采用抛丸打磨对防水基层表面进行处理能够有效地保障基层处理质量,施工时防水基层表面的浮灰应清扫干净、并使其上无杂物、油类物质、有机质以及其他一些隔离物质。

水泥混凝土铺装及基层混凝土的结构缝内应清理干净,结构缝内应嵌填密封材料。嵌填的密封材料应黏结牢固、封闭防水,并应根据需要使用底涂。

当防水层施工时,因施工原因需在防水层表面另加设保护层及处理剂时,应在确定保护层及处理剂的材料前,进行沥青混凝土与保护层及处理剂间、保护层及处理剂与防水层间的黏结强度模拟试验,试验结果应满足规范的要求后,方可使用与试验材料完全一致的保护层及处理剂。

关于桥面防水层施工时的基层要求,下面以典型例题的形式进行介绍。

典型例题

【单选题】在进行桥面防水层施工时，关于基层要求的说法，错误的是(　　)。

A. 混凝土强度应达到设计强度的80%以上方可进行施工

B. 混凝土的基层平整度应小于或等于1.67 mm/m

C. 当防水材料为卷材及聚氨酯涂料时，基层混凝土的含水率应小于4%

D. 采用防水卷材时，基层混凝土表面的粗糙度应为0.5～1.0 mm

D。【解析】当采用防水卷材时，基层混凝土表面的粗糙度应为1.5～2.0 mm；当采用防水涂料时，基层混凝土表面的粗糙度应为0.5～1.0 mm。故选项D错误。对局部粗糙度大于上限值的部位，可在环氧树脂上撒布粒径为0.2～0.7 mm的石英砂进行处理，同时应将环氧树脂上的浮砂清除干净。当防水材料为聚合物改性沥青涂料和聚合物水泥涂料时，基层混凝土的含水率应小于10%。

2. 基层处理

基层处理剂可采取喷涂法或刷涂法施工，喷涂应均匀，覆盖完全，待其干燥后应及时进行防水层施工。

为了保证桥面排水口、转角等处有效的粘结、避免基层处理剂施工时出现漏涂和堆积的现象，规定应用毛刷对桥面排水口、转角等处先行涂刷。

基层处理剂涂刷完毕后，其表面应进行保护，且应保持清洁。涂刷范围内，严禁各种车辆行驶和人员踩踏。

防水基层处理剂应根据防水层类型进行选用，防水基层处理剂的选用要求应符合规范的规定。

3. 防水卷材施工

卷材防水层铺设前应先做好节点、转角、排水口等部位的局部处理，然后再进行大面积铺设。

当铺设防水卷材时，环境气温和卷材的温度应高于5 ℃，基面层的温度必须高于0 ℃；当下雨、下雪和风力大于或等于5级时，严禁进行桥面防水层体系的施工。当施工中途下雨时，应做好已铺卷材周边的防护工作。

铺设防水卷材时，任何区域的卷材不得多于3层，搭接接头应错开500 mm以上，严禁沿道路宽度方向搭接形成通缝。接头处卷材的搭接宽度沿卷材的长度方向应为150 mm、沿卷材的宽度方向应为100 mm。

铺设防水卷材应平整顺直，搭接尺寸应准确，不得扭曲、皱褶。卷材的展开方向应与车辆的运行方向一致，卷材应采用沿桥梁纵、横坡从低处向高处的铺设方法，高处卷材应压在低处卷材之上。

当采用热熔法铺设防水卷材时，应满足下列要求：

(1)应采取措施保证均匀加热卷材的下涂盖层，且应压实防水层。多头火焰加热器的喷嘴与卷材的距离应适中并以卷材表面熔融至接近流淌为度，防止烧熔胎体。

(2)卷材表面热熔后应立即滚铺卷材，滚铺时卷材上面应采用滚筒均匀辊压，并应完全粘贴牢固，且不得出现气泡。

(3)搭接缝部位应将热熔的改性沥青挤压溢出,溢出的改性沥青宽度应在 20 mm 左右,并应均匀顺直封闭卷材的端面。在搭接缝部位,应将相互搭接的卷材压薄,相互搭接卷材压薄后的总厚度不得超过单片卷材初始厚度的 1.5 倍。当接缝处的卷材有铝箔或矿物粒料时,应清除干净后再进行热熔和接缝处理。

当采用热熔胶法铺设防水卷材时,应排除卷材下面的空气,并应辊压粘贴牢围。搭接部位的接缝应涂满热熔胶,且应辊压粘贴牢固。搭接缝口应采用热熔胶封严。

铺设自粘性防水卷材时应先将底面的隔离纸完全撕净。

卷材的储运、保管应符合现行行业标准《道桥用改性沥青防水卷材》中的相应规定。

4. 防水涂料施工

防水涂料严禁在雨天、雪天、风力大于或等于 5 级时施工。聚合物改性沥青溶剂型防水涂料和聚氨酯防水涂料施工环境气温宜为 -5 ~35 ℃;聚合物改性沥青水乳型防水涂料施工环境气温宜为 5 ~35 ℃;聚合物改性沥青热熔型防水涂料施工环境气温不宜低于 -10 ℃;聚合物水泥涂料施工环境气温宜为 5 ~35 ℃。

防水涂料配料时,不得混入已固化或结块的涂料。

防水涂料宜多遍涂布。防水涂料应保障固化时间,待涂布的涂料干燥成膜后,方可涂布后一遍涂料。涂刷法施工防水涂料时,每遍涂刷的推进方向宜与前一遍相一致。涂层的厚度应均匀,且表面应平整,其总厚度应达到设计要求。

涂料防水层的收头,应采用防水涂料多遍涂刷或采用密封材料封严。

涂层间设置的胎体增强材料的施工,宜边涂布边铺胎体;胎体应铺贴平整,排除气泡,并应与涂料黏结牢固。在胎体上涂布涂料时,应使涂料浸透胎体,覆盖完全,不得有胎体外露现象。

涂料防水层内设置的胎体增强材料,应顺桥面行车方向铺贴。铺贴顺序应自最低处开始向高处铺贴并顺桥宽方向搭接,高处胎体增强材料应压在低处胎体增强材料之上。沿胎体的长度方向搭接宽度不得小于 70 mm、沿胎体的宽度方向搭接宽度不得小于 50 mm,严禁沿道路宽度方向胎体搭接形成通缝。采用两层胎体增强材料时,上下层应顺桥面行车方向铺设,搭接缝应错开,其间距不应小于幅宽的 1/3。

防水涂料施工应先做好节点处理,然后再进行大面积涂布。转角及立面应按设计要求做细部增强处理,不得有削弱、断开、流淌和堆积现象。

道桥用聚氨酯类涂料应按配合比准确计量,混合均匀,已配成的多组分涂料应及时使用,严禁使用过期材料。

防水涂料的储运、保管应符合现行行业标准《道桥用防水涂料》中的相应规定。

5. 其他相关要求

防水层铺设完毕后,在铺设桥面沥青混凝土之前严禁车辆在其上行驶和人员踩踏。并应对防水层进行保护,防止潮湿和污染。

涂料防水层在未采取保护措施的情况下,不得在防水层上进行其他施工作业或直接堆放物品。

防水层上沥青混凝土的摊铺温度应与防水卷材的耐热度相匹配。卷材防水层上沥青混凝土的摊铺温度应高于防水卷材的耐热度,但同时应小于 170 ℃;涂料防水层上沥青混凝土的摊铺温度应低于防水涂料的耐热度。

当沥青混凝土的摊铺温度有特殊需求时,防水层应另行设计。

五、通用施工技术

(一)模板、支架和拱架

1.模板、支架和拱架设计

关于模板支架设计应满足浇筑混凝土时的要求、模板支架刚度验算要求及设置支架施工预拱度应考虑的因素,下面以典型例题的形式进行介绍。

典型例题

【多选题】模板支架设计应满足浇筑混凝土时的(　　)要求。

A.承载力　　B.沉降率

C.稳定性　　D.连续性

E.刚度

ACE。【解析】模板、支架和拱架应结构简单、制造与装拆方便,应具有足够的承载能力、刚度和稳定性,并应根据工程结构形式、设计跨径、荷载、地基类别、施工方法、施工设备和材料供应等条件及有关标准进行施工设计。

【多选题】关于模板支架刚度验算要求的说法,正确的有(　　)。

A.荷载组合需要考虑模板和支架自重

B.荷载组合需要考虑混凝土自重

C.荷载组合需要考虑施工人员及施工材料机具等荷载

D.荷载组合需要考虑振捣混凝土时的荷载

E.外露模板的挠度限值为模板构件跨度的1/400

ABE。【解析】模板支架刚度验算内容除选项A,B包括的①②外,还包括⑦(见表1-20)。验算模板、支架和拱架的刚度时,其变形值的规定除选项E以外还包括:(1)结构表面隐蔽的模板挠度为模板构件跨度的1/250。(2)拱架和支架受载后挠曲的杆件,其弹性挠度为相应结构跨度的1/400。(3)钢模板的面板变形值为1.5 mm。(4)钢模板的钢楞、柱箍变形值为$L/500$及$B/500$(L—计算跨度,B—柱宽度)。

表1-20　计算模板、支架和拱架的荷载组合

模板构件名称	荷载组合	
	计算强度用	验算刚度用
梁、板和拱的底模及支承板、拱架、支架等	①+②+③+④+⑦	①+②+⑦
缘石、人行道、栏杆、柱、梁板、拱等的侧模板	④+⑤	⑤
基础、墩台等厚大结构体的侧模板	⑤+⑥	⑤

注:①模板、拱架和支架自重。②新浇筑混凝土、钢筋混凝土或圬工、砌体的自重力。③施工人员及施工材料机具等行走运输或堆放的荷载。④振捣混凝土时的荷载。⑤新浇筑混凝土对侧面模板的压力。⑥倾倒混凝土时产生的荷载。⑦其他可能产生的荷载,如风雪荷载、冬季保温设施荷载等。

【单选题】下列影响因素中,不属于设置支架施工预拱度应考虑的是(   )。

A. 支架承受施工荷载引起的弹性变形

B. 支架杆件接头和卸落设备受载后压缩产生的非弹性变形

C. 支架立柱在环境温度下的线膨胀或压缩变形

D. 支架基础受载后的沉降

C。【解析】模板、支架和拱架的设计中应设施工预拱度。施工预拱度应考虑下列因素:(1)设计文件规定的结构预拱度。(2)支架和拱架承受全部施工荷载引起的弹性变形。(3)受载后由于杆件接头处的挤压和卸落设备压缩而产生的非弹性变形。(4)支架、拱架基础受载后的沉降。设计预应力混凝土结构模板时,应考虑施加预应力后构件的弹性压缩、上拱及支座螺栓或预埋件的位移等。

模板宜采用标准化的组合钢模板。设计组合模板时,除应计算上述规定的荷载外,尚应验算吊装时刚度。支架、拱架宜采用标准化、系列化的构件。

支架立柱在排架平面内应设水平横撑。碗扣支架立柱高度在 5 m 以内时,水平撑不得少于两道,立柱高于 5 m 时,水平撑间距不得大于 2 m,并应在两横撑之间加双向剪刀撑。在排架平面外应设斜撑,斜撑与水平交角宜为 45°。

2. 模板、支架和拱架的制作与安装

模板与混凝土接触面应平整、接缝严密。组合钢模板的制作、安装应符合现行国家标准《组合钢模板技术规范》的规定。采用其他材料作模板时,应符合下列规定:

(1)钢框胶合板模板的组配面板宜采用错缝布置。

(2)高分子合成材料面板、硬塑料或玻璃钢模板,应与边肋及加强肋连接牢固。

支架立柱必须落在有足够承载力的地基上,立柱底端必须放置垫板或混凝土垫块。支架地基严禁被水浸泡,冬期施工必须采取防止冻胀的措施。支架通行孔的两边应加护桩,夜间应设警示灯。施工中易受漂流物冲撞的河中支架应设牢固的防护设施。

安装拱架前,应对立柱支承面标高进行检查和调整,确认合格后方可安装。在风力较大的地区,应设置风缆。

安设支架、拱架过程中,应随安装随架设临时支撑。采用多层支架时,支架的横垫板应水平,立柱应铅直,上下层立柱应在同一中心线上。支架或拱架不得与施工脚手架、便桥相连。

链接

根据 2021 年发布的《房屋建筑和市政基础设施工程危及生产安全施工工艺、设备和材料淘汰目录(第一批)》,门式钢管支撑架不得用于搭设满堂承重支撑架体系。

关于安装模板应符合的规定,下面以典型例题的形式进行介绍。

典型例题

【单选题】在安装墩、台模板时,其底部应与基础预埋件或钢筋连接牢固,上部应采用(　　)固定。

A. 剪刀撑　　B. 木方

C. 点焊　　D. 拉杆

D。【解析】安装墩、台模板时,其底部应与基础预埋件连接牢固,上部应采用拉杆固定。安装模板应符合的规定还包括:(1)支架、拱架安装完毕,经检验合格后方可安装模板。(2)安装模板应与钢筋工序配合进行,妨碍绑扎钢筋的模板,应待钢筋工序结束后再安装。(3)模板在安装过程中,必须设置防倾覆设施。

3. 模板、支架和拱架的拆除

模板、支架和拱架拆除应符合下列规定:

(1)非承重侧模应在混凝土强度能保证结构棱角不损坏时方可拆除,混凝强土强度宜为2.5 MPa及以上。

(2)芯模和预留孔道内模应在混凝土抗压强度能保证结构表面不发生塌陷和裂缝时,方可拔出。

(3)钢筋混凝土结构的承重模板、支架和拱架的拆除,应符合设计要求。当设计无规定时,应符合表1-21规定。

表1-21　现浇结构拆除底模时的混凝土强度

结构类型	结构跨度/m	按设计混凝土强度标准值的百分率/%
板	≤2	50
	2~8	75
	>8	100
梁、拱	≤8	75
	>8	100
悬臂构件	≤2	75
	>2	100

注:构件混凝土强度必须通过同条件养护的试件强度确定。

浆砌石、混凝土砌块拱桥拱架的卸落应符合下列规定:

(1)浆砌石、混凝土砌块拱桥应在砂浆强度达到设计要求强度后卸落拱架,设计未规定时,砂浆强度应达到设计标准值的80%以上。

(2)跨径小于10 m的拱桥宜在拱上结构全部完成后卸落拱架;中等跨径实腹式拱桥宜在护拱完成后卸落拱架;大跨径空腹式拱桥宜在腹拱横墙完成(未砌腹拱圈)后卸落拱架。

(3)在裸拱状态卸落拱架时,应对主拱进行强度及稳定性验算,并采取必要的稳定措施。

关于预应力混凝土结构模板拆除,下面以典型例题的形式进行介绍。

典型例题

【单选题】关于预应力混凝土结构模板拆除的说法，正确的是（　　）。

A. 侧模应在预应力张拉后拆除

B. 支架和拱架在横向应对称均衡卸落，在纵向应同时卸落

C. 模板拆除应遵循“先支后拆、后支先拆”的原则

D. 连续梁结构的模板应从支座向跨中方向依次循环卸落

C。【解析】预应力混凝土结构的侧模应在预应力张拉前拆除；底模应在结构建立预应力后拆除。故选项 A 错误。支架和拱架，应按几个循环卸落，卸落量宜由小渐大，每一循环中，在横向应同时卸落，在纵向应对称均衡卸落。故选项 B 错误。简支梁、连续梁结构的模板应从跨中向支座方向依次循环卸落；悬臂梁结构的模板宜从悬臂端开始顺序卸落。故选项 D 错误。

（二）钢筋

1. 一般规定

混凝土结构所用钢筋的品种、规格、性能等均应符合设计要求和国家现行标准的规定。

钢筋应按不同钢种、等级、牌号、规格及生产厂家分批验收，确认合格后方可使用。

钢筋在运输、储存、加工过程中应防止锈蚀、污染和变形。

关于钢筋代换的要求，下面以典型例题的形式进行介绍。

典型例题

【单选题】钢筋的级别、种类和直径应按设计要求选用，当需要代换时，应由（　　）单位作变更设计。

A. 建设　　B. 监理

C. 施工　　D. 原设计

D。【解析】钢筋的级别、种类和直径应按设计要求采用。当需要代换时，应由原设计单位作变更设计。

在浇筑混凝土之前应对钢筋进行隐蔽工程验收，确认符合设计要求。

专家解读

钢筋在工地存放时，应按不同品种、规格分类堆放，最好设立明显的标志，且存放时间不宜超过 6 个月。露天堆置时应垫高 30 cm，以防钢筋锈蚀和污染，存放场地应有防、排水设施，下雨前要及时进行覆盖。

2. 钢筋加工

钢筋弯制前应先调直。钢筋宜优先选用机械方法调直。当采用冷拉法进行调直时，HRB400 钢筋冷拉率不得大于 1%。

钢筋下料前，应核对钢筋品种、规格、等级及加工数量，并应根据设计要求和钢筋长度配料。下料后应按种类和使用部位分别挂牌标明。

受力钢筋弯制和末端弯钩均应符合设计要求，设计未规定时，其尺寸应符合《城市桥梁

工程施工与质量验收规范》的规定。箍筋末端弯钩的形式应符合设计要求,设计无规定时,可按《城市桥梁工程施工与质量验收规范》规定的形式加工。箍筋弯钩的弯曲直径应大于被箍主钢筋的直径,弯钩平直部分的长度,一般结构不宜小于箍筋直径的5倍,有抗震要求的结构不得小于箍筋直径的10倍。

钢筋宜在常温状态下弯制,不宜加热。钢筋宜从中部开始逐步向两端弯制,弯钩应一次弯成。

钢筋加工过程中,应采取防止油渍、泥浆等物污染和防止受损伤的措施。

3. 钢筋连接

热轧钢筋接头应符合设计要求。当设计无规定时的设计要求,下面以典型例题的形式进行介绍。

典型例题

【单选题】关于热轧钢筋接头的说法,正确的是( )。

A. 钢筋接头应优先选用闪光对焊

B. 受拉主筋宜采用绑扎连接

C. 钢筋骨架和钢筋网片的交叉点焊接宜采用埋弧压力焊

D. 钢筋与钢板的T形连接,宜采用电弧焊

D。【解析】热轧钢筋接头应符合设计要求。当设计无规定时,应符合下列规定:(1)钢筋接头宜采用焊接接头或机械连接接头。(2)焊接接头应优先选择闪光对焊。焊接接头应符合国家现行标准《钢筋焊接及验收规程》的有关规定。(3)机械连接接头适用于HRB400带肋钢筋的连接。机械连接接头应符合国家现行标准《钢筋机械连接通用技术规程》的有关规定。(4)当普通混凝土中钢筋直径等于或小于22 mm时,在无焊接条件时,可采用绑扎连接,但受拉构件中的主钢筋不得采用绑扎连接。(5)钢筋骨架和钢筋网片的交叉点焊接宜采用电阻点焊。(6)钢筋与钢板的T形连接,宜采用埋弧压力焊或电弧焊。

【单选题】施工中钢筋接头受力状态不清的,应按( )处理。

A. 受拉　　B. 受压

C. 偏压　　D. 受剪

A。【解析】钢筋接头设置应符合下列规定:(1)在同一根钢筋上宜少设接头。(2)钢筋接头应设在受力较小区段,不宜位于构件的最大弯距处。(3)在任一焊接或绑扎接头长度区段内,同一根钢筋不得有两个接头。(4)接头末端至钢筋弯起点的距离不得小于钢筋直径的10倍。(5)施工中钢筋受力分不清受拉、压的,按受拉处理。(6)钢筋接头部位横向净距不得小于钢筋直径,且不得小于25 mm。

链接

钢筋调直时,严禁采用卷扬机拉直钢筋,可采用普通钢筋调直机、数控钢筋调直切断机的钢筋调直工艺等。钢筋连接时,在非固定的专业预制厂(场)或钢筋加工厂(场)内,对直径大于或等于22 mm的钢筋进行连接作业时,不得使用钢筋闪光对焊工艺。

钢筋闪光对焊应符合下列规定：

(1)每批钢筋焊接前，应先选定焊接工艺和参数，进行试焊，在试焊质量合格后，方可正式焊接。

(2)闪光对焊接头的外观质量应符合下列要求：接头周缘应有适当的镦粗部分，并呈均匀的毛刺外形。钢筋表面不得有明显的烧伤或裂纹。接头边弯折的角度不得大于3°。接头轴线的偏移不得大于0.1d，并不得大于2 mm。

(3)在同条件下经外观检查合格的焊接接头，以300个作为一批(不足300个，也应按一批计)，从中切取6个试件，3个做拉伸试验，3个做冷弯试验。

(4)焊接时的环境温度不宜低于0 ℃。冬期闪光对焊宜在室内进行，且室外存放的钢筋应提前运入车间，焊后的钢筋应等待完全冷却后才能运往室外。在困难条件下，对以承受静力荷载为主的钢筋，闪光对焊的环境温度可降低，但最低不得低于-10 ℃。

热轧光圆钢筋和热轧带肋钢筋的接头采用搭接或帮条电弧焊时，应符合下列规定：

(1)接头应采用双面焊缝，在脚手架上进行双面焊困难时方可采用单面焊。

(2)当采用搭接焊时，两连接钢筋轴线应一致。双面焊缝的长度不得小于5d，单面焊缝的长度不得小于10d(d为钢筋直径)。

(3)当采用帮条焊时，帮条直径、级别应与被焊钢筋一致，帮条长度：双面焊缝不得小于5d，单面焊缝不得小于10d(d为主筋直径)。帮条与被焊钢筋的轴线应在同一平面上，两主筋端面的间隙应为2～4 mm。

(4)搭接焊和帮条焊接头的焊缝高度应等于或大于0.3d，并不得小于4 mm，焊缝宽度应等于或大于0.7d(d为主筋直径)，并不得小于8 mm。

(5)钢筋与钢板进行搭接焊时应采用双面焊接，搭接长度应大于钢筋直径的4倍(HPB300钢筋)或5倍(HRB400钢筋)。焊缝高度应等于或大于0.35d，且不得小于4 mm；焊缝宽度应等于或大于0.5d，并不得小于6 mm(d为钢筋直径)。

提示

由于HPB235钢筋已被禁止使用并被HPB300钢筋替代，故本书把《城市桥梁工程施工与质量验收规范》中关于HPB235钢筋的规定统一替换成对HPB300钢筋的规定。

(6)采用搭接焊、帮条焊的接头，应逐个进行外观检查。焊缝表面应平顺、无裂纹、夹渣和较大的焊瘤等缺陷。

(7)在同条件下完成并经外观检查合格的焊接接头，以300个作为一批(不足300个，也按一批计)，从中切取3个试件，做拉伸试验。

钢筋采用绑扎接头时，应符合下列规定：

(1)受拉区域内，HPB300钢筋绑扎接头的末端应做成弯钩，HRB400钢筋可不做弯钩。

(2)直径不大于12 mm的受压HPB300钢筋的末端，以及轴心受压构件中任意直径的受力钢筋的末端，可不做弯钩，但搭接长度不得小于钢筋直径的35倍。

(3)钢筋搭接处，应在中心和两端至少3处用绑丝绑牢，钢筋不得滑移。

(4)受拉钢筋绑扎接头的搭接长度，应符合规范规定；受压钢筋绑扎接头的搭接长度，应取受拉钢筋绑扎接头长度的0.7倍。

(5)施工中钢筋受力分不清受拉或受压时,应符合受拉钢筋的规定。

钢筋采用机械连接接头时,应符合下列规定:

(1)从事钢筋机械连接的操作人员应经专业技术培训,考核合格后,方可上岗。

(2)当混凝土结构中钢筋接头部位温度低于 -10 ℃时,应进行专门的试验。

(3)型式检验应由国家、省部级主管部门认定有资质的检验机构进行,并应按国家现行标准《钢筋机械连接通用技术规程》规定的格式出具试验报告和评定结论。

(4)带肋钢筋套筒挤压接头的套筒两端外径和壁厚相同时,被连接钢筋直径相差不得大于5 mm。套筒在运输和储存中不得腐蚀和沾污。

(5)同一结构内机械连接接头不得使用两个生产厂家提供的产品。

(6)在同条件下经外观检查合格的机械连接接头,应以每300个为一批(不足300个也按一批计),从中抽取3个试件做单向拉伸试验,并作出评定。如有1个试件抗拉强度不符合要求,应再取6个试件复验,如再有1个试件不合格,则该批接头应判为不合格。

4. 钢筋骨架和钢筋网的组成与安装

施工现场可根据结构情况和现场运输起重条件,先分部预制成钢筋骨架或钢筋网片,入模就位后再焊接或绑扎成整体骨架。为确保分部钢筋骨架具有足够的刚度和稳定性,可在钢筋的部分交叉点处施焊或用辅助钢筋加固。

钢筋骨架制作和组装应符合下列规定:

(1)钢筋骨架的焊接应在坚固的工作台上进行。

(2)组装时应按设计图纸放大样,放样时应考虑骨架预拱度。简支梁钢筋骨架预拱度宜符合《城市桥梁工程施工与质量验收规范》的规定。

(3)组装时应采取控制焊接局部变形措施。

(4)骨架接长焊接时,不同直径钢筋的中心线应在同一平面上。

钢筋网片采用电阻点焊应符合下列规定:

(1)当焊接网片的受力钢筋为HPB300钢筋时,如焊接网片只有一个方向受力,受力主筋与两端的两根横向钢筋的全部交叉点必须焊接;如焊接网片为两个方向受力,则四周边缘的两根钢筋的全部交叉点必须焊接,其余的交叉点可间隔焊接或绑、焊相间。

(2)当焊接网片的受力钢筋为冷拔低碳钢丝,而另一方向的钢筋间距小于100 mm时,除受力主筋与两端的两根横向钢筋的全部交叉点必须焊接外,中间部分的焊点距离可增大至250 mm。

现场绑扎钢筋应符合下列规定:

(1)钢筋的交叉点应采用绑丝绑牢,必要时可辅以点焊。

(2)钢筋网的外围两行钢筋交叉点应全部扎牢,中间部分交叉点可间隔交错扎牢。但双向受力的钢筋网,钢筋交叉点必须全部扎牢。

(3)梁和柱的箍筋,除设计有特殊要求外,应与受力钢筋垂直设置;箍筋弯钩叠合处,应位于梁和柱角的受力钢筋处,并错开设置(同一截面上有两个以上箍筋的大截面梁和柱除外);螺旋形箍筋的起点和终点均应绑扎在纵向钢筋上,有抗扭要求的螺旋箍筋,钢筋应伸入核心混凝土中。

(4)矩形柱角部竖向钢筋的弯钩平面与模板面的夹角应为45°;多边形柱角部竖向钢筋弯钩平面应朝向断面中心;圆形柱所有竖向钢筋弯钩平面应朝向圆心。小型截面柱当采用插入式振捣器时，弯钩平面与模板面的夹角不得小于15°。

(5)绑扎接头搭接长度范围内的箍筋间距：当钢筋受拉时应小于$5d$，且不得大于100 mm；当钢筋受压时应小于$10d$，且不得大于200 mm。

(6)钢筋骨架的多层钢筋之间，应用短钢筋支垫，确保位置准确。

关于钢筋保护层厚度，下面以典型例题的形式进行介绍。

典型例题

【单选题】关于钢筋混凝土保护层厚度的说法，正确的是(　　)。

A. 钢筋机械连接件的最小保护层厚度不得小于10 mm

B. 后张法构件预应力直线形钢筋不得小于其管道直径的1/3

C. 受拉区主筋的混凝土保护层为60 mm时，应在保护层内设置钢筋网

D. 普通钢筋的最小混凝土保护层厚度可小于钢筋公称直径

C。【解析】钢筋的混凝土保护层厚度，必须符合设计要求。设计无规定时应符合下列规定：(1)普通钢筋和预应力直线形钢筋的最小混凝土保护层厚度不得小于钢筋公称直径，后张法构件预应力直线形钢筋不得小于其管道直径的1/2，且应符合表1-22的规定。(2)当受拉区主筋的混凝土保护层厚度大于50 mm时，应在保护层内设置直径不小于6 mm、间距不大于100 mm的钢筋网。(3)钢筋机械连接件的最小保护层厚度不得小于20 mm。(4)应在钢筋与模板之间设置垫块，确保钢筋的混凝土保护层厚度，垫块应与钢筋绑扎牢固、错开布置。

表1-22　普通钢筋和预应力直线形钢筋最小混凝土保护层厚度　　单位：mm

<table>
<tr><th colspan="2" rowspan="2">构件类别</th><th colspan="3">环境条件</th></tr>
<tr><th>Ⅰ</th><th>Ⅱ</th><th>Ⅲ，Ⅳ</th></tr>
<tr><td rowspan="2">基础、桩基承台</td><td>基坑底面有垫层或侧面有模板(受力主筋)</td><td>40</td><td>50</td><td>60</td></tr>
<tr><td>基坑底面无垫层或侧面无模板(受力主筋)</td><td>60</td><td>75</td><td>85</td></tr>
<tr><td colspan="2">墩台身、挡土结构、涵洞、梁、板、拱圈、拱上建筑(受力主筋)</td><td>30</td><td>40</td><td>45</td></tr>
<tr><td colspan="2">缘石、中央分隔带、护栏等行车道构件(受力主筋)</td><td>30</td><td>40</td><td>45</td></tr>
<tr><td colspan="2">人行道构件、栏杆(受力主筋)</td><td rowspan="2">20</td><td rowspan="2">25</td><td rowspan="2">30</td></tr>
<tr><td colspan="2">箍筋</td></tr>
<tr><td colspan="2">收缩、温度、分布、防裂等表层钢筋</td><td>15</td><td>20</td><td>25</td></tr>
</table>

注：a. 环境条件Ⅰ——温暖或寒冷地区的大气环境，与无侵蚀性的水或土接触的环境；Ⅱ——严寒地区的大气环境、使用除冰盐环境、滨海环境；Ⅲ——海水环境；Ⅳ——受侵蚀性物质影响的环境。

b. 对于环氧树脂涂层钢筋，可按环境类别Ⅰ取用。

(三)混凝土

1. 配制混凝土用的材料

混凝土原材料包括水泥、矿物掺合料、细骨料、粗骨料、水和外加剂。

水泥应符合下列规定：

(1)选用水泥不得对混凝土结构强度、耐久性和使用条件产生不利影响。

(2)选用水泥应以能使所配制的混凝土强度达到要求、收缩小、和易性好和节约水泥为原则。

(3)水泥的强度等级应根据所配制混凝土的强度等级选定。水泥与混凝土强度等级之比,C30 及以下的混凝土,宜为 1.1 ~ 1.2;C35 及以上混凝土宜为 0.9 ~ 1.5。

(4)水泥的技术条件应符合现行国家标准《通用硅酸盐水泥》的规定,并应有出厂检验报告和产品合格证。

(5)进场水泥,应按现行国家标准《混凝土结构工程施工质量验收规范》的规定进行强度、细度、安定性和凝结时间的试验。

(6)当在使用中对水泥质量有怀疑或出厂日期逾 3 个月(快硬硅酸盐水泥逾 1 个月)时,应进行复验,并按复验结果使用。

矿物掺合料应符合下列规定:

(1)配制混凝土所用的矿物掺合料宜为粉煤灰、火山灰、粒化高炉矿渣等材料。

(2)矿物掺合料的技术条件应符合现行国家标准《用于水泥和混凝土中的粉煤灰》《用于水泥中的火山灰质混合材料》等的规定,并应有出厂检验报告和产品合格证。对矿物掺合料的质量有怀疑时,应对其质量进行复验。

(3)掺合料中不得含放射性或对混凝土性能有害的物质。

细骨料应符合下列规定:

(1)混凝土的细骨料,应采用质地坚硬,级配良好、颗粒洁净、粒径小于 5 mm 的天然河砂、山砂,或采用硬质岩石加工的机制砂。

(2)混凝土用砂一般应以细度模数 2.5 ~ 3.5 的中、粗砂为宜。

(3)砂的分类、级配及各项技术指标应符合国家现行标准《普通混凝土用砂、石质量及检验方法标准》的有关规定。

粗骨料应符合下列规定:

(1)粗骨料最大粒径应按混凝土结构情况及施工方法选取,最大粒径不得超过结构最小边尺寸的 1/4 和钢筋最小净距的 3/4;在两层或多层密布钢筋结构中,不得超过钢筋最小净距的 1/2,同时最大粒径不得超过 100 mm。

(2)施工前应对所用的粗骨料进行碱活性检验。

(3)粗骨料的颗粒级配范围、各项技术指标以及碱活性检验应符合国家现行标准《普通混凝土用砂、石质量及检验方法标准》的有关规定。

拌合用水应符合国家现行标准《混凝土用水标准》的规定。

外加剂应符合国家现行标准《混凝土外加剂》的规定。

链接

混凝土外加剂是混凝土中除胶凝材料、骨料、水和纤维组分以外,在混凝土拌制之前或拌制过程中加入的,用以改善新拌混凝土和(或)硬化混凝土性能,对人、生物及环境安全无有害影响的材料。常用的外加剂有早强剂、减水剂、防冻剂、缓凝剂、引气剂、防水剂、混凝土泵送剂、喷射混凝土速凝剂等。

2. 混凝土配合比

混凝土配合比应以质量比计，并应通过设计和试配选定，试配时应使用施工实际采用的材料，配制的混凝土拌合物应满足和易性、凝结时间等施工技术条件，制成的混凝土应符合强度、耐久性等要求。

混凝土配合比设计应符合国家现行标准《普通混凝土配合比设计规程》的规定。混凝土的最大水胶比和最小水泥用量应符合规范规定。

链接

根据《混凝土结构工程施工规范》对首次使用的混凝土配合比应进行开盘鉴定，开盘鉴定应包括下列内容：混凝土的原材料与配合比设计所采用原材料的一致性；出机混凝土工作性与配合比设计要求的一致性；混凝土强度；混凝土凝结时间；工程有要求时，尚应包括混凝土耐久性能等。

3. 混凝土拌制和运输

混凝土应使用机械集中拌制。拌制混凝土宜采用自动计量装置，并应定期检定，保持计量准确。混凝土原材料应分类放置，不得混淆和污染。拌制混凝土所用各种材料应按质量投料。

使用机械拌制时，自全部材料装入搅拌机开始搅拌起，至开始卸料时止，延续搅拌的最短时间应符合表 1-23 的规定。

表 1-23 混凝土延续搅拌的最短时间

搅拌机类型	搅拌机容量/L	混凝土坍落度/mm		
		<30	30 ~70	>70
		混凝土最短搅拌时间/min		
强制式	≤400	1.5	1.0	1.0
	≤1 500	2.5	1.5	1.5

混凝土拌合物应均匀、颜色一致，不得有离析和泌水现象。混凝土拌合物均匀性的检测方法应符合现行国家标准《混凝土搅拌机》的规定。

混凝土拌合物的坍落度，应在搅拌地点和浇筑地点分别随机取样检测，每一工作班或每一单元结构物不应少于两次。评定时应以浇筑地点的测值为准。如混凝土拌合物从搅拌机出料起至浇筑入模的时间不越过 15 min 时，其坍落度可仅在搅拌地点取样检测。

混凝土在运输过程中应采取防止发生离析、漏浆、严重泌水及坍落度损失等现象的措施。用混凝土搅拌运输车运输混凝土时，途中应以每分钟 2 ~4 转的慢速进行搅动。当运至现场的混凝土出现离析、严重泌水等现象，应进行第二次搅拌。经二次搅拌仍不符合要求，则不得使用。

4. 混凝土浇筑

浇筑混凝土前，应对支架、模板、钢筋和预埋件进行检查，确认符合设计和施工设计要求。模板内的杂物、积水、钢筋上的污垢应清理干净。模板内面应涂刷隔离剂，并不得污染钢筋等。

自高处向模板内倾卸混凝土时，其自由倾落高度不得超过 2 m；当倾落高度超过 2 m 时，应通过串筒、溜槽或振动溜管等设施下落；倾落高度超过 10 m 时应设置减速装置。

混凝土应按一定厚度、顺序和方向水平分层浇筑，上层混凝土应在下层混凝土初凝前浇筑、捣实，上下层同时浇筑时，上层与下层前后浇筑距离应保持 1.5 m 以上。混凝土分层浇筑厚度不宜超过规范的规定。

浇筑混凝土时，应采用振动器振捣。振捣时不得碰撞模板、钢筋和预埋部件。振捣持续时间宜为 20～30 s，以混凝土不再沉落、不出现气泡、表面呈现浮浆为度。

混凝土的浇筑应连续进行，如因故间断时，其间断时间应小于前层混凝土的初凝时间。混凝土运输、浇筑及间歇的全部时间不得超过规范的规定。

5. 混凝土养护

施工现场应根据施工对象、环境、水泥品种、外加剂以及对混凝土性能的要求，制定具体的养护方案，并应严格执行方案规定的养护制度。

关于混凝土洒水养护时间，下面以典型例题的形式进行介绍。

典型例题

【多选题】下列现浇混凝土需洒水养护不少于 14 d 的有（　　）。

A. 抗渗混凝土　　B. 缓凝型混凝土

C. 高强混凝土　　D. 普通硅酸盐水泥混凝土

E. 矿渣硅酸盐水泥混凝土

ABC。【解析】混凝土洒水养护的时间，采用硅酸盐水泥、普通硅酸盐水泥或矿渣硅酸盐水泥的混凝土，不得少于 7 d。掺用缓凝型外加剂或有抗渗等要求以及高强度混凝土，不得少于 14 d。使用真空吸水的混凝土，可在保证强度条件下适当缩短养护时间。常温下混凝土浇筑完成后，应及时覆盖并洒水养护。当气温低于 5 ℃时，应采取保温措施，并不得对混凝土洒水养护。采用涂刷薄膜养护剂养护时，养护剂应通过试验确定，并应制定操作工艺。采用塑料膜覆盖养护时，应在混凝土浇筑完成后及时覆盖严密，保证膜内有足够的凝结水。

6. 大体积混凝土施工

大体积混凝土施工时，应根据结构、环境状况采取减少水化热的措施。

大体积混凝土应均匀分层、分段浇筑，上、下层的竖缝应错开。

大体积混凝土应在环境温度较低时浇筑，浇筑温度（振捣后 50～100 mm 深处的温度）不宜高于 28 ℃。

大体积混凝土应采取循环水冷却、蓄热保温等控制体内外温差的措施，并及时测定浇筑后混凝土表面和内部的温度，其温差应符合设计要求，当设计无规定时不宜大于 25 ℃。

7. 冬期混凝土施工

冬期混凝土的配制和拌合应符合下列规定：

（1）宜选用较小的水胶比和较小的坍落度。

（2）拌制混凝土应优先采用加热水的方法，水加热温度不宜高于 80 ℃。骨料加热温度不得高于 60 ℃。混凝土掺用片石时，片石可预热。

(3)混凝土搅拌时间宜较常温施工延长 50%。

(4)骨料不得混有冰雹、冻块及易被冻裂的矿物质。

(5)拌制设备宜设在气温不低于 10 ℃的厂房或棚内。拌制混凝土前，应采用热水冲洗搅拌机鼓筒。

(6)当混凝土掺用防冻剂时，其试配强度应较设计强度提高一个等级。

混凝土拌合物入模温度不宜低于 10 ℃。

混凝土分层浇筑的厚度不得小于 20 cm。

8. 高温混凝土施工

高温期混凝土拌合时，应掺加减水剂或磨细粉煤灰。施工期间应对原材料和拌合设备采取防晒措施，并根据检测混凝土坍落度的情况，在保证配合比不变的情况下，调整水的掺量。

混凝土浇筑完成后，表面宜立即覆盖塑料膜，终凝后覆盖土工布等材料，并应洒水保持湿润。

(四)预应力混凝土工程

1. 预应力材料及器材

预应力混凝土结构中采用的钢丝、钢绞线、无粘结预应力筋等，应符合国家现行标准的规定。每批钢丝、钢绞线、钢筋应由同一牌号、同一规格、同一生产工艺的产品组成。

预应力筋进场时，应对其质量证明文件、包装、标志和规格进行检验，并应符合下列规定：

(1)钢丝检验每批不得大于 60 t；从每批钢丝中抽查 5%，且不少于 5 盘，进行形状、尺寸和表面检查，如检查不合格，则将该批钢丝全数检查；从检查合格的钢丝中抽取 5%，且不少于 3 盘，在每盘钢丝的两端取样进行抗拉强度、弯曲和伸长率试验，试验结果有一项不合格时，则不合格盘报废，并从同批未检验过的钢丝盘中取双倍数量的试样进行该不合格项的复验，如仍有一项不合格，则该批钢丝为不合格。

(2)精轧螺纹钢筋检验每批不得大于 60 t，对表面质量应逐根检查；检查合格后，在每批中任选 2 根钢筋截取试件进行拉伸试验，试验结果如有一项不合格。则取双倍数量试件重做试验，如仍有一项不合格，则该批钢筋为不合格。

预应力筋锚具、夹具和连接器应符合国家现行标准的规定。进场时，应对其质量证明文件、型号、规格等进行检验，并应符合下列规定：

(1)锚具、夹片和连接器验收批的划分：在同种材料和同一生产工艺条件下，锚具和夹片应以不超过 1 000 套为一个验收批；连接器应以不超过 500 套为一个验收批。

链接

按照锚固方式的不同，后张预应力锚具和连接器可分为：①夹片式锚具，如单孔夹片锚具和多孔夹片锚具；②支承式锚具，如镦头锚具和螺母锚具；③握裹式锚具，如挤压锚具和压花锚具；④组合式锚具，如热铸锚具和冷铸锚具。

(2)外观检查:应从每批中抽取10%的锚具(夹片或连接器)且不少于10套,检查其外观和尺寸,如有一套表面有裂纹或超过产品标准及设计要求规定的允许偏差,则应另取双倍数量的锚具重做检查,如仍有一套不符合要求,则应全数检查,合格者方可投入使用。

(3)硬度检查:应从每批中抽取5%的锚具(夹片或连接器)且不少于5套,对其中有硬度要求的零件做硬度试验,对多孔夹片式锚具的夹片,每套至少抽查5片。每个零件测试3点,其硬度应在设计要求范围内,如有一个零件不合格,则应另取双倍数量的零件重新试验,如仍有一个零件不合格,则应逐个检查,合格后方可使用。

(4)静载锚固性能试验:大桥、特大桥等重要工程、质量证明文件不齐全、不正确或质量有疑点的锚具,经上述检查合格后,应从同批锚具中抽取6套锚具(夹片或连接器)组成3个预应力锚具组装件,进行静载锚固性能试验,如有一个试件不符合要求,则应另取双倍数量的锚具(夹片或连接器)重做试验,如仍有一个试件不符合要求,则该批锚具(夹片或连接器)为不合格品。一般中、小桥使用的锚具(夹片或连接器),其静载锚固性能可由锚具生产厂提供试验报告。

预应力管道应具有足够的刚度、能传递黏结力,且应符合下列要求:

(1)胶管的承受压力不得小于5 kN,极限抗拉力不得小于7.5 kN,且应具有较好的弹性恢复性能。

(2)钢管和高密度聚乙烯管的内壁应光滑,壁厚不得小于2 mm。

(3)金属螺旋管道宜采用镀锌材料制作,制作金属螺旋管的钢带厚度不宜小于0.3 mm。金属螺旋管性能应符合国家现行标准《预应力混凝土用金属螺旋管》的规定。

预应力材料必须保持清洁,在存放和运输时应避免损伤、锈蚀和腐蚀。预应力筋和金属管道在室外存放时,时间不宜超过6个月。预应力锚具、夹具和连接器应在仓库内配套保管。

2. 预应力钢筋制作

预应力筋下料应符合下列规定:

(1)预应力筋的下料长度应根据构件孔道或台座的长度、锚夹具长度等经过计算确定。

(2)预应力筋宜使用砂轮锯或切断机切断,不得采用电弧切割。钢绞线切断前,应在距切口5 cm处用绑丝绑牢。

(3)钢丝束的两端均采用墩头锚具时,同一束中各根钢丝下料长度的相对差值,当钢丝束长度小于或等于20 m时,不宜大于1/3 000;当钢丝束长度大于20 m时,不宜大于1/5 000,且不得大于5 mm。长度不大于6 m的先张预应力构件,当钢丝成束张拉时,同束钢丝下料长度的相对差值不得大于2 mm。

高强钢丝采用镦头锚固时,宜采用液压冷镦。

预应力筋由多根钢丝或钢绞线组成时,在同束预应力筋内,应采用强度相等的预应力钢材。编束时,应逐根梳理顺直,不扭转,绑扎牢固,每隔1 m一道,不得互相缠绞。编束后的钢丝和钢绞线应按编号分类存放。钢丝和钢绞线束移运时支点距离不得大于3 m,端部悬出长度不得大于1.5 m。

3. 混凝土施工

关于预应力混凝土施工，下面以典型例题的形式进行介绍。

典型例题

【多选题】关于预应力混凝土施工的说法，正确的有（　　）。

A. 拌制混凝土应优先采用矿渣硅酸盐水泥及粉煤灰硅酸盐水泥

B. 混凝土中的水泥用量不宜大于 550 kg/m^3

C. 混凝土中可使用含氯化物的外加剂

D. 引入混凝土中氯离子的最大含量超过水泥用量的 0.06% 时，宜掺加缓凝剂

E. 浇筑混凝土时对钢筋密集部位应加强振捣，后张构件应避免振动器碰撞预应力筋的管道

BE。【解析】拌制混凝土应优先采用硅酸盐水泥、普通硅酸盐水泥，不宜使用矿渣硅酸盐水泥，不得使用火山灰质硅酸盐水泥及粉煤灰硅酸盐水泥。粗骨料应采用碎石，其粒径宜为 5 ~ 25 mm。故选项 A 错误。混凝土中严禁使用含氯化物的外加剂及引气剂或引气型减水剂。故选项 C 错误。从各种材料引入混凝土中的氯离子最大含量不宜超过水泥用量的 0.06%。超过以上规定时，宜采取掺加阻锈剂、增加保护层厚度、提高混凝土密实度等防锈措施。故选项 D 错误。

4. 预应力施工

预应力钢筋张拉应由工程技术负责人主持，张拉作业人员应经培训考核合格后方可上岗。

张拉设备的校准期限不得超过半年，且不得超过 200 次张拉作业。张拉设备应配套校准，配套使用。

预应力筋采用应力控制方法张拉时，应以伸长值进行校核。实际伸长值与理论伸长值的差值应符合设计要求；设计无规定时，实际伸长值与理论伸长值之差应控制在 6% 以内。

预应力张拉时，应先调整到初应力（σ_0），该初应力宜为张拉控制应力（σ_{con}）的 10% ~ 15%，伸长值应从初应力时开始量测。

预应力筋的锚固应在张拉控制应力处于稳定状态下进行，锚固阶段张拉端预应力筋的内缩量，不得大于设计规定。

先张法预应力施工应符合下列规定：

（1）张拉台座应具有足够的强度和刚度，其抗倾覆安全系数不得小于 1.5，抗滑移安全系数不得小于 1.3。张拉横梁应有足够的刚度，受力后的最大挠度不得大于 2 mm。锚板受力中心应与预应力筋合力中心一致。

（2）预应力筋连同隔离套管应在钢筋骨架完成后一并穿入就位。就位后，严禁使用电弧焊对梁体钢筋及模板进行切割或焊接。隔离套管内端应堵严。

（3）预应力筋张拉应符合下列要求：

①同时张拉多根预应力筋时，多根预应力筋的初始应力应一致。张拉过程中应使活动横梁与固定横梁保持平行。

②张拉程序应符合设计要求，设计未规定时，其张拉程序应符合表1-24的规定。张拉钢筋时，为保证施工安全，应在超张拉放张至$0.9\sigma_{con}$时安装模板、普通钢筋及预埋件等。

表1-24 先张法预应力筋张拉程序

预应力筋种类	张拉程序
钢筋	0→初应力→$1.05\sigma_{con}$→$0.9\sigma_{con}$→σ_{con}（锚固）
钢丝、钢绞线	0→初应力→$1.05\sigma_{con}$（持荷2 min）→0→σ_{con}（锚固）
	对于夹片式等具有自锚性能的锚具： 普通松弛力筋：0→初应力→$1.03\sigma_{con}$（锚固）； 低松弛力筋：0→初应力→σ_{con}（持荷2 min锚固）

注：σ_{con}为张拉时的控制应力值，包括预应力损失值。

③张拉过程中，预应力筋不得断丝、断筋或滑丝。

（4）放张预应力筋时混凝土强度必须符合设计要求。设计未规定时，不得低于设计强度的75%。放张顺序应符合设计要求。设计未规定时，应分阶段、对称、交错地放张。放张前，应将限制位移的模板拆除。

后张法预应力施工应符合下列规定：

（1）预应力管道安装应符合下列要求：

①管道应采用定位钢筋牢固地固定于设计位置。

②金属管道接头应采用套管连接，连接套管宜采用大一个直径型号的同类管道，且应与金属管道封裹严密。

③管道应留压浆孔和溢浆孔；曲线孔道的波峰部位应留排气孔；在最低部位宜留排水孔。

④管道安装就位后应立即通孔检查，发现堵塞应及时疏通。管道经检查合格后应及时将其端面封堵。

⑤管道安装后，需在其附近进行焊接作业时，必须对管道采取保护措施。

（2）预应力筋安装应符合下列要求：

①先穿束后浇混凝土时，浇筑之前，必须检查管道，并确认完好；浇筑混凝土时应定时抽动、转动预应力筋。

②先浇混凝土后穿束时，浇筑后应立即疏通管道，确保其畅通。

③混凝土采用蒸汽养护时，养护期内不得装入预应力筋。

④穿束后至孔道灌浆完成应控制在下列时间以内，否则应对预应力筋采取防锈措施：空气湿度大于70%或盐分过大时为7 d；空气湿度40%～70%时为15 d；空气湿度小于40%时为20 d。

⑤在预应力筋附近进行电焊时，应对预应力钢筋采取保护措施。

关于预应力筋张拉的要求，下面以典型例题的形式进行介绍。

典型例题

【单选题】关于预应力钢绞线张拉的说法，错误的是(　　)。

A. 构件混凝土强度不得低于设计值的75%

B. 当设计无要求时，张拉顺序可采用对称张拉

C. 长度大于25 m的直线预应力筋可采用一端张拉方式

D. 预应力筋张拉后应可靠锚固，且不应有断丝或滑丝

C。【解析】预应力筋张拉应符合下列要求：(1)混凝土强度应符合设计要求；设计未规定时，不得低于设计强度的75%。且应将限制位移的模板拆除后，方可进行张拉。(2)预应力筋张拉端的设置，应符合设计要求；当设计未规定时，应符合下列规定：曲线预应力筋或长度大于或等于25 m的直线预应力筋，宜在两端张拉；长度小于25 m的直线预应力筋，可在一端张拉。当同一截面中有多束一端张拉的预应力筋时，张拉端宜均匀交错的设置在结构的两端。(3)张拉前应根据设计要求对孔道的摩阻损失进行实测，以便确定张拉控制应力，并确定预应力筋的理论伸长值。(4)预应力筋的张拉顺序应符合设计要求；当设计无规定时，可采取分批、分阶段对称张拉。宜先中间，后上、下或两侧。

【单选题】对夹片式等有自锚性能的锚具的钢丝束，后张法张拉顺序为(　　)。

A. 普通松弛力筋0→初应力→1.03σ_{con}(锚固)

B. 低松弛力筋0→初应力→1.05σ_{con}(持荷2 min锚固)

C. 0→初应力→σ_{con}(持荷2 min锚固)

D. 0→初应力→1.05σ_{con}(持荷2 min)→σ_{con}(锚固)

A。【解析】预应力筋张拉程序应符合表1-25的规定。

表1-25　后张法预应力筋张拉程序

预应力筋种类		张拉程序
钢绞线束	对夹片式等有自锚性能的锚具	普通松弛力筋：0→初应力→1.03σ_{con}(锚固)； 低松弛力筋：0→初应力→σ_{con}(持荷2 min锚固)
	其他锚具	0→初应力→1.05σ_{con}(持荷2 min)→σ_{con}(锚固)
钢丝束	对夹片式等有自锚性能的锚具	普通松弛力筋：0→初应力→1.03σ_{con}(锚固)
		低松弛力筋：0→初应力→σ_{con}(持荷2 min锚固)
	其他锚具	0→初应力→1.05σ_{con}(持荷2 min)→0→σ_{con}(锚固)
精轧螺纹钢筋	直线配筋时	0→初应力→σ_{con}(持荷2 min锚固)
	曲线配筋时	0→σ_{con}(持荷2 min)→0(上述程序可反复几次)→初应力→σ_{con}(持荷2 min锚固)

注：a. 表中σ_{con}为张拉时的控制应力值，包括预应力损失值。

b. 梁的竖向预应力筋可一次张拉到控制应力，持荷5 min锚固。

(4)张拉控制应力达到稳定后方可锚固，预应力筋锚固后的外露长度不宜小于30 mm，锚具应采用封端混凝土保护，当需较长时间外露时，应采取防锈蚀措施。锚固完毕经检验合格后，方可切割端头多余的预应力筋，严禁使用电弧焊切割。

(5)预应力筋张拉后,应及时进行孔道压浆,对多跨连续有连接器的预应力筋孔道,应张拉完一段灌注一段。孔道压浆宜采用水泥浆,水泥浆的强度应符合设计要求;设计无规定时不得低于 30 MPa。

(6)压浆后应从检查孔抽查压浆的密实情况,如有不实,应及时处理。压浆作业,每一工作班应留取不少于 3 组砂浆试块,标准养护 28 d,以其抗压强度作为水泥浆质量的评定依据。

(7)压浆过程中及压浆后 48 h 内,结构混凝土的温度不得低于 5 ℃,否则应采取保温措施。当白天气温高于 35 ℃时,压浆宜在夜间进行。

(8)埋设在结构内的锚具,压浆后应及时浇筑封锚混凝土。封锚混凝土的强度等级应符合设计要求,不宜低于结构混凝土强度等级的 80%,且不得低于 30 MPa。

(9)孔道内的水泥浆强度达到设计规定后方可吊移预制构件;设计未规定时,不应低于砂浆设计强度的 75%。

关于预应力钢绞线管道压浆的要求,下面以典型例题的形式进行介绍。

典型例题

【单选题】关于预应力钢绞线管道压浆的说法,错误的是(   )。

A. 压浆前应对管道进行清理

B. 预埋的排水孔、排气孔主要用于管道清理使用

C. 压浆使用的水泥浆强度不得低于 30 MPa

D. 钢绞线张拉完成后应及时对管道进行压浆

B。**【解析】**预应力钢绞线管道压浆时,预埋的排气孔和排水孔主要用于排除管道内气体及水泥,而不是为了清理。故选项 B 错误。

2K312020　城市桥梁下部结构施工

一、围堰施工

桥梁下部的墩台基础、水工建筑物基础常常位于地表水位以下,在基坑开挖和基础施工时需要有围护结构防止周围水和土进入基坑,这种围护结构即为围堰。围堰的主要作用是防水和围水,有时还起着支撑基坑坑壁的作用。

围堰的类型有很多,主要有土石围堰(如土围堰、土袋围堰、竹笼、木笼、铅丝笼及钢笼围堰)、板桩围堰(如钢板桩围堰、钢筋混凝土板桩围堰)、套箱围堰及双壁围堰等。以下介绍几种常见围堰的施工要求。

(一)土石围堰

土石围堰工程应符合下列要求:

(1)围堰顶面的高程应高出施工期间可能出现的最高水位(包括浪高)0.5 ~0.7 m。

(2)围堰的外形和尺寸应考虑河流断面被压缩后流速增大导致水流对围堰本身和河床的集中冲刷,以及对河道泄洪、通航和导流的影响等不利因素。堰内的平面尺寸应满足基础施工作业的需要。

(3)围堰的填筑应分层进行,应达到防水严密,减少渗漏,并应满足堰身强度和整体稳定的要求。

专家解读

"施工期间"是指从围堰填筑完成,进行挖基、排水、构筑基础直至墩台身的施工高出施工水位后,可以拆除围堰时为止。

土围堰的填筑施工应符合下列要求:

(1)水深1.5 m以内,流速0.5 m/s以内,河床土质渗水性较小且满足泄洪要求时,可筑土围堰。

(2)堰顶的宽度宜根据施工需要确定;边坡的坡度应按围堰位置的不同、高度及基坑开挖深度等条件确定。

(3)在筑堰之前,应将堰底河床处的树根、石块及其他杂物清除干净。筑堰材料宜采用黏性土或砂夹黏土,填筑应自上游开始至下游合龙,超出水面之后应进行夯实。堰外坡面有受水流冲刷的危险时,应采用合适的材料对其进行防护。

土袋围堰的填筑应符合下列要求:

(1)水深在3 m以内,流速在1.5 m/s以内,河床土质渗水性较小且满足泄洪要求时,可筑土袋围堰。

(2)袋内填土宜采用黏性土,装填量宜为60%左右;水流流速较大时,在过水面及迎水面,袋内可装填粗砂或卵石。堆码时土袋的上下层和内外层应相互错缝,搭接长度宜为1/3～1/2,堆码应密实平整。

(3)围堰的中心部分可填筑黏土及黏性土芯墙。堰外边坡宜为1:1～1:0.5,堰内边坡宜为1:0.5～1:0.2。

专家解读

土袋装土过少,用袋太多,不经济;装土过多,则堆码不平稳,空隙多,易渗漏。因此,装填量在60%左右时较为适宜。

竹笼、木笼、铅丝笼及钢笼围堰的填筑应符合下列要求:

(1)水深在4 m以内,流速较大,且能满足泄洪要求时,可筑竹笼、木笼或铅丝笼围堰;水深超过4 m时可筑钢笼围堰。

(2)各种笼体的制作应坚固,并应满足使用要求。围堰的层数宜根据水深、流速、基坑大小及防渗要求等因素确定;宽度宜为水深的1.0～1.5倍。

(3)宜在堰底外围堆填土袋,防止堰底渗漏。

(二)板桩围堰

钢板桩围堰的施工应符合下列要求:

(1)在流速较大、水深较大的碎石土、砂类土、黏性土及风化岩等坚硬河床施工时,可采用钢板桩围堰,含有大漂石及坚硬岩石的河床不宜使用钢板桩围堰。

(2)钢板桩施工宜采用锤击、振动、射水等方法,在黏土中施工时,不宜采用射水法。下沉时施打应从上游开始,在下游进行合龙,每边由一角插至另一角。钢板桩的锁口应用止水材料捻缝。

(3)板桩施打过程中，应随打随监测板桩的位置、垂直度等，如发现偏移应立即纠正或重新施工。

此外，混凝土钢板桩围堰应用范围与钢板桩围堰相似，有时可作为基础结构的一部分进行使用。

提示

土石类围堰一般适用于流速较小，水深较小的河床。而钢板桩围堰、混凝土钢板桩围堰则可以适用于流速较大，水深较大的河床。

(三)套箱围堰与双钢壁围堰

套箱围堰与双钢壁围堰通常应用于流速较小，覆盖层较薄、平坦的岩石河床。设置围堰前，往往应先清理岩面。

二、桩基础施工

(一)沉入桩基础

1. 一般规定

预制桩的连接可采用焊接、法兰连接或机械快速连接(螺纹式、啮合式)。

桩基施工场地应平整、坚实、无障碍物。

沉桩前应对预制桩进行检查，确认合格。

沉桩施工应根据现场环境状况采取防噪声措施。在城区、居民区等人员密集的场所不得进行沉桩施工。

对地质复杂的大桥、特大桥，为检验桩的承载能力和确定沉桩工艺应进行试桩。

当对桩基的质量产生疑问时，可采用无损探伤进行检验。

混凝土桩制作应符合下列规定：

(1)在现场预制时，场地应平整、坚实、不积水，并应便于混凝土的浇筑和桩的吊运。

(2)钢筋混凝土桩的主筋，宜采用整根钢筋，如需接长宜采用闪光对焊。主筋与箍筋或螺旋筋应连接紧密，交叉处应采用点焊或钢丝绑扎牢固。

(3)混凝土的坍落度宜为4～6 cm。

(4)混凝土应连续浇筑，不得留工作缝。

链接

混凝土预制桩的连接可采用焊接、法兰连接或机械快速连接(螺纹式、啮合式)。

桩的运输、堆放应符合下列规定：

(1)堆放场地应平整、坚实、排水通畅。

(2)混凝土桩的支点应与吊点上下对准，堆放不宜超过4层。

(3)钢桩的支点应布置合理，防止变形，堆放不得超过3层。应采取防止钢管桩滚动的措施。

关于选择沉桩设备和施工方法，下面以典型例题的形式进行介绍。

典型例题

【单选题】软黏土、淤泥质土的土层中应选择的沉桩方法是(　　)。

A. 锤击沉桩　　B. 振动沉桩

C. 射水沉桩　　D. 静力压桩

D。【解析】选择沉桩设备和施工方法应符合下列规定:(1)锤击沉桩宜用于砂类土、黏性土。桩锤可选择单动汽锤、柴油机锤;当沉入桩数量少,入土深度小,在交通不便地区亦可使用落锤。(2)振动沉桩宜用于锤击沉桩效果较差的密实的黏性土、砾石、风化岩。(3)在密实的砂土、碎石土、砂砾的土层中用锤击法、振动沉桩法有困难时,可采用射水作为辅助手段进行沉桩施工。在黏性土中应慎用射水沉桩;在重要建筑物附近不宜采用射水沉桩。(4)静力压桩宜用于软黏土(标准贯入度 $N<20$)、淤泥质土。(5)钻孔埋桩宜用于黏土、砂土、碎石土,且河床覆土较厚的情况。

2. 沉桩施工技术

本部分主要介绍锤击沉桩法沉桩施工技术。

锤击沉桩应符合下列规定:

(1)混凝土预制桩达到设计强度后方可沉桩。

(2)沉型钢桩时,应采取防止桩横向失稳的措施。

(3)当沉桩的桩顶标高低于落锤的最低标高时,应设送桩,其强度不得小于桩的设计强度。送桩应与桩锤、桩身在同一轴线上。

(4)开始沉桩时应控制桩锤的冲击能,低锤慢打;当桩入土一定深度后,可按要求落距和正常锤击频率进行。

关于选择锤击法沉桩施工要求、打桩要求,下面以典型例题的形式进行介绍。

典型例题

【多选题】关于打桩要求的说法,正确的有(　　)。

A. 桩帽或送桩帽与桩周围的间隙应为 3~5 mm

B. 对于密集桩群,自中间向两个方向或四周对称施打

C. 桩插入时的垂直度偏差不得超过 0.5%

D. 根据桩的规格,宜先大后小,先长后短

E. 根据基础的设计标高,宜先浅后深

BCD。【解析】桩帽或送桩帽与桩周围的间隙应为 5~10 mm;锤与桩帽、桩帽与桩之间应加设硬木、麻袋、草垫等弹性衬垫;桩锤、桩帽或送桩帽应和桩身在同一中心线上。故选项 A 错误。当一侧毗邻建筑物时,由毗邻建筑物处向另一方向施打。根据基础的设计标高,宜先深后浅。故选项 E 错误。

【多选题】锤击法沉桩施工时,控制终止锤击的标准包括(　　)。

A. 地面隆起程度　　B. 桩头破坏情况

C. 桩端设计标高　　D. 桩身回弹情况

E. 贯入度

CE。【解析】桩终止锤击的控制应符合下列规定:(1)当桩端位于一般土层时,应以控制桩端设计标高为主,贯入度为辅。(2)桩端达到坚硬、硬塑的黏性土、中密以上粉土、砂土、碎石类土及风化岩时,应以贯入度控制为主,桩端标高为辅。(3)贯入度已达到设计要求而桩端标高未达到时,应继续锤击3阵,并按每阵10击的贯入度不应大于设计规定的数值确认,必要时,施工控制贯入度应通过试验确定。当遇到贯入度剧变,桩身突然发生倾斜、位移或有严重回弹、桩顶或桩身出现严重裂缝、破碎等情况时,应暂停打桩,并分析原因,采取相应措施。

链接

沉桩过程中应加强监测,当发现地面隆起或者桩身上浮的情形时,也应当暂停打桩,分析原因并采取相应的措施。

(二)钻孔灌注桩基础

1. 钻孔施工准备工作

钻孔灌注桩施工程序:施工准备、平整场地→测量放线、钻孔定位→打设护桩→埋设钢护筒→钻机就位→开始钻进→过程检查→终孔→成孔检查→一次清孔→钢筋制作及下放→下导管(闭水和抗拉试验)→二次清孔→灌注混凝土→拆除钢护筒→桩机移位→桩头破除。

钻孔场地应符合下列要求:在旱地上,应清除杂物,平整场地;遇软土应进行处理。在浅水中,宜用筑岛法施工。在深水中,宜搭设平台。如水流平稳,钻机可设在船上,船必须锚固稳定。

钻孔前应埋设护筒。护筒可用钢或混凝土制作,应坚实、不漏水。当使用旋转钻时,护筒内径应比钻头直径大20 cm;使用冲击钻机时,护筒内径应大40 cm。护筒顶面宜高处施工水位或地下水位2 m,并宜高处施工地面0.3 m。其高度应满足泥浆面高度要求。

2. 钻孔

钻孔机具及工艺的选择,应根据桩型、钻孔深度、土层情况、泥浆排放及处理条件综合确定。

不同桩型的适用条件应符合下列规定:

(1)泥浆护壁钻孔灌注桩宜用于地下水位以下的黏性土、粉土、砂土、填土、碎石土及风化岩层。

(2)旋挖成孔灌注桩宜用于黏性土、粉土、砂土、填土、碎石土及风化岩层。

(3)冲孔灌注桩除宜用于上述地质情况外,还能穿透旧基础、建筑垃圾填土或大孤石等障碍物。在岩溶发育地区应慎重使用,采用时,应适当加密勘察钻孔。

(4)长螺旋钻孔压灌桩后插钢筋笼宜用于黏性土、粉土、砂土、填土、非密实的碎石类土、强风化岩。

(5)干作业钻、挖孔灌注桩宜用于地下水位以上的黏性土、粉土、填土、中等密实以上的砂土、风化岩层。

(6)在地下水丰富、软弱土层、流沙等不良地质的区域;有承压水的砂土层、滞水层、厚度较大的流塑状淤泥、淤泥质土层中;孔内空气污染物超标准以及机械成孔设备可以到达的区域，不得选用人工挖孔灌注桩。

(7)沉管灌注桩宜用于黏性土、粉土和砂土；夯扩桩宜用于桩端持力层为埋深不超过20 m的中、低压缩性黏性土、粉土、砂土和碎石类土。

链接

钻孔灌注桩的成孔方式可分为泥浆护壁成孔、干作业成孔、沉管成孔和爆破成孔。上文成孔方式中，(1)~(3)属于泥浆护壁成孔，主要可采用的设备包括正(反)循环钻机、冲抓钻、旋挖钻、冲击钻等。(4)属于干作业成孔，主要采用的设备是长螺旋钻机。

下面主要介绍泥浆护壁钻孔灌注桩施工要点。

除能自行造浆的黏性土层外，均应制备泥浆。泥浆制备应选用高塑性黏土或膨润土。泥浆应根据施工机械、工艺及穿越土层情况进行配合比设计。

泥浆护壁应符合下列规定：

(1)施工期间护筒内的泥浆面应高出地下水位1.0 m以上，在受水位涨落影响时，泥浆面应高出最高水位1.5 m以上。

(2)在清孔过程中，应不断置换泥浆，直至灌注水下混凝土。

(3)在容易产生泥浆渗漏的土层中应采取维持孔壁稳定的措施。

(4)废弃的浆、渣应进行处理，不得污染环境。

正、反循环钻孔灌注桩的施工应符合以下规定：

(1)对孔深较大的端承型桩和粗粒土层中的摩擦型桩，宜采用反循环工艺成孔或清孔，也可根据土层情况采用正循环钻进，反循环清孔。

(2)当在软土层中钻进时，应根据泥浆补给情况控制钻进速度；在硬层或岩层中的钻进速度应以钻机不发生跳动为准。

(3)如在钻进过程中发生斜孔、塌孔和护筒周围冒浆、失稳等现象时，应停钻，待采取相应措施后再进行钻进。

冲击成孔灌注桩的施工应符合以下规定：

(1)开孔时，应低锤密击，当表土为淤泥、细砂等软弱土层时，可加黏土块夹小片石反复冲击造壁，孔内泥浆面应保持稳定。

(2)当遇到孤石时，可预爆或采用高低冲程交替冲击，将大孤石击碎或挤入孔壁。

(3)应采取有效的技术措施防止扰动孔壁、塌孔、扩孔、卡钻和掉钻及泥浆流失等事故。

(4)每钻进4~5 m应验孔一次，在更换钻头前或容易缩孔处，均应验孔。

(5)排渣可采用泥浆循环或抽渣筒等方法，当采用抽渣筒排渣时，应及时补给泥浆。

旋挖成孔灌注桩的施工应符合以下规定：

(1)旋挖钻机施工时，应保证机械稳定、安全作业，必要时可在场地铺设能保证其安全行走和操作的钢板或垫层(路基板)。

(2)成孔前和每次提出钻斗时，应检查钻斗和钻杆连接销子、钻斗门连接销子以及钢丝绳的状况，并应清除钻斗上的渣土。

(3)旋挖钻机成孔应采用跳挖方式，钻斗倒出的土距桩孔口的最小距离应大于6 m，并应及时清除。应根据钻进速度同步补充泥浆，保持所需的泥浆面高度不变。

3. 清孔

清孔应符合下列规定：

(1)钻孔至设计标高后，应对孔径、孔深进行检查，确认合格后即进行清孔。

(2)清孔时，必须保持孔内水头，防止坍孔。

(3)清孔后应对泥浆试样进行性能指标试验。

(4)清孔后，泥浆的相对密度宜控制在 1.03~1.10，对冲击成孔的桩可适当提高，但宜不超过 1.15，黏度宜为 17~20 Pa·s，含砂率宜小于 2%，胶体率宜大于 98%。孔底沉淀厚度应不大于设计的规定；设计未规定时，对桩径小于或等于 1.5 m 的摩擦桩宜不大于 200 mm，对桩径大于 1.5 m 或桩长大于 40 m 以及土质较差的摩擦桩宜不大于 300 mm，对端承桩宜不大于 50 mm。

4. 吊装钢筋笼

吊装钢筋笼应符合下列规定：

(1)钢筋笼宜整体吊装入孔。需分段入孔时，上下两段应保持顺直。

(2)应在骨架外侧设置控制保护层厚度的垫块，其间距竖向宜为 2 m，径向圆周不得少于 4 处。钢筋笼入孔后，应牢固定位。

(3)在骨架上应设置吊环。为防止骨架起吊变形，可采取临时加固措施，入孔时拆除。

(4)钢筋笼吊放入孔应对中、慢放，防止碰撞孔壁。下放时应随时观察孔内水位变化，发现异常应立即停放，检查原因。

5. 水下混凝土的灌注

钢筋笼吊装完毕后，应安置导管或气泵管二次清孔，并应进行孔位、孔径、垂直度、孔深，沉渣厚度等检验，合格后应立即灌注混凝土。

水下灌注混凝土必须具备良好的和易性，配合比应通过试验确定；坍落度宜为 180~220 mm；水泥用量不应少于 360 kg/m^3(当掺入粉煤灰时水泥用量可不受此限)。

使用的隔水栓应有良好的隔水性能，并应保证顺利排出；隔水栓宜采用球胆或与桩身混凝土强度等级相同的细石混凝土制作。

灌注水下混凝土的质量控制应满足下列要求：

(1)开始灌注混凝土时，导管底部至孔底的距离宜为 300~500 mm。

(2)应有足够的混凝土储备量，导管一次埋入混凝土灌注面以下不应少于 1.0 m。

(3)导管埋入混凝土深度宜为 2~6 m。严禁将导管提出混凝土灌注面，并应控制提拔导管速度，应有专人测量导管埋深及管内外混凝土灌注面的高差，填写水下混凝土灌注记录。

(4)灌注水下混凝土必须连续施工，每根桩的灌注时间应按初盘混凝土的初凝时间控制，对灌注过程中的故障应记录备案。

(5)应控制最后一次灌注量，超灌高度宜为 0.5~1.0 m，凿除泛浆后必须保证暴露的桩顶混凝土强度达到设计等级。

三、墩台、盖梁施工

(一)现浇混凝土墩台、盖梁

重力式混凝土墩台施工应符合下列规定：

(1)墩台混凝土浇筑前应对基础混凝土顶面做凿毛处理,清除锚筋污锈。

(2)墩台混凝土宜水平分层浇筑,每次浇筑高度宜为1.5 ~2 m。

(3)墩台混凝土分块浇筑时,接缝应与墩台截面尺寸较小的一边平行,邻层分块接缝应错开,接缝宜做成企口形。分块数量,墩台水平截面积在200 m^2 内不得超过2 块;在300 m^2 以内不得超过3 块。每块面积不得小于50 m^2。

柱式墩台施工应符合下列规定:

(1)模板、支架除应满足强度、刚度外,稳定计算中应考虑风力影响。

(2)墩台柱与承台基础接触面应凿毛处理,清除钢筋污锈。浇筑墩台柱混凝土时,应铺同配合比的水泥砂浆一层。墩台柱的混凝土宜一次连续浇筑完成。

(3)柱身高度内有系梁连接时,系梁应与柱同步浇筑。V 形墩柱混凝土应对称浇筑。

(4)采用预制混凝土管做柱身外模时,预制管安装应符合下列要求:

①基础面宜采用凹槽接头,凹槽深度不得小于5 cm。

②上下管节安装就位后,应采用四根竖方木对称设置在管柱四周并绑扎牢固,防止撞击错位。

③混凝土管柱外模应设斜撑,保证浇筑时的稳定。

④管接口应采用水泥砂浆密封。

钢管混凝土墩台柱应采用补偿收缩混凝土,一次连续浇筑完成。钢管的焊制与防腐应符合有关规定。

在交通繁华路段施工盖梁宜采用整体组装模板,快装组合支架。

关于悬臂盖梁拆除底模的时间,下面以典型例题的形式进行介绍。

典型例题

【单选题】如设计无要求,预应力钢筋混凝土悬臂盖梁拆除底模的时间应在(　　)。

A. 盖梁混凝土强度达到设计强度的75%后

B. 盖梁混凝土强度达到设计强度后

C. 预应力张拉完成后

D. 孔道压浆强度达到设计强度后

D。【解析】盖梁为悬臂梁时,混凝土浇筑应从悬臂端开始;预应力钢筋混凝土盖梁拆除底模时间应符合设计要求;如设计无规定,预应力孔道压浆强度应达到设计强度后,方可拆除底模板。

(二)预制钢筋混凝土柱和盖梁安装

基础杯口的混凝土强度必须达到设计要求,方可进行预制柱安装。

预制柱安装应符合下列规定:

(1)杯口在安装前应校核长、宽、高,确认合格。杯口与预制件接触面均应凿毛处理,埋件应除锈并应校核位置,合格后方可安装。

(2)预制柱安装就位后应采用硬木楔或钢楔固定,并加斜撑保持柱体稳定,在确保稳定后方可摘去吊钩。

(3)安装后应及时浇筑杯口混凝土,待混凝土硬化后拆除硬楔,浇筑二次混凝土,待杯口混凝土达到设计强度75%后方可拆除斜撑。

预制钢筋混凝土盖梁安装应符合下列规定：

(1)预制盖梁安装时，应对接头混凝土面凿毛处理，预埋件应除锈。

(2)在墩台柱上安装预制盖梁时，应对墩台柱进行固定和支撑，确保稳定。

(3)盖梁就位时，应检查轴线和各部尺寸，确认合格后方可固定，并浇筑接头混凝土。接头混凝土达到设计强度后，方可卸除临时固定设施。

(三)重力式砌体墩台

墩台砌筑前，应清理基础，保持洁净，并测量放线，设置线杆。

墩台砌体应采用坐浆法分层砌筑，竖缝均应错开，不得贯通。

砌筑墩台镶面石应从曲线部分或角部开始。

桥墩分水体镶面石的抗压强度不得低于设计要求。

砌筑的石料和混凝土预制块应清洗干净，保持湿润。

(四)台背填土

台背填土宜与路基填土同时进行，宜采用机械碾压。台背 0.8~1 m 范围内宜回填砂石、半刚性材料，并采用小型压实设备或人工夯实。

轻型桥台台背填土应待盖板和支撑梁安装完成后，两台对称均匀进行。

2K312030　城市桥梁上部结构施工

一、装配式梁(板)施工技术

(一)构件预制

构件预制场的布置应满足预制、移运、存放及架设安装的施工作业要求；场地应平整、坚实，应根据地基情况和气候条件，设置必要的防排水设施，并应采取有效措施防止场地沉陷。

构件的预制台座应符合下列规定：

(1)预制台座的地基应具有足够的承载能力和稳定性。当用于预制后张预应力混凝土梁、板时，宜对台座两端及适当范围内的地基进行特殊加固处理。

(2)预制台座应采用适宜的材料和方式制作，且应保证其坚固、稳定、不沉陷。

(3)预制台座的间距应能满足施工作业的要求；台座表面应光滑、平整，在 2 m 长度上平整度的允许偏差应不超过 2 mm，且应保证底座或底模的挠度不大于 2 mm。

(4)对预应力混凝土梁、板，应根据设计提供的理论拱度值，结合施工的实际情况，正确预计梁体拱度的变化情况，在预制台座上按梁、板构件跨度设置相应的预拱度。当预计后张预应力混凝土梁的上拱度值较大，将会对桥面铺装的施工产生不利影响时，宜在预制台座上设置反拱。

(5)预制台座应具有对梁底的支座预埋钢板或模型垫块进行角度调整的功能，并应在预制施工时严格按设计要求的角度进行设置。

(二)构件混凝土的浇筑

各种构件混凝土的浇筑应符合下列规定：

(1)腹板底部为扩大断面的 T 形梁和 I 形梁，应先浇筑扩大部分并振实后，再浇筑其上部腹板。

(2)U形梁可上下一次浇筑或分两次浇筑。一次浇筑时，宜先浇筑底板至底板承托顶面，待底板混凝土振实后再浇筑腹板；分两次浇筑时，宜先浇筑底板至底板承托顶面，按施工缝处理后，再浇筑腹板混凝土。

(3)箱形梁宜一次浇筑完成，且宜先浇筑底板至底板承托顶面，待底板混凝土振实后再浇筑腹板、顶板。

(4)中小跨径的空心板浇筑混凝土时，对芯模应有防止上浮和偏位的可靠措施。

对高宽比较大的预应力混凝土T形梁和I形梁，应对称、均衡地施加预应力，并应采取有效措施防止梁体产生侧向弯曲。

(三)构件的场内移运

对后张预应力混凝土梁、板，在施加预应力后可将其从预制台座吊移至场内的存放台座上后再进行孔道压浆，但必须满足下列要求：

(1)从预制台座上移出梁、板仅限一次，不得在孔道压浆前多次倒运。

(2)吊移的范围必须限制在预制场内的存放区域，不得移往他处。

(3)吊移过程中不得对梁、板产生任何冲击和碰撞。

(4)不得将构件安装就位后再进行预应力孔道压浆。

后张预应力混凝土梁、板在预制台座上进行孔道压浆后再移运的，移运时其压浆浆体的强度应不低于设计强度的80%。

梁、板构件移运时的吊点位置应符合设计规定；设计未规定时，应根据计算确定。

在构件上设置的吊环必须采用未经冷拉的HPB300钢筋制作；吊具应采用经专门设计的定型产品，且应符合相关产品标准或设计规范的要求。

吊绳与起吊构件的交角小于60°时，应设置吊架或起吊扁担，使吊点垂直受力。

吊移板式构件时，不得吊错上、下面。

(四)构件的存放

存放台座应坚固稳定，且宜高出地面200 mm以上。存放场地应有相应的防排水设施，并应保证梁、板等构件在存放期间不致因支点沉陷而受到损坏。

梁、板构件存放时，其支点应符合设计规定的位置，支点处应采用垫木和其他适宜的材料进行支承，不得将构件直接支承在坚硬的存放台座上；存放时混凝土养护期未满的，应继续养护。

构件应按其安装的先后顺序编号存放，预应力混凝土梁、板的存放时间不宜超过3个月，特殊情况下不应超过5个月；存放时间超过3个月时，应对梁、板的上拱度值进行检测，当上拱度值过大将会严重影响后续桥面铺装施工或梁、板混凝土产生严重开裂时，则不得使用。

当构件多层叠放时，层与层之间应以垫木隔开，各层垫木的位置应设在设计规定的支点处，上下层垫木应在同一条竖直线上；叠放的高度宜按构件强度、台座地基的承载力、垫木强度及叠放的稳定性等经计算确定，大型构件以2层为宜，应不超过3层，小型构件宜为6～10层。

雨季或春季融冻期间，应采取有效措施防止地基软化下沉而造成构件断裂及损坏。

(五)构件的运输

构件的运输应符合下列规定：

(1)板式构件运输时,宜采用特制的固定架稳定构件。对小型构件,宜顺宽度方向侧立放置,并应采取措施防止倾倒;如平放,在两端吊点处必须设置支搁方木。

(2)梁的运输应按高度方向竖立放置,并应有防止倾倒的固定措施;装卸梁时,必须在支撑稳妥后,方可卸除吊钩。

(3)采用平板拖车或超长拖车运输大型梁、板构件时,车长应能满足支点间的距离要求,支点处应设活动转盘防止搓伤构件混凝土;运输道路应平整,当有坑洼而高低不平时,应事先处理平整。

(4)水上运输梁、板构件时,应有相应的封舱加固措施,并应根据天气状况安排装卸和运输作业时间,同时应满足水上(海上)作业的相关安全规定。

(六)简支梁、板的安装

安装前应制订专项施工方案,安装的方法和安装设备应根据构件的结构特点、重力及施工环境条件等综合确定;对安装施工中的各种临时受力结构和安装设备的工况应进行必要的安全验算,所有施工设施均宜进行试运行和荷载试验。

安装前应对墩台的施工质量进行检验,并应对支座或临时支座的平面位置和高程进行复测,合格后方可进行梁、板等构件的安装。

梁、板根据吊装机具的不同可采用的架设方法有起重机架梁法、跨墩龙门吊架梁法、穿巷式架桥机架梁法。

采用架桥机进行梁、板构件的安装作业时,其抗倾覆稳定系数应不小于1.3。架桥机过孔时,应将起重小车置于对稳定最有利的位置,且抗倾覆稳定系数应不小于1.5;不得采用将梁、板吊挂在架桥机后部配重的方式进行过孔作业。

采用起重机吊装构件时,如采用一台起重机起吊,则应在吊点位置的上方设置吊架或起吊扁担;如采用两台起重机抬吊,则应统一指挥,协调一致,使构件的两端同时起吊、同时就位。

采用缆索吊机进行安装时,应事先对缆索吊机进行1.2倍最大设计荷载的静力试验和设计荷载下的试运行,全面验收合格后方可使用。

梁、板安装施工期间及架桥机移动过孔时,严禁行人、车辆和船舶在作业区域的桥下通行。

梁、板就位后,应及时设置锁定装置或支撑将构件临时固定,对横向自稳性较差的T形梁和I形梁等,应与先安装的构件进行可靠的横向连接,防止倾倒。

安装在同一孔跨的梁、板,其预制施工的龄期差宜不超过10 d,特殊情况应不超过30 d。梁、板上有预留相互对接的预应力孔道的,其中心应在同一轴线上,偏差应不大于4 mm。梁、板之间的横向湿接缝,应在一孔梁、板全部安装完成后方可进行施工。

对弯、坡、斜桥的梁、板,其安装的平面位置、高程及几何线形应符合设计要求。

当安装条件与设计规定的条件不一致时,应对构件在安装时产生的内力进行复核。

(七)先简支后连续的梁的安装

先简支安装梁的施工应符合规定,当设置临时支座进行支承时,对一片梁中的各临时支座,其顶面的相对高差应不大于2 mm。

简支变连续的施工程序应符合设计规定。

对湿接头处的梁端,应按施工缝的要求进行凿毛处理。永久支座应在设置湿接头底模之前安装。湿接头处的模板应具有足够的强度和刚度,与梁体的接触面应密贴并具有一定的搭接长度,各接缝应严密不漏浆。负弯矩区的预应力管道应连接平顺,与梁体预留管道的接合处应密封;预应力锚固区预留的张拉齿板应保证其外形尺寸准确且不被损坏。

湿接头的混凝土宜在一天中气温相对较低的时段浇筑,且一联中的全部湿接头应尽快浇筑完成。湿接头混凝土的养护时间应不少于 14 d。

湿接头按设计要求施加预应力、孔道压浆且浆体达到规定强度后,应立即拆除临时支座,按设计规定的顺序完成体系转换。同一片梁的临时支座应同时拆除。

仅为桥面连续的梁、板,应按设计要求进行施工。

二、现浇混凝土连续梁施工技术

现浇混凝土连续梁的施工方法有悬臂浇筑法、支(模)架法、移动模架法等。

(一)悬臂浇筑法连续梁施工

悬臂浇筑法是指在已经完成的桥墩上两侧建立工作平台,采用一对能够行走的挂篮平衡地逐段向跨中悬臂浇筑水泥混凝土,逐段形成连续桥梁的施工方法。其主要的施工设备是挂篮。

1. 挂篮的技术要求

用于悬臂浇筑施工的挂篮,其结构除应满足强度、刚度和稳定性要求外,尚应符合下列规定:

(1)挂篮与悬浇梁段混凝土的质量比宜不大于 0.5,且挂篮的总重应控制在设计规定的限重之内。

(2)挂篮的最大变形(包括吊带变形的总和)应不大于 20 mm。

(3)挂篮在浇筑混凝土状态和行走时的抗倾覆安全系数、锚固系统的安全系数、斜拉水平限位系统的安全系数及上水平限位的安全系数均应不小于 2。

(4)挂篮的支承平台应有足够的平面尺寸,应能满足梁段现场施工作业的需要。

(5)挂篮模板的制作与安装应准确、牢固,安装误差应符合相关规定。后吊杆和下限位拉杆孔道应严格按设计尺寸准确预留。

(6)挂篮锚固系统所用的轴销、键、拉杆、垫板、螺母、分配梁等应专门设计、加工,并不得随意更换或替代。

(7)悬挂系统两端应能与承压面密贴配合,混凝土承压面不规则、不平整时应事前处理,应使吊杆能轴向受拉而不承受额外的弯矩和剪力。

(8)挂篮制作加工完成后应进行试拼装。挂篮在现场组拼后,应全面检查其安装质量,并应进行模拟荷载试验,符合挂篮设计要求后方可正式投入使用。

提示

模拟荷载试验也称载重试验,为的是检查挂篮的安装质量,消除弹性变形。

2. 浇筑连续梁

悬臂浇筑按照以下步骤:

(1)在已建好的桥墩上浇筑 0 号块。

(2)在 0 号块上安装挂篮并向两侧依次对称分段浇筑主梁到合龙前段。

(3)按照边跨主梁合龙段、中跨合龙段的顺序进行浇筑,最终形成整体的连续梁体系。

墩顶及墩顶邻近梁段可采用落地支架或托架施工，支架和托架应符合规定。墩顶梁段宜全断面一次浇筑完成，当梁段过高一次浇筑完成难以保证质量时，可沿高度方向分两次浇筑，但首次浇筑的高度宜超过底板承托顶面以上至少 500 mm，且宜将两次浇筑混凝土的龄期差控制在 7 d 以内。

悬臂浇筑施工应符合下列规定：

(1)悬臂浇筑施工应对称、平衡地进行，两端悬臂上荷载的实际不平衡偏差不得超过设计规定值；设计未规定时，宜不超过梁段重的1/4。悬臂梁段应全断面一次浇筑完成，并应从悬臂端开始，向已完成梁段推进分层浇筑。

(2)悬臂浇筑的施工过程控制宜遵循变形和内力双控的原则，且宜以变形控制为主。

(3)悬臂浇筑施工时，立模高程的误差应不大于 +5 mm，立模轴线的偏位应不大于 5 mm。

(4)挂篮前移时，宜在其后方设置控制其滑动的装置或在滑道上设置制动装置；前移就位后，应立即将后锚固点锁定，防止倾覆。

(5)每一节段悬臂浇筑施工完成后，除应进行质量检验外，尚应对预应力孔道进行检查，防止有杂物堵塞孔道的情况发生。

(6)悬臂浇筑施工时，应对桥面上的各种临时施工荷载进行控制。

(7)当悬臂浇筑施工跨越铁路、公路、航道及其他建筑物时，应采取有效的安全施工防护措施。

3. 连续梁的合龙

当梁段与桥墩设计为非刚性连接时，浇筑悬臂段混凝土前，应先将墩顶梁段与桥墩临时固结。

墩顶梁段和附近梁段可采用托架或膺架为支架就地浇筑混凝土。托架、膺架应经过设计，计算其弹性及非弹性变形。

悬臂浇筑混凝土时，宜从悬臂前端开始，最后与前段混凝土连接。

连续梁(T 构)的合龙、体系转换和支座反力调整应符合下列规定：

(1)合龙段的长度宜为 2 m。

(2)合龙前应观测气温变化与梁端高程及悬臂端间距的关系。

(3)合龙前应按设计规定，将两悬臂端合龙口予以临时连接，并将合龙跨一侧墩的临时锚固放松或改成活动支座。

(4)合龙前，在两端悬臂预加压重，并于浇筑混凝土过程中逐步撤除，以使悬臂端挠度保持稳定。

(5)合龙宜在一天中气温最低时进行。

(6)合龙段的混凝土强度宜提高一级，以尽早施加预应力。

(7)连续梁的梁跨体系转换，应在合龙段及全部纵向连续预应力筋张拉、压浆完成，并解除各墩临时固结后进行。

(8)梁跨体系转换时，支座反力的调整应以高程控制为主，反力作为校核。

提示

注意区分悬臂浇筑顺序与连续梁合龙顺序。连续梁合龙顺序为：边跨→次跨→中跨。

（二）支（模）架法连续梁浇筑施工

关于现浇支架的搭设，下面以典型例题的形式进行介绍。

典型例题

【单选题】关于承重模板支架搭设的说法，正确的是(　　)。

A. 脚手架宜利用支架体系搭设　　B. 支架底部应有良好的排水措施

C. 支架搭设完毕后即可投入使用　　D. 地基承载力不影响支架的搭设

B。【解析】脚手架不宜与支架连接在一起。故选项 A 错误。支架底部应有良好的排水措施，不得被水浸泡。支架搭设完毕后应进行支架预压，主要目的是消除由于拼装间隙、地基沉降造成的非弹性变形，以保证支架的安全性。故选项 C 错误。支架搭设时地基承载力应满足施工要求。故选项 D 错误。

（三）移动模架法连续梁浇筑施工

对梁式桥现浇支架，应根据支架的类型和结构形式、地基的沉降量和承载能力，以及荷载大小等因素，按规定确定是否采取预压措施。

移动模架分为上行式和下行式两种类型。模架的支承系统应安全可靠，并应具有足够的承载能力、刚度和稳定性。模架的后端宜设置后吊点，应使模架中的模板与已浇梁段的悬臂端梁体紧密贴合，防止该处产生错台或漏浆。模架应设置预拱度，预拱度值应经计算并参考荷载试验结果确定。

在移动模架上浇筑时，模架长度必须满足分段施工要求，分段浇筑的工作缝，应设在零弯矩点或其附近。

2K312040　管涵和箱涵施工

涵洞是指横穿路基的小型排水构造物，一般由基础、洞身和洞口组成。涵洞形式可根据净空断面的大小、地基状况、施工条件及工程造价等确定，可设计为混凝土管涵、钢筋混凝土盖板涵、箱涵、拱涵、钢波纹管涵洞等形式。

一、管涵施工

管涵一般是指圆管涵，就是用钢筋混凝土做成的一节一节的圆管做成的涵洞。

圆管涵应符合下列要求：

（1）管身宜为钢筋混凝土构件，应配双层钢筋。

（2）基础形式应视地基条件而定，当在土质较软弱地基上时，可采用混凝土或浆砌片石基础；当在砂砾、卵石、碎石及密实均匀的黏土或砂土地基上时，可采用砂砾石垫层基础；当在岩石地基上时，可采用垫层混凝土。基础顶面应进行八字斜面包角，其支撑角不应小于 120°。

（3）接口宜为平接，可分为刚性、半刚性、柔性接口等，根据受力条件、施工方法及水文地质情况来选用接口形式。当为柔性接口时，宜采用承插式钢筋混凝土圆管涵，其接口处应设 O 形橡胶圈。

（4）管身周围应设防水层，以防渗水侵蚀，可采用沥青或厚为 200 mm 的塑性黏土等。

(5)当管涵较长设计有沉降缝时,管身沉降缝应与圬工基础沉降缝位置一致,且在管节接缝处,其方向应与洞身轴线垂直。

管涵施工应注意以下要点:

(1)管涵的管节宜在工厂内集中制作,仅当不具备集中制作的环境和条件时,方可在工地设置预制场地进行制作。

(2)管涵基础的顶面应设置混凝土管座,管座的弧形面应与管身紧密贴合,使管节受力均匀。当管节直接放置在天然地基上时,应按设计要求将管底的土层夯压密实或设置砂垫层,并做成与管身弧度密贴的弧形管座。

(3)平接管安装的接缝宽度宜为10~20 mm,其接口表面应平整,并应采用有弹性的不透水材料嵌塞密实,不得采用加大接缝宽度的方式满足涵洞长度要求。管节的接缝不得有间断、裂缝、空鼓和漏水等现象。

二、箱涵施工

箱涵是指洞身以钢筋混凝土箱形管节修建的涵洞。箱涵由一个或多个方形或矩形断面组成,一般由钢筋混凝土或圬工制成。

(一)一般规定

箱涵顶进宜避开雨期施工,如需跨雨期施工,必须编制专项防洪排水方案。

顶进箱涵施工前,应调查下列内容:

(1)调查现况铁道、道路路基填筑、路基中地下管线等情况及所属单位对施工的要求。

(2)穿越铁路、道路运行及设施状况。

(3)施工现场现况道路的交通状况,施工期间交通疏导方案的可行性。

施工现场采取降水措施时,不得造成影响区建(构)筑物沉降、变形。降水过程中应进行监测,发现问题应及时采取措施。

(二)工作坑

土层中有水时,工作坑开挖前应采取降水措施,将地下水位降至基底0.5 m以下,并疏干后方可开挖。工作坑开挖时不得扰动地基,不得超挖。工作坑底应密实平整,并有足够的承载力。基底允许承载力不宜小于0.15 MPa。

(三)箱涵的预制与顶进

箱涵预制应符合下列规定:

(1)箱涵侧墙的外表面前端2 m范围内应向两侧各加宽1.5~2 cm,其余部位不得出现正误差。

(2)工作坑滑板与预制箱涵底板间应铺设润滑隔离层。

(3)箱涵底板底面前端2~4 m范围内宜设高5~10 cm船头坡。

(4)箱涵前端周边宜设钢刃脚。

(5)箱涵混凝土达到设计强度后方可拆除顶板底模。

顶进设备及其布置应符合下列规定:

(1)应根据计算的最大顶力确定顶进设备。千斤顶的顶力可按额定顶力的60%~70%计算。

(2)高压油泵及其控制阀等工作压力应与千斤顶匹配。

(3)液压系统的油管内径应按工作压力和计算流量选定,回油管路主油管的内径不得小于10 mm,分油管的内径不得小于6 mm。

(4)油管应清洗干净,油路布置合理,密封良好,液压油脂应过滤。

(5)顶进过程中,当液压系统发生故障时应立即停止运转,严禁在工作状态下检修。

顶进箱涵的后背,必须有足够的强度、刚度和稳定性。墙后填土,宜利用原状土,或用砂砾、灰土(水泥土)夯填密实。

安装顶柱(铁),应与顶力轴线一致,并与横梁垂直,应做到平、顺、直。当顶程长时,可在4~8 m处加横梁一道。

顶进应具备以下条件:

(1)主体结构混凝土必须达到设计强度,防水层及防护层应符合设计要求。

(2)顶进后背和顶进设备安装完成,经试运转合格。

(3)线路加固方案完成,并经主管部门验收确认。

(4)线路监测、抢修人员及设备等应到位。

列车或车辆通过时严禁挖土,人员应撤离至土方可能坍塌范围以外。当挖土或顶进过程中发生塌方,影响行车安全时,必须停止顶进,迅速组织抢修加固。

顶进应与观测密切配合,随时根据箱涵顶进轴线和高程偏差,及时调整侧刃脚切土宽度和船头坡吃土高度。

挖运土方与顶进作业应循环交替进行,严禁同时进行。

链接

顶进作业时挖运土方应符合下列规定:挖土应按侧刃脚坡度及规定的进尺应由上往下开挖,侧刃脚进土应在0.1 m以上。开挖面的坡度不得大于1:0.75,并不得逆坡挖土,不得超前挖土,应设专人监护。不得扰动基底土体。挖土的进尺可根据土质确定,宜为0.5 m;当土质较差时,可按千斤顶的有效行程掘进,并随挖随顶防止路基塌方。

三、拱涵、盖板涵施工

拱涵、盖板涵的结构形式包括预制拼装钢筋混凝土结构、现场浇注钢筋混凝土结构和砌筑墙体、预制或现浇钢筋混凝土混合结构等。

涵洞沉降缝应贯穿整个洞身断面,当涵洞斜交斜做时,其方向应与路线方向一致;当斜交正做时,其方向应与洞身轴线方向垂直。

可根据道路施工流程来采取整幅施工或分幅施工。

施工过程中如遇有地下水,应先将地下水降至基底以下500 mm方可施工。应在主结构防水层的保护层完成后,且保护层的砌筑砂浆强度不低于3 MPa后才可对涵洞两侧进行对称回填,高差宜不大于300 mm。

拱圈和出入口拱上端墙的砌筑施工,应由两侧向中间同时对称施工。

拱涵、盖板涵混凝土的现场浇筑施工在涵长方向宜连续进行;当涵身较长不能一次连续完成时,可沿长度方向分段进行浇筑,施工缝应设在涵身的沉降缝处。现浇混凝土拱圈时,应对称浇筑,最后浇筑拱顶,或在拱顶预留合龙段最后浇筑并合龙。

2K313000 城市轨道交通工程

2K313010 城市轨道交通工程结构与施工方法

一、地铁车站结构分类与组成

（一）地铁车站分类

地铁是指在城市中修建的快速、大运量、用电力牵引的轨道交通。

列车在全封闭的线路上运行，位于中心城区的线路基本设在地下隧道内，中心城区以外的线路一般设在高架桥或地面上。因此，根据地铁车站所处的位置，地铁可分为地下车站、高架车站和地面车站。

车站竖向布置应根据线路敷设方式、周边环境及城市景观等因素，可选取地下多层、地下一层、路堑式、地面、高架一层、高架多层等形式。地下车站埋设宜浅，高架车站层数宜少，有条件的地下或高架车站宜将站厅及设备、管理用房设于地面。

车站站台可选用岛式、侧式或岛侧混合式等形式。

（二）地铁车站组成

地铁车站一般由车站主体、出入口及通道和附属建筑物组成。车站主体包括站台、站厅、设备与管理用房等，附属构筑物包括通风道、风井与冷却塔等。地下车站应按通风、空调工艺要求设置进风亭、排风亭和活塞风亭。

车站出入口的数量，应根据吸引与疏散客流的要求设置；每个公共区直通地面的出入口数量不得少于两个，每个出入口宽度应按远期或客流控制期分向设计客流量乘以 1.1～1.25 不均匀系数计算确定。

地下车站出入口、消防专用出入口和无障碍电梯的地面标高，应高出室外地面 300～450 mm，并应满足当地防淹要求，当无法满足时，应设防淹闸槽，槽高可根据当地最高积水位确定。

二、地铁车站施工方法

（一）地铁车站常见的施工方法

地铁车站常见的施工方法包括明挖法和暗挖法。

明挖法是指在地面挖开的基坑中修筑地下结构的方法，包括明挖、盖挖顺作和盖挖逆作等工法。盖挖顺作法的作业顺序为在地面修筑维持地面交通的临时路面及其支撑后，自上而下开挖土方至坑底设计标高，再自下而上修筑结构。盖挖逆作法的作业顺序与传统的明挖法相反，开挖地面修筑结构顶板及其竖向支撑结构后，在顶板的下面自上而下分层开挖土方分层修筑结构。明挖法是传统的地面框架结构施工方法，具有施工进度快、施工技术简单、造价低、便于大型机械化施工等优点。目前城市中多采用盖挖逆作法。

暗挖法包括传统矿山法和现代矿山法。传统的矿山法是指用钻眼爆破的方法修筑地铁车站的暗挖施工方法，又称钻爆法；现代矿山法包括新奥法、软土地层浅埋暗挖法及由其衍生的其他暗挖方法。在城市中心地区，地面交通不允许出现长时间的中断，当地面建筑物较多、地下管线分布密集、沉降要求较高时，在条件允许的情况下采用喷锚暗挖法施工。此种工法的基本作业程序包括地层预支护和预加固、土方开挖、初期支护及二次初砌、监控量测等。

专家解读

在我国常把新奥法称为“锚喷构筑法”。新奥法是指利用围岩的自承能力和开挖面的空间约束作用，采用以锚杆、喷射混凝土和钢支撑为主要支护手段，及时对围岩进行加固，约束围岩的松弛和变形，并通过对围岩和支护结构的监控、测量进行施工指导的暗挖方法。浅埋暗挖法是指针对埋深较浅、松散不稳定的地层和软弱破碎岩层，在开挖中以多种辅助措施加固围岩及周围土体，开挖后及时支护，封闭成环，与围岩及周围土体共同作用形成联合支护体系，有效地控制围岩及周围土体过大变形的一种综合施工方法。与新奥法相比，浅埋暗挖法更加强调地层的预支护和预加固。浅埋暗挖法应牢记十八字方针——“管超前、严注浆、短开挖、强支护、快封闭、勤量测”。

（二）地铁车站施工方法的选择

确定地下车站主体结构施工方法应符合下列规定：

(1)位于土层中的车站宜选择明挖法施工；需要减少施工对地面交通影响时，可采用盖挖法施工，并宜铺设临时路面，采用盖挖顺作法（包括半盖挖顺作法）施工；对环境保护要求高或平面尺寸大的地下结构，宜采用盖挖逆作法（包括半盖挖逆作法）施工；必要时也可采用暗挖法或明暗挖结合的方法施工。

(2)位于岩石地层中的车站，当围岩稳定性好和覆盖层厚度适宜时，可选择矿山法施工。

专家解读

地下车站应优先采用常规的明挖法施工；当不允许长期占用既有道路施工时，可采用盖挖顺作法或盖挖逆作法，盖挖逆作法尤其适用于环境要求较高、必须严格控制开挖引起的地面沉降等影响的情况；仅当不具备明挖条件或当车站埋置过深，采用明挖法施工很不经济时，方可考虑采用暗挖法施工。

（三）地铁车站施工要点

采用明挖法施工时，首先应设置围护结构，然后进行降水或坑底土体加固，再逐层开挖逐层设置支撑。开挖至最底层应进行底板混凝土浇筑，再自下而上逐步拆除支撑。

采用盖挖逆作法施工时，应注意混凝土的施工缝的处理，必要时可采用注入法、充填法、直接法等进行处理。

采用浅埋暗挖法施工时，禁止带水作业，且开挖面应具有一定的自立性和稳定性。

对于矿山（喷锚暗挖）法施工的地铁站结构形式，下面以典型例题的形式进行介绍。

典型例题

【单选题】矿山法施工的地铁车站不采用(　　)结构形式。

A. 框架　　B. 单拱

C. 双拱　　D. 三拱

A。【解析】矿山(喷锚暗挖)法施工的地铁站结构形式可以分为:(1)单拱车站,适用于岩石地层。(2)双拱车站,分为双拱塔柱式和双拱立柱式。(3)三拱车站,也分为塔柱式和立柱式。单拱式、双拱式或三拱式车站,可根据需要做成单层或双层。

三、地铁区间隧道结构与施工方法

地铁区间隧道结构一般由施工方法所决定,本部分内容直接结合地铁区间隧道施工方法叙述。

(一)地铁区间隧道施工方法

同地铁车站相似,地铁区间隧道施工方法一般分为明挖法和暗挖法,暗挖法又可分为喷锚暗挖(矿山)法和盾构法。

1. 明挖法施工

明挖法施工适用于场地开阔,建筑物稀少,交通及环境允许的情形。该方法可以使地下内部净空得到充分利用,顶板上便于敷设城市地下管网设施。

采用明挖法施工后的隧道结构一般采用整体式衬砌结构和预制装配式衬砌结构,其断面通常为矩形。整体式衬砌整体性高,防水性易保证,但其施工工序多,进度慢;预制装配式衬砌整体性差,在地段内有特殊要求的情况下应慎用(防护、地震等)。

2. 喷锚暗挖(矿山)法施工

在我国,喷锚暗挖主要采用的是浅埋暗挖法。浅埋暗挖法施工后的隧道结构一般为拱形结构,其衬砌结构一般采用复合式衬砌,即初期支护、防水隔离层和二次衬砌。

关于于喷锚暗挖法施工隧道支护的要求,下面以典型例题的形式进行介绍。

典型例题

【多选题】关于喷锚暗挖法施工隧道支护的说法,正确的有(　　)。

A. 由初期支护和二次衬砌共同承担基本荷载

B. 初期支护从上往下施工、二次衬砌从下往上施工

C. 二次衬砌在初期支护完成后立即施工

D. 初期支护允许变形小

E. 不允许带水作业

BDE。【解析】采用喷锚暗挖法施工隧道时,全部基本荷载均由初期支护承担,二次衬砌作为安全储备,特殊荷载由初期支护和二次衬砌共同承担。故选项A错误。二次衬砌需在初期支护变形基本稳定且防水结构施工验收合格后方可施工。故选项C错误。另外,采用喷锚暗挖法施工隧道时,施工单位应有专门机构对监控量测的实施进行执行与管理,监测信息应由项目技术负责人统一掌握、统一领导。本题结合下文关于喷锚暗挖法的具体施工要求进行学习。

3. 盾构法施工

在现代城市地下工程建设中，盾构法是修建地铁轨道交通最好的施工方法之一。

盾构法是指用盾构机修筑隧道的暗挖施工方法，为在盾构钢壳体的保护下进行开挖、推进、衬砌和注浆等作业的方法。盾构法施工是在隧道的一端建造始发竖井，将盾构安装就位，在地层中沿设计轴线向另一端到达竖井掘进。盾构掘进中受到的地层阻力，通过盾构千斤顶传至盾构尾部拼装好的衬砌管片上，盾构机既能承受围岩压力又能在地层中自动前进。盾构法在松软含水地层中修建埋深较大的长隧道往往具有技术和经济方面的优越性。

盾构法施工流程包括盾构的始发和到达、盾构的掘进、衬砌、注浆等。

盾构法隧道采用的支护结构称为管片，是预先在工厂制作好的构件，盾构施工时直接在盾构机尾部拼装而成。管片根据其材质的不同，可分为钢管片、钢筋混凝土管片、铸铁管片、钢纤维混凝土管片、复合材料管片等。

盾构法施工区间隧道时，两条地铁隧道之间往往设置一条用于疏散乘客、防火、消防、隧道排水的通道，称为联络通道。联络通道主要采用暗挖法或超前预支护法施工。

（二）地铁区间隧道施工方法的选择

区间隧道宜采用暗挖法施工，并宜遵守下列原则：

（1）盾构法适用于第四纪地层、无侧限抗压强度中等偏低的地层和软岩地层的隧道施工；在硬质岩层和含有大量粗颗粒漂石、块石的地层不宜采用。

（2）矿山法适用于从硬岩地层至具备一定自稳能力的第四纪地层的隧道施工。

（3）隧道掘进机（TBM）工法仅应用于岩质隧道的施工，在岩溶地区不宜采用。

在地面空旷且隧道埋深较浅的地段，经技术经济比选确有优势时，可采用明挖法施工。

提示

地下空间施工方法很多，应该对比分类记忆。地下空间工程宜根据工程地质条件、施工及环境条件按下表选择施工方法。

施工方法	地质适应性	施工及环境条件
明挖法	适用于各种地层	场地及环境保护要求允许的条件下均可采用
盖挖法	适用于各种地层	当采用明挖法无法满足正常道路交通、建设工期或施工作业面等方面要求时采用
矿山法	适用于含水量较小且具有一定自稳性地层	适合各种断面形式（单线、双线及多线、车站等）和变化断面（过渡段、多断面等）
盾构法	适用于各种地层	隧道断面单一、具有一定施工长度及覆土厚度且具备工作井建造条件的隧道工程
浅埋暗挖法	适用于覆跨比小、淤泥土等软弱地层、岩层和土岩结合地层	适用于埋深浅、地层岩性差、存在地下水、周围环境复杂的工程
逆作法	适用于黏性土、粉性土和砂土等土层	适用于周边设施保护要求高、施工场地狭小的工程

2K313020 明挖基坑施工

一、地下水控制

（一）概述

地下水控制方法可划分为降水、隔水帷幕和回灌三类。各种地下水方法可单独或组合使用。

地下水控制可根据控制方法、工程环境限制要求、工程规模、地下水控制幅度、含水层特征、场地复杂程度，并结合基坑围护结构特点、开挖方法和工况等将地下水控制工程划分为简单、中等复杂、复杂三级。

地下水控制设计施工的安全等级应按表 1-26 分为一级、二级、三级。

表 1-26 安全等级分类

地下水控制工程复杂程度	安全等级
复杂	一级
中等复杂	二级
简单	三级

地下水控制施工应根据设计要求编制施工组织设计或专项施工方案，并应包括下列主要内容：工程概况及设计依据；分析地下水控制工程的关键节点，提出针对性技术措施；制定质量保证措施；制定现场布置、设备、人员安排、材料供应和施工进度计划；制定监测方案；制定安全技术措施和应急预案。

地下水控制实施过程中，应对地下水及工程环境进行监测。

地下水控制过程中抽排出的地下水经沉淀处理后应综合利用；当多余的地下水符合城市地表水排放标准时，可排入城市雨水管网或河湖，不应排入城市污水管道。

地下水控制施工、运行、维护过程中，应根据监测资料，判断分析对工程环境影响程度及变化趋势，进行信息化施工，及时采取防治措施，适时启动应急预案。

专家解读

根据具体工程的特点，基坑工程可采用单一地下水控制方法，也可采用多种地下水控制方法相结合的形式。如悬挂式截水帷幕 + 坑内降水，基坑周边控制降深的降水 + 截水帷幕，截水或降水 + 回灌，部分基坑边截水 + 部分基坑边降水等。

（二）降水

1. 降水方法的分类和选择

关于降水方法的分类及其适用条件，下面以典型例题的形式进行讲解。

典型例题

【单选题】在砂土地层中，降水深度不受限制的降水方法是（　　）。

A. 潜埋井　　B. 管井

C. 喷射井点　　D. 真空井点

B。【解析】降水方法应根据场地地质条件、降水目的、降水技术要求、降水工程可能涉及的工程环境保护等因素按表 1-27 选用,并应符合下列规定:(1)地下水控制水位应满足基础施工要求,基坑范围内地下水位应降至基础垫层以下不小于 0.5 m,对基底以下承压水应降至不产生坑底突涌的水位以下,对局部加深部位(电梯井、集水坑、泵房等)宜采取局部控制措施。(2)降水过程中应采取防止土颗粒流失的措施。(3)应减少对地下水资源的影响。(4)对工程环境的影响应在可控范围之内。(5)应能充分利用抽排的地下水资源。

表 1-27　工程降水方法及适用条件

适用条件 降水方法		土质类别	渗透系数/(m·d^{-1})	降水深度/m
集水明排		填土、黏性土、粉土、砂土、碎石土	—	—
降水井	真空井点	粉质黏土、粉土、砂土	0.01～20.0	单级≤6,多级≤12
	喷射井点	粉土、砂土	0.1～20.0	≤20
	管井	粉土、砂土、碎石土、岩石	>1	不限
	渗井	粉质黏土、粉土、砂土、碎石土	>0.1	由下伏含水层的埋藏条件和水头条件确定
	辐射井	黏性土、粉土、砂土、碎石土	>0.1	4～20
	电渗井	黏性土、淤泥、淤泥质黏土	≤0.1	≤6
	潜埋井	粉土、砂土、碎石土	>0.1	≤2

2. 降水设计计算

降水设计应对影响区域内的地下水位进行预测,并应符合下列规定:

(1)降水井点系统围合区域内,任一点的实测地下水位应满足设计降深水位要求。

(2)当降水影响范围内存在隔水边界、地表水体或水文地质条件变化较大时,应根据具体情况对计算的单井出水量和地下水位降深进行适当修正。

(3)管井降水水位预测可按《建筑与市政工程地下水控制技术规范》的规定进行计算。

3. 降水系统布设

降水系统平面布置应根据工程的平面形状、场地条件及建筑条件确定,并应符合下列规定:

(1)面状降水工程降水井点宜沿降水区域周边呈封闭状均匀布置,距开挖上口边线不宜小于 1 m。

(2)线状、条状降水工程降水井宜采用单排或双排布置,两端应外延条状或线状降水井点围合区域宽度的 1～2 倍布置降水井。

(3)降水井点围合区域宽度大于单井降水影响半径或采用隔水帷幕的工程,应在围合区域内增设降水井或疏干井。

(4)在运土通道出口两侧应增设降水井。

(5)当降水区域远离补给边界,地下水流速较小时,降水井点宜等间距布置,当邻近补给边界,地下水流速较大时,在地下水补给方向降水井点间距可适当减小。

(6)对于多层含水层降水宜分层布置降水井点,当确定上层含水层地下水不会造成下层含水层地下水污染时,可利用一个井点降低多层地下水水位。

(7)降水井点、排水系统布设应考虑与场地工程施工的相互影响。

4. 集水明排

一般情况,降水或截水都要结合集水明排。

集水明排的作用是:收集外排坑底、坑壁渗出的地下水;收集外排降雨形成的基坑内、外地表水;收集外排降水井抽出的地下水。

集水明排应符合下列规定:

(1)对地表汇水、降水井抽出的地下水可采用明沟或管道排水。

(2)对坑底汇水可采用明沟或盲沟排水。

(3)对坡面渗水宜采用渗水部位插打导水管引至排水沟的方式排水。

(4)必要时可设置临时性明沟和集水井,临时明沟和集水井随土方开挖过程适时调整。

专家解读

当地下室底板与支护结构间不能设置明沟时,也可采用盲沟排水。

沿排水沟宜每隔30~50 m设置一口集水井。集水井、排水管沟不应影响地下工程施工。排水沟深度和宽度应根据基坑排水量确定,坡度宜为0.1%~0.5%;集水井尺寸和数量应根据汇水量确定,深度应大于排水沟深度1.0 m;排水管道的直径应根据排水量确定,排水管的坡度不宜小于0.5%。降水工程排水设施与市政管网连接口之间应设沉淀池。

5. 降水井

市政工程中,常用真空井点降水的方法施工,下文着重讲解真空井点施工。

真空井点的成孔应符合下列规定:

(1)垂直井点:对易产生塌孔、缩孔的松软地层,成孔施工宜采用泥浆钻进、高压水套管冲击钻进;对于不易产生塌孔缩孔的地层,可采用长螺旋钻进、清水或稀泥浆钻进。

(2)水平井点:钻探成孔后,将滤水管水平顶入,通过射流喷砂器将滤砂送至滤管周围;对容易塌孔地层可采用套管钻进。

(3)倾斜井点:宜按水平井点施工要求进行,并应根据设计条件调整角度,穿过多层含水层时,井管应倾向基坑外侧。

(4)成孔直径应满足填充滤料的要求,且不宜大于300 mm。

(5)成孔深度不应小于降水井设计深度。

管井施工应符合下列规定:

(1)管井施工可根据地层条件选用冲击钻、螺旋钻、回转钻或反循环等方法钻进成孔,施工过程中应做好成孔施工记录。

(2)吊放井管时应平稳、垂直,并保持井管在井孔中心,严禁猛蹾,井管宜高出地表200 mm以上。

(3)单井完成后应及时进行洗井,洗井后应安装水泵进行单井试抽;抽水时应做好工作压力、水位、抽水量的记录,当抽水量及水位降值与设计不符时,应及时调整降水方案。

(4)单井、排水管网安装完成后应及时进行联网试运行,试运行合格后方可投入正式降水运行。

关于真空井点布设、真空井点降水工艺流程和注意事项,下面以典型例题的形式进行介绍。

典型例题

【单选题】关于基坑降水的说法,正确的是(　　)。

A. 采用隔水帷幕的工程应在围合区域外侧设置降水井

B. 真空井点在降水区域边角位置均匀布置

C. 应根据孔口至设计降水水位深度来确定单、多级真空井点降水方式

D. 施工降水可直接排入污水管网

C。【解析】降水井点围合区域宽度大于单井降水影响半径或采用隔水帷幕的工程,应在围合区域内增设降水井或疏干井。故选项 A 错误。真空井点布设应符合下列规定:(1)当真空井点孔口至设计降水水位的深度不超过6.0 m时,宜采用单级真空井点;当大于6.0 m且场地条件允许时,可采用多级真空井点降水,多级井点上下级高差宜取4.0~5.0 m。(2)井点系统的平面布置应根据降水区域平面形状、降水深度、地下水的流向以及土的性质确定,可布置成环形、U形和线形(单排、双排)。(3)井点间距宜为0.8~2.0 m,距开挖上口线的距离不应小于1.0 m;集水总管宜沿抽水水流方向布设,坡度宜为0.25%~0.5%。(4)降水区域四角位置井点宜加密。(5)降水区域场地狭小或在涵洞、地下暗挖工程、水下降水工程,可布设水平、倾斜井点。故选项 B 错误。降水工程排水设施与市政管网连接口之间应设沉淀池。故选项 D 错误。

【案例题】某基坑开挖尺寸为70.8 m(长)×65 m(宽)×5.2 m(深),基坑地下水位较高,为-1.5 m,方案中考虑在基坑周边设置真空井点降水。项目部按照以下流程完成了井点布置,高压水套管冲击成孔→冲洗钻孔→A→填滤料→B→连接水泵→漏水漏气检查→试运行,调试完成后开始抽水。

【问题】补充井点降水工艺流程中A,B工作内容,并说明降水期间应注意的事项。

【答案】A:安放井点管;B:用黏土填满压实。

应注意的事项:对水位和涌水量进行实时监测,及时将坑内积水排到施工区域外,做好供电和排水设施的保养维护工作,对抽水设备和运行状况的检查每天不应少于2次,做好汛期应急预案。

【解析】本题考查真空井点降水工艺流程和注意事项。根据《建筑与市政工程地下水控制技术规范》,真空井点施工安装应符合下列规定:(1)井点管的成孔应符合规定。(2)达到设计孔深后,应加大泵量、冲洗钻孔、稀释泥浆,返清水3~5 min后,方可向孔

内安放井点管。(3)井点管安装到位后,应向孔内投放滤料,滤料粒径宜为0.4~0.6 mm。孔内投入的滤料数量,宜大于计算值5%~15%,滤料填至地面以下1~2 m后应用黏土填满压实。(4)井点管、集水总管应与水泵连接安装,抽水系统不应漏水、漏气。(5)形成完整的真空井点抽水系统后,应进行试运行。降水运行维护应符合下列规定:(1)应对水位及涌水量等进行监测,发现异常应及时反馈。(2)当发现基坑(槽)出水、涌砂,应立即查明原因,采取处理措施。(3)对所有井点、排水管、配电设施应有明显的安全保护标识。(4)降水期间应对抽水设备和运行状况进行维护检查,每天检查不应少于2次。(5)当井内水位上升且接近基坑底部时,应及时处理,使水位恢复到设计深度。(6)冬季降水时,对地面排水管网应采取防冻措施。(7)当发生停电时,应及时更换电源,保持正常降水。本案例中,施工正值雨期,除上述要求外还应制定防汛措施。

5. 验收与运行维护

降水工程单井验收应符合下列规定:

(1)单井的平面位置、成孔直径、深度应符合设计要求。

(2)成井直径、深度、垂直度等应符合设计要求,井内沉淀厚度不应大于成井深度的0.5%。

(3)洗井应符合设计要求。

(4)降深、单井出水量等应符合设计要求。

(5)成井材料和施工过程应符合设计要求。

(三)隔水帷幕

隔水帷幕方法可按表1-28进行分类。

表1-28 隔水帷幕方法分类

分类方式	帷幕方法
按布置方式	悬挂式竖向隔水帷幕、落底式竖向隔水帷幕、水平向隔水帷幕
按结构形式	独立式隔水帷幕、嵌入式隔水帷幕、支护结构自抗渗式隔水帷幕
按施工方法	高压喷射注浆(旋喷、摆喷、定喷)隔水帷幕、压力注浆隔水帷幕、水泥土搅拌桩隔水帷幕、冻结法隔水帷幕、地下连续墙或咬合式排桩隔水帷幕、钢板桩隔水帷幕、沉箱

隔水帷幕应满足自防渗要求,渗透系数不宜大于1.0×10^{-6} cm/s。

当采用高压喷射注浆法、水泥土搅拌法、压力注浆法、冻结法帷幕时,应结合工程情况进行现场工艺性试验,确定施工参数和工艺。

当基础底部以下存在连续分布、埋深较浅的隔水层时,应采用落底式竖向隔水帷幕;当基础底部以下含水层厚度较大,隔水层不连续或埋深较深时,可采用悬挂式竖向隔水帷幕,同时应采取隔水帷幕内侧降水,必要时采取帷幕外侧回灌或与水平隔水帷幕结合的措施;地下暗挖隧道、涵洞工程可采用水平向或斜向隔水帷幕;当支护结构为排桩时,可采用高压喷射注浆或水泥土搅拌桩与排桩相互衔接(咬合)组成的嵌入式隔水帷幕。

隔水帷幕施工方法的选择应根据工程地质条件、水文地质条件、场地条件、支护结构形式、周边工程环境保护要求综合确定。隔水帷幕施工方法可按表1-29选用。

表 1-29　隔水帷幕施工方法及适用条件

适用条件 降水方法	土质类别	注意事项与说明
高压喷射注浆法	适用于黏性土、粉土、砂土、黄土、淤泥质土、淤泥、填土	坚硬黏性土、土层中含有较多的大粒径块石或有机质，地下水流速较大时，高压喷射注浆效果较差
注浆法	适用于除岩溶外的各类岩土	用于竖向帷幕的补充，多用于水平帷幕
水泥土搅拌法	适用于淤泥质土、淤泥、黏性土、粉土、填土、黄土、软土，对砂、卵石等地层有条件使用	不适用于含大孤石或障碍物较多且不易清除的杂填土，欠固结的淤泥、淤泥质土，硬塑、坚硬的黏性土，密实的砂土以及地下水渗流影响成桩质量的地层
冻结法	适用于地下水流速不大的土层	电源不能中断，冻融对周边环境有一定影响
地下连续墙	适用于除岩溶外的各类岩土	施工技术环节要求高，造价高，泥浆易造成现场污染、泥泞，墙体刚度大，整体性好，安全稳定
咬合式排桩	适用于黏性土、粉土、填土、黄土、砂、卵石	对施工精度、工艺和混凝土配合比均有严格要求
钢板桩	适用于淤泥、淤泥质土、黏性土、填土	对土层适应性较差，多应用于软土地区
沉箱	适用于各类岩土层	适用于地下水控制面积较小的工程，如竖井等

注：a. 对碎石土、杂填土、泥炭质土、泥炭、pH 值较低的土或地下水流速较大时，水泥土搅拌桩、高压喷射注浆工艺宜通过试验确定其适用性。

b. 注浆帷幕不宜在永久性隔水工程中使用。

隔水帷幕的施工应与支护结构施工相协调，施工顺序应符合下列规定：

(1)独立的、连续性隔水帷幕，宜先施工帷幕，后施工支护结构。

(2)对嵌入式隔水帷幕，当采用搅拌工艺成桩时，可先施工帷幕桩，后施工支护结构；当采用高压喷射注浆工艺成桩，或可对支护结构形成包覆时，可先施工支护结构，后施工帷幕。

(3)当采用咬合式排桩帷幕时，宜先施工非加筋桩，后施工加筋桩。

(4)当采取嵌入式隔水帷幕或咬合支护结构时，应控制其养护强度，应同时满足相邻支护结构施工时的自身稳定性要求和相邻支护结构施工要求。

二、地基加固处理方法

常见的地基加固处理方法有注浆法、高压喷射注浆法、水泥土搅拌法和加筋水泥土桩锚法等。

(一)常见地基加固处理方法的适用范围

注浆法是利用液压、气压或电化学原理，把能固化的浆液注入岩土体空隙中，将松散的土粒或裂隙胶结成一个整体的处理方法。注浆法宜用于砂土、粉土、黏性土和人工填土等地基加固。当采用多孔间隔注浆和缩短浆液凝固时间等措施时，应减少既有建筑基础因注浆而产生的附加沉降。注浆加固可根据土层渗透性的实际情况选用渗透注浆(渗透性好，中砂以上土层)、压密注浆(渗透性好,中砂或排水条件较好的黏性土层)、劈裂注浆(低渗透性土层)、电动化学注浆(低渗透性土层)等方法。

高压喷射注浆法宜用于淤泥、淤泥质土、黏性土、粉土、黄土、砂土、人工填土和碎石土等地基加固,不可用于既有建筑物对不均匀变形控制要求高的工程。

水泥土搅拌桩法宜用于处理正常固结的淤泥、淤泥质土、素填土、软—可塑黏性土、松散—中密粉细砂、稍密—中密粉土、松散—稍密中粗砂、饱和黄土等地基加固。

加筋水泥土桩锚法宜用于砂土、黏性土、粉土、杂填土、黄土、饱和土、淤泥以及淤泥质土等地基加固。

(二)常见地基加固处理方法的施工要求

1. 注浆法施工要求

注浆加固地基的注浆检验时间应在注浆施工结束 28 d 后进行。质量检测方法可用标准贯入试验、静力触探试验、轻便触探试验或静载荷试验对加固地层进行检测。对注浆效果的评定,应注重注浆前后数据的比较,并结合建筑物沉降观测结果综合评价注浆效果。应在加固土的全部深度范围内,每间隔 1.0 m 取样进行室内试验,测定其压缩性、强度或渗透性。应对注浆凝固体试块进行强度试验。

2. 高压喷射注浆法施工要求

关于高压喷射注浆法的形状及其应用,下面以典型例题的形式进行介绍。

典型例题

【单选题】单管高压喷射注浆法喷射的介质为(　　)。

A. 水泥浆液　　　　B. 净水

C. 空气　　　　D. 膨润土泥浆

A。【解析】高压喷射有旋喷(固结体为圆柱状)、定喷(固结体为壁状)、摆喷(固结体为扇状)等三种基本形状,对淤泥、淤泥质土、流塑或软塑黏性土、粉土、砂土、黄土、素填土和碎石土等地基都有良好的处理效果,它们均可用下列方法实现。(1)单管法:喷射高压水泥浆液一种介质。(2)双管法:喷射高压水泥浆液和压缩空气两种介质。(3)三管法:喷射高压水流、压缩空气及水泥浆液等三种介质。上述三种喷射流的有效处理范围也不同,以三管法最大,双管法次之,单管法最小。定喷和摆喷注浆常用双管法和三管法。

3. 水泥土搅拌法施工要求

水泥土搅拌法是利用水泥等材料作为固化剂通过特制的搅拌机械,就地将软土和固化剂(浆液或粉体)强制搅拌,使软土硬结成具有整体性、水稳性和一定强度的水泥加固土,从而提高地基土强度和增大变形模量。根据固化剂掺入状态的不同,它可分为浆液搅拌和粉体喷射搅拌两种。前者是用浆液和地基土搅拌,后者是用粉体和地基土搅拌。

水泥土搅拌法的优点包括:

(1)原土能够得到最大限度的利用。

(2)搅拌时无振动、无噪声和无污染,对周围原有建筑物及地下沟管影响很小,可在密集建筑群中进行施工。

(3)加固形式灵活多样,可根据需要选用块状、壁状、柱状和格栅状等形式。

(4)相较于钢筋混凝土桩来说,水泥搅拌桩的钢材用量更少,能够节约造价。

提示

搅拌机械的选择在案例题中考查过。例如,设计单位在暗塘范围采用双轴水泥土搅拌桩加固的方式对机动车道路基进行复合路基处理,则项目部应采用喷浆型搅拌机。目前,喷粉搅拌机在国内常用的仅有一种机型即单轴搅拌机,而喷浆搅拌机常用的有单轴、双轴、三轴和多轴搅拌机。

4. 加筋水泥土桩锚法施工要求

加筋水泥土桩锚法施工应符合下列规定:

(1)加筋水泥土桩锚法应采用专门机具施作。

(2)加筋水泥土桩锚体的施工应采用钻进注浆、搅拌、插筋一次完成的方法。

(3)在水泥土初凝前,应及时按设计要求插筋。

(4)当插入钢管、型钢等刚性筋时,宜采用静压、震动挤压法和锤击法施工。

链接

对于较浅的基坑,以提升地基承载力为主要加固目的,可采用换填法对原本承载力较低的地基进行加固。对于深基坑,其地基加固的主要原理是提高土体的强度和土体的侧向抗力,可采用水泥土搅拌、高压喷射注浆、注浆或其他方法使基坑地基固结的方式对地基进行加固。对于软土基坑,以提高被动土压区的土体抗力为主。可采用墩式加固、裙边加固、抽条加固、格栅式加固和满堂加固等方式。

关于明挖基坑地基加固,下面以典型例题的形式进行介绍。

典型例题

【多选题】在明挖基坑外进行地基加固的目的包括(　　)。

A. 止水　　B. 减少围护结构承受的主动土压力

C. 减少围护结构位移　　D. 防止坑底土体隆起

E. 弥补围护结构插入深度不足

AB。【解析】根据加固部位的不同,明挖基坑地基加固分为基坑内加固和基坑外加固两种。其中,基坑外加固主要是为了达到止水的目的,也可减少围护结构承受的主动土压力。选项 C,D,E 属于基坑内加固的目的。基坑内地基加固还可以提高土体强度和侧向抗力、保护基坑周边建筑物及地下管线、防止基坑坑底发生土体渗流。

三、深基坑支护结构与变形控制

支护结构是指基坑工程中的围护墙、支撑(或土层锚杆)、围檩(冠梁)、防渗帷幕等结构体系的总称。根据使用环境不同,也称围护结构。以下主要介绍围护墙、支撑(或土层锚杆)。

(一)围护墙

常见的围护墙类型包括重力式水泥土墙、地下连续墙、灌注桩排桩围护墙、板桩围护墙、型钢水泥土搅拌墙(SMW 工法桩)等。

1. 重力式水泥土墙

重力式水泥土墙是无支撑自立式挡土墙,依靠墙体自重、墙底摩阻力和墙前基坑开挖面以下土体的被动土压力稳定墙体,以满足围护墙的整体稳定、抗倾稳定、抗滑稳定和控制墙体变形等要求。重力式水泥土墙具有止水性好、造价低等优点。

重力式水泥土墙宜采用水泥土搅拌桩相互搭接成格栅状的结构形式,也可采用水泥土搅拌桩相互搭接成实体的结构形式。搅拌桩的施工工艺宜采用喷浆搅拌法。

重力式水泥土墙用于淤泥质土,淤泥基坑时,基坑深度不宜大于 7 m。

重力式水泥土墙的嵌固深度,对淤泥质土,不宜小于 1.2h,对淤泥,不宜小于 1.3h;重力式水泥土墙的宽度,对淤泥质土,不宜小于 0.7h,对淤泥,不宜小于 0.8h。其中,h 为基坑深度。水泥土墙体的 28 d 无侧限抗压强度不宜小于 0.8 MPa。

重力式水泥土墙采用格栅形式时,格栅的面积置换率,对淤泥质土,不宜小于 0.7;对淤泥,不宜小于 0.8;对一般黏性土、砂土,不宜小于 0.6。格栅内侧的长宽比不宜大于 2。

2. 地下连续墙

目前地下连续墙在基坑工程中已有广泛的应用,尤其在深大基坑和环境条件要求严格的基坑工程,以及支护结构与主体结构相结合的工程。按现有施工设备能力,现浇地下连续墙最大墙厚可达 1 500 mm,采用特制挖槽机械的薄层地下连续墙,最小墙厚仅 450 mm。常用成槽机的规格为 600 mm、800 mm、1 000 mm 或 1 200 mm 墙厚。

地下连续墙的转角处或有特殊要求时,单元槽段的平面形状可采用 L 形、T 形等。一字形槽段长度宜取 4 ~ 6 m。当成槽施工可能对周边环境产生不利影响或槽壁稳定性较差时,应取较小的槽段长度。必要时,宜采用搅拌桩对槽壁进行加固。

采用泥浆护壁挖槽构成的地下连续墙应先构筑导墙。导墙的材料、平面位置、形式、埋置深度、墙体厚度、顶面高程应符合设计要求。

现浇壁式地下连续墙施工大致按以下流程进行:开挖导沟→修筑导墙→开挖沟槽(注入泥浆)→清除槽底淤泥及残渣→吊放接头管→吊放钢筋笼→下导管→灌注水下混凝土→拔出接头管。

链接

地下连续墙成槽过程中护壁泥浆液面应高出施工地下水位 1 m,且始终保持在导墙顶面以下 200 mm,其主要性能指标包括泥浆的相对密度、黏度、含砂率和 pH 值等。

关于地下连续墙围护结构、地下连续墙的槽段接头选用原则,下面以典型例题的形式进行讲解。

典型例题

【多选题】关于地下连续墙围护结构的说法,正确的有(　　)。

A. 刚度大、强度大

B. 适用于所有地层

C. 隔水性好

D. 导墙结构对地基无特殊要求

E. 可兼作为主体结构的一部分

ABCE。【解析】导墙是地下连续墙施工中比较重要的构筑物，是控制挖槽精度的主要构筑物。其主要可以起到以下作用：挡土作用；作为测量的基准；作为重物的支承；存蓄泥浆；防止泥浆漏失；防止雨水等地面水流入槽内。导墙结构下的地基应坚实。

【多选题】当地下连续墙作为主体地下结构外墙，且需要形成整体墙时，需采用的接头形式有（　　）。

A. 锁口管接头　　B. 波纹管接头

C. 一字形钢板接头　　D. 十字形钢板接头

E. 钢筋承插式接头

CDE。【解析】地下连续墙的槽段接头应按下列原则选用：(1)地下连续墙宜采用圆形锁口管接头、波纹管接头、楔形接头、工字形钢接头或混凝土预制接头等柔性接头。(2)当地下连续墙作为主体地下结构外墙，且需要形成整体墙体时，宜采用刚性接头；刚性接头可采用一字形或十字形穿孔钢板接头、钢筋承插式接头等；当采取地下连续墙墙顶设置通长冠梁、墙壁内侧槽段接缝位置设置结构壁柱、基础底板与地下连续墙刚性连接等措施时，也可采用柔性接头。

3. 灌注桩排桩围护墙

灌注桩排桩围护墙是采用连续的柱列式排列的灌注桩形成的围护结构。工程中常用的灌注桩排桩的形式有分离式、双排式和咬合式。灌注桩通常采用机械成孔。灌注桩排桩围护墙可以适用于深大基坑，具有对周边地层、环境影响较小的优点，但其止水效果较差，需要与止水帷幕联合使用。

4. 板桩围护墙

板桩围护墙现主要包括钢板桩围护墙和预制混凝土板桩围护墙。

钢板桩是一种带锁口或钳口的热轧（或冷弯）型钢，钢板桩打入后靠锁口或钳口相互连接咬合，形成连续的钢板桩围护墙，用来挡土和挡水。其具有轻型、施工快捷的特点。基坑施工结束后钢板桩可拔除，循环利用，经济性较好。在防水要求不高的工程中，可采用自身防水。在防水要求高的工程中，可另行设置隔水帷幕。钢板桩抗侧刚度相对较小，变形较大。钢板桩打入会产生挤土效应，拔除时对土体扰动较大。钢板桩围护墙由于其刚度小，变形较大，且钢板桩长度受限，一般适用于开挖深度不超过 7～8 m 且周边环境保护要求不高的基坑工程。常采用拉森型钢板。由于钢板桩打入和拔除对周边环境影响较大，邻近对变形敏感建构筑物的基坑工程不宜采用。

预制混凝土板桩围护墙是由钢筋混凝土板桩构件连续沉桩后形成的基坑围护结构。其具有强度高、刚度大、取材方便等优点，板桩外形可以根据需要设计制作，槽榫结构可以解决接缝防水。市政工程中矩形、工字形、口字形和 T 形截面的预制混凝土板桩最为常见。预制混凝土板桩围护墙适用于开挖深度小于 10 m 的中小型基坑工程，作为地下结构的一部分，则更为经济。其挤土现象严重，在永久性支护结构中使用较为广泛。

5. 型钢水泥土搅拌墙（SMW 工法桩）

型钢水泥土搅拌墙，又称 SMW 工法桩，是一种复合型围护结构。由于其在水泥土搅拌墙中添加了型钢，因此除保留了原水泥土搅拌墙止水性好的优点外，还大大地增加了强度。

且由于型钢可在施工结束后重复利用，因此该围护结构具有良好的经济性。

型钢水泥土搅拌墙宜采用三轴搅拌桩机施工，施工前应通过成桩试验确定搅拌下沉和提升速度、水泥浆液水灰比等工艺参数及成桩工艺，成桩试验不宜少于2根。型钢水泥土搅拌墙中三轴水泥土搅拌桩的直径宜采用650 mm、850 mm、1 000 mm。

内插的型钢宜采用H型钢。常用的内插型钢布置形式可采用密插型、插二跳一型和插一跳一型三种。

型钢水泥土搅拌墙中的三轴水泥土搅拌桩和型钢应符合下列要求：

(1)搅拌桩28 d龄期无侧限抗压强度不应小于设计要求且不宜小于0.5 MPa。

(2)水泥宜采用强度等级不低于P·O 42.5级的普通硅酸盐水泥，材料用量和水灰比应结合土质条件和机械性能等指标通过现场试验确定，并宜符合规范的规定。计算水泥用量时，被搅拌土体的体积可按搅拌桩单桩圆形截面面积与深度的乘积计算。在型钢依靠自重和必要的辅助设备可插入到位的前提下水灰比宜取小值。

(3)在填土、淤泥质土等特别软弱的土中以及在较硬的砂性土、砂砾土中，钻进速度较慢时，水泥用量宜适当提高。

型钢水泥土搅拌墙中内插型钢应符合下列规定：

(1)内插型钢的垂直度不应大于1/200。

(2)型钢宜采用整材；当需要采用分段焊接时，应采用坡口焊等强焊接。

(3)单根型钢中焊接接头不宜超过2个，焊接接头的位置应避免设在支撑位置或开挖面附近等型钢受力较大处；相邻型钢的接头竖向位置宜相互错开，错开距离不宜小于1 m，且型钢接头距离基坑底面不宜小于2 m。

拟拔出回收的型钢，插入前应先在干燥条件下除锈，再在其表面涂刷减摩材料。

提示

止水性常作为选用围护结构的依据进行考查。

(二)支撑(或土层锚杆)

基坑的支撑结构可分为内支撑和外支撑，内支撑通常简称为支撑，外支撑通常是指土层锚杆。

1. 内支撑

内支撑结构可选用钢支撑、混凝土支撑、钢与混凝土的混合支撑。

内支撑结构选型应符合下列原则：

(1)宜采用受力明确、连接可靠、施工方便的结构形式。

(2)宜采用对称平衡性、整体性强的结构形式。

(3)应与主体地下结构的结构形式、施工顺序协调，应便于主体结构施工。

(4)应利于基坑土方开挖和运输。

(5)需要时，可考虑内支撑结构作为施工平台。

桩、墙支护结构内支撑可选择钢支撑、钢筋混凝土支撑或预应力锚杆(索)，支撑系统应采用稳定的结构体系和连接构造，其刚度应满足变形和稳定性要求。支撑的选择应做好技术、经济方案论证；形状比较复杂且环境保护要求较高的基坑可采用现浇钢筋混凝土支撑。

支撑系统的施工与拆除,应按先撑后挖、先托后拆的顺序,拆除顺序应与支护结构的设计工况相一致,并应结合现场支护结构内力与变形的监测结果进行。

链接

在软弱地层的基坑工程中,支撑结构挡土的应力传递路径:土压力→围护桩→围檩→支撑。

2. 土层锚杆(外支撑)

土层锚杆简称土锚杆,是在深基础土壁未开挖的土层内钻孔,达到一定深度后,在孔内放入钢筋、钢管、钢丝束、钢绞线等材料,灌入泥浆或化学浆液,使其与土层结合成为抗拉(拔)力强的锚杆。锚杆端部与护壁桩联结,防止土壁坍塌或滑坡。由于坑内不设支撑,所以施工条件较好。

(三)变形控制

建筑工程基坑支护结构和周围地表会因基坑开挖而出现变形,对周边建筑、地下管线、构筑物及道路的安全产生严重威胁。常见的基坑变形的表现形式有基坑周围地表沉降、基坑外地面的水平位移、基坑底部隆起、基坑支护结构的水平变形和变位、基坑支护结构的竖向变位等。

控制基坑变形的主要方法:增加围护结构和支撑的刚度;增加围护结构的入土深度;加固基坑内被动区土体,加固方法有抽条加固;裙边加固及二者相结合的形式;减小每次开挖围护结构处土体的尺寸和开挖支撑时间;通过调整围护结构深度和降水井布置来控制降水对环境变形的影响。

专家解读

进一步稳定基坑坑底的措施:通过加深围护结构入土深度、坑底土体加固、坑内井点降水等措施保证深基坑坑底的稳定;适时施作底板结构。

四、基槽土方开挖及护坡技术

坑底宽度在 3 m 以内,且长度大于 3 倍宽度的基坑为基槽,其施工要求应符合基坑开挖的规定。

(一)基坑(槽)土方开挖

1. 基坑(槽)开挖

基坑工程施工前,应编制基坑工程专项施工方案,其内容应包括:支护结构、地下水控制、土方开挖和回填等施工技术参数,基坑工程施工工艺流程,基坑工程施工方法,基坑工程施工安全技术措施,应急预案,工程监测要求等。

基坑开挖应符合下列规定:

(1)当支护结构构件强度达到开挖阶段的设计强度时,方可下挖基坑;对采用预应力锚杆的支护结构,应在锚杆施加预加力后,方可下挖基坑;对土钉墙,应在土钉、喷射混凝土面层的养护时间大于 2 d 后,方可下挖基坑。

(2)应按支护结构设计规定的施工顺序和开挖深度分层开挖。

(3)锚杆、土钉的施工作业面与锚杆、土钉的高差不宜大于500 mm。

(4)开挖时,挖土机械不得碰撞或损害锚杆、腰梁、土钉墙面、内支撑及其连接件等构件,不得损害已施工的基础桩。

(5)当基坑采用降水时,应在降水后开挖地下水位以下的土方。

(6)当开挖揭露的实际土层性状或地下水情况与设计依据的勘察资料明显不符,或出现异常现象、不明物体时,应停止开挖,在采取相应处理措施后方可继续开挖。

(7)挖至坑底时,应避免扰动基底持力土层的原状结构。

软土基坑开挖除应符合上述规定外,尚应符合下列规定:

(1)应按分层、分段、对称、均衡、适时的原则开挖。

(2)当主体结构采用桩基础且基础桩已施工完成时,应根据开挖面下软土的性状,限制每层开挖厚度,不得造成基础桩偏位。

(3)对采用内支撑的支护结构,宜采用局部开槽方法浇筑混凝土支撑或安装钢支撑;开挖到支撑作业面后,应及时进行支撑的施工。

(4)对重力式水泥土墙,沿水泥土墙方向应分区段开挖,每一开挖区段的长度不宜大于40 m。

2. 基坑(槽)监测

基坑监测数据、现场巡查结果应及时整理和反馈。当出现下列危险征兆时应立即报警:

(1)支护结构位移达到设计规定的位移限值。

(2)支护结构位移速率增长且不收敛。

(3)支护结构构件的内力超过其设计值。

(4)基坑周边建(构)筑物、道路、地面的沉降达到设计规定的沉降、倾斜限值;基坑周边建(构)筑物、道路、地面开裂。

(5)支护结构构件出现影响整体结构安全性的损坏。

(6)基坑出现局部坍塌。

(7)开挖面出现隆起现象。

(8)基坑出现流土、管涌现象。

支护结构或基坑周边环境出现上述规定的报警情况或其他险情时,应立即停止开挖,并应根据危险产生的原因和可能进一步发展的破坏形式,采取控制或加固措施。危险消除后,方可继续开挖。必要时,应对危险部位采取基坑回填、地面卸土、临时支撑等应急措施。当危险由地下水管道渗漏、坑体渗水造成时,应及时采取截断渗漏水源、疏排渗水等措施。

(二)基坑(槽)护坡技术

1. 边坡保护措施

在地质及现场条件允许的情况下,基坑通常采用放坡的形式进行地下工程的建设。通常通过控制边坡的坡高和坡度来实现基坑的稳定。按是否设置分级过渡平台,边坡可分为一级放坡和分级放坡两种形式。

放坡开挖的基坑,边坡表面护坡应符合下列规定:

(1)坡面可采用钢丝网水泥砂浆或现浇钢筋混凝土覆盖,现浇混凝土可采用钢板网喷射混凝土,护坡面层的厚度不应小于50 mm、混凝土强度等级不宜低于C20,配筋应根据计算确定,混凝土面层应采用短土钉固定。

(2)护坡面层宜扩展至坡顶和坡脚一定的距离,坡顶可与施工道路相连,坡脚可与垫层相连。

(3)护坡坡面应设置泄水孔,间距应根据设计确定。当无设计要求时,可采用1.5~3.0 m。

(4)当进行分级放坡开挖时,在上一级基坑坡面处理完成之前,严禁下一级基坑坡面土方开挖。

放坡开挖基坑的坡顶和坡脚应设置截水明沟、集水井。必要时,可在坡脚叠放砂包或土袋,以保证边坡的稳定。

护坡除采用水泥砂浆、挂网砂浆、混凝土、钢筋混凝土等方式外,尚有薄膜覆盖法、土袋或砌石压坡法等。施工过程中护坡面若出现破损、开裂等现象,应及时进行修补,以避免地表水渗入而影响边坡的稳定。

2. 边坡稳定控制措施

关于基坑放坡要求及边坡稳定控制措施,下面以典型例题的形式进行介绍。

典型例题

【单选题】在基坑放坡开挖时,下列做法错误的是(　　)。

A. 坡面设置土钉　　B. 坡顶1.5 m范围内堆放应急土袋

C. 坡面挂网喷射混凝土　　D. 土工织物覆盖坡面

B。【解析】边坡坡顶附近范围内堆置材料会对边坡土体产生较大的压力,影响边坡的稳定。故选项B错误。

【单选题】关于基坑放坡要求的说法,错误的是(　　)。

A. 放坡应以控制分级坡高和坡度为主

B. 放坡设计与施工时应考虑雨水的不利影响

C. 上级放坡坡度宜缓于下级放坡坡度

D. 分级放坡时,宜设置分级过渡平台

C。【解析】下级放坡坡度宜缓于上级放坡坡度。故选项C错误。在基坑放坡时,可采取下列措施控制基坑边坡稳定:(1)合理确定边坡高度,必要时可留设台阶或做成折线形边坡。(2)严禁在边坡坡顶较近范围内堆放土方、材料以及停放施工机械。(3)在基坑周围影响边坡稳定的范围内,采取有效的地下水、地表水防护措施(排水、截水、防水)。(4)加强监测,及时发现问题并采取有效措施。

2K313030　喷锚暗挖(矿山)法施工

一、喷锚暗挖(矿山)法的掘进方式选择

常见的喷锚暗挖(矿山)法施工的掘进方式有全断面法、台阶法、环形开挖留核心土法、中隔壁法、交叉中隔壁法、单侧壁导坑法、双侧壁导坑法、中洞法、侧洞法、柱洞法、洞桩法(PBA法)等。以下介绍几种常见的掘进方式。

(一)全断面法

全断面法作业空间较大,工序少、干扰小,有利于大型机械配套作业,提高施工速度,便于施工组织和管理。要求各种设备合理配套是为了提高效率和设备利用率。

全断面法适用于土质稳定,断面较小,跨度不超过8 m的情形。

（二）台阶法

台阶法具有足够多的作业空间和较快的施工速度，并且灵活多变，已经成为现阶段大断面隧道开挖的主流方法。其适用于土质较好的隧道开挖，也可用于软弱围岩、第四纪沉积地层的隧道开挖。

台阶数量和台阶高度应综合考虑隧道断面高度、机械设备及围岩稳定性等因素确定。台阶开挖高度宜为 2.5 ~ 3.5 m。台阶数量可采用二台阶或者三台阶，不宜大于三个台阶。

（三）环形开挖留核心土法

当地质条件较差，采用台阶法开挖掌子面自稳能力不足时，可采用环形开挖留核心土法。环形开挖留核心土法可分为两台阶环形开挖留核心土法和三台阶环形开挖留核心土法。其适用于一般土质或易坍塌的软弱围岩、断面较大的隧道开挖。

（四）中隔壁法和交叉中隔壁法

中隔壁法也叫 CD 法，交叉中隔壁法也叫 CRD 法。二者既有联系又有区别。

中隔壁法（CD 法）可适用于比较软弱的Ⅳ ~ Ⅴ级围岩浅埋大断面 2，3 车道隧道的场合；交叉中隔壁法（CRD）可适用于软弱的Ⅳ ~ Ⅵ级围岩浅埋大断面 2，3，4 车道隧道的场合。

CD 法是用钢架和喷射混凝土的隔壁将断面分割开进行开挖的方法，一般临时仰拱没有横撑；CRD 法是用隔壁和仰拱把断面上下、左右分割进行开挖的方法，是在地质条件要求分部开挖及时封闭的条件下采用的，一般临时仰拱有横撑。CD 法和 CRD 法的区别是在施工过程的每一步，CRD 法都要求用临时仰拱（横撑）闭合。CD 法和 CRD 法可用于地层较差、跨度较大的隧道掘进，但造价较高。CRD 法在控制地面沉降和土体水平位移等方面优于其他工法，但工期更长且造价更高。

（五）单侧壁导坑法

单侧壁导坑法适用于隧道跨度大，扁平率低、围岩较差，一般Ⅳ ~ Ⅴ类围岩，地表下沉需控制的隧道开挖。该方法以岩体力学理论为基础，应用新奥法指导施工，充分发挥围岩自承能力，运用光面爆破技术，及时进行喷锚初期支护，防止围岩松动，应用监控量测及时反馈信息，充分发挥围岩和初期支护的作用。

（六）双侧壁导坑法

双侧壁导坑法又称双侧壁导洞法或眼镜工法，属于新奥法的一个分支，以新奥法基本原理为依据。双侧壁导坑法适用于围岩较差的Ⅴ级围岩条件下的行车隧道开挖，在浅埋大跨度隧道施工时，采用双侧壁导坑法能够控制地表下沉，保持掌子面的稳定，安全可靠。

除上述主要掘进方式外，当地层条件较差、断面特大时，隧道可采用多跨式结构，隧道开挖可使用中洞法、侧洞法、柱洞法、洞桩法等。

提示

区分清各种掘进方法的特点及适用范围即可。

二、喷锚暗挖（矿山）法施工的支护与加固

（一）基本要求

隧道在开挖后自稳时间小于完成支护时间的地段，应根据围岩情况、开挖方式、进度要

求、机械配套情况，选择下列一种或几种措施进行超前支护和预加固处理：

(1)喷射混凝土封闭开挖工作面。

(2)超前锚杆或超前小导管支护。

(3)超前管棚支护。

(4)设置临时仰拱。

(5)地表锚杆或地表注浆加固。

(6)小导管周边注浆和围岩深孔注浆。

提示

(1)(2)(3)(4)(6)均属于暗挖隧道内的加固支护技术；(5)属于暗挖隧道外的加固支护技术，除该方法外，还可以采用其他辅助措施如降低地下水位和冻结法固结地层来维持隧道稳定。

(二)喷锚支护施工技术

隧道支护应采用喷锚支护，并应根据围岩特点、断面大小和使用条件等选择喷混凝土、锚杆、钢筋网和钢架等单一或组合的支护形式。隧道喷锚支护应紧随开挖及时施作。

专家解读

喷锚支护是喷混凝土支护、喷混凝土+锚杆支护、喷混凝土+锚杆+钢筋网支护、喷混凝土+锚杆+钢筋网+钢架支护的统称。喷锚支护是薄型柔性支护结构，只有与围岩密贴，才能与围岩共同工作，才能与围岩形成组合结构，才能起到加固围岩、控制围岩变形、充分利用和发挥围岩自承能力的作用。及时施作喷锚支护是喷锚支护施工关键，是维护围岩稳定的需要。

喷射混凝土作业应符合下列规定：

(1)喷射混凝土应直接喷在围岩面上，与围岩密贴，受喷面不得填塞杂物。

(2)喷射混凝土作业应按初喷混凝土和复喷混凝土分别进行，复喷混凝土可分层多次施作。

(3)喷射混凝土应分段、分片、分层由下而上顺序进行，拱部喷射混凝土应对称作业。

(4)初喷混凝土厚度宜控制在20~50 mm，岩面有较大凹洼时，可结合初喷找平。

(5)根据喷射混凝土设计厚度、喷射部位和钢架、钢筋网设置情况，复喷可采用一次作业或分层作业。拱顶每次复喷厚度不宜大于100 mm。边墙每次复喷厚度不宜大于150 mm。复喷最小厚度不宜小于50 mm。

(6)后一层喷射混凝土应在前一层喷射混凝土终凝后进行，若终凝后初喷射混凝土表面已蒙上粉尘时，后一层喷射混凝土作业前，受喷面应吹洗干净。

(7)未掺入速凝剂的混合料存放时间不宜大于2 h。

(8)喷射混凝土作业时喷嘴宜垂直岩面，喷枪头到受喷面的距离宜为0.6~1.5 m。喷射机工作压力宜根据混凝土坍落度、喷射距离、喷射机械、喷射部位确定，可先在0.2~0.7 MPa选择，并根据现场试喷效果调整。

(9)喷射混凝土不得挂模喷射。

(10)喷射混凝土回弹物不得重新用作喷射混凝土材料。

提示

喷射混凝土材料应使用硅酸盐水泥或普通硅酸盐水泥。此类水泥具有凝结时间快,早期强度高的特性。

（三）小导管注浆加固技术

超前小导管加固技术,是一种常用的隧道施工辅助稳定措施,主要用于软弱、破碎地层中成孔困难或易塌孔,且施作超前锚杆比较困难或者结构断面较大等条件下的隧道施工。

超前小导管加固土层应符合下列规定:

(1)宜采用顺直,长度3~4 m,直径40~50 mm的钢管。

(2)沿拱部轮廓线外侧设置,间距、孔位、孔深、孔径符合设计要求。

(3)小导管的后端应支承在已设置的钢格栅上,其前端应嵌固在土层中,前后两排小导管的重叠长度不应小于1 m。

(4)小导管外插角不应大于15°。

超前小导管加固的浆液应依据土层类型,通过试验选定。注浆材料可以是改性水玻璃浆、普通水泥单液浆、水泥－水玻璃双液浆、超细水泥等。

水玻璃、改性水玻璃浆液与注浆应符合下列规定:

(1)应取样进行注浆效果检查,未达要求时,应调整浆液或调整小导管间距。

(2)砂层中注浆宜定量控制,注浆量应经渗透试验确定。

(3)注浆压力宜控制在0.15~0.3 MPa,最大不得超过0.5 MPa,每孔稳压时间不得小于2 min。

(4)注浆应有序,自一端起跳孔顺序注浆,并观察有无串孔现象,发生串孔时应封闭相邻孔。

(5)注浆后,根据浆液类型及其加固试验效果,确定土层开挖时间;通常4~8 h后方可开挖。

小导管注浆加固地层应注意以下施工要点:

(1)小导管注浆加固和超前加固必须配合钢拱架使用。

(2)注浆工艺应根据地层土质条件进行选择。在砂卵石层中宜采用渗透注浆法;在黏土层中宜采用劈裂注浆法;在淤泥质软土中宜采用高压喷射注浆法。

(3)注浆时,应遵循“由下而上、间隔对称”的原则,相邻孔位分布应错开、交叉。

(4)注浆速度不应大于30 L/min。

关于小导管注浆加固技术,下面以典型例题的形式进行介绍。

典型例题

【单选题】关于暗挖隧道小导管注浆加固技术的说法,错误的是(　　)。

A. 应该严格控制小导管的长度、开孔率、安设角度和方向

B. 小导管的尾部必须设置封堵剂、防止漏浆

C. 注浆时间应由试验确定,注浆压力可不控制

D. 根据工程条件经试验确定浆液及其配合比

C。【解析】小导管注浆的注浆时间和注浆压力应由试验确定,应严格控制注浆压力。

(四)超前管棚支护施工技术

在软弱地层和特殊困难地段进行隧道施工,通常采用超前管棚支护。超前管棚支护同样是隧道施工的辅助工法,可以防止隧道开挖引起的地表下沉和围岩松动。

超前管棚支护是沿隧道开挖轮廓线向外以0.5°~2°的外倾角度并排打入一系列钢管,管棚直径为89~110 mm,与初期支护钢架结合形成棚架。超前管棚一次支护距离长、支护能力强,适用于砂土地层、堆积地层、断层破碎带、水平薄层状地层、浅埋和塌方地段、充填岩溶等。在隧道洞口开挖施工中,大量采用超前管棚支护,对减少洞口仰坡开挖、保持边仰坡稳定和洞口施工安全具有很好的效果。

超前管棚支护施工流程为:浇筑导向墙(包括安设导向管)→钻孔→打设管棚钢管→插入钢筋笼→管棚钢管内注浆。

超前管棚支护应符合下列规定:

(1)管棚的各项参数应符合设计规定。

(2)管棚开孔前宜先施作导向墙,其纵向长度不应小于2 m、厚度应不小于0.8 m,并应有足够的强度和刚度,导向墙基础应置于稳定地基上。

(3)导向墙内的导向管内空直径应不小于管棚钻孔的钻头直径,布置间距和方向满足设计要求。

(4)管棚钻孔不应侵入开挖范围,钻孔机械应具有纠偏功能。

(5)管棚钢管宜分节连接顶入钻孔,节段长度不宜小于2 m,相邻钢管的接头错开距离应大于1 m,各节段间应采用丝扣连接或套管焊接连接,连接长度不应小于50 mm。

(6)管棚钢管就位后,应插入钢筋笼,并应及时进行注浆施工,每根钢管应一次连续注满砂浆,注浆参数应根据现场试验确定,砂浆强度等级不应低于M20。

(7)管棚钻孔应跳孔实施,先实施的管棚注浆凝固后,方可进行其相邻管棚的钻孔施工。

(8)围岩破碎、钻进难以成孔时,可采用跟管钻孔工艺施工。

(9)当洞内采用超前管棚时,管棚工作室参数应根据机具设备尺寸和设计管棚外倾角等因素设置。

(五)地表锚杆或地表注浆加固

地表锚杆是一种地表预加固地层的措施,可用于浅埋暗挖、进出工作井地段和岩体松软破碎地段的隧道外加固。地面锚杆(管)按矩形或梅花形布置,其施工步骤:钻孔→吹净钻孔→用灌浆管灌浆→垂直插入锚杆杆体→在孔口将杆体固定。

(六)其他辅助措施

1. 降低地下水位

当隧道开挖处于蓄水地层中时,可以使用降低地下水位法辅助施工,以降低地下水对围岩稳定的影响。

2. 冻结法固结地层

冻结法是临时用人工方法将软弱围岩或含水层冻结成具有较高强度和抗渗性能的冻土,以安全地进行隧道作业的一种施工方法。由于成本较高,一般是在其他辅助施工方法不能达到目的时方可采用。

采用冻结法固结地层时,应考虑地层中的含水量、地下水水流速度和地下水含盐量等因素。一般在土体中含水量大于2.5%,地下水含盐量不超过3%,地下水流速度不大于40 m/d时,可采用冻结法。当水含量较小、水流速度较大时,则难以实现冻结效果。

典型例题

【单选题】采用冻结法固结工作面地层时,不需要考虑的因素是(　　)。

A. 土质　　B. 土体含水量

C. 地下水含盐量　　D. 地下水流速

A。【解析】冻结法固结地层的主要原理是采用人工制冷技术对土体中的水进行固结,以达到隧道开挖时稳定地层的作用。因此,其与土质无关,只与土质中水的相关参数有关。

三、衬砌及防排水施工要求

简单来说,衬砌是指支持和维护隧道的长期稳定和耐久性的永久结构物。隧道衬砌结构包括喷锚衬砌和模筑混凝土衬砌。喷锚衬砌也称喷锚支护,在复合式衬砌结构中,通常称为初期支护;模筑混凝土衬砌在复合式衬砌结构中通常称为二次衬砌。喷锚支护已经在前边讲述,本部分主要介绍衬砌防排水基本要求和复合式衬砌。

(一)衬砌防排水基本要求

地下工程防排水的设计和施工应遵循"防、排、截、堵相结合,刚柔相济,因地制宜,综合治理"的原则。

隧道衬砌防排水设施应符合以下规定:

(1)采用复合式衬砌时,应在初期支护与二次衬砌之间设置防水板及无纺土工布,并设置系统盲管。

(2)二次衬砌混凝土应满足抗渗要求,二次衬砌的施工缝、沉降缝和伸缩缝应采取防水措施。

(3)在衬砌两侧边墙背后底部应设沿隧道的纵向排水盲管,沿衬砌背后环向应设置导水盲管,集中出水处应单独设置竖向盲管。

(4)环向盲管、竖向盲管应与边墙底部的纵向排水盲管连通,纵向排水盲管应与横向导水管连通。

(5)当隧道位于常水位以下,且不易排泄时,应采用抗水压衬砌结构。

(6)无法检修的排水设施应考虑地下水中矿物质析出对排水能力的影响。

(二)复合式衬砌

矿山法施工隧道的防水措施,通常采用复合衬砌全面防水的构造。复合式衬砌除采用自身密实性防水之外,还需做夹层柔性防水层。一般由喷锚防水混凝土初期支护、敷设夹层柔性防水层和二次模筑防水混凝土衬砌三部分组成。

转角处、变形缝、施工缝、后浇带和穿墙管等部位是防水层的薄弱环节,必须采取加强处理措施,以提高防水层的可靠性。

复合衬砌防水施工应注意以下要点:

(1)防水层施工前,应保证喷射混凝土表面平顺。表面如有渗水、漏水应及时处理。

(2)防水层应优先使用射钉铺设。

(3)衬砌施工缝和沉降缝的止水带应安装牢固且无任何损伤,以保证防水层的施工质量和防水作用。

(4)二次衬砌应采用有补偿收缩性能的混凝土,且具有良好的抗裂性能,浇筑时应采用模板台车和组合钢模板体系两种体系。

四、工作井施工技术

喷锚暗挖(矿山)法施工中应设置工作竖井(以下简称竖井)辅助隧道施工。马头门是竖井与暗挖隧道交界处的过渡地段。此部分主要介绍竖井施工基本要求和马头门。

(一)竖井施工基本要求

井口周围应设置安全栅栏、安全门和防雨设施。安全栅栏高度不应小于 1 200 mm。

井口的锁口圈应在井身开始掘进前完成,并配备井盖。除升降人员或物料时,不得打开井盖。

锁口圈梁埋深较大时,应在上部设置临时围护结构,临时围护结构可采用格栅钢架 + 喷射混凝土或设置砖砌挡土墙、土钉墙等形式。锁口圈梁与格栅应按设计要求进行连接,井壁不得出现脱落。当锁口圈梁处的混凝土强度达到设计强度的 70% 及以上时,方可向下开挖竖井。

竖井开挖前应做好地下水控制和地层预加固的工作。竖井应对称、分层、分块进行开挖,遵循“先开挖周边,后开挖中部”的原则。每层开挖高度应符合设计要求,并随挖随进行支护。竖井开挖过程中应随时检测地层渗水、井壁土松散程度、裂缝等情况,以保证施工安全。

竖井支护应及时施作。井口段、马头门及地质较差的井身地段宜采用钢筋混凝土衬砌,衬砌分节宜自下而上进行,并按需要设置壁座安设锚杆。

(二)马头门

在工作竖井施作完成之后,需要破除马头门位置的井壁,为了保证破除时不发生坍塌和水土流失,在竖井初期支护至马头门位置处预埋暗梁和暗桩并进行超前小导管注浆加固,即在盾构洞口围护拆除前进行土体加固。同一竖井内多个马头门分次开挖,前后错开 15 m,开挖顺序遵循“先低后高”原则,马头门位置的井壁破除按照先拱部、再侧墙、最后底板的顺序分段破除,开挖方式按照环形开挖预留核心土法,初期支护采用纵向钢筋连接的钢格栅、挂钢筋网并喷射混凝土,其纵向钢筋与隧道和竖井焊接牢固形成整体。

典型例题

【单选题】竖井马头门破除施工工序有:①预埋暗梁;②破除拱部;③破除侧墙;④拱部地层加固;⑤破除底板,正确的顺序为(　　)。

A. ①→②→③→④→⑤　　B. ①→④→②→③→⑤

C. ①→④→③→②→⑤　　D. ①→②→④→③→⑤

B。【解析】破除马头门施工顺序:预埋暗梁→拱部地层加固→破除拱部→破除侧墙→破除底板。

2K31400 城镇水处理场站工程

2K314010 水处理场站工艺技术与结构特点

一、给水处理工艺

(一)给水处理方法

天然水源的水质与用户对水质的要求总存在着不同程度的差距。给水处理的任务就是通过必要的处理方法改善水质,使之符合生活饮用或工业使用所要求的水质标准。给水处理的方法有常规处理方法和特殊处理方法。其中,常规处理方法有混凝、沉淀(澄清)、过滤、消毒;特殊处理方法有除臭、除味,除铁,软化以及淡化和除盐等。

1. 常规处理方法

常规处理方法中,混凝、沉淀(澄清)及过滤等方法的处理对象主要是造成水浑浊的悬浮物及胶体杂质。原水中投加药剂后,经混合反应使水中悬浮及胶体杂质形成易于沉降的大颗粒混凝体,而后通过沉淀池进行重力沉降分离。混凝、沉淀、过滤在去除浊度的同时,对有机色度物质、细菌乃至病毒等的去除也具有较好的效果,特别是过滤。对于高浊度水源,通常用沉沙池或预沉池去除较大粒径的泥沙颗粒,预沉池可以投加药剂,也可不投加药剂。

专家解读

澄清池是反应和沉淀集合于一体的构筑物。滤池是利用具有空隙的颗粒滤料截留水中细小杂质的构筑物,它通常设置在沉淀(澄清)工艺之后用于进一步降低水的浊度,当原水浊度较低时,投加药剂后,也可以不经沉淀而直接过滤。

消毒处理的对象是水中致病微生物。消毒通常在过滤后进行,其方法是在水中投加氯气、漂白粉和其他消毒剂,或者采用臭氧、二氧化氯或紫外线照射等方法进行消毒。

2. 特殊处理方法

除臭、除味的方法取决于水中臭和味的来源。例如,有机物产生的臭和味,可用活性炭吸附、投加氧化剂进行氧化或曝气充氧去除;因藻类繁殖而产生的臭和味,可在水中投加硫酸铜去除藻类;因溶解盐而产生的臭和味,可通过除盐的方法去除。

除铁处理的对象是水中溶解性二价铁(Fe^{2+}),主要方法有天然锰砂接触氧化和自然氧化。其中,天然锰砂接触氧化是通过设置曝气装置进行充氧氧化,再经锰砂滤池过滤;自然氧化通常设置曝气装置、反应、沉淀和砂滤池,二价铁经氧化后转化成三价铁沉淀物而被截留。

软化处理的对象是水中的钙、镁离子,主要方法有离子交换法和药剂软化法。其中,离子交换法在于使水中钙、镁离子与交换剂的离子互相交换以达到去除目的;药剂软化法是在水中投加药剂如石灰、苏打使钙、镁离子转化为沉淀物,从水中分离出去。

淡化和除盐方法的去除对象是水中各种溶解性盐类,包括阴阳离子。将含盐量高的水如海水、"苦咸水"处理到符合生活饮用水标准的过程,称为水的淡化。制取高纯度水(纯水)的过程,称为水的除盐。淡化和除盐的方法有蒸馏法、离子交换法、电渗析法及反渗透法。

根据不同水源水质和处理后的水质要求,上述各种处理方法可以单独使用,也可以几种方法结合使用,以形成不同的水处理系统。

(二)给水处理工艺流程

给水处理工艺流程一般有以下几种:

(1)以地表水为水源,利用天然水塘自然沉淀,经过慢滤池集到清水池,再送至用户。具体流程为:水源→自然沉淀→慢滤池→清水池(消毒)→水泵→用户。

(2)以地表水为水源,水质情况较好,一般直接在河边、塘边修建慢滤池,经过慢滤池过滤后溶入清水池,再通过加压供给用户。具体流程为:水源→慢滤池→清水池(消毒)→水泵→用户。

提示

上述给水处理方法均以原水水质基本无污染,水质稳定所采取的简易给水处理过程。

(3)以地表水为水源,原水浊度较低(一般低于 100 mg/L),经过滤后供给用户。具体流程为:水源→混凝→水泵→过滤→清水池(消毒)→水泵→用户。

(4)常规给水处理工艺流程见图 1-6。

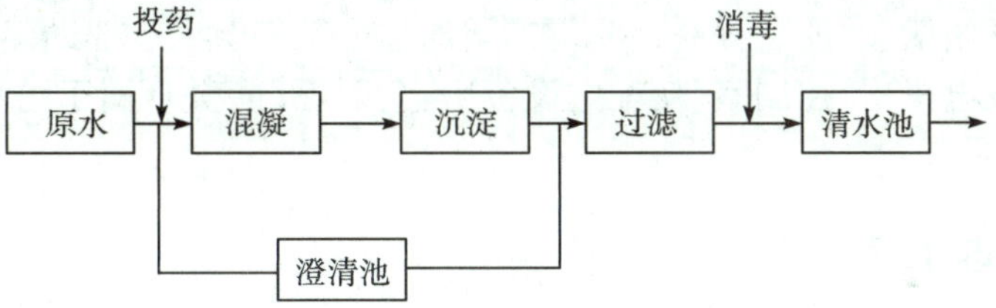

图 1-6　常规给水处理工艺流程

(5)对于高浓度水源,可采用的工艺流程见图 1-7。

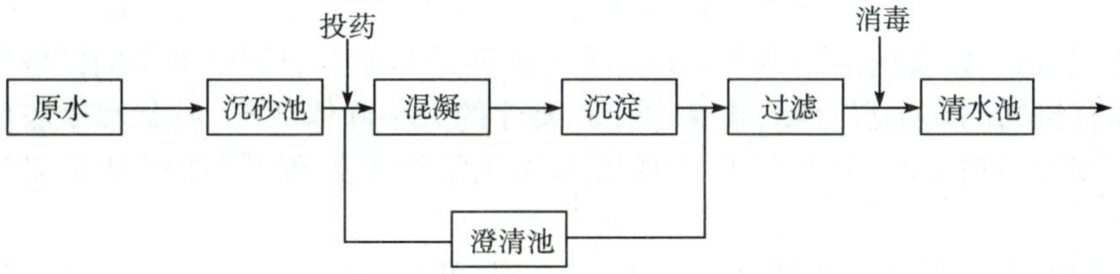

图 1-7　高浓度水源处理工艺流程

专家解读

根据不同水源条件和对处理后水质要求确定工艺流程,但不管采用哪种工艺流程,对原水最好经过预处理,在常规处理后也可进行深度处理。预处理可采用吸附预处理和氧化预处理,吸附预处理通常采用黏土、粉末活性炭进行吸附,氧化预处理通常采用生物氧化和化学氧化方法进行处理;深度处理可采用活性炭吸附法、离子交换软化法、电渗析法、电吸附法、微滤膜法、超滤法、反渗透法、光催化氧化法、膜生物反应器法、臭氧氧化法、生物活性炭法等。

(三)给水处理厂及结构特点

给水处理厂由给水处理构筑物、生产辅助建筑物、生活辅助建筑物、工艺辅助建筑物、工艺管道及其他配套工程组成。其中,给水处理构筑物是改善水质的主要设施,一般采用地下或半地下钢筋混凝土结构,其具有断面薄、抗渗好、配筋高和整体性好等特点。

给水处理厂是以去除悬浮杂质为主的水厂,一般采用混凝、沉淀、过滤和消毒的处理工艺。原水进入水厂后投加混凝剂并迅速混合,接着缓慢搅动水流,使混凝剂产生的反应物和悬浮杂质结成容易沉降的絮状颗粒,在沉淀池中和水流分离。水流再经过滤,即清澈可用。混凝、沉淀和过滤虽能消除一部分微生物,但远不能达到生活饮用水的细菌标准。在城市水厂和供生活用水的给水站,水流进入清水池时,还须投加消毒剂,进行消毒。沉淀和过滤中分离出来的污泥要妥善处理和处置以免污染环境。

关于给水处理构筑物,下面以典型例题的形式进行介绍。

典型例题

【单选题】下列属于给水处理构筑物的是(　　)。

A. 药剂间　　　　B. 工艺井

C. 化验室　　　　D. 曝气池

A。【解析】给水处理构筑物除了包括选项 A 外,还包括混凝沉淀池、配水井、反应池、过滤池、吸滤池、澄清池、清水池、二级泵站等。选项 B 属于工艺辅助建筑物,工艺辅助建筑物还包括闸槽、水槽、管廊桥架、堰口等;选项 C 属于生产辅助建筑物,生产辅助建筑物还包括发电机房、控制室、变配电设备房、仓库等;选项 D 属于污水处理构筑物。

二、污水处理工艺

(一)污水处理方法

污水处理是指为使污水达到排入某一水体或再次使用的水质要求而对其进行净化的过程。按污水的来源不同,污水处理一般分为生产污水处理和生活污水处理。生产污水包括工业污水、农业污水以及医疗污水等;而生活污水就是日常生活产生的污水,是指各种形式的无机物和有机物的复杂混合物,包括漂浮和悬浮的大小固体颗粒,胶状和凝胶状扩散物以及纯溶液。按污染物质的不同,污水处理可分为化学污染处理、物理污染处理和生物污染处理。

污水处理的方法有很多,根据污染物质的不同,可分为以下几种:

(1)物理法:其去除对象是水中不溶性的悬浮物质,使用的处理设备主要有格栅、筛网、沉淀(沉砂)池、锅炉、离心(旋流)分离机等。使用的处理方法主要有微滤、气浮、沉淀(重力分离)、离心(旋流)分离等。

(2)化学法:其去除对象是污水中的胶体物质和溶解性物质,多用于工业废水。常用的方法有混凝法、中和法、氧化还原法、离子交换法等。

(3)生物法:其去除对象是污水中呈溶解状态和胶体状态的有机污染物。常用的方法有活性污泥法、生物膜法、自然生物处理法、厌氧生物处理法、稳定塘法、污水土地处理法等。

链接

污水处理时产生的污泥，可采用厌氧消化法、浓缩法、热处理法、脱水法等进行处理。

典型例题

【多选题】利用微生物的代谢作用去除城市污水中有机物质的常用方法有（　　）。

A. 混凝法　　B. 活性污泥法

C. 厌氧消化法　　D. 生物膜法

E. 稳定塘法

BDE。【解析】选项 B、D、E 属于生物法；选项 A 属于化学法；选项 C 属于污泥处理法。

（二）污水处理工艺流程

污水进入厂区依次通过截流井（让厂能处理的污水进入厂区进行处理）、粗格栅（打捞较大的渣滓）、污水泵（提升污水的高度）、细格栅（打捞较小的渣滓）、沉砂池（以重力分离为基础，将污水中比重较大的无机颗粒沉淀并排除）、生化池（采用活性污泥法去除污水里的 BOD_5、固体悬浮物和以各种形式的氮或磷）、终沉池（排除剩余污泥和回流污泥）、D 型滤池（进一步减少固体悬浮物，使出水达到国家一级标准），再进行紫外线消毒（杀灭水中的大肠杆菌），最后出水。

污水处理的整个过程为通过粗格栅的原污水经过污水提升泵提升后，经过格栅或者砂滤器之后进入沉砂池，经过砂水分离的污水进入初次沉淀池，以上为一级处理（即物理处理）；初沉池的出水进入生物处理设备，有活性污泥法和生物膜法（其中活性污泥法的反应器有曝气池、氧化沟等，生物膜法包括生物滤池、生物转盘、淹没式生物滤池、曝气生物滤池和生物流化床等），生物处理设备的出水进入二次沉淀池，二次沉淀池的出水经过消毒排放或者进入三级处理。

现代污水处理工艺，按处理程度划分，可分为三级，下面以典型例题的形式进行介绍。

典型例题

【单选题】污水三级处理是在一级、二级处理之后，进一步处理可导致水体富营养化的（　　）可溶性无机物。

A. 钠、碘　　B. 钙、镁

C. 铁、锰　　D. 氮、磷

D。【解析】三级处理是在一级、二级处理之后，进一步处理难降解的有机物、氮和磷等能够导致水体富营养化的可溶性无机物等。主要方法有生物脱氮除磷法、混凝沉淀法、砂滤法、活性炭吸附法、臭氧氧化法和电渗分析法等。一级处理，主要去除污水中呈悬浮状态的固体污染物质，物理处理法大部分只能完成一级处理的要求。经过一级处理的污水，污水悬浮物去除可达 40%，附着于悬浮物的有机物也可去除 30% 左右，达不到排放标准。一级处理属于二级处理的预处理。二级处理，主要去除污水中呈胶体和溶解状态的有机污染物质（BOD5、COD 物质），去除率可达 90%，使有机污染物达到排放标准。

（三）污水处理厂的试运行

试运行的基本程序为：试运行前的准备工作→单机试车（一般在2 h以上）→设备机组充水试验→设备及泵站机组空载试运行（在不通水的情况下，处理设备及泵房机组运行4~6 h后，进行停机试验）→设备及泵站机组负荷试运行（在不通水的情况下，设备及泵站机组负荷试运行6~8 h，待正常后停机）→设备机组自动开停机试运行。

根据《城镇污水处理厂工程质量验收规范》，污水处理厂带负荷联合试运转前应具备下列条件：

（1）构筑物工程、安装工程等应验收合格。

（2）设备单机试运转应合格。

（3）厂外管道及泵站应能够连续进水，出水管道应具备向外排水的能力。

（4）外部供电能满足联合试运转的负荷条件，厂内的各台变压器应具备用电负荷。

（5）电气设备和自控系统应达到控制用电设备的条件。

（6）构（建）筑物、操作平台、井口、坑口、洞口等部位应做好安全防护措施。

（7）水处理厂联合试运转必需的物料应准备齐全。

污水处理厂联合试运转应符合下列要求：

（1）污水、污泥处理设备联合试运转应连续、稳定，工艺过程应符合设计及设备技术文件的要求，运行指标应达到工艺要求。

（2）电气设备及系统联合试运转应连续、稳定，运行指标应满足安全要求，供电能力应满足工艺要求，运行状态及数据应显示正常，报警应及时。

（3）自动控制、仪表安装工程联合试运转应连续、稳定；显示数据应与现场情况一致，执行机构应动作准确、到位，数据记录应完整，形成图表应完整；软件画面切换应迅速，报警应及时。

（4）联合试运转应带负荷运行，试运转持续时间不应小于72 h，设备应运行正常、性能指标符合设计文件的要求。

（5）联合试运转过程中，构（建）筑物及管线工程应安全可靠，池体、管线应无渗漏。

2K314020　水处理场站工程施工

一、污水处理厂站的构筑物

根据《城镇污水处理厂工程质量验收规范》，污水处理厂污水和污泥处理系统的构筑物工程包括：

（1）污水处理构（建）筑物，包括泵房、格栅间、沉砂池、初沉淀池、二次沉淀池、生物池、过滤池、消毒池、加药间、除臭单元、曝气池、调节池、生物反应池、氧化沟、稳定塘等。

（2）污泥处理构（建）筑物，包括污泥池、厌氧消化池、污泥处理厂房、浓缩池、消化池、贮泥池、污泥好氧发酵槽、除臭池/罐、烟囱等。

（3）附属结构，包括计量槽、分配井、排水口、扶梯、防护栏、平台、集水槽、堰板、斜板、支架、闸槽等。

链接

污水处理厂除了上述构筑物工程,还包括厂区配套工程和工艺管道等。厂区配套工程,指为污水处理厂生产及管理服务的配套工程,包括厂内各类地面建筑工程及道路、给水排水、照明、绿化等工程。工艺管道,与污水、污泥处理工艺相关的构筑物及各厂房之间的连接管道,包括污水管、再生水管、污泥管、空气管、沼气管、臭气收集管、投药管等。

二、地基基础施工中降排水的要求

(一)应采取降(排)水措施的工程

下列工程施工应采取降(排)水措施:

(1)受地表水、地下动水压力作用影响的地下结构工程。

(2)采用排水法下沉和封底的沉井工程。

(3)基坑底部存在承压含水层,且经验算基底开挖面至承压含水层顶板之间的土体重力不足以平衡承压水水头压力,需要减压降水的工程。

(4)基坑位于承压水层中,必须降低承压水水位的工程。

(二)降排水施工的准备工作

降排水施工准备工作应符合下列规定:

(1)收集工程地质、水文地质勘测资料。

(2)确定土层稳定性计算参数。

(3)制定施工降排水方案,确定施工降排水方法、机具选型及数量。

(4)对基坑渗透性的评定和渗水量的估算,以及地基沉降变形的计算。

(5)确定变形观测点,水位观测孔(井)的布置。

(6)必要时应作抽水试验,验证渗透系数及水力坡降曲线,以保证基坑地下水位降至坑底以下。

(7)基坑受承压水影响时,应进行承压水降压计算,对承压水降压的影响进行评估。

(三)降排水施工的相关要求

降排水施工的相关要求如下:

(1)施工降排水系统的排水应输送至抽水影响半径范围以外的河道或排水管道。

(2)降排水施工必须采取有效的措施,控制施工降排水对周围构筑物和环境的不良影响。

(3)施工过程中不得间断降排水,并应对降排水系统进行检查和维护;构筑物未具备抗浮条件时,严禁停止降排水。

(4)冬期施工应对降排水系统采取防冻措施,停止抽水时应及时将泵体及进出水管内的存水放空。

三、混凝土结构的施工要求

(一)现浇钢筋混凝土结构

1. 模板及其支架的施工要求

模板施工前,应根据结构形式、施工工艺、设备和材料供应等条件进行模板及其支架设计。模板及其支架的强度、刚度及稳定性必须满足受力要求。

模板设计应包括以下主要内容:

(1)模板的形式和材质的选择。

(2)模板及其支架的强度、刚度及稳定性计算,其中包括支杆支承面积的计算,受力铁件的垫板厚度及与木材接触面积的计算。

(3)防止吊模变形和位移的预防措施。

(4)模板及其支架在风载作用下防止倾倒的措施。

(5)各部分模板的结构设计,各结合部位的构造,以及预埋件、止水板等的固定方法。

(6)隔离剂的选用。

(7)模板及其支架的拆除顺序、方法及保证安全措施。

混凝土模板安装应按现行国家标准《混凝土结构工程施工质量验收规范》的相关规定执行,并应符合下列规定:

(1)池壁与顶板连续施工时,池壁内模立柱不得同时作为顶板模板立柱;顶板支架的斜杆或横向连杆不得与池壁模板的杆件相连接。

(2)池壁模板可先安装一侧,绑完钢筋后,随浇筑混凝土随分层安装另一侧模板,或采用一次安装到顶而分层预留操作窗口的施工方法;采用这种方法时,应符合下列规定:

①分层安装模板,其每层层高不宜超过 1.5 m;分层留置窗口时,窗口的层高不宜超过 3 m,水平净距不宜超过 1.5 m;斜壁的模板及窗口的分层高度应适当减小。

②有预留孔洞或预埋管时,宜在孔口或管口外径 1/4 ~ 1/3 高度处分层;孔径或管外径小于 200 mm 时,可不受此限制。

③事先做好分层模板及窗口模板的连接装置,以便迅速安装;安装一层模板或窗口模板的时间不应超过混凝土的初凝时间。

④分层安装模板或安装窗口模板时,应防止杂物落入模内。

(3)安装池壁的最下一层模板时,应在适当位置预留清扫杂物用的窗口;在浇筑混凝土前,应将模板内部清扫干净,经检验合格后,再将窗口封闭。

(4)池壁模板施工时,应设置确保墙体直顺和防止浇筑混凝土时模板倾覆的装置。

(5)池壁的整体式内模施工,木模板为竖向木纹使用时,除应在浇筑前将模板充分湿透外,并应在模板适当间隔处设置八字缝板;拆模时,应先拆内模。

(6)采用穿墙螺栓来平衡混凝土浇筑对模板的侧压力时,应选用两端能拆卸的螺栓,并应符合下列规定:

①两端能拆卸的螺栓中部宜加焊止水环,且止水环不宜采用圆形。

②螺栓拆卸后混凝土壁面应留有 40 ~ 50 mm 深的锥形槽。

③在池壁形成的螺栓锥形槽,应采用无收缩、易密实、具有足够强度、与池壁混凝土颜色一致或接近的材料封堵,封堵完毕的穿墙螺栓孔不得有收缩裂缝和湿渍现象。

(7)跨度不小于 4 m 的现浇钢筋混凝土梁、板,其模板应按设计要求起拱;设计无具体要求时,起拱度宜为跨度的 1/1 000 ~ 3/1 000。

(8)设有变形缝的构筑物,其变形缝处的端面模板安装还应符合下列规定:

①变形缝止水带安装应固定牢固、线形平顺、位置准确。

②止水带面中心线应与变形缝中心线对正,嵌入混凝土结构端面的位置应符合设计要求。

③止水带和模板安装中，不得损伤带面，不得在止水带上穿孔或用铁钉固定就位。

④端面模板安装位置应正确，支撑牢固，无变形、松动、漏缝等现象。

(9)固定在模板上的预埋管、预埋件的安装必须牢固，位置准确；安装前应清除铁锈和油污，安装后应做标志。

(10)模板支架的立杆和斜杆的支点应垫木板或方木。

混凝土模板的拆除应符合下列规定：

(1)整体现浇混凝土的模板支架拆除应符合下列规定：

①侧模板，应在混凝土强度能保证其表面及棱角不因拆除模板而受损坏时，方可拆除。

②底模板，应在与结构同条件养护的混凝土试块达到表1-30规定强度，方可拆除。

表1-30 整体现浇混凝土底模板拆模时所需的混凝土强度

序号	构件类型	构件跨度 L/m	达到设计的混凝土立方体抗压强度的百分率/%
1	板	≤2	≥50
		2 < L≤8	≥75
		>8	≥100
2	梁、拱、壳	≤8	≥75
		>8	≥100
3	悬臂构件	—	≥100

(2)模板拆除时，不应对顶板形成冲击荷载；拆下的模板和支架不得撞击底板顶面和池壁墙面。

(3)冬期施工时，池壁模板应在混凝土表面温度与周围气温温差较小时拆除，温差不宜超过15 ℃，拆模后应立即覆盖保温。

链接

根据《给水排水构筑物工程施工及验收规范》，构筑物变形缝的止水带应按设计要求选用，并应符合下列规定：

(1)塑料或橡胶止水带的形状、尺寸及其材质的物理性能，均应符合国家有关标准规定，且无裂纹、气泡、孔洞。

(2)塑料或橡胶止水带对接接头应采用热接，不得采用叠接；接缝应平整牢固，不得有裂口、脱胶现象；T字接头、十字接头和Y字接头，应在工厂加工成型。

(3)金属止水带应平整、尺寸准确，其表面的铁锈、油污应清除干净，不得有砂眼、钉孔。

(4)金属止水带接头应视其厚度，采用咬接或搭接方式；搭接长度不得小于20 mm，咬接或搭接必须采用双面焊接。

(5)金属止水带在伸缩缝中的部分应涂防锈和防腐涂料。

(6)钢边橡胶止水带等复合止水带应在工厂加工成型。

2. 钢筋工程的施工要求

钢筋进场检验以及钢筋加工、连接、安装等应按现行国家标准《混凝土结构工程施工质量验收规范》的相关规定执行，并应符合下列规定：

(1)浇筑混凝土之前，应进行钢筋隐蔽工程验收，钢筋隐蔽工程验收应包括下列内容：

①钢筋的品种、规格、数量、位置等。

②钢筋的连接方式、接头位置、接头数量、接头面积百分率等。

③预埋件的规格、数量、位置等。

(2)受力钢筋的连接方式应符合设计要求，设计无要求时，应优先选择机械连接、焊接；不具备机械连接、焊接连接条件时，可采用绑扎搭接连接。

(3)相邻纵向受力钢筋的绑扎接头宜相互错开，绑扎搭接接头中钢筋的横向净距不应小于钢筋直径。

关于钢筋连接方式的选择，下面以典型例题的形式进行介绍。

典型例题

【单选题】应根据钢筋直径、钢材、现场条件确定钢筋(　　)方式。

A. 计量　　　　B. 切断

C. 弯曲　　　　D. 连接

D。【解析】应根据钢筋直径、钢材、现场条件确定钢筋连接方式。

3. 混凝土工程的施工要求

混凝土的抗压、抗渗、抗冻试块符合下列要求的，应判定为验收合格：

(1)同批混凝土抗压试块的强度应按现行国家标准《混凝土强度检验评定标准》的规定评定，评定结果必须符合设计要求。

(2)抗渗试块的抗渗性能不得低于设计要求。

(3)抗冻试块在按设计要求的循环次数进行冻融后，其抗压极限强度同检验用的相当龄期的试块抗压极限强度相比较，其降低值不得超过25%；其重量损失不得超过5%。

混凝土的浇筑必须在模板和支架检验符合施工方案要求后，方可进行；入模时应防止离析，连续浇筑时每层浇筑高度应满足振捣密实的要求。

采用振捣器捣实混凝土应符合下列规定：

(1)振捣时间，应使混凝土表面呈现浮浆并不再沉落。

(2)插入式振捣器的移动间距，不宜大于作用半径的1.5倍；振捣器距离模板不宜大于振捣器作用半径的1/2；并应尽量避免碰撞钢筋、模板、止水带、预埋管(件)等；振捣器宜插入下层混凝土50 mm。

(3)表面振动器的移动间距，应能使振动器的平板覆盖已振实部分的边缘。

(4)浇筑预留孔洞、预埋管、预埋件及止水带等周边混凝土时，应辅以人工插捣。

混凝土运输、浇筑及间歇时间不应超过混凝土的初凝时间。同一施工段的混凝土应连续浇筑，并应在底层混凝土初凝之前将上一层混凝土浇筑完毕。底层混凝土初凝后浇筑上一层混凝土时，应留置施工缝。

混凝土底板和顶板，应连续浇筑不得留置施工缝；设计有变形缝时，应按变形缝分仓浇筑。

混凝土浇筑完成后，应按施工方案及时采取有效的养护措施，并应符合下列规定：

(1)应在浇筑完成后的12 h以内，对混凝土加以覆盖并保湿养护。

(2)混凝土浇水养护的时间不得少于 14 d,保持混凝土处于湿润状态。

(3)用塑料布覆盖养护时,敞露的混凝土表面应覆盖严密,并应保持塑料布内有凝结水。

(4)混凝土强度达到 1.2 MPa 前,不得在其上踩踏或安装模板及支架。

(5)环境最低气温不低于 -15 ℃时,可采用蓄热法养护;对预留孔、洞以及迎风面等容易受冻部位,应加强保温措施。

链接

历年考试中会考查整体式现浇钢筋混凝土池体结构的施工流程,即:测量定位→土方开挖及地基处理→垫层施工→防水层施工→底板浇筑→池壁及顶板支撑柱浇筑→顶板浇筑→功能性试验。

(二)装配式混凝土结构

1. 构件的堆放要求

构件的堆放应符合下列规定:

(1)应按构件的安装部位,配套就近堆放。

(2)堆放时,应按设计受力条件支垫并保持稳定;曲梁应采用三点支承。

(3)堆放构件的场地,应平整夯实,并有排水措施。

(4)构件的标识应朝向外侧。

构件运输及吊装时的混凝土强度应符合设计要求,当设计无要求时,不应低于设计强度的 75%。

2. 构件的安装要求

预制构件与现浇结构之间、预制构件之间的连接应按设计要求进行施工。

现浇混凝土底板的杯槽、杯口安装模板前,应复测杯槽、杯口中心线位置;杯槽、杯口模板必须安装牢固。

杯槽内壁与底板的混凝土应同时浇筑,不应留置施工缝;宜后浇筑杯槽外壁混凝土。

预制构件安装前,应复验合格;有裂缝的构件应进行鉴定。

预制柱、梁及壁板等在安装前应标注中心线,并在杯槽、杯口上标出中心线。

预制构件安装前应将不同类别的构件按预定位置顺序编号,并将与混凝土连接的部位进行凿毛,清除浮渣、松动的混凝土。

构件应按设计位置起吊,曲梁宜采用三点吊装。吊绳与构件平面的交角不应小于 45°;小于 45°时,应进行强度验算。

构件安装就位后,应采取临时固定措施。曲梁应在梁的跨中设临时支撑,待二次混凝土达到设计强度的 75% 及以上时,方可拆除支撑。

3. 构筑物壁板的接缝施工要求

构筑物壁板的接缝施工应符合下列规定:

(1)壁板接缝的内模在保证混凝土不离析的条件下,宜一次安装到顶;分段浇筑时,外模应随浇、随支,分段支模高度不宜超过 1.5 m。

(2)浇筑前,接缝的壁板表面应洒水保持湿润,模内应洁净。

(3)壁板间的接缝宽度,不宜超过板宽的 1/10;缝内浇筑细石混凝土或膨胀性混凝土,其强度等级应符合设计要求;设计无要求时,应比壁板混凝土强度等级提高一级。

(4)应根据气温和混凝土温度,选择壁板缝宽较大时进行浇筑。

(5)混凝土如有离析现象,应进行二次拌合。

(6)混凝土分层浇筑厚度不宜超过 250 mm,并应采用机械振捣,配合人工捣固。

(三)预应力混凝土结构

1.预应力筋、锚具、夹具和连接器的进场检验要求

预应力筋、锚具、夹具和连接器的进场检验应按现行国家标准《混凝土结构工程施工质量验收规范》的相关规定和设计要求执行,并应符合下列规定:

(1)按设计要求选用预应力筋、锚具、夹具和连接器。

(2)无粘结预应力筋应符合下列规定:

①预应力筋外包层材料,应采用聚乙烯或聚丙烯,严禁使用聚氯乙烯;外包层材料性能应满足国家现行标准《无粘结预应力混凝土结构技术规程》的要求。

②预应力筋涂料层应采用专用防腐油脂,其性能应满足国家现行标准《无粘结预应力混凝土结构技术规程》的要求。

③必须采用Ⅰ类锚具,锚具规格应根据无粘结预应力筋的品种、张拉吨位以及工程使用情况选用。

(3)测定钢丝、钢筋预应力值的仪器和张拉设备应在使用前进行校验、标定;张拉设备的校验期限,不应超过半年;张拉设备出现反常现象或在千斤顶检修后,应重新校检。

施工过程中应避免电火花损伤预应力筋,受损伤的预应力筋应予以更换;无粘结预应力筋外包层不应破损。

圆形构筑物的环向预应力钢筋的布置和锚固位置应符合设计要求。采用缠丝张拉时,锚具槽应沿构筑物的周长均匀布置,其数量应不少于下列规定:直径小于或等于 25 m 时,可采用 4 条;直径大于 25 m、小于或等于 50 m 时,可采用 6 条;直径大于 50 m 时,可采用 8 条;构筑物底端不能缠丝的部位,应在附近局部加密环向预应力筋。

2.后张法有粘结预应力筋预留孔道安装和无粘结预应力筋铺设要求

后张法有粘结预应力筋预留孔道安装和无粘结预应力筋铺设应符合下列规定:

(1)应按现行国家标准《混凝土结构工程施工质量验收规范》的相关规定和设计要求执行。

(2)有粘结预应力筋的预留孔道,其产品尺寸和性能应符合国家有关标准规定和设计要求;波纹管孔道,安装前其表面应清洁、无锈蚀和油污,安装应稳固;安装后无孔洞、裂缝、变形,接口不应开裂或脱口。

(3)无粘结预应力筋施工应符合下列规定:

①锚固肋数量和布置,应符合设计要求;设计无要求时,应保证张拉段无粘结预应力筋长不超过 50 m,且锚固肋数量为双数。

②安装时,上下相邻两环无粘结预应力筋锚固位置应错开一个锚固肋;以锚固肋数量的一半为无粘结预应力筋分段(张拉段)数量;每段无粘结预应力筋的计算长度应考虑加入一个锚固肋宽度及两端张拉工作长度和锚具长度。

③应在浇筑混凝土前安装、放置;浇筑混凝土时,严禁踏压撞碰无粘结预应力筋、支撑架以及端部预埋件。

④无粘结预应力筋不应有死弯,有死弯时必须切断。

⑤无粘结顶应力筋中严禁有接头。

(4)在预留孔洞套管位置的预应力筋布置应符合设计要求。

3. 有粘结、无粘结预应力筋的后张法张拉施工要求

有粘结、无粘结预应力筋的后张法张拉施工应符合下列规定：

(1)张拉顺序应符合设计要求；设计无要求时，可分批、分阶段对称张拉或依次张拉。

(2)预应力筋张拉时，应采用张拉应力和伸长值双控法，其预应力筋实际伸长值与计算伸长值的允许偏差为 ±6%，张拉锚固后预应力值与规定的检验值的允许偏差为 ±5%。

(3)张拉过程中应避免预应力筋断裂或滑脱，断裂或滑脱的数量严禁超过同一截面预应力筋总根数的 3%，且每束钢丝不得超过一根。

(4)预应力筋张拉完毕，宜采用砂轮锯或其他机械方法切断超长部分，严禁采用电弧切断。

(5)无粘结预应力张拉应符合下列规定：

①张拉段无粘结预应力筋长度小于 25 m 时，宜采用一端张拉；张拉段无粘结预应力筋长度大于 25 m 而小于 50 m 时，宜采用两端张拉；张拉段无粘结预应力筋长度大于 50 m 时，宜采用分段张拉和锚固。

②安装张拉设备时，直线的无粘结预应力筋，应使张拉力的作用线与预应力筋中心重合；曲线的无粘结预应力筋，应使张拉力的作用线与预应力筋中心线末端重合。

(6)封锚应符合设计要求；设计无要求时应符合下列规定：

①凸出式锚固端锚具的保护层厚度不应小于 50 mm。

②外露预应力筋的保护层厚度不应小于 50 mm。

③封锚混凝土强度不得低于相应结构混凝土强度，且不得低于 C40。

四、沉井的施工要求

沉井施工应有详细的工程地质及水文地质资料和剖面图，并查勘沉井周围有无地下障碍物或其他建(构)筑物、管线等情况；地质勘探钻孔深度应根据施工需要确定，但不得小于沉井刃脚设计高程以下 5 m。

(一)沉井制作前的准备工作

沉井制作前应做好下列准备工作：

(1)按施工方案要求，进行施工平面布置，设定沉井中心桩，轴线控制桩，基坑开挖深度及边坡。

(2)沉井施工影响附近建(构)筑物、管线或河岸设施时，应采取控制措施，并应进行沉降和位移监测，测点应设在不受施工干扰和方便测量的地方。

(3)地下水位应控制在沉井基坑以下 0.5 m，基坑内的水应及时排除；采用沉井筑岛法制作时，岛面标高应比施工期最高水位高出 0.5 m 以上。

(4)基坑开挖应分层有序进行，保持平整和疏干状态。

(二)沉井的地基及垫层的要求

制作沉井的地基应具有足够的承载力。地基承载力不能满足沉井制作阶段的荷载时，除对地基进行加固等措施外，刃脚的垫层可采用砂垫层上铺垫木或素混凝土。

关于刃脚垫层，下面以典型例题的形式进行介绍。

典型例题

【多选题】关于沉井刃脚垫木的说法，正确的有(　　)。

A. 应使刃脚底面在同一水平面上，并符合设计起沉标高要求

B. 平面布置要均匀对称

C. 每根垫木的长度中心应与刃脚底面中心线重合

D. 定位垫木的布置应使沉井有对称的着力点

E. 抽除垫木应按顺序依次进行

ABCD。【解析】砂垫层分布在刃脚中心线的两侧范围，应考虑方便抽除垫木；砂垫层宜采用中粗砂，并应分层铺设、分层夯实。故选项E错误。刃脚的垫层还应符合的规定有：(1)垫层的结构厚度和宽度应根据土体地基承载力、沉井下沉结构高度和结构形式，经计算确定；素混凝土垫层的厚度还应便于沉井下沉前凿除。(2)采用素混凝土垫层时，其强度等级应符合设计要求，表面平整。沉井刃脚采用砖模时，其底模和斜面部分可采用砂浆、砖砌筑；每隔适当距离砌成垂直缝。砖模表面可采用水泥砂浆抹面，并应涂一层隔离剂。

(三)沉井的制作要求

沉井结构的钢筋、模板、混凝土工程施工应符合有关规定和设计要求；混凝土应对称、均匀、水平连续分层浇筑，并应防止沉井偏斜。

分节制作沉井时还应符合下列规定：

(1)每节制作高度应符合施工方案要求，且第一节制作高度必须高于刃脚部分；井内设有底梁或支撑梁时应与刃脚部分整体浇筑捣实。

(2)设计无要求时，混凝土强度应达到设计强度的75%后，方可拆除模板或浇筑后节混凝土。

(3)混凝土施工缝处理应采用凹凸缝或设置钢板止水带，施工缝应凿毛并清理干净；内外模板采用对拉螺栓固定时，其对拉螺栓的中间应设置防渗止水片；钢筋密集部位和预留孔底部应辅以人工振捣，保证结构密实。

(4)沉井每次接高时各部位的轴线位置应一致、重合，及时做好沉降和位移监测；必要时应对刃脚地基承载力进行验算，并采取相应措施确保地基及结构的稳定。

(5)分节制作、分次下沉的沉井，前次下沉后进行后续接高施工应符合下列规定：

①应验算接高后稳定系数等，并应及时检查沉井的沉降变化情况，严禁在接高施工过程中沉井发生倾斜和突然下沉。

②后续各节的模板不应支撑于地面上，模板底部应距地面不小于1 m。

(四)沉井下沉及封底的施工要求

沉井下沉及封底施工必须严格控制，实施信息化施工；各阶段的下沉系数与稳定系数等应符合施工方案的要求，必要时还应进行涌土和流砂的验算。

沉井下沉方式应根据沉井下沉穿过的工程地质和水文地质条件、下沉深度、周围环境等情况进行确定；施工过程中改变下沉方式时，应与设计协商。

1. 排水下沉的施工要求

关于排水下沉的施工要求，下面以典型例题的形式进行介绍。

典型例题

【单选题】下列施工内容中,属于排水下沉法沉井施工内容的是(　　)。

A. 浇筑水下混凝土　　B. 降低地下水

C. 水中挖土　　D. 水下封底

B。【解析】排水下沉施工应符合下列规定:(1)应采取措施,确保下沉和降低地下水过程中不危及周围建(构)筑物、道路或地下管线,并保证下沉过程和终沉时的坑底稳定。(2)下沉过程中应进行连续排水,保证沉井范围内地层水疏干。(3)挖土应分层、均匀、对称进行;对于有底梁或支撑梁的沉井,其相邻格仓高差不宜超过0.5 m;开挖顺序应根据地质条件、下沉阶段、下沉情况综合确定,不得超挖。(4)用抓斗取土时,沉井内严禁站人;对于有底梁或支撑梁的沉井,严禁人员在底梁下穿越。

2. 不排水下沉的施工要求

不排水下沉施工应符合下列规定:

(1)沉井内水位应符合施工方案控制水位;下沉有困难时,应根据内外水位、井底开挖几何形状、下沉量及速率、地表沉降等监测资料综合分析调整井内外的水位差。

(2)机械设备的配备应满足沉井下沉以及水中开挖、出土等要求,运行正常;废弃土方、泥浆应专门处置,不得随意排放。

(3)水中开挖、出土方式应根据井内水深、周围环境控制要求等因素选择。

3. 沉井下沉控制的施工要求

沉井下沉控制应符合下列规定:

(1)下沉应平稳、均衡、缓慢,发生偏斜应通过调整开挖顺序和方式"随挖随纠、动中纠偏"。

(2)应按施工方案规定的顺序和方式开挖。

(3)沉井下沉影响范围内的地面四周不得堆放任何东西,车辆来往要减少振动。

(4)沉井下沉监控测量应符合下列规定:

①下沉时标高、轴线位移每班至少测量一次,每次下沉稳定后应进行高差和中心位移量的计算。

②终沉时,每小时测一次,严格控制超沉,沉井封底前自沉速率应小于10 mm/8 h。

③如发生异常情况应加密量测。

④大型沉井应进行结构变形和裂缝观测。

4. 沉井采用辅助方法下沉的施工要求

关于沉井采用辅助方法下沉的施工要求,下面以典型例题的形式进行介绍。

典型例题

【多选题】沉井施工的辅助下沉法包括(　　)。

A. 触变泥浆套助沉　　B. 堆载助沉

C. 空气幕助沉　　D. 机械挤压助沉

E. 震动助沉

AC。【解析】沉井采用辅助方法下沉时，应符合下列规定：(1)沉井外壁采用阶梯形以减少下沉摩擦阻力时，在井外壁与土体之间应有专人随时用黄砂均匀灌入，四周灌入黄砂的高差不应超过500 mm。(2)采用触变泥浆套助沉时，应采用自流渗入、管路强制压注补给等方法；触变泥浆的性能应满足施工要求，泥浆补给应及时以保证泥浆液面高度；施工中应采取措施防止泥浆套损坏失效，下沉到位后应进行泥浆置换。(3)采用空气幕助沉时，管路和喷气孔、压气设备及系统装置的设置应满足施工要求；开气应自上而下，停气应缓慢减压，压气与挖土应交替作业；确保施工安全。

5. 沉井采用干封底的施工要求

沉井采用干封底时，应符合下列规定：

(1)在井点降水条件下施工的沉井应继续降水，并稳定保持地下水位距坑底不小于0.5 m；在沉井封底前应用大石块将刃脚下垫实。

(2)封底前应整理好坑底和清除浮泥，对超挖部分应回填砂石至规定标高。

(3)采用全断面封底时，混凝土垫层应一次性连续浇筑；有底梁或支撑梁分格封底时，应对称逐格浇筑。

(4)钢筋混凝土底板施工前，井内应无渗漏水，且新、老混凝土接触部位凿毛处理，并清理干净。

(5)封底前应设置泄水井，底板混凝土强度达到设计强度且满足抗浮要求时，方可封填泄水井、停止降水。

6. 水下封底的施工要求

水下封底应符合下列规定：

(1)基底的浮泥、沉积物和风化岩块等应清除干净；软土地基应铺设碎石或卵石垫层。

(2)混凝土凿毛部位应洗刷干净。

(3)浇筑混凝土的导管加工、设置应满足施工要求。

(4)浇筑前，每根导管应有足够量的混凝土，浇筑时能一次将导管底埋住。

(5)水下混凝土封底的浇筑顺序，应从低处开始，逐渐向周围扩大；井内有隔墙、底梁或混凝土供应量受到限制时，应分格对称浇筑。

(6)每根导管的混凝土应连续浇筑，且导管埋入混凝土的深度不宜小于1.0 m；各导管间混凝土浇筑面的平均上升速度不应小于0.25 m/L；相邻导管间混凝土上升速度宜相近，最终浇筑成的混凝土面应略高于设计高程。

(7)水下封底混凝土强度达到设计强度，沉井能满足抗浮要求时，方可将井内水抽除，并凿除表面松散混凝土进行钢筋混凝土底板施工。

典型例题

【单选题】在沉井施工中，关于水下混凝土封底的说法，正确的是(   )。

A. 浇筑顺序应从高处开始，逐渐向周围扩大

B. 井内有隔墙时，应分仓对称浇筑

C. 混凝土浇筑结束后，方可将井内水抽除

D. 最终浇筑成的混凝土面与设计高程齐平

B。【解析】水下混凝土封底的浇筑顺序，应从低处开始，逐渐向周围扩大。故选项A错误。水下封底混凝土强度达到设计强度，沉井能满足抗浮要求时，方可将井内水抽除，并凿除表面松散混凝土进行钢筋混凝土底板施工。故选项C错误。相邻导管间混凝土上升速度宜相近，最终浇筑成的混凝土面应略高于设计高程。故选项D错误。

五、功能性试验的要求

（一）满水试验

1. 满水试验的前期准备

满水试验的准备应符合下列规定：

(1)选定洁净、充足的水源；注水和放水系统设施及安全措施准备完毕。

(2)有盖池体顶部的通气孔、人孔盖已安装完毕，必要的防护设施和照明等标志已配备齐全。

(3)安装水位观测标尺，标定水位测针。

(4)现场测定蒸发量的设备应选用不透水材料制成，试验时固定在水池中。

(5)对池体有观测沉降要求时，应选定观测点，并测量记录池体各观测点初始高程。

2. 池内注水要求

池内注水应符合下列规定：

(1)向池内注水应分三次进行，每次注水为设计水深的1/3；对大、中型池体，可先注水至池壁底部施工缝以上，检查底板抗渗质量，无明显渗漏时，再继续注水至第一次注水深度。

(2)注水时水位上升速度不宜超过2 m/d；相邻两次注水的间隔时间不应小于24 h。

(3)每次注水应读24 h的水位下降值，计算渗水量，在注水过程中和注水以后，应对池体作外观和沉降量检测；发现渗水量或沉降量过大时，应停止注水，待做出妥善处理后方可继续注水。

(4)设计有特殊要求时，应按设计要求执行。

3. 水位观测要求

水位观测应符合下列规定：

(1)利用水位标尺测针观测、记录注水时的水位值。

(2)注水至设计水深进行水量测定时，应采用水位测针测定水位，水位测针的读数精确度应达1/10 mm。

(3)注水至设计水深24 h后，开始测读水位测针的初读数。

(4)测读水位的初读数与末读数之间的间隔时间应不少于24 h。

(5)测定时间必须连续。测定的渗水量符合标准时，须连续测定两次以上；测定的渗水量超过允许标准，而以后的渗水量逐渐减少时，可继续延长观测；延长观测的时间应在渗水量符合标准时止。

4. 蒸发量测定要求

蒸发量测定应符合下列规定：

(1)池体有盖时蒸发量忽略不计。

(2)池体无盖时,必须进行蒸发量测定。

(3)每次测定水池中水位时,同时测定水箱中的水位。

5. 满水试验合格标准

满水试验合格标准应符合下列规定:

(1)水池渗水量计算应按池壁(不含内隔墙)和池底的浸湿面积计算。

(2)钢筋混凝土结构水池渗水量不得超过 2 L/(m^2 · d);砌体结构水池渗水量不得超过 3 L/(m^2 · d)。

(二)气密性试验

气密性试验应符合下列要求:

(1)需进行满水试验和气密性试验的池体,应在满水试验合格后,再进行气密性试验。

(2)工艺测温孔的加堵封闭、池顶盖板的封闭、安装测温仪、测压仪及充气截门等均已完成。

(3)所需的空气压缩机等设备已准备就绪。

气密性试验达到下列要求时,应判定为合格:

(1)试验压力宜为池体工作压力的1.5 倍。

(2)24 h 的气压降不超过试验压力的20%。

2K315000　城市管道工程

2K315010　城市给水排水管道工程施工

一、开槽管道施工技术

开槽施工是指从地表开挖沟槽,在沟槽内敷设管道(渠)的施工方法。

(一)沟槽开挖与支护

沟槽的开挖、支护方式应根据工程地质条件、施工方法、周围环境等要求进行技术经济比较,确保施工安全和环境保护要求。

沟槽断面的选择与确定应符合下列规定:

(1)槽底宽、槽深、分层开挖高度、各层边坡及层间留台宽度等,应方便管道结构施工,确保施工质量和安全,并尽可能减少挖方和占地。

(2)做好土(石)方平衡调配,尽可能避免重复挖运;大断面深沟槽开挖时,应编制专项施工方案。

(3)沟槽外侧应设置截水沟及排水沟,防止雨水浸泡沟槽。

沟槽开挖至设计高程后应由建设单位会同设计、勘察、施工、监理单位共同验槽;发现岩、土质与勘察报告不符或有其他异常情况时,由建设单位会同上述单位研究处理措施。

沟槽支护应根据沟槽的土质、地下水位、沟槽断面、荷载条件等因素进行设计；施工单位应按设计要求进行支护。

沟槽开挖前应进行降排水作业。设计降水深度在基坑（槽）范围内不应小于基坑（槽）底面以下 0.5 m。

降水深度必要时应进行现场抽水试验，以验证并完善降排水方案。

采取明沟排水施工时，排水井宜布置在沟槽范围以外，其间距不宜大于 150 m。

施工降排水终止抽水后，降水井及拔除井点管所留的孔洞，应及时用砂石等填实；地下水静水位以上部分，可采用黏土填实。

沟槽开挖与支护的施工方案主要内容应包括：

（1）沟槽施工平面布置图及开挖断面图。

（2）沟槽形式、开挖方法及堆土要求。

（3）无支护沟槽的边坡要求；有支护沟槽的支撑形式、结构、支拆方法及安全措施。

（4）施工设备机具的型号、数量及作业要求。

（5）不良土质地段沟槽开挖时采取的护坡和防止沟槽坍塌的安全技术措施。

（6）施工安全、文明施工、沿线管线及构（建）筑物保护要求等。

沟槽底部的开挖宽度，应符合设计要求；设计无要求时，可按下式计算确定：

$$B = D_o + 2(b_1 + b_2 + b_3)$$

式中　B——管道沟槽底部的开挖宽度（mm）；

D_o——管外径（mm）；

b_1——管道一侧的工作面宽度（mm），可按表 1-31 选取；

b_2——有支撑要求时，管道一侧的支撑厚度，可取 150 ~ 200 mm；

b_3——现场浇筑混凝土或钢筋混凝土管渠一侧模板的厚度（mm）。

表 1-31　管道一侧的工作面宽度

管道的外径 D_o/mm	管道一侧的工作面宽度 b_1/mm		
	混凝土类管道		金属类管道、化学建材管道
$D_o \leqslant 500$	刚性接口	400	300
	柔性接口	300	
$500 < D_o \leqslant 1\,000$	刚性接口	500	400
	柔性接口	400	
$1\,000 < D_o \leqslant 1\,500$	刚性接口	600	500
	柔性接口	500	
$1\,500 < D_o \leqslant 3\,000$	刚性接口	800 ~ 1 000	700
	柔性接口	600	

注：a. 槽底需设排水沟时，b_1 应适当增加。

b. 管道有现场施工的外防水层时，b_1 宜取 800 mm。

c. 采用机械回填管道侧面时，b_1 需满足机械作业的宽度要求。

沟槽每侧临时堆土或施加其他荷载时,应符合下列规定:

(1)不得影响建(构)筑物、各种管线和其他设施的安全。

(2)不得掩埋消火栓、管道闸阀、雨水口、测量标志以及各种地下管道的井盖,且不得妨碍其正常使用。

(3)堆土距沟槽边缘不小于0.8 m,且高度不应超过1.5 m;沟槽边堆置土方不得超过设计堆置高度。

沟槽挖深较大时,应确定分层开挖的深度,并符合下列规定:

(1)人工开挖沟槽的槽深超过3 m时应分层开挖,每层的深度不超过2 m。

(2)人工开挖多层沟槽的层间留台宽度:放坡开槽时不应小于0.8 m,直槽时不应小于0.5 m,安装井点设备时不应小于1.5 m。

(3)采用机械挖槽时,沟槽分层的深度按机械性能确定。

采用坡度板控制槽底高程和坡度时,应符合下列规定:

(1)坡度板选用有一定刚度且不易变形的材料制作,其设置应牢固。

(2)对于平面上呈直线的管道,坡度板设置的间距不宜大于15 m;对于曲线管道,坡度板间距应加密;井室位置、折点和变坡点处,应增设坡度板。

(3)坡度板距槽底的高度不宜大于3 m。

沟槽的开挖应符合下列规定:

(1)沟槽的开挖断面应符合施工组织设计(方案)的要求。槽底原状地基土不得扰动,机械开挖时槽底预留200~300 mm土层由人工开挖至设计高程,整平。

(2)槽底不得受水浸泡或受冻,槽底局部扰动或受水浸泡时,宜采用天然级配砂砾石或石灰土回填;槽底扰动土层为湿陷性黄土时,应按设计要求进行地基处理。

(3)槽底土层为杂填土、腐蚀性土时,应全部挖除并按设计要求进行地基处理。

(4)槽壁平顺,边坡坡度符合施工方案的规定。

(5)在沟槽边坡稳固后设置供施工人员上下沟槽的安全梯。

采用撑板支撑应经计算确定撑板构件的规格尺寸,且应符合下列规定:

(1)木撑板构件规格应符合下列规定:

①撑板厚度不宜小于50 mm,长度不宜小于4 m。

②横梁或纵梁宜为方木,其断面不宜小于150 mm×150 mm。

③横撑宜为圆木,其梢径不宜小于100 mm。

(2)撑板支撑的横梁、纵梁和横撑布置应符合下列规定:

①每根横梁或纵梁不得少于2根横撑。

②横撑的水平间距宜为1.5~2.0 m。

③横撑的垂直间距不宜大于1.5 m。

④横撑影响下管时,应有相应的替撑措施或采用其他有效的支撑结构。

(3)撑板支撑应随挖土及时安装。

(4)在软土或其他不稳定土层中采用横排撑板支撑时,开始支撑的沟槽开挖深度不得超过1.0 m;开挖与支撑交替进行,每次交替的深度宜为0.4～0.8 m。

(5)横梁、纵梁和横撑的安装应符合下列规定:

①横梁应水平,纵梁应垂直,且与撑板密贴,连接牢固。

②横撑应水平,与横梁或纵梁垂直,且支紧、牢固。

③采用横排撑板支撑,遇有柔性管道横穿沟槽时,管道下面的撑板上缘应紧贴管道安装;管道上面的撑板下缘距管道顶面不宜小于100 mm。

④承托翻土板的横撑必须加固,翻土板的铺设应平整,与横撑的连接应牢固。

采用钢板桩支撑,应符合下列规定:

(1)构件的规格尺寸经计算确定。

(2)通过计算确定钢板桩的入土深度和横撑的位置与断面。

(3)采用型钢作横梁时,横梁与钢板桩之间的缝应采用木板垫实,横梁、横撑与钢板桩连接牢固。

链接

采用钢板桩支撑可采用槽钢、工字钢或定型钢板桩,选择悬臂、单锚、或多层横撑等形式支撑。

沟槽支撑应符合以下规定:

(1)支撑应经常检查,发现支撑构件有弯曲、松动、移位或劈裂等迹象时,应及时处理;雨期及春季解冻时期应加强检查。

(2)拆除支撑前,应对沟槽两侧的建筑物、构筑物和槽壁进行安全检查,并应制定拆除支撑的作业要求和安全措施。

(3)施工人员应由安全梯上下沟槽,不得攀登支撑。

拆除撑板应符合下列规定:

(1)支撑的拆除应与回填土的填筑高度配合进行,且在拆除后应及时回填。

(2)对于设置排水沟的沟槽,应从两座相邻排水井的分水线向两端延伸拆除。

(3)对于多层支撑沟槽,应待下层回填完成后再拆除其上层槽的支撑。

(4)拆除单层密排撑板支撑时,应先回填至下层横撑底面,再拆除下层横撑,待回填至半槽以上,再拆除上层横撑;一次拆除有危险时,宜采取替换拆撑法拆除支撑。

拆除钢板桩应符合下列规定:

(1)在回填达到规定要求高度后,方可拔除钢板桩。

(2)钢板桩拔除后应及时回填桩孔。

(3)回填桩孔时应采取措施填实;采用砂灌回填时,非湿陷性黄土地区可冲水助沉;有地面沉降控制要求时,宜采取边拔桩边注浆等措施。

关于沟槽开挖宽度及边坡坡度,下面以典型例题的形式进行讲解。

典型例题

【单选题】在开槽管道施工中，关于沟槽底部开挖宽度的说法，正确的是(　　)。

A. 管道外径增大，管道一侧的工作面宽度一定增大

B. 同管径下，柔性接口比刚性接口所需工作面宽度小

C. 化学建材管道比混凝土管道工作面宽度小

D. 沟槽土质越好，槽底开挖宽度越小

B。【解析】不同管径，工作宽度有可能一致。故选项 A 错误。当管外径≤1 500 mm 时，混凝土管道选用柔性接口时和化学建材管工作宽度一致。故选项 C 错误。槽底开挖宽度和土质条件没有必然的联系。故选项 D 错误。

【单选题】在相同施工条件下，采用放坡法开挖沟槽，边坡坡度最陡的土质是(　　)。

A. 硬塑的粉土　　　　B. 硬塑的黏土

C. 老黄土　　　　D. 经井点降水后的软土

C。【解析】根据《给水排水管道工程施工及验收规范》，地质条件良好、土质均匀、地下水位低于沟槽底面高程，且开挖深度在 5 m 以内、沟槽不设支撑时，沟槽边坡最陡坡度应符合表 1-32 的规定。

表 1-32　深度在 5 m 以内的沟槽边坡的最陡坡度

土的类别	边坡坡度（高：宽）		
	坡顶无荷载	坡顶有静载	坡顶有动载
中密的砂土	1:1.00	1:1.25	1:1.50
中密的碎石类土(充填物为砂土)	1:0.75	1:1.00	1:1.25
硬塑的粉土	1:0.67	1:0.75	1:1.00
中密的碎石类土(充填物为黏性土)	1:0.50	1:0.67	1:0.75
硬塑的粉质黏土、黏土	1:0.33	1:0.50	1:0.67
老黄土	1:0.10	1:0.25	1:0.33
软土(经井点降水后)	1:1.25	—	—

(二)地基处理

管道地基应符合设计要求，管道天然地基的强度不能满足设计要求时应按设计要求加固。

槽底局部超挖或发生扰动时，处理应符合下列规定：

(1)超挖深度不超过 150 mm 时，可用挖槽原土回填夯实，其压实度不应低于原地基土的密实度。

(2)槽底地基土壤含水量较大，不适于压实时，应采取换填等有效措施。

排水不良造成地基土扰动时，可按以下方法处理：

(1)扰动深度在 100 mm 以内，宜填天然级配砂石或砂砾处理。

(2)扰动深度在 300 mm 以内，但下部坚硬时，宜填卵石或块石，再用砾石填充空隙并找平表面。

设计要求换填时，应按要求清槽，并经检查合格；回填材料应符合设计要求或有关规定。

灰土地基、砂石地基和粉煤灰地基施工前必须按规定验槽并处理。

采用其他方法进行管道地基处理时，应满足国家有关规范规定和设计要求。

柔性管道处理宜采用砂桩、搅拌桩等复合地基。

(三)管道基础

混凝土基础施工应符合下列规定：

(1)平基与管座的模板，可一次或两次支设，每次支设高度宜略高于混凝土的浇筑高度。

(2)平基、管座的混凝土设计无要求时，宜采用强度等级不低于 C15 的低坍落度混凝土。

(3)管座与平基分层浇筑时，应先将平基凿毛冲洗干净，并将平基与管体相接触的腋角部位，用同强度等级的水泥砂浆填满、捣实后，再浇筑混凝土，使管体与管座混凝土结合严密。

(4)管座与平基采用垫块法一次浇筑时，必须先从一侧灌注混凝土，对侧的混凝土高过管底与灌注侧混凝土高度相同时，两侧再同时浇筑，并保持两侧混凝土高度一致。

(5)管道基础应按设计要求留变形缝，变形缝的位置应与柔性接口相一致。

(6)管道平基与井室基础宜同时浇筑；跌落水井上游接近井基础的一段应砌砖加固，并将平基混凝土浇至井基础边缘。

(7)混凝土浇筑中应防止离析；浇筑后应进行养护，强度低于 1.2 MPa 时不得承受荷载。

砂石基础施工应符合下列规定：

(1)铺设前应先对槽底进行检查，槽底高程及槽宽须符合设计要求，且不应有积水和软泥。

(2)柔性管道的基础结构设计无要求时，宜铺设厚度不小于 100 mm 的中粗砂垫层；软土地基宜铺垫一层厚度不小于 150 mm 的砂砾或 5～40 mm 粒径碎石，其表面再铺厚度不小于 50 mm 的中、粗砂垫层。

(3)柔性接口的刚性管道的基础结构，设计无要求时一般土质地段可铺设砂垫层，亦可铺设 25 mm 以下粒径碎石，表面再铺 20 mm 厚的砂垫层(中、粗砂)，垫层总厚度应符合规定。

(4)管道有效支承角范围必须用中、粗砂填充插捣密实，与管底紧密接触，不得用其他材料填充。

(四)钢管安装要求

管节的材料、规格、压力等级等应符合设计要求，管节宜工厂预制，现场加工应符合下列规定：

(1)管节表面应无斑疤、裂纹、严重锈蚀等缺陷。

(2)焊缝外观质量应符合规定，焊缝无损检验合格。

(3)直焊缝卷管管节几何尺寸允许偏差应符合规定。

(4)同一管节允许有两条纵缝，管径大于或等于 600 mm 时，纵向焊缝的间距应大于 300 mm；管径小于 600 mm 时，其间距应大于 100 mm。

下管前应先检查管节的内外防腐层，合格后方可下管。

管节组成管段下管时，管段的长度、吊距，应根据管径、壁厚、外防腐层材料的种类及下管方法确定。

弯管起弯点至接口的距离不得小于管径，且不得小于 100 mm。

对口时应使内壁齐平，错口的允许偏差应为壁厚的 20%，且不得大于 2 mm。

对口时纵、环向焊缝的位置应符合下列规定：

(1)纵向焊缝应放在管道中心垂线上半圆的 45°左右处。

(2)纵向焊缝应错开，管径小于 600 mm 时，错开的间距不得小于 100 mm；管径大于或等于 600 mm 时，错开的间距不得小于 300 mm。

(3)有加固环的钢管，加固环的对焊焊缝应与管节纵向焊缝错开，其间距不应小于 100 mm；加固环距管节的环向焊缝不应小于 50 mm。

(4)环向焊缝距支架净距离不应小于 100 mm。

(5)直管管段两相邻环向焊缝的间距不应小于 200 mm，并不应小于管节的外径。

(6)管道任何位置不得有十字形焊缝。

不同壁厚的管节对口时，管壁厚度相差不宜大于 3 mm。不同管径的管节相连时，两管径相差大于小管管径的 15% 时，可用渐缩管连接。渐缩管的长度不应小于两管径差值的 2 倍，且不应小于 200 mm。

管道上开孔应符合下列规定：

(1)不得在干管的纵向、环向焊缝处开孔。

(2)管道上任何位置不得开方孔。

(3)不得在短节上或管件上开孔。

(4)开孔处的加固补强应符合设计要求。

直线管段不宜采用长度小于 800 mm 的短节拼接。

组合钢管固定口焊接及两管段间的闭合焊接，应在无阳光直照和气温较低时施焊；采用柔性接口代替闭合焊接时，应与设计协商确定。

焊接方式应符合设计和焊接工艺评定的要求，管径大于 800 mm 时，应采用双面焊。

管道对接时，环向焊缝的检验应符合下列规定：

(1)检查前应清除焊缝的渣皮、飞溅物。

(2)应在无损检测前进行外观质量检查，并应符合规定。

(3)无损探伤检测方法应按设计要求选用。

(4)无损检测取样数量与质量要求应按设计要求执行；设计无要求时，压力管道的取样数量应不小于焊缝量的 10%。

(5)不合格的焊缝应返修，返修次数不得超过 3 次。

钢管采用螺纹连接时，管节的切口断面应平整，偏差不得超过一扣；丝扣应光洁，不得有毛刺、乱扣、断扣，缺扣总长不得超过丝扣全长的 10%；接口紧固后宜露出 2 ~ 3 扣螺纹。

管道采用法兰连接时，应符合下列规定：

(1)法兰应与管道保持同心，两法兰间应平行。

(2)螺栓应使用相同规格，且安装方向应一致；螺栓应对称紧固，紧固好的螺栓应露出螺母之外。

(3)与法兰接口两侧相邻的第一至第二个刚性接口或焊接接口,待法兰螺栓紧固后方可施工。

(4)法兰接口埋入土中时,应采取防腐措施。

(五)钢管内外防腐施工要求

管体的内外防腐层宜在工厂内完成,现场连接的补口按设计要求处理。

水泥砂浆内防腐层应符合下列规定:

(1)施工前应具备的条件应符合下列要求:

①管道内壁的浮锈、氧化皮、焊渣、油污等,应彻底清除干净;焊缝突起高度不得大于防腐层设计厚度的1/3。

②现场施做内防腐的管道,应在管道试验、土方回填验收合格,且管道变形基本稳定后进行。

③内防腐层的材料质量应符合设计要求。

(2)内防腐层施工应符合下列规定:

①水泥砂浆内防腐层可采用机械喷涂、人工抹压、拖筒或离心预制法施工;工厂预制时,在运输、安装、回填土过程中,不得损坏水泥砂浆内防腐层。

②管道端点或施工中断时,应预留搭茬。

③水泥砂浆抗压强度符合设计要求,且不应低于30 MPa。

④采用人工抹压法施工时,应分层抹压。

⑤水泥砂浆内防腐层成形后,应立即将管道封堵,终凝后进行潮湿养护,普通硅酸盐水泥砂浆养护时间不应少于7 d,矿渣硅酸盐水泥砂浆不应少于14 d;通水前应继续封堵,保持湿润。

(3)水泥砂浆内防腐层厚度应符合规定。

外防腐层的外观、厚度、电火花试验、粘结力应符合设计要求,设计无要求时应符合相关规定。

(六)硬聚氯乙烯管、聚乙烯管及其复合管安装要求

管节及管件的规格、性能应符合国家有关标准的规定和设计要求,进入施工现场时其外观质量应符合下列规定:

(1)不得有影响结构安全、使用功能及接口连接的质量缺陷。

(2)内、外壁光滑、平整,无气泡、无裂纹、无脱皮和严重的冷斑及明显的痕纹、凹陷。

(3)管节不得有异向弯曲,端口应平整。

(4)橡胶圈应符合规定。

管道铺设应符合下列规定:

(1)采用承插式(或套筒式)接口时,宜人工布管且在沟槽内连接;槽深大于3 m或管外径大于400 mm的管道,宜用非金属绳索兜住管节下管;严禁将管节翻滚抛入槽中。

(2)采用电熔、热熔接口时,宜在沟槽边上将管道分段连接后以弹性铺管法移入沟槽;移入沟槽时,管道表面不得有明显的划痕。

管道连接应符合下列规定:

(1)承插式柔性连接、套筒(带或套)连接、法兰连接、卡箍连接等方法采用的密封件、套筒件、法兰、紧固件等配套管件,必须由管节生产厂家配套供应;电熔连接、热熔连接应采用

专用电器设备、挤出焊接设备和工具进行施工。

(2)管道连接时必须对连接部位、密封件、套筒等配件清理干净,套筒(带或套)连接、法兰连接、卡箍连接用的钢制套筒、法兰、卡箍、螺栓等金属制品应根据现场土质并参照相关标准采取防腐措施。

(3)承插式柔性接口连接宜在当日温度较高时进行,插口端不宜插到承口底部,应留出不小于10 mm的伸缩空隙,插入前应在插口端外壁做出插入深度标记;插入完毕后,承插口周围空隙均匀,连接的管道平直。

(4)电熔连接、热熔连接、套筒(带或套)连接、法兰连接、卡箍连接应在当日温度较低或接近最低时进行;电熔连接、热熔连接时电热设备的温度控制、时间控制,挤出焊接时对焊接设备的操作等,必须严格按接头的技术指标和设备的操作程序进行;接头处应有沿管节圆周平滑对称的外翻边,内翻边应铲平。

(5)管道与井室宜采用柔性连接,连接方式符合设计要求;设计无要求时,可采用承插管件连接或中介层做法。

(6)管道系统设置的弯头、三通、变径处应采用混凝土支墩或金属卡箍拉杆等技术措施;在消火栓及闸阀的底部应加垫混凝土支墩;非锁紧型承插连接管道,每根管节应有3点以上的固定措施。

(7)安装完的管道中心线及高程调整合格后,即将管底有效支撑角范围用中粗砂回填密实,不得用土或其他材料回填。

(七)沟槽回填

沟槽回填管道应符合以下规定:

(1)压力管道水压试验前,除接口外,管道两侧及管顶以上回填高度不应小于0.5 m;水压试验合格后,应及时回填沟槽的其余部分。

(2)无压管道在闭水或闭气试验合格后应及时回填。

刚性管道沟槽回填的压实作业应符合下列规定:

(1)回填压实应逐层进行,且不得损伤管道。

(2)管道两侧和管顶以上500 mm范围内胸腔夯实,应采用轻型压实机具,管道两侧压实面的高差不应超过300 mm。

(3)管道基础为土弧基础时,应填实管道支撑角范围内腋角部位;压实时,管道两侧应对称进行,且不得使管道位移或损伤。

(4)同一沟槽中有双排或多排管道的基础底面位于同一高程时,管道之间的回填压实应与管道与槽壁之间的回填压实对称进行。

(5)同一沟槽中有双排或多排管道但基础底面的高程不同时,应先回填基础较低的沟槽;回填至较高基础底面高程后,再按上一款规定回填。

(6)分段回填压实时,相邻段的接茬应呈台阶形,且不得漏夯。

(7)采用轻型压实设备时,应夯夯相连;采用压路机时,碾压的重叠宽度不得小于200 mm。

(8)采用压路机、振动压路机等压实机械压实时,其行驶速度不得超过2 km/h。

(9)接口工作坑回填时底部凹坑应先回填压实至管底,然后与沟槽同步回填。

柔性管道的沟槽回填作业应符合下列规定：

(1)回填前，检查管道有无损伤或变形，有损伤的管道应修复或更换。

(2)管内径大于800 mm的柔性管道，回填施工时应在管内设有竖向支撑。

(3)管基有效支承角范围应采用中粗砂填充密实，与管壁紧密接触，不得用土或其他材料填充。

(4)管道半径以下回填时应采取防止管道上浮、位移的措施。

(5)管道回填时间宜在一昼夜中气温最低时段，从管道两侧同时回填，同时夯实。

(6)沟槽回填从管底基础部位开始到管顶以上500 mm范围内，必须采用人工回填。管顶500 mm以上部位，可用机械从管道轴线两侧同时夯实；每层回填高度应不大于200 mm。

(7)管道位于车行道下，铺设后即修筑路面或管道位于软土地层以及低洼、沼泽、地下水位高地段时，沟槽回填宜先用中、粗砂将管底腋角部位填充密实后，再用中、粗砂分层回填到管顶以上500 mm。

(8)回填作业的现场试验段长度应为一个井段或不少于50 m，因工程因素变化改变回填方式时，应重新进行现场试验。

二、不开槽管道施工方法

不开槽施工是指在管道沿线地面下开挖成形的洞内敷设或浇筑管道(渠)的施工方法，有顶管法、盾构法、浅埋暗挖法、定向钻法、夯管法等。

(一)一般规定

施工前应进行现场调查研究，并对建设单位提供的工程沿线的有关工程地质、水文地质和周围环境情况，以及沿线地下与地上管线、周边建(构)筑物、障碍物及其他设施的详细资料进行核实确认；必要时应进行坑探。

施工前应编制施工方案。

施工前应根据工程水文地质条件、现场施工条件、周围环境等因素，进行安全风险评估；并制定防止发生事故以及事故处理的应急预案，备足应急抢险设备、器材等物资。

根据工程设计、施工方法、工程水文地质条件，对邻近建(构)筑物、管线，应采用土体加固或其他有效的保护措施。

根据设计要求、工程特点及有关规定，对管(隧)道沿线影响范围地表或地下管线等建(构)筑物设置观测点，进行监控测量。监控测量的信息应及时反馈，以指导施工，发现问题及时处理。

监控测量的控制点(桩)设置应符合相关规定，每次测量前应对控制点(桩)进行复核，如有扰动，应进行校正或重新补设。

施工中应做好掘进、管道轴线跟踪测量记录。

(二)不开槽施工方法的选择

不开槽管道施工方法有顶管法、盾构法、浅埋暗挖法、定向钻法以及夯管法。不同的施工方法具有不同的施工精度、施工成本、适用范围、适用管径、施工距离和适用地质条件等，在方法选择时都应综合考虑。

顶管顶进方法的选择，应根据工程设计要求、工程水文地质条件、周围环境和现场条件，

经技术经济比较后确定,并应符合下列规定:

(1)采用敞口式(手掘式)顶管机时,应将地下水位降至管底以下不小于0.5 m处,并应采取措施,防止其他水源进入顶管的管道。

(2)周围环境要求控制地层变形或无降水条件时,宜采用封闭式的土压平衡或泥水平衡顶管机施工。

(3)穿越建(构)筑物、铁路、公路、重要管线和防汛墙等时,应制定相应的保护措施。

(4)小口径的金属管道,无地层变形控制要求且顶力满足施工要求时,可采用一次顶进的挤密土层顶管法。

盾构机选型,应根据工程设计要求(管道的外径、埋深和长度),工程水文地质条件,施工现场及周围环境安全等要求,经技术经济比较确定。

浅埋暗挖施工方案的选择,应根据工程设计(隧道断面和结构形式、埋深、长度),工程水文地质条件,施工现场和周围环境安全等要求,经过技术经济比较后确定。

定向钻机的回转扭矩和回拖力确定,应根据终孔孔径、轴向曲率半径、管道长度,结合工程水文地质和现场周围环境条件,经过技术经济比较综合考虑后确定,并应有一定的安全储备;导向探测仪的配置应根据定向钻机类型、穿越障碍物类型、探测深度和现场探测条件选用。

夯管锤的锤击力应根据管径、钢管力学性能、管道长度,结合工程地质、水文地质和周围环境条件,经过技术经济比较后确定,并应有一定的安全储备。

工作井宜设置在检查井等附属构筑物的位置。

关于不开槽施工方法的适用条件,下面以典型例题的形式进行介绍。

典型例题

【多选题】直径为3 500 mm的钢筋混凝土排水管,管顶覆土6～7 m,位于含水的砂卵石地层,当无降水条件时,可使用的不开槽施工方法有(　　)。

A. 定向钻法　　B. 密闭式顶管法

C. 夯管法　　D. 浅埋暗挖法

E. 盾构法

BE。【解析】定向钻法适用于管径300～1 000 mm的柔性管道,不可用于砂卵石及含水地层的施工。其施工距离较短,施工速度快,但施工精度低。密闭式顶管法适用于管径300～4 000 mm的管道,可应用于各种土层,多用于城市扩建的给水排水管道和综合管道施工。其施工距离比较长,施工精度高,但施工成本高。夯管法适用于管径200～1 800 mm的钢管,在含水地层不适用,且在砂卵石地层中施工困难。其施工距离短,施工速度快,施工成本比较低,但施工精度低。浅埋暗挖法适用于管径1 000 mm以上的给排水管道、综合管道,各种土层都适用,但不允许带水作业。其施工距离较长,适用性强,但施工成本高、施工速度慢。盾构法适用于管径3 000 mm以上的给排水管道、综合管道,可用于各种土层。其施工距离长,施工速度快,但施工成本高。

(三)施工设备、装置的施工要求

施工设备、装置应满足施工要求,并应符合下列规定:

(1)施工设备、主要配套设备和辅助系统安装完成后,应经试运行及安全性检验,合格后方可掘进作业。

(2)操作人员应经过培训,掌握设备操作要领,熟悉施工方法、各项技术参数,考试合格方可上岗。

(3)管(隧)道内涉及的水平运输设备、注浆系统、喷浆系统以及其他辅助系统应满足施工技术要求和安全、文明施工要求。

(4)施工供电应设置双路电源,并能自动切换;动力、照明应分路供电,作业面移动照明应采用低压供电。

(5)采用顶管、盾构、浅埋暗挖法施工的管道工程,应根据管(隧)道长度、施工方法和设备条件等确定管(隧)道内通风系统模式;设备供排风能力、管(隧)道内人员作业环境等还应满足国家有关标准规定。

(6)采用起重设备或垂直运输系统时,应符合下列规定:

①起重设备必须经过起重荷载计算。

②使用前应按有关规定进行检查验收,合格后方可使用。

③起重作业前应试吊,吊离地面100 mm左右时,应检查重物捆扎情况和制动性能,确认安全后方可起吊;起吊时工作井内严禁站人,当吊运重物下井距作业面底部小于500 mm时,操作人员方可近前工作。

④严禁超负荷使用。

⑤工作井上、下作业时必须有联络信号。

(7)所有设备、装置在使用中应按规定定期检查、维修和保养。

(四)不开槽施工的设计要求

顶管施工的管节应符合下列规定:

(1)管节的规格及其接口连接形式应符合设计要求。

(2)钢筋混凝土成品管质量应符合国家现行标准《混凝土和钢筋混凝土排水管》的规定,管节及接口的抗渗性能应符合设计要求。

(3)钢管制作质量应符合相关规定和设计要求,且焊缝等级应不低于Ⅱ级;外防腐结构层满足设计要求,顶进时不得被土体磨损。

(4)双插口、钢承口钢筋混凝土管钢材部分制作与防腐应按钢管要求执行。

(5)玻璃钢管质量应符合国家有关标准的规定。

(6)橡胶圈应符合规定及设计要求,与管节黏附牢固、表面平顺。

(7)衬垫的厚度应根据管径大小和顶进情况选定。

盾构管片的结构形式、制作材料、防水措施应符合设计要求,并应满足下列规定:

(1)铸铁管片、钢制管片应在专业工厂中生产。

(2)现场预制钢筋混凝土管片时,应按管片生产的工艺流程,合理布置场地、管片养护装置等。

(3)钢筋混凝土管片的生产,应进行生产条件检查和试生产检验,合格后方可正式批量生产。

(4)管片堆放的场地应平整,管片端部应用枕木垫实。

(5)管片内弧面向上叠放时不宜超过 3 层,侧卧堆放时不得超过 4 层,内弧面不得向下叠放,否则应采取相应的安全措施。

(6)施工现场管片安装的螺栓连接件、防水密封条及其他防水材料应配套存放,妥善保存,不得混用。

浅埋暗挖法施工的工程材料应符合设计和施工方案要求。

水平定向法施工,应根据设计要求选用聚乙烯管或钢管;夯管法施工采用钢管,管材的规格、性能还应满足施工方案要求;成品管产品质量应符合相关规定和设计要求,且符合下列规定:

(1)钢管接口应焊接,聚乙烯管接口应熔接。

(2)钢管的焊缝等级应不低于Ⅱ级;钢管外防腐结构层及接口处的补口材质应满足设计要求,外防腐层不应被土体磨损或增设牺牲保护层。

(3)钻定向钻施工时,轴向最大回拖力和最小曲率半径的确定应满足管材力学性能要求,钢管的管径与壁厚之比不应大于 100,聚乙烯管标准尺寸比宜为 SDR11。

(4)夯管施工时,轴向最大锤击力的确定应满足管材力学性能要求,其管壁厚度应符合设计和施工要求;管节的圆度不应大于 0.005 管内径,管端面垂直度不应大于 0.001 管内径、且不大于 1.5 mm。

三、砌筑沟道施工要求

(一)一般规定

砌体所用的材料,应符合下列规定:

(1)机制烧结砖的强度等级不应低于 MU10,其外观质量应符合现行国家标准《烧结普通砖》一等品的要求。

(2)石材强度等级不应低于 MU30,且质地坚实,无风化剥层和裂纹。

(3)砌块的强度等级应符合设计要求。

(4)进入现场砖、石等砌块应符合现行国家标准《砌体结构工程施工质量验收规范》的相关规定。水泥、砂应符合相关规定。

(5)砌筑砂浆应采用水泥砂浆,其强度等级应符合设计要求,且不应低于 M10。

(6)应采用机械搅拌砂浆,搅拌时间不得少于 2 min,并应在初凝前使用;出现泌水时应拌合均匀后再用。

砌筑前应将砖石、砌块表面上的污物和水锈清除。砌石(块)应浇水湿润,砖应用水浸透。

砌体中的预埋管洞口结构应加强,并有防渗措施;设计无要求时,可采用管外包封混凝土法(对于金属管还应加焊止水环后包封);包封的混凝土抗压强度等级不小于 C25,管外浇筑厚度不应小于 150 mm。

砌筑池壁不得用于脚手架支搭。

砌体砌筑完毕,应即进行养护,养护时间不应少于 7 d。

砌体水处理构筑物冬期不宜施工。

砖砌池壁施工应符合下列规定:

(1)各砖层间应上下错缝,内外搭砌,灰缝均匀一致。

(2)水平灰缝厚度和竖向灰缝宽度宜为 10 mm,且不小于 8 mm、不大于 12 mm;圆形池壁,里口灰缝宽度不应小于 5 mm。

(3)转角或交接处应同时砌筑,对不能同时砌筑而需留置的临时间断处应砌成斜槎,斜槎水平投影长度不得小于高度的 2/3。

砌砖时砂浆应满铺满挤,挤出的砂浆应随时刮平,严禁用水冲浆灌缝,严禁用敲击砌体的方法纠正偏差。

石砌池壁施工应符合下列规定:

(1)分皮砌筑,上下错缝,丁、顺搭砌,分层找齐。

(2)灰缝厚度:细料石砌体不宜大于 10 mm,粗料石砌体不宜大于 20 mm。

(3)水平缝,宜采用坐浆法;竖向缝,宜采用灌浆法。

砌石位置偏移时,应将料石提起,刮除灰浆后再砌;并应防止碰动邻近料石,不得撬动或敲击。

石砌体的勾缝应符合下列规定:

(1)勾缝前,应清扫干净砌体表面上黏结的灰浆、泥污等,并洒水湿润。

(2)勾缝灰浆宜采用细砂拌制的 1∶1.5 水泥砂浆;砂浆嵌入深度不应小于 20 mm。

(3)勾缝宽窄均匀、深浅一致,不得有假缝、通缝、丢缝、断裂和粘结不牢等现象。

(4)勾缝完毕应清扫砌体表面黏附的灰浆。

(5)勾缝砂浆凝结后,应及时养护。

典型例题

【单选题】关于给水排水构筑物砌筑材料的技术要求,错误的是(　　)。

A. 机制烧结砖强度等级一般不低于 MU10

B. 设计无要求时,石材强度等级不得小于 20 MPa

C. 混凝土砌块应符合设计要求和相关标准规定

D. 水泥砂浆强度不应低于 M10

B。【解析】砌体所用的石材强度等级不应低于 MU30,且质地坚实,无风化剥层和裂纹。故选项 B 错误。

(二)管渠施工要求

管渠变形缝施工应符合下列规定:

(1)变形缝内应清除干净,两侧应涂刷冷底子油一道。

(2)缝内填料应填塞密实。

(3)灌注沥青等填料应待灌注底板缝的沥青冷却后,再灌注墙缝,并应连续灌满灌实。

(4)缝外墙面铺贴沥青卷材时,应将底层抹平,铺贴平整,不得有拥包现象。

砌筑拱圈应符合下列规定:

(1)拱胎的模板尺寸应符合施工方案要求,并留出模板伸胀缝,板缝应严实平整。

(2)拱胎的安装应稳固,高程准确,拆装简易。

(3)砌筑前,拱胎应充分湿润,冲洗干净,并均匀涂刷隔离剂。

(4)砌筑应自两侧向拱中心对称进行,灰缝匀称,拱中心位置正确,灰缝砂浆饱满严密。

(5)应采用退茬法砌筑,每块砌块退半块留茬,拱圈应在 24 h 内封顶,两侧拱圈之间应满铺砂浆,拱顶上不得堆置器材。

采用混凝土砌块砌筑拱形管渠或管渠的弯道时,宜采用楔形或扇形砌块;砌体垂直灰缝宽度大于 30 mm 时,应采用细石混凝土灌实,混凝土强度等级不应小于 C20。

反拱砌筑应符合下列规定:

(1)砌筑前,应按设计要求的弧度制作反拱的样板,沿设计轴线每隔 10 m 设一块。

(2)根据样板挂线,先砌中心的一列砖、石,并找准高程后接砌两侧,灰缝不得凸出砖面,反拱砌筑完成后。应待砂浆强度达到设计抗压强度的 75% 时,方可踩压。

(3)反拱表面应光滑平顺,高程允许偏差应为 ±10 mm。

拱形管渠侧墙砌筑养护完毕安装拱胎前,两侧墙外回填土时,墙内应采取措施,保持墙体稳定。

砌筑后的砌体应及时进行养护,并不得遭受冲刷、振动或撞击;砂浆强度达到设计抗压强度的 75% 时,方可在无振动条件下拆除拱胎。

砌筑结构管渠抹面应符合下列规定:

(1)渠体表面粘接的杂物应清理干净,并洒水湿润。

(2)水泥砂浆抹面宜分两道,第一道抹面应刮平使表面造成粗糙纹,第二道抹平后,应分两次压实抹光。

(3)抹面应压实抹平,施工缝留成阶梯形;接茬时,应先将留茬均匀涂刷水泥浆一道,并依次抹压,使接茬严密;阴阳角应抹成圆角。

(4)抹面砂浆终凝后,应及时保持湿润养护,养护时间不宜少于 14 d。

安装矩形管渠钢筋混凝土盖板应符合下列规定:

(1)安装前,墙顶应清扫干净,洒水湿润,而后铺浆安装。

(2)安装的板缝宽度应均匀一致,吊装时应轻放,不得碰撞。

(3)盖板就位后,相邻板底错台不应大于 10 mm,板端压墙长度,允许偏差为 ±10 mm;板缝及板端的三角灰,采用水泥砂浆填实。

(三)井室施工要求

砌筑结构的井室施工应符合下列规定:

(1)砌筑前砌块应充分湿润;砌筑砂浆配合比符合设计要求,现场拌制应拌合均匀、随用随拌。

(2)排水管道检查井内的流槽,宜与井壁同时进行砌筑。

(3)砌块应垂直砌筑,需收口砌筑时,应按设计要求的位置设置钢筋混凝土梁进行收口;圆井采用砌块逐层砌筑收口,四面收口时每层收进不应大于 30 mm,偏心收口时每层收进不应大于 50 mm。

(4)砌块砌筑时,铺浆应饱满,灰浆与砌块四周粘结紧密、不得漏浆,上下砌块应错缝砌筑。

(5)砌筑时应同时安装踏步,踏步安装后在砌筑砂浆未达到规定抗压强度前不得踩踏。

(6)内外井壁应采用水泥砂浆勾缝;有抹面要求时,抹面应分层压实。

典型例题

【单选题】下列砌筑要求中,不属于圆井砌筑施工要点的是(　　)。

A. 根据样板挂线,先砌中心的一列砖,并找准高程后接砌两侧

B. 井内的流槽宜与井壁同时砌筑

C. 用砌块逐层砌筑收口时,偏心收口的每层收进不应大于 50 mm

D. 砌筑时应同时安装踏步

A。【解析】选项 A 属于反拱砌筑的施工要点。

四、管道功能性试验的规定

(一)一般规定

给排水管道安装完成后应按下列要求进行管道功能性试验:

(1)压力管道应按规定进行压力管道水压试验,试验分为预试验和主试验阶段;试验合格的判定依据分为允许压力降值和允许渗水量值,按设计要求确定;设计无要求时,应根据工程实际情况,选用其中一项值或同时采用两项值作为试验合格的最终判定依据。

(2)无压管道应按规定进行管道的严密性试验,严密性试验分为闭水试验和闭气试验,按设计要求确定;设计无要求时,应根据实际情况选择闭水试验或闭气试验进行管道功能性试验。

(3)压力管道水压试验进行实际渗水量测定时,宜采用注水法。

管道功能性试验涉及水压、气压作业时,应有安全防护措施,作业人员应按相关安全作业规程进行操作。管道水压试验和冲洗消毒排出的水,应及时排放至规定地点,不得影响周围环境和造成积水,并应采取措施确保人员、交通通行和附近设施的安全。

压力管道水压试验或闭水试验前,应做好水源的引接、排水的疏导等方案。

向管道内注水应从下游缓慢注入,注入时在试验管段上游的管顶及管段中的高点应设置排气阀,将管道内的气体排除。

冬期进行压力管道水压或闭水试验时,应采取防冻措施。

单口水压试验合格的大口径球墨铸铁管、玻璃钢管、预应力钢筒混凝土管或预应力混凝土管等管道,设计无要求时应符合下列要求:

(1)压力管道可免去预试验阶段,而直接进行主试验阶段。

(2)无压管道应认同严密性试验合格,无须进行闭水或闭气试验。

全断面整体现浇的钢筋混凝土无压管渠处于地下水位以下时,除设计有要求外,管渠的混凝土强度、抗渗性能检验合格,并按规定进行检查符合设计要求时,可不必进行闭水试验。

管道采用两种(或两种以上)管材时,宜按不同管材分别进行试验;不具备分别试验的条件必须组合试验,且设计无具体要求时,应采用不同管材的管段中试验控制最严的标准进行试验。

管道的试验长度除符合《给水排水管道工程施工及验收规范》规定和设计另有要求外,压力管道水压试验的管段长度不宜大于 1.0 km;无压力管道的闭水试验,条件允许时可一次试验不超过 5 个连续井段;对于无法分段试验的管道,应由工程有关方面根据工程具体情况确定。

(二)压力管道水压试验

水压试验前,施工单位应编制试验方案,其内容应包括:

(1)后背及堵板的设计。

(2)进水管路、排气孔及排水孔的设计。

(3)加压设备、压力计的选择及安装的设计。

(4)排水疏导措施。

(5)升压分级的划分及观测制度的规定。

(6)试验管段的稳定措施和安全措施。

试验管段的后背应符合下列规定:

(1)后背应设在原状土或人工后背上,土质松软时应采取加固措施。

(2)后背墙面应平整并与管道轴线垂直。

采用钢管、化学建材管的压力管道,管道中最后一个焊接接口完毕1 h以上方可进行水压试验。

水压试验管道内径大于或等于600 mm时,试验管段端部的第一个接口应采用柔性接口,或采用特制的柔性接口堵板。

水压试验采用的设备、仪表规格及其安装应符合下列规定:

(1)采用弹簧压力计时,精度不低于1.5级,最大量程宜为试验压力的1.3~1.5倍,表壳的公称直径不宜小于150 mm,使用前经校正并具有符合规定的检定证书。

(2)水泵、压力计应安装在试验段的两端部与管道轴线相垂直的支管上。

开槽施工管道试验前,附属设备安装应符合下列规定:

(1)非隐蔽管道的固定设施已按设计要求安装合格。

(2)管道附属设备已按要求紧固、锚固合格。

(3)管件的支墩、锚固设施混凝土强度已达到设计强度。

(4)未设置支墩、锚固设施的管件,应采取加固措施并检查合格。

水压试验前,管道回填土应符合下列规定:

(1)管道安装检查合格后,应按规定回填土。压力管道水压试验前,除接口外,管道两侧及管顶以上回填高度不应小于0.5 m;水压试验合格后,应及时回填沟槽的其余部分。

(2)管道顶部回填土宜留出接口位置以便检查渗漏处。

试验管段注满水后,宜在不大于工作压力条件下充分浸泡后再进行水压试验,浸泡时间应符合表1-33的规定。

表1-33　压力管道水压试验前浸泡时间

管材种类	管道内径 D_i/mm	浸泡时间/h
球墨铸铁管(有水泥砂浆衬里)	D_i	≥24
钢管(有水泥砂浆衬里)	D_i	≥24
化学建材管	D_i	≥24
现浇钢筋混凝土管渠	$D_i \leq 1\,000$	≥48
	$D_i > 1\,000$	≥72
预(自)应力混凝土管、预应力钢筒混凝土管	$D_i \leq 1\,000$	≥48
	$D_i > 1\,000$	≥72

水压试验应符合下列规定：

(1)试验压力应按要求选择确定。

(2)预试验阶段:将管道内水压缓缓地升至试验压力并稳压 30 min。期间如有压力下降可注水补压,但不得高于试验压力;检查管道接口、配件等处有无漏水、损坏现象;有漏水、损坏现象时应及时停止试压,查明原因并采取相应措施后重新试压。

(3)主试验阶段:停止注水补压,稳定 15 min;当 15 min 后压力下降不超过要求允许压力降数值时,将试验压力降至工作压力并保持恒压 30 min,进行外观检查;若无漏水现象,则水压试验合格。

(4)管道升压时,管道的气体应排除;升压过程中,发现弹簧压力计表针摆动、不稳,且升压较慢时,应重新排气后再升压。

(5)应分级升压,每升一级应检查后背、支墩、管身及接口,无异常现象时再继续升压。

(6)水压试验过程中,后背顶撑、管道两端严禁站人。

(7)水压试验时,严禁修补缺陷;遇有缺陷时,应做出标记,卸压后修补。

专家解读

水压试验压力升至试验压力后开始计时,每当压力下降,应及时向管道内补水,但最大压降不得大于0.03 MPa,保持管道试验压力恒定,恒压延续时间不得少于2 h,并计量恒压时间内补入试验管段内的水量。

压力管道采用允许渗水量进行最终合格判定依据时,实测渗水量应小于或等于规定的允许渗水量。

关于水压试验前准备,下面以典型例题的形式进行介绍。

典型例题

【多选题】压力管道试验准备工作的内容有(　　)。

A. 试验管段所有敞口应封闭,不得有渗漏水现象

B. 试验前应清除管内杂物

C. 试验段内不得用闸阀作堵板

D. 试验段内消火栓安装完毕

E. 应做好水源引接、排水等疏导方案

ABCE。【解析】试验段内不得含有消火栓。故选项 D 错误。除上述内容外,试验管段内也不得含有水锤消除器、安全阀等附件。

【单选题】关于给水压力管道水压试验的说法,错误的是(　　)。

A. 试验前,管顶以上回填高度不应小于 50 cm

B. 试验前,管道接口处应回填密实

C. 宜采用注水试验以确定实际渗水量

D. 设计无要求时,试验合格的判定依据可采用允许压力降值

B。【解析】压力管道水压试验前,除接口外,管道两侧及管顶以上回填高度不应小于0.5 m;水压试验合格后,应及时回填沟槽的其余部分。故选项 B 错误。

（三）无压管道的闭水试验

闭水试验法应按设计要求和试验方案进行。

试验管段应按井距分隔，抽样选取，带井试验。

无压管道闭水试验时，试验管段应符合下列规定：

(1)管道及检查井外观质量已验收合格。

(2)管道未回填土且沟槽内无积水。

(3)全部预留孔应封堵，不得渗水。

(4)管道两端堵板承载力经核算应大于水压力的合力；除预留进出水管外，应封堵坚固，不得渗水。

(5)顶管施工，其注浆孔封堵且管口按设计要求处理完毕，地下水位于管底以下。

管道闭水试验应符合下列规定：

(1)试验段上游设计水头不超过管顶内壁时，试验水头应以试验段上游管顶内壁加 2 m 计。

(2)试验段上游设计水头超过管顶内壁时，试验水头应以试验段上游设计水头加 2 m 计。

(3)计算出的试验水头小于 10 m，但已超过上游检查井井口时，试验水头应以上游检查井井口高度为准。

专家解读

闭水法试验应符合下列程序：

(1)试验管段灌满水后浸泡时间不应少于 24 h。

(2)试验水头应按规定确定。

(3)试验水头达规定水头时开始计时，观测管道的渗水量，直至观测结束时，应不断地向试验管段内补水，保持试验水头恒定。渗水量的观测时间不得小于30 min。

管道闭水试验时，应进行外观检查，不得有漏水现象，且符合规定时，管道闭水试验为合格。

管道内径大于 700 mm 时，可按管道井段数量抽样选取 1/3 进行试验；试验不合格时，抽样井段数量应在原抽样基础上加倍进行试验。

不开槽施工的内径大于或等于 1 500 mm 钢筋混凝土管道，设计无要求且地下水位高于管道顶部时，可采用内渗法测渗水量；渗漏水量测方法按规定进行，符合下列规定时，则管道抗渗性能满足要求，不必再进行闭水试验：

(1)管壁不得有线流、滴漏现象。

(2)对有水珠、渗水部位应进行抗渗处理。

(3)管道内渗水量允许值 $q \leqslant 2[L/(m^2 \cdot d)]$。

专家解读

混凝土结构无压管道渗水量测与评定适用于下列条件：

(1)大口径($D_1 \geqslant 1\ 500$ mm)钢筋混凝土结构的无压管道。

(2)地下水位高于管道顶部。

(3)检查结果应符合设计要求的防水等级标准；无设计要求时，不得有滴漏、线流现象。

（四）无压管道的闭气试验

闭气试验适用于混凝土类的无压管道在回填土前进行的严密性试验。

闭气试验时，地下水位应低于管外底150 mm，环境温度为 -15 ~50 ℃。

下雨时不得进行闭气试验。

闭气试验合格标准应符合下列规定：

(1)规定标准闭气试验时间符合相关规定，管内实测气体压力 $P \geqslant 1\,500$ Pa，则管道闭气试验合格。

(2)被检测管道内径大于或等于1 600 mm时，应记录测试时管内气体温度(℃)的起始值 T_1 及终止值 T_2，并将达到标准闭气时间时膜盒表显示的管内压力值 P 记录，用相关公式加以修正，修正后管内气体压降值为 ΔP。ΔP 如果小于500 Pa，管道闭气试验合格。

(3)管道闭气试验不合格时，应进行漏气检查、修补后复检。

专家解读

闭气法试验时，应将进行闭气检验的排水管道两端用管堵密封，然后向管道内填充空气至一定的压力，在规定闭气时间测定管道内气体的压降值。

闭气法试验的检验步骤应符合下列规定：

(1)对闭气试验的排水管道两端管口与管堵接触部分的内壁应进行处理，使其洁净磨光。

(2)调整管堵支撑脚，分别将管堵安装在管道内部两端，每端接上压力表和充气罐。

(3)用打气筒向管堵密封胶圈内充气加压，观察压力表显示至0.05 ~0.20 MPa，且不宜超过0.20 MPa，将管道密封；锁紧管堵支撑脚；将其固定。

(4)用空气压缩机向管道内充气，膜盒表显示管道内气体压力至3 000 Pa，关闭气阀，使气体趋于稳定，记录膜盒表读数从3 000 Pa降至2 000 Pa历时不应少于5 min；气压下降较快，可适当补气；下降太慢，可适当放气。

(5)膜盒表显示管道内气体压力达到2 000 Pa时开始计时，在满足该管径的标准闭气时间规定，计时结束，记录此时管内实测气体压力 P，如 $P \geqslant 1\,500$ Pa则管道闭气试验合格，反之为不合格。

(6)管道闭气检验完毕，必须先排除管道内气体，再排除管堵密封圈内气体，最后卸下管堵。

漏气检查应符合下列规定：

(1)管堵密封胶圈严禁漏气。检查方法：管堵密封胶圈充气达到规定压力值2 min后，应无压降。在试验过程中应注意检查和进行必要的补气。

(2)管道内气体趋于稳定过程中，用喷雾器喷洒发泡液检查管道漏气情况。检查方法：检查管堵对管口的密封，不得出现气泡；检查管口及管壁漏气，发现漏气应及时用密封修补材料封堵或作相应处理；漏气部位较多时，管内压力下降较快，要及时进行补气，以便作详细检查。

典型例题

【单选题】关于给水排水管道功能性试验的说法,正确的是(　　)。

A. 给水管道的功能性试验分为闭水试验和闭气试验

B. 压力管道水压试验采用内渗法测定

C. 无压管道的闭水试验要全管段进行闭水试验

D. 管道内径大于 700 mm 时,可抽取 1/3 井段试验

D。【解析】给水管道的功能性试验分为压力管道的水压试验和无压管道的严密性试验(分为闭水试验和闭气试验)。故选项 A 错误。压力管道水压试验进行实际渗水量测定时,宜采用注水法。故选项 B 错误。无压管道闭水试验时,试验管段应按井距分隔,抽样选取,带井试验。故选项 C 错误。对于无压管道的闭水试验,管道内径大于 700 mm 时,可按管道井段数量抽样选取 1/3 进行试验;试验不合格时,抽样井段数量应在原抽样基础上加倍进行试验。故选项 D 正确。

五、给水排水管网维护与修复技术

(一)供水管网维护

从事管网运行维护的人员应经过培训,取得相应资格后方能上岗。

1. 一般规定

管网运行维护工作应包括下列内容:

(1)实施管网系统的运行操作,并建立操作台账。

(2)管网巡线和检漏。

(3)阀门启闭作业和维护。

(4)管道维护与抢修作业。

(5)运行管道的冲洗。

(6)处理各类管网异常情况。

爆管频率较高的管段应采取下列措施:

(1)应缩短巡检周期,进行重点巡检,并应建立巡检台账。

(2)在日常的管网运行调度中应适当降低该管段水压,并应制定爆管应急处理措施。

(3)应加强暗漏检测,降低事故频率。

2. 管网巡检

供水管网的巡检宜采用周期性分区巡检的方式。

巡检人员进行管网巡检时,宜采用步行或骑自行车进行巡检。

巡检周期应根据管道现状、重要程度及周边环境等确定。当爆管频率高或出现影响管道安全运行等情况时,可缩短巡检周期或实施 24 h 监测。

巡检应包括下列内容:

(1)检查管道沿线的明漏或地面塌陷情况。

(2)检查井盖、标志装置、阴极保护桩等管网附件的缺损情况。

(3)检查各类阀门、消火栓及设施井等的损坏和堆压的情况。

(4)检查明敷管、架空管的支座、吊环等的完好情况。

(5)检查管道周围环境变化情况和影响管网及其附属设施安全的活动。

(6)检查管道系统上的各种违章用水的情况。

(二)排水管网维护

污水重力流管渠的正常运行水位不应高于设计水位。分流制排水系统中,严禁雨水和污水管道混接。严禁重力流排水管道采用上跨障碍物的敷设方式。

1. 管渠养护

排水管渠养护内容应包括下列内容:管渠和倒虹吸管的清淤、疏通;检查井和雨水口的清捞;井盖及雨水箅更换。

管渠、检查井和雨水口养护应符合下列规定:

(1)管渠、检查井和雨水口内不得留有杂物,允许积泥深度应符合表1-34的规定。

表1-34 管渠、检查井和雨水口的允许积泥深度

设施类别		允许积泥深度
管渠		管内径或渠净高度的1/5
检查井	有沉泥槽	管底以下50 mm
	无沉泥槽	管径的1/5
雨水口	有沉泥槽	管底以下50 mm
	无沉泥槽	管底以上50 mm

(2)管渠、检查井和雨水口的养护频率不应低于表1-35的规定。

表1-35 管渠、检查井和雨水口的养护频率　　单位:次/年

管渠性质	管渠划分				检查井	雨水口
	小型	中型	大型	特大型		
雨水、合流管渠	2	1	0.5	0.3	4	4
污水	2	1	0.3	0.2	4	—

当巡视人员在巡视中发现井盖和雨水箅缺失或损坏后,应立即设置警示标志,并在6 h内修补恢复;当相关排水管理单位接报井盖和雨水箅缺失或损坏信息后,必须在2 h内安放护栏和警示标志,并应在6 h内修补恢复。

2. 管渠修理

排水管渠应采用承插柔性接口的管道;大管径排水主管在适当距离的检查井内可设置闸槽。

排水管渠修理可分为开挖修理和非开挖修理。

排水管渠非开挖修理可分为局部修理、整体修理和辅助修理,并应符合下列规定:

(1)非开挖修理方法的适用范围应符合表1-36的规定。

表 1-36　非开挖修理方法的适用范围

修理方法		小型管	中型管	大型管以上	渠道	检查井	适用管材
局部修理	嵌补法	—	√	√	√	√	钢筋混凝土管渠
	套环法	—	√	√	—	—	所有
	局部内衬法	√	√	√	√	√	所有
整体修理	现场固化内衬	√	√	√	√	√	所有
	螺旋管内衬	√	√	√	√	—	所有
	短管及管片内衬	√	√	√	—	√	钢筋混凝土管渠
	拉管内衬	√	√	—	—	—	所有
	涂层内衬	—	—	√	√	√	钢筋混凝土管渠
辅助修理	地基加固处理技术(土体注浆法)	√	√	√	√	√	所有

注:表中"√"表示适用,"—"表示不适用。

(2)局部修理后的过水面积不应小于原管的 75%,整体修理后的过水面积不应小于原管的 85%。

排水管渠修理前,应对排水管渠的基本情况进行调查、检测与评估并提出修复设计方案。排水管道非开挖修理前,应根据检测与评估报告,并按下列方法选用:

(1)局部或接口缺陷可采用局部修理。

(2)对管道内部严重腐蚀、裂缝、多处接口渗漏等结构遭到多处损坏的管道,应采用整体修理。

(3)强度已削弱的管道,在选择整体修理时应采用自立内衬管强度进行设计。

(4)排水管道检查井内部发生破裂、渗漏等缺陷时,应采用嵌补法、现场固化内衬、涂层内衬等方法修理。

(三)管道的修复

管道的修复一般分为局部修补、全断面修复和管道更新三种情形。

常用的局部修补方法有补丁法、灌浆法、密封法、局部软衬法、机器人法、铰接管法等,主要针对一些管道内部结构性破坏和裂纹进行修复。

对于管道断面受损较大,只进行局部修补不能满足要求时,可选用全断面修复。常用的方法有内衬法、喷涂法、缠绕法等。其中,内衬法修复技术施工简单、速度快,通常只适用于圆形断面管道。

当旧管道破损程度较大,或随着城市发展原有管道不能满足使用要求时,则需要在原管道位置进行管道更新。管道更新常用的方法大致可分为破管外挤(又称爆管法或胀管法)和破管顶进两种方式。破管外挤就是将原有管道进行破碎,在原管道位置更换新管的方法。该方法下,原管道破碎后的碎片被挤入土层,因此可能会造成管道上部地面的隆起。常用的破管方法有气动爆管、液动爆管和切割爆管。

典型例题

【多选题】城市管道全断面修复技术主要有(   )。

A. 内衬法　　B. 缠绕法

C. 喷涂法　　D. 密封法

E. 灌浆法

ABC。【解析】城市管道全断面修复技术主要有内衬法、喷涂法、缠绕法等。选项D,E属于局部修补技术。

【单选题】下列方法中,用于排水管道更新的是(   )。

A. 缠绕法　　B. 内衬法

C. 爆管法　　D. 喷涂法

C。【解析】缠绕法、内衬法和喷涂法适用于全断面管道修复。管道更新常用的方法有破管外挤(又称爆管法或胀管法)和破管顶进两种。

2K315020 城镇供热管网工程施工

一、城镇供热管道的分类与组成

城镇供热管道按输送介质的不同,可分为热水管道、蒸汽管道和凝结水管道。目前,应用最广泛的是以蒸汽或热水作为热媒的集中供热系统。由此,城镇供热管网按热媒种类的不同,还可分为蒸汽热网和热水热网。

链接

当供热介质为热水时,换热站应配备的主要设备有换热器、储水箱、除污器、过滤器、软化水处理设备、水泵、调节及检测仪器仪表等。

通常情况下,按管网所处的位置,连接热源和热力站的管网称为一级管网,连接热力站和用户的管网称为二级管网。同时,根据管道中热力介质的流向,可分为供水管网(供气管)和回水管网(凝水管)。

链接

工作压力小于或等于1.6 MPa,介质温度小于或等于350 ℃的管网为蒸汽管网,可分为高、中、低压三种蒸汽管网;工作压力小于或等于2.5 MPa,介质温度小于或等于200 ℃的管网为热水管网,可分为高、低两种热水管网。此外,城镇供热管网按管网形式可分为开式系统和闭式系统,按敷设方式分为架空管网和埋地管网。架空管网的支架可根据架设高度分为高支架($h \geq 4$ m)、中高支架(2 m$\leq h <$4 m)和低支架($h <$2 m)。

城镇供热管道主要由管道、管路附件和安全计量表等组成。管路附件是指安装在管路上用来调节、控制、保证管道运行等功能的附属部件,具体有阀门、疏水器、排气装置、减压装置、补偿器、管道支架等,安全计量表有压力表、温度计、流量计等。

二、城镇供热管道施工

（一）施工准备

工程开工前应根据工程规模、特点和施工环境条件，确定项目组织机构及管理体系。

工程开工前应编制施工组织设计，并应经有关单位审批后方可组织施工。

对危险性较大的分部分项工程应编制专项方案，并应经专家论证。

施工前应编制安全技术措施方案和应急预案，并应经有关单位审批通过后方可进行施工。

（二）工程测量

1. 一般规定

工程测量应根据城镇平面控制网点和城市水准网点的位置、编号、精度等级及其坐标和高程资料，确定管网施工线位和高程。

供热管线的中线桩和控制点宜采用极坐标放样、平移、距离交会、方向交会等方法定位，不宜采用后方交会法定位。

2. 定线测量

管线工程施工定线测量应符合下列规定：

（1）测量应按主线、支线的次序进行。

（2）管线的起点、终点、各转角点及其他特征点应在地面上定位。

（3）地上建筑、检查室、支架、补偿器、阀门等的定位可在管线定位后实施。

管线定位应按设计给定的坐标数据测定，并应经复核无误后，再测定管线点位。

3. 水准测量

固定支架之间的管道支架、管道等高程，可采用固定支架高程进行控制。直埋管道的高程可采用变坡点、转折点的高程进行控制。

在竖井处应进行高程联系测量。

4. 竣工测量

供热管线工程应全部进行平面位置和高程测量，竣工测量宜选用施工测量控制网。

土建工程竣工测量应对起终点、变坡点、转折点、交叉点、结构材料分界点、埋深、轮廓特征点等进行实测。

对管网施工中已露出的其他与热力管线相关的地下管线和构筑物，应测其中心坐标、上表面高程、与供热管线的交叉角。

链接

供热管道非开挖结构施工时应对邻近的地上、地下建（构）筑物和管线进行沉降监测。

（三）土建工程

施工前应对工程影响范围内的障碍物进行现场核查，并应逐项查清障碍物构造情况及与拟建工程的相对位置。

对工程施工影响范围内的各种既有设施应采取保护措施，不得影响地下管线及建（构）筑物的正常使用功能和结构安全。

在地下水位高于基底的地段应采取降水措施或地下水控制措施。降水措施应符合现行行业标准《建筑与市政工程地下水控制技术规范》的相关规定，并应将施工部位的地下水位降至基底以下0.5 m后方可开挖。

当穿越既有设施或建(构)筑物时，其施工方案应取得相关产权或管理单位的同意。

供热管道施工，在结构断面中的位置均应符合设计纵横断面要求。

受施工影响范围内的建(构)筑物，应对建(构)筑物的状态进行第三方监控量测。

链接

根据《土方与爆破工程施工及验收规范》的相关规定，雨期开挖基坑(槽)或管沟时，应注意边坡稳定，必要时可适当减小边坡坡度或设置支撑。施工中应加强对边坡和支撑的检查。雨期开挖基坑(槽)或管沟时，应在坑(槽)外侧围筑土堤或开挖排水沟，防止地面水流入坑(槽)。

土方工程不宜安排在冬期施工，当必须安排在冬期施工，所采用的施工方法应进行技术经济比较后确定。施工前应周密计划，做好准备，做到连续施工。冬期采用防冻法开挖土方时，可在冻结前用保温材料覆盖或将表层土翻耕耙松，其翻耕深度应根据土层冻结深度确定，不宜小于300 mm。冬期开挖土方时，当可能引起邻近建(构)筑物的地基或其他地下设施产生冻结破坏时，应采取防冻措施。冬期开挖基坑(槽)或管沟时，应缩短基坑暴露时间，防止基础下的基土遭受冻结。如基坑(槽)开挖完毕至地基与基础或埋设管道之间有间隙时间，应在基底标高以上预留适当厚度的松土或其他保温材料覆盖。

(四)管道安装

1.管道支架、吊架

常见的支架包括固定支架、导向支架、滑动支架、弹簧支架、滚动支架等。其中，固定支架使管道在支架处无任何方向的位移，可保护弯头、三通、补偿器正常工作。滑动支架、滚动支架可以允许管道在轴线方向有较小的位移，以此来补偿管道因受热产生的膨胀或收缩。导向支架只允许管道沿轴向自由移动，以使管道在支架上不偏离轴线。弹簧支架主要用于减震。

管道支架、吊架的安装应在管道安装、检验前完成。支架、吊架的位置应正确、平整、牢固，标高和坡度应满足设计要求，安装完成后应对安装调整进行记录，并可按规定填写。

管道支架支承面的标高可采用加设金属垫板的方式进行调整，垫板不得大于2层，垫板应与预埋铁件或钢结构进行焊接。

管道支架、吊架制作应符合下列规定：

(1)支架和吊架的形式、材质、外形尺寸、制作精度及焊接质量应符合设计要求。

(2)滑动支架、导向支架的工作面应平整、光滑，不得有毛刺及焊渣等异物。

(3)组合式弹簧支架应具有合格证书，安装前应进行检查，并应符合下列规定：

①弹簧不得有裂纹、皱褶、分层、锈蚀等缺陷。

②弹簧两端支撑面应与弹簧轴线垂直，其允许偏差不得大于自由高度的2%。

(4)已预制完成并经检查合格的管道支架等应按设计要求进行防腐处理，并应妥善保管。

(5)焊制在钢管外表面的弧形板应采用模具压制成型,当采用同径钢管切割制作时,应采用模具进行整形,不得有焊缝。

关于供热管道支吊架的安装,下面以典型例题的形式进行介绍。

典型例题

【多选题】关于供热管道支、吊架安装的说法,错误的有(　　)。

A. 管道支、吊架的安装应在管道安装、检验前完成

B. 活动支架的偏移方向、偏移量及导向性能应符合设计要求

C. 调整支撑面标高的垫板不得与钢结构焊接

D. 有角向型补偿器的管段、固定支架不得与管道同时进行安装与固定

E. 弹簧支、吊架的临时固定件应在试压前拆除

CDE。【解析】管道支架支承面的标高可采用加设金属垫板的方式进行调整,垫板不得大于两层,垫板应与预埋铁件或钢结构进行焊接。故选项 C 错误。有角向型、横向型补偿器的管段应与管道同时进行安装与固定。故选项 D 错误。弹簧的临时固定件应在管道安装、试压、保温完毕后拆除。故选项 E 错误。管道支架、吊架的安装应符合的规定还有:(1)支架、吊架安装位置应正确,标高和坡度应符合设计要求,安装应平整,埋设应牢固。(2)支架结构接触面应洁净、平整。(3)固定支架卡板和支架结构接触面应贴实。(4)活动支架的偏移方向、偏移量及导向性能应符合设计要求。(5)管道支架、吊架处不应有管道焊缝,导向支架、滑动支架和吊架不得有歪斜和卡涩现象。(6)当使用临时性的支架、吊架时,应避开正式支架、吊架的位置,且不得影响正式支架、吊架的安装。临时性的支架、吊架应做出明显标识,并应在管道安装完毕后拆除。(7)有轴向补偿器的管段,补偿器安装前,管道和固定支架之间不得进行固定。

2. 管沟及地上管道

管口对接应符合下列规定:

(1)当每个管组或每根钢管安装时应按管道的中心线和管道坡度对接管口。

(2)对接管口应在距接口两端各 200 mm 处检查管道平直度,允许偏差应为 0 ~ 1 mm,在所对接管道的全长范围内,允许偏差应为 0 ~ 10 mm。

(3)管道对口处应垫置牢固,在焊接过程中不得产生错位和变形。

(4)管道焊口距支架的距离应满足焊接操作的需要。

(5)焊口及保温接口不得置于建(构)筑物等的墙壁中,且距墙壁的距离应满足施工的需要。

管道穿越建(构)筑物的墙板处应安装套管,并应符合下列规定:

(1)当穿墙时,套管的两侧与墙面的距离应大于 20 mm;当穿楼板时,套管高出楼板面的距离应大于 50 mm。

(2)套管中心的允许偏差应为 0 ~ 10 mm。

(3)套管与管道之间的空隙应用柔性材料填充。

(4)防水套管应按设计要求制作,并应在建(构)筑物砌筑或浇灌混凝土之前安装就位。套管缝隙应按设计要求进行填充。

3. 预制直埋管道

预制直埋管道及管件在运输、现场存放及施工过程中的安全保护应符合下列规定：

(1)不得直接拖拽,不得损坏外护层、端口和端口的封闭端帽。

(2)保温层不得进水,进水后的直埋管和管件应修复后方可使用。

(3)当堆放时不得大于3层,且高度不得大于2 m。

预制直埋管道安装坡度应与设计一致。当管道安装过程中出现折角或管道折角大于设计值时,应与设计单位确认后再进行安装。

接头保温施工应符合下列规定：

(1)现场保温接头使用的原材料在存放过程中应根据材料特性采取保护措施。

(2)接头保温的结构、保温材料的材质及厚度应与直埋管相同。

(3)接头保温施工应在工作管强度试验合格,且在沟内无积水、非雨天的条件下进行,当雨、雪天施工时应采取防护措施。

(4)接头的保温层应与相接的直埋管保温层衔接紧密,不得有缝隙。

当管段被水浸泡时,应清除被浸湿的保温材料后方可进行接头保温。

预制直埋蒸汽管道的安装还应符合下列规定：

(1)在现场切割时应避开保温管内部支架,且应防止防腐层被损坏。

(2)在管道焊接前应检查管道、管路附件的排序以及管道支座种类和排列,并应与设计图纸相符合。

(3)应按产品的方向标识进行排管后方可进行焊接。

(4)在焊接管道接头处的钢外护管时,应在钢外护管焊缝处保温材料层的外表面衬垫耐烧穿的保护材料。

(5)焊接完成后应拆除管端的保护支架。

预制直埋热水管的安装还应符合下列规定：

(1)当采用预应力安装时,应以一个预热段作为一个施工分段。预应力安装应符合现行行业标准《城镇供热直埋热水管道技术规程》的相关规定。

(2)管道在穿套管前应完成接头保温施工,在穿越套管时不得损坏直埋热水管的保温层及外护管。

(3)现场切割配管的长度不宜小于2 m,切割时应采取防止外护管开裂的措施。

(4)在现场进行保温修补前,应对与其相连管道的管端泡沫进行密封隔离处理。

(5)接头保温应符合下列规定：

①接头保温的工艺应有合格的检验报告。

②接头处的钢管表面应干净、干燥。

③应采用发泡机发泡,发泡后应及时密封发泡孔。

(6)接头外观不应出现过烧、鼓包、翘边、褶皱或层间脱离等缺陷。

接头外保护层安装完成后,必须全部进行气密性检验并合格。气密性检验应在接头外护管冷却到40 ℃以下进行。气密性检验的压力应为0.02 MPa,保压时间不应小于2 min,压力稳定后应采用涂上肥皂水的方法检查,无气泡为合格。

关于直埋蒸汽管道外护管的现场补口的规定,下面以典型例题的形式进行介绍。

典型例题

【单选题】直埋蒸汽管道外护管应在接口防腐之前进行(　　)。

A. 强度试验　　B. 气密性试验

C. 真空试验　　D. 电火花检测

B。【解析】直埋蒸汽管道外护管的现场补口应符合下列规定:(1)外护管应采用对接焊,接口焊接应采用氩弧焊打底,并应进行100%超声波探伤检验;在外护管焊接时,应对已完成的工作管保温材料采取防护措施以防止焊接烧灼。(2)外护管补口前应对补口段进行预处理。(3)补口段预处理完成后,应及时进行防腐,防腐等级应与外护管相同,防腐材料应与外护管防腐材料一致或相匹配。(4)防腐层应采用电火花检漏仪检测,耐击穿电压应符合设计要求。(5)直埋蒸汽外护管接口应在防腐层之前做气密性试验,试验压力应为0.2 MPa。

4. 补偿器

安装前应按设计图纸核对每个补偿器的型号和安装位置,并应对补偿器外观进行检查、核对产品合格证。

补偿器应与管道保持同轴。安装操作时不得损伤补偿器,不得采用使补偿器变形的方法来调整管道的安装偏差。

补偿器应按设计要求进行预变位,预变位完成后应对预变位量进行记录,并可按规定填写。

补偿器安装完毕后应拆除固定装置,并应调整限位装置。

波纹管补偿器的安装应符合下列规定:

(1)轴向波纹管补偿器的流向标记应与管道介质流向一致。

(2)角向型波纹管补偿器的销轴轴线应垂直于管道安装后形成的平面。

套筒补偿器安装应符合下列规定:

(1)采用成型填料圈密封的套筒补偿器,填料应符合产品要求。

(2)采用非成型填料的补偿器,填注密封填料应按产品要求依次均匀注压。

球形补偿器的安装应符合设计要求,外伸部分应与管道坡度保持一致。

方形补偿器的安装应符合下列规定:

(1)当水平安装时,垂直臂应水平放置,平行臂应与管道坡度相同。

(2)预变形应在补偿器两端均匀、对称地进行。

直埋补偿器安装过程中,补偿器固定端应锚固,活动端应能自由活动。

一次性补偿器的安装应符合下列规定:

(1)一次性补偿器与管道连接前,应按预热位移量确定限位板位置并进行固定。

(2)预热前,应将预热段内所有一次性补偿器上的固定装置拆除。

(3)管道预热温度和变形量达到设计要求后方可进行一次性补偿器的焊接。

自然补偿管段的预变位应符合下列规定:

(1)预变位焊口位置应留在利于操作的地方,预变位长度应符合设计规定。

(2)完成下列工作后方可进行预变位:

①预变位段两端的固定支架已安装完毕，并应达到设计强度。
②管段上的支架、吊架已安装完毕，管道与固定支架已固定连接。
③预变位焊口附近吊架的吊杆应预留位移余量。
④管段上的其他焊口已全部焊完并经检验合格。
⑤管段的倾斜方向及坡度符合设计规定。
⑥法兰、仪表、阀门等的螺栓均已拧紧。
(3)预变位焊口焊接完毕并经检验合格后，方可拆除预变位卡具。
(4)管道预变位施工应进行记录，并可按规定填写。

提示

常见补偿器的形式及其特点，总结见下表。

形式		特点			
		补偿量	所占空间	阻力	安装
自然补偿器		较小	—	—	利用管道自身的弯头来进行补偿，在设计中首先采用
人工补偿器	方形补偿器	—	大	局部阻力大	加工简单，安装方便，安全可靠
	套筒补偿器	大	小	流体阻力大	热媒易泄漏，维护工作量大，产生推力较大
	球形补偿器	大	小	局部阻力小	安装方便，适合在长距离架空管上安装，但热媒易泄漏
	旋转补偿器	大	大	无内压推力	增加导向支架是为避免管段挠曲；在滑动支架上安装滚动支座是为了减少管段运行的摩擦阻力；密封性能好，尤其耐高压

关于供热管网旋转补偿器的组成，下面以典型例题的形式进行介绍。

典型例题

【多选题】供热管网旋转补偿器的组成包括(　　)。

A. 芯管　　B. 密封结构
C. 外套管　　D. 连接结构
E. 支架

ABC。【解析】供热管网旋转补偿器由芯管、外套管及密封结构等组成。其特点有补偿距离长、密封性好、耐高压等，突出特点是在管道运行过程中处于无应力状态。

5. 法兰与阀门

法兰应符合现行国家标准规定，安装前应对密封面及密封垫片进行外观检查。
法兰安装应符合下列规定：
(1)两个法兰连接端面应保持平行，偏差不应大于法兰外径的1.5%，且不得大于2 mm。

不得采用加偏垫、多层垫或采用强力拧紧法兰一侧螺栓的方法消除法兰接口端面的偏差。

(2)法兰与法兰、法兰与管道应保持同轴,螺栓孔中心偏差不得大于孔径的5%,垂直偏差应为0~2 mm。

(3)软垫片的周边应整齐,垫片尺寸应与法兰密封面相符,其允许偏差应符合现行国家标准的相关规定。

(4)垫片应采用高压垫片,其材质和涂料应符合设计要求。垫片尺寸应与法兰密封面相同,当垫片需要拼接时,应采用斜口拼接或迷宫形式的对接,不得采用直缝对接。

(5)不得采用先加垫片并拧紧法兰螺栓,再焊接法兰焊口的方法进行法兰安装。

(6)法兰内侧应进行封底焊。

(7)法兰螺栓应涂二硫化钼油脂或石墨机油等防锈油脂进行保护。

(8)法兰连接应使用同一规格的螺栓,安装方向应一致。紧固螺栓应对称、均匀地进行,松紧应适度。紧固后丝扣外露长度应为2~3倍螺距,当需用垫圈调整时,每个螺栓应只能使用一个垫圈。

(9)法兰距支架或墙面的净距不应小于200 mm。

阀门的类型主要有截止阀、止回阀、蝶阀、球阀、闸阀、减压阀、安全阀、平衡阀、柱塞阀及疏水阀。其中,蝶阀按蝶板位置可分为中线型和偏心型;按连接形式,可分为法兰连接、对夹连接和承插口连接,其基本结构形式参见《给水排水用蝶阀》附录A。

泄水阀和放气阀与管道连接的插入式支管台应采用厚壁管,厚壁管厚度不得小于母管厚度的60%,且不得大于8 mm。

阀门进场前应进行强度和严密性试验,试验完成后应进行记录,并可按规定填写。阀门安装应符合下列规定:

(1)阀门吊装应平稳,不得用阀门手轮作为吊装的承重点,不得损坏阀门,已安装就位的阀门应防止重物撞击。

(2)安装前应清除阀口的封闭物及其他杂物。

(3)阀门的开关手轮应安装于便于操作的位置。

(4)阀门应按标注方向进行安装。

(5)当闸阀、截止阀水平安装时,阀杆应处于上半周范围内。

(6)阀门的焊接应符合规定。

(7)当焊接安装时,焊机地线应搭在同侧焊口的钢管上,不得搭在阀体上。

(8)阀门焊接完成降至环境温度后方可操作。

(9)焊接蝶阀的安装应符合下列规定:阀板的轴应安装在水平方向上,轴与水平面的最大夹角不应大于60°,不得垂直安装;安装焊接前应关闭阀板,并应采取保护措施。

(10)当焊接球阀水平安装时应将阀门完全开启;当垂直管道安装,且焊接阀体下方焊缝时应将阀门关闭。焊接过程中应对阀体进行降温。

阀门安装完毕后应正常开启2~3次。

阀门不得作为管道末端的堵板使用,应在阀门后加堵板,热水管道应在阀门和堵板之间充满水。

电动调节阀的安装应符合下列规定:

(1)电动调节阀安装之前应将管道内的污物和焊渣清除干净。

(2)当电动调节阀安装在露天或高温场合时,应采取防水、降温措施。

(3)当电动调节阀安装在有震源的地方时,应采取防震措施。

(4)电动调节阀应按介质流向安装。

(5)电动调节阀宜水平或垂直安装,当倾斜安装时,应对阀体采取支承措施。

(6)电动调节阀安装好后应对阀门进行清洗。

关于安装有方向性要求的阀门,下面以典型例题的形式进行介绍。

典型例题

【多选题】市政公用管道要求介质单向流通的阀门有(　　)。

A. 安全阀　　B. 减压阀

C. 止回阀　　D. 截止阀

E. 球阀

ABCD。【解析】安装有方向性要求的阀门时,阀体上的箭头方向应与介质流向一致。市政公用管道要求介质单向流通的阀门有安全阀、减压阀、止回阀等。另外,截止阀通常要求介质通过阀座的方式为自下而上,以便开启和检修。

6. 焊接及检验

当首次使用钢材品种、焊接材料、焊接方法和焊接工艺时,在实施焊接前应进行焊接工艺评定。

钢管和现场制作的管件,焊缝根部应进行封底焊接。封底焊接应采用气体保护焊。

当外径和壁厚相同的钢管或管件对口时,对口错边量允许偏差应符合表1-37的规定。

表1-37　钢管对口错边量允许偏差

管道壁厚/mm	2.5~5.0	6~10	12~14	≥15
错边允许偏差/mm	0.5	1.0	1.5	2.0

壁厚不等的管口对接,当薄件厚度小于或等于4 mm,且厚度差大于3 mm,薄件厚度大于4 mm,且厚度差大于薄件厚度的30%或大于5 mm时,应将厚件削薄。

不得采用在焊缝两侧加热延伸管道长度、螺栓强力拉紧、夹焊金属填充物和使补偿器变形等法强行对口焊接。

对口前应检查坡口的外形尺寸和坡口质量。坡口表面应整齐、光洁,不得有裂纹、锈皮、熔渣和其他影响焊接质量的杂物,不合格的管口应进行修整。

焊件组对的定位焊应符合下列规定:

(1)在焊接前应对定位焊缝进行检查,当发现缺陷时应在处理后焊接。

(2)应采用与根部焊道相同的焊接材料和焊接工艺。

(3)在螺旋管、直缝管焊接的纵向焊缝处不得进行点焊。

(4)定位焊应均匀分布,点焊长度及点焊数应符合规定。

在0 ℃以下环境中焊接应符合下列规定:

(1)现场应有防风、防雪措施。

(2)焊接前应清除管道上的冰、霜或雪。

(3)预热温度应根据焊接工艺确定,预热范围应在焊口两侧 50 mm。

(4)焊接应使焊缝自由收缩,不得使焊口加速冷却。

当无损探伤抽样检出现不合格焊缝时,对不合格焊缝返修后,并应按下列规定扩大检验:

(1)每出现一道不合格焊缝,应再抽检两道该焊工所焊的同一批焊缝,按原探伤方法进行检验。

(2)第二次抽检仍出现不合格焊缝,应对该焊工所焊全部同批的焊缝按原探伤方法进行检验。

(3)同一焊缝的返修次数不应大于 2 次。

关于焊接工艺方案的编写,下面以典型例题的形式进行介绍。

典型例题

【单选题】供热管道焊接前,应根据焊接工艺试验结果编制(　　)。

A. 焊接工艺方案　　B. 质量计划

C. 焊接作业指导书　　D. 施工组织设计

A。【解析】实施焊接前应编写焊接工艺方案,并应包括下列内容:(1)管材、板材性能和焊接材料。(2)焊接方法。(3)坡口形式及制作方法。(4)焊接结构形式及外形尺寸。(5)焊接接头的组对要求及允许偏差。(6)焊接电流的选择。(7)焊接质量保证措施。(8)检验方法及合格标准。

(五)防腐和保温

1. 防腐

防腐材料及涂料的品种、规格、性能应符合设计和环保要求,产品应具有质量合格证明文件。

防腐材料在运输、储存和施工过程中应采取防止变质和污染环境的措施。涂料应密封保存,不得遇明火或曝晒。所用材料应在有效期内使用。

2. 保温

保温材料的品种、规格、性能等应符合设计和环保的要求,产品应具有质量合格证明文件。

保温材料检验应符合下列规定:

(1)保温材料进场前应对品种、规格、外观等进行检查验收,并应从进场的每批材料中,任选 1 ~ 2 组试样进行导热系数、保温层密度、厚度和吸水(质量含水、憎水)率等测定。

(2)应对预制直埋保温管、保温层和保护层进行复检,并应提供复检合格证明;预制直埋保温管的复检项目应包括保温管的抗剪切强度、保温层的厚度、密度、压缩强度、吸水率、闭孔率、导热系数及外护管的密度、壁厚、断裂伸长率、拉伸强度、热稳定性。

(3)按工程要求可进行现场抽检。

当采用湿法保温时,施工环境温度不得低于 5 ℃,否则应采取防冻措施。

保温层施作应符合下列规定:

(1)当保温层厚度大于 100 mm 时,应分为两层或多层逐层施工。

(2)保温棉毡、垫的密实度应均匀,外形应规整,保温厚度和容重应符合设计要求。

(3)瓦块式保温制品的拼缝宽度不得大于5 mm。当保温层为聚氨酯瓦块时,应用同类材料将缝隙填满。其他类硬质保温瓦内应抹3~5 mm厚的石棉灰胶泥层,并应砌严密。保温层应错缝铺设,缝隙处应采用石棉灰胶泥填实。当使用两层以上的保温制品时,同层应错缝,里外层应压缝,其搭接长度不应小于50 mm。每块瓦应使用两道镀锌钢丝或箍带扎紧,不得采用螺旋形捆扎方法,镀锌钢丝的直径不得小于设计要求。

(4)支架及管道设备等部位的保温,应预留出一定间隙,保温结构不得妨碍支架的滑动及设备的正常运行。

(5)管道端部或有盲板的部位应做保温。

立式设备和垂直管道应设置保温固定件或支撑件,每隔3~5 m应设保温层承重环或抱箍,承重环或抱箍的宽度应为保温层厚度的2/3,并应对承重环或抱箍进行防腐。

硬质保温施工应按设计要求预留伸缩缝。

设备应按设计要求进行保温。当保温层遮盖设备铭牌时,应将铭牌复制到保温层外。

保温结构不应影响阀门、法兰的更换及维修。靠近法兰处,应在法兰的一侧留出螺栓长度加25 mm的空隙。有冷紧或热紧要求的法兰,应在完成冷紧或热紧后再进行保温。

纤维制品保温层应与被保温表面贴实,纵向接缝应位于下方45°位置,接头处不得有间隙。双层保温结构的层间应盖缝,表面应保持平整,厚度应均匀,捆扎间距不应大于200 mm,并应适当紧固。

软质复合硅酸盐保温材料应按设计要求施工。当设计无要求时,每层可抹10 mm并应压实,待第一层有一定强度后,再抹第二层并应压光。

3. 保护层

保护层施工前,保温层应已干燥并经检查合格,保护层应牢固、严密。

复合材料保护层施工应符合下列规定:

(1)玻璃纤维布应以螺纹状紧缠在保温层外,前后均搭接不应小于50 mm。布带两端及每隔300 mm应采用镀锌钢丝或钢带捆扎,镀锌钢丝的直径不得小于设计要求,搭接处应进行防水处理。

(2)复合铝箔接缝处应采用压敏胶带粘贴、铆钉固定。

(3)玻璃钢保护壳连接处应采用铆钉固定,沿轴向搭接宽度应为50~60 mm,环向搭接宽度应为40~50 mm。

(4)用于软质保温材料保护层的铝塑复合板正面应朝外,不得损伤其表面。轴向接缝应用保温钉固定,且间距应为60~80 mm。环向搭接宽度应为30~40 mm,纵向搭接宽度不得小于10 mm。

(5)当垂直管道及设备的保护层采用复合铝箔、玻璃钢保护壳和销塑复合板等时,应由下向上,成顺水接缝。

石棉水泥保护层施工应符合下列规定:

(1)石棉水泥不得采用闪石棉等国家禁止使用的石棉制品。

(2)涂抹石棉水泥保护层应检查钢丝网有无松动,并应对有缺陷的部位进行修整,保温层的空隙应采用胶泥填充。保护层应分2层,首层应找平、挤压严实,第2层应在首层稍干后加灰泥压实、压光。保护层厚度不应小于15 mm。

(3)抹面保护层的灰浆干燥后不得产生裂缝、脱壳等现象,金属网不得外露。

(4)抹面保护层未硬化前应防雨雪。当环境温度小于5 ℃,应采取防冻措施。

金属保护层施工应符合下列规定:

(1)金属保护层材料应符合设计要求,当设计无要求时,宜选用镀锌薄钢板或铝合金板。

(2)安装前,金属板两边应先压出两道半网凸缘。设备的保温,可在每张金属板对角线上压两条交叉筋线。

(3)水平管道的施工可直接将金属板卷合在保温层外,并应按管道坡向自下而上顺序安装。两板环向半网凸缘应重叠,金属板接口应在管道下方。

(4)搭接处应采用铆钉固定,其间距不应大于200 mm。

(5)金属保护层应留出设备及管道运行受热膨胀量。

(6)当在结露或潮湿环境安装时,金属保护层应嵌填密封剂或在接缝处包缠密封带。

(7)金属保护层上不得踩踏或堆放物品。

保护层表面应平整光洁、轮廓整齐,镀锌钢丝头不得外露,抹面层不得有酥松和裂缝。

(六)热力站和中继泵站

站内管道、设备及管路附件安装前应对规格、型号和质量等进行检验和记录,并应符合设计要求。检验应包括下列项目:

(1)说明书和产品合格证。

(2)箱号和箱数以及包装情况。

(3)名称、型号和规格。

(4)装箱清单、测试单、材质单、出厂检验报告、技术文件、资料及专用工具。

(5)有无缺损件,表面有无损坏和锈蚀等。

(6)其他需要记录的情况。

中继泵站、热力站施工完成后,与外部管线连接前,管沟或套管应采取临时封闭措施;泵站启动时应先运行水处理设备。泵在额定工况下连续试运转时间不应少于2 h。

站内设备基础施工前应根据设备图纸进行核实。

供热站房设备间的门应向外开。蒸汽热力站、站房长度大于12 m的热水热力站、中继泵站和隔压站的安全出口不应少于2个。

地脚螺栓埋设应符合下列规定:

(1)地脚螺栓底部锚固环钩的外缘与预留孔壁和孔底的距离不得小于15 mm。

(2)地脚螺栓上的油污和氧化皮等应清理干净,螺纹部分应涂抹油脂。

(3)螺母与垫圈,垫圈与设备底座间的接触均应紧密。

(4)拧紧螺母后,螺栓外露长度应为2~5倍螺距。

(5)灌筑地脚螺栓使用的细石混凝土强度等级应比基础混凝土的高一等级,灌浆处应清理干净并捣固密实。

(6)灌筑的混凝土应达到设计强度的75%以上后,方可拧紧地脚螺栓。

(7)设备底座套入地脚螺栓应有调整余量,不得有卡涩现象。

换热机组安装应符合下列规定:

(1)换热机组应进行接地保护。控制柜应配有保护接地排,机柜外壳及电缆槽、穿线钢管、设备基础槽钢、水管、设备支架及其外露金属导体等应接地。水表、橡胶软接头、金属管道的阀门等装置应加跨接线连成电气通路。

(2)换热机组不应有变形或机械损伤,紧固件不应松动。

(3)换热机组应按产品说明书的要求安装,安装的允许偏差及检验方法应符合规定。

供热站内管道安装过程中的敞口应进行临时封闭。

蒸汽管道和设备上的安全阀应有通向室外的排汽管,热水管道和设备上的安全阀应有接到安全地点的排水管。在排汽管和排水管上不得装设阀门。

链接

换热站的管道与设备安装前,参与预埋吊点数量位置复核检查的单位包括土建施工单位、工艺安装单位和监理单位。

关于供热系统换热站内设备和管道采用的连接方式,下面以典型例题的形式进行介绍。

典型例题

【多选题】供热系统换热站内设备和管道可采用的连接方式有(　　)。

A. 法兰连接　　B. 焊接连接

C. 卡套连接　　D. 螺纹连接

E. 套筒连接

AB。【解析】站内设备一般采用法兰连接,管道连接采用焊接,焊缝的无损探伤检验应按设计要求进行,在设计无要求时,应按《城镇供热管网工程施工及验收规范》中有关焊接质量检验的规定执行。

三、压力试验、清洗、试运行

(一)压力试验

1. 基本要求

管道压力试验包括强度试验和严密性试验。强度试验是对管道本身及焊接强度的检验,在试验段管道接口防腐、保温及设备安装前进行;严密性试验是对阀门等管路附件及设备密封性的检验,在试验段管道工程全部安装完成后进行。压力试验时不得带压处理管道和设备的缺陷,避免造成人身事故。

供热管道安装完成后应进行压力试验和清洗,并应符合下列规定:

(1)压力试验所发现的缺陷应待试验压力降至大气压后进行处理,处理后应重新进行压力试验。

(2)当蒸汽管道采用蒸汽吹洗时,应划定安全区;整个吹洗过程应有专人值守,无关人员不得进入吹洗区。

压力试验应按强度试验、严密性试验的顺序进行,试验介质宜采用清洁水。

压力试验前,焊接质量外观和无损检验应合格。

安全阀的爆破片与仪表组件等应拆除或已加盲板隔离。加盲板处应有明显的标记,并应做记录。安全阀应处于全开，填料应密实。

压力试验前应划定试验区、设置安全标志。在整个试验过程应有专人值守，无关人员不得进入试验区。

站内、检查室和沟槽中应有可靠的排水系统。试验现场应进行清理，具备检查的条件。

2. 强度试验

管线施工完成后，经检查除现场组装的连接部位外，其余均符合设计文件和相关标准的规定后，方可以进行强度试验。

强度试验前，应加盲板将安全阀与管道隔离。

强度试验应在试验段内的管道接口防腐、保温施工及设备安装前进行，试验介质为洁净水，环境温度在 5 ℃以上，试验压力为设计压力的 1.5 倍，且不得小于 0.6 MPa，充水时应排净系统内的气体，在试验压力下稳压 10 min，检查无渗漏、无压力降后降至设计压力，在设计压力下稳压 30 min，检查无渗漏、无异常声响、无压力降为合格。

当管道系统存在较大高差时，试验压力以最高点压力为准，同时最低点的压力不得超过管道及设备允许承受压力。

当试验过程中发现渗漏时，严禁带压处理。消除缺陷后，应重新进行试验。

试验结束后，应及时拆除试验用临时加固装置，排净管内积水。排水时应防止形成负压，严禁随地排放。

3. 严密性试验

严密性试验应在试验范围内的管道、支架全部安装完毕，且固定支架的混凝土已达到设计强度，管道自由端临时加固完成后进行。严密性试验压力为设计压力的 1.25 倍，且不小于 0.6 MPa。一级管网稳压 1 h 内压力降不大于 0.05 MPa；二级管网稳压 30 min 压力降不大于 0.05 MPa，且管道、焊缝、管路附件及设备无渗漏，固定支架无明显变形的为合格。

提示

关于供热管道压力试验的相关知识点曾出过案例题，重点记住两种试验的试验压力要求，特别注意强度试验和严密性试验是依次进行，次序不能颠倒。另外，关于试验准备（通用）两条：试验前应编制试验方案，并经监理（建设）、设计等单位审查同意后实施；试验前对有关操作人员进行安全技术交底。

（二）清洗

供热管网的清洗应在试运行前进行。

清洗方法应根据设计及供热管网的运行要求、介质类别确定。可采用人工清洗、水力冲洗和气体吹洗。当采用人工清洗时，管道的公称直径应大于或等于 *DN*800；蒸汽管道应采用蒸汽吹洗。

清洗前应编制清洗方案，并应报有关单位审批。方案中应包括清洗方法、技术要求、操作及安全措施等内容。清洗前应进行技术、安全交底。

清洗前应完成下列工作：

（1）减压器、疏水器、流量计和流量孔板（或喷嘴）、滤网、调节阀芯、止回阀芯及温度计的插入管等应已拆下并妥善存放，待清洗结束后方可复装。

(2)不与管道同时清洗的设备、容器及仪表管等应隔开或拆除。

(3)支架的承载力应能承受清洗时的冲击力,必要时应经设计核算。

(4)水力冲洗进水管的截面积不得小于被冲洗管截面积的50%,排水管截面积不得小于进水管截面积。

(5)蒸汽吹洗排汽管的管径应按设计计算确定。吹洗口及冲洗箱应已按设计要求加固。

(6)设备和容器应有单独的排水口。

(7)清洗使用的其他装置已安装完成,并应经检查合格。

水力冲洗应符合下列规定:

(1)冲洗应按主干线、支干线、支线分别进行。二级管网应单独进行冲洗。冲洗前先应充满水并浸泡管道。冲洗水流方向应与设计的介质流向一致。

(2)清洗过程中管道中的脏物不得进入设备;已冲洗合格的管道不得被污染。

(3)冲洗应连续进行,冲洗时的管内平均流速不应小于1 m/s;排水时,管内不得形成负压。

(4)冲洗水量不能满足要求时,宜采用密闭循环的水力冲洗方式。循环水冲洗时管道内流速应达到或接近管道正常运行时的流速。在循环冲洗后的水质不合格时,应更换循环水继续进行冲洗,并达到合格。

(5)水力冲洗应以排水水样中固形物的含量接近或等于冲洗用水中固形物的含量为合格。

(6)水力清洗结束后应打开排水阀门排污,合格后应对排污管、除污器等装置进行人工清洗。

(7)排放的污水不得随意排放,不得污染环境。

蒸汽吹洗应符合下列规定:

(1)吹洗前应缓慢升温进行暖管,暖管速度不宜过快,并应及时疏水。检查管道热伸长、补偿器、管路附件及设备等工作情况,恒温1 h后再进行吹洗。

(2)吹洗使用的蒸汽压力和流量应按设计计算确定。吹洗压力不应大于管道工作压力的75%。

(3)吹洗次数应为2~3次,每次的间隔时间宜为20~30 min。

(4)蒸汽吹洗应以出口蒸汽无污物为合格。

(三)单位工程验收

供热管网工程的单位工程验收,应在分项工程、分部工程验收合格后进行。

单位工程完工后,施工单位应自行组织有关人员进行检查评定,并应提交工程验收报告。

(四)试运行

试运行应在单位工程验收合格、热源具备供热条件后进行。

试运行前应编制试运行方案。在环境温度低于5 ℃时,应制定防冻措施。试运行方案应经管部门审查同意,并应进行技术交底。

蒸汽管网工程的试运行应带热负荷进行,试运行合格后可直接转入正常的供热运行。蒸汽管网试运行应符合下列规定:

(1)试运行前应进行暖管,暖管合格后方可略开启阀门,缓慢提高蒸汽管的压力。待管道内蒸汽压力和温度达到设计规定的参数后,保持恒温时间不宜少于 1 h。试运行期间应对管道、设备、支架及凝结水疏水系统进行全面检查。

(2)确认管网各部位符合要求后,应对用户用汽系统进行暖管和各部位的检查,确认合格后,再缓慢提高供汽压力,供汽参数达到运行参数,即可转入正常运行。

试运行完成后应进行工程移交,并应签署工程移交文件。

关于热力管网试运行,下面以典型例题的形式进行介绍。

典型例题

【单选题】热力管网试运行应连续运行(　　)。

A. 24 h　　B. 36 h

C. 48 h　　D. 72 h

D。【解析】根据《城镇供热管网工程施工及验收规范》,试运行应符合下列规定:(1)供热管线工程应与热力站工程联合进行试运行。(2)试运行应有完善可靠的通信系统及安全保障措施。(3)试运行应在设计的参数下运行。试运行的时间应在达到试运行的参数条件下连续运行 72 h。试运行应缓慢升温,升温速度不得大于 10 ℃/h,在低温试运行期间,应对管道、设备进行全面检查,支架的工作状况应作重点检查。在低温试运行正常以后,方可缓慢升温至试运行温度下运行。(4)在试运行期间管道法兰、阀门、补偿器及仪表等处的螺栓应进行热拧紧。热拧紧时的运行压力应降低至 0.3 MPa 以下。(5)试运行期间应观察管道、设备的工作状态,并应运行正常。试运行应完成各项检查,并应做好试运行记录。(6)试运行期间出现不影响整体试运行安全的问题,可待试运行结束后处理;当出现需要立即解决的问题时,应先停止试运行,然后进行处理。问题处理完后,应重新进行 72 h 试运行。

提示

记住两个数字:72 h 和 10 ℃/h。试运行中应对管道及设备进行全面检查,要重点检查支架的工作状况。

2K315030　城镇燃气管道工程施工

一、燃气管道的分类

燃气管道,顾名思义即输送燃气的管道。城镇燃气是指符合规范的燃气质量要求,供给居民生活、商业(公共建筑)和工业企业生产作燃料用的公用性质的燃气。城镇燃气一般包括人工煤气、天然气、液化石油气、液化石油气混空气、二甲醚气、沼气。燃气管道可按最高工作压力、用途、敷设方式等加以分类。燃气管道组成的系统称为燃气管网。燃气管网可按形状、压力级制加以分类。

链接

华白数：燃气的热值与其相对密度平方根的比值。

（一）燃气管道按最高工作压力分类

燃气管道与其他管道相比，有特别严格的要求，因为管道漏气可能导致火灾、爆炸、中毒等事故。燃气管道中的压力越高，管道接头脱开、管道本身出现裂缝的可能性就越大。管道内燃气压力不同时，对管材、安装质量、检验标准及运行管理等要求也不相同。

我国城镇燃气输配管道应根据最高工作压力进行分级，并应符合表 1-38 的规定。

表 1-38　输配管道压力分级

名称		最高工作压力 P/MPa
超高压燃气管道		$P>4.0$
高压燃气管道	A	$2.5<P\leq4.0$
	B	$1.6<P\leq2.5$
次高压燃气管道	A	$0.8<P\leq1.6$
	B	$0.4<P\leq0.8$
中压燃气管道	A	$0.2<P\leq0.4$
	B	$0.01<P\leq0.2$
低压燃气管道		$P\leq0.01$

（二）燃气管道按用途分类

燃气管道按用途分类如下：

（1）长距离输气管道。

（2）城镇燃气管道。包括分配管道、输气管道、用户引入管、室内燃气管道。

（3）工业企业燃气管道。包括工厂引入管和厂区燃气管道、车间燃气管道、炉前燃气管道。

（三）燃气管道按敷设方式分类

燃气管道按敷设方式分类如下：

（1）埋地管道。城镇燃气管道一般采用埋地敷设，当燃气管段需要穿越铁路、公路时，有时需加设套管或管沟，因此有直接埋设及间接埋设两种。

（2）架空管道。工厂厂区内或管道跨越障碍物以及建筑物内的燃气管道，常采用架空敷设。

（四）燃气管网按形状分类

燃气管网按形状分类如下：

（1）环状管网。管段联成封闭的环状，输送至任一管段的燃气可以由一条或多条管道供气。环状管网是城镇输配管网的基本形式，在同一环中，输气压力处于同一级制。

（2）枝状管网。以干管为主管，分配管呈树枝状由主管引出。在城镇燃气管网中一般不单独使用。

（3）环枝状管网。环状与枝状混合使用的一种管网形式。

（五）燃气管网按压力级制分类

燃气管网按压力级制分类如下：

(1)单级系统。仅有低压或中压一种压力级别的管网输配系统。

(2)二级管网系统。具有两种压力等级的管网系统组成。

(3)三级管网系统。由低压、中压和次高压三种压力级别组成的管网系统。

(4)多级管网系统。由低压、中压、次高压和高压多种压力级别组成的管网系统。

二、钢质燃气管道施工与安装要求

（一）施工前准备

工程施工所用设备、管道组成件等，应符合国家现行有关产品标准的规定，且必须具有生产厂质量检验部门的产品合格文件。

在入库和进入施工现场安装前，应对管道组成件进行检查，其材质、规格、型号应符合设计文件和合同的规定，并应按现行的国家产品标准进行外观检查；对外观质量有异议、设计文件或规范有要求时应进行有关质量检验，不合格者不得使用。

链接

高压和中压A燃气管道管材应采用钢管。中压B和低压燃气管道管材宜采用钢管或机械接口铸铁管。中、低压燃气管道管材选择使用聚乙烯管时，应符合相关规定。

（二）土方工程

1. 一般规定

土方施工前，建设单位应组织有关单位向施工单位进行现场交桩。临时水准点、管道轴线控制桩、高程桩，应经过复核后方可使用，并应定期校核。施工单位应会同建设等有关单位，核对管道路由、相关地下管道以及构筑物的资料，必要时局部开挖核实。

施工前，建设单位应对施工区域内已有地上、地下障碍物，与有关单位协商处理完毕。在施工中，燃气管道穿越其他市政设施时，应对市政设施采取保护措施，必要时应征得产权单位的同意。在地下水位较高的地区或雨期施工时，应采取降低水位或排水措施，及时清除沟内积水。

2. 施工现场安全防护

在繁华路段和城市主要道路施工时，宜采用封闭式施工方式。在交通不可中断的道路上施工，应有保证车辆、行人安全通行的措施，并应设有负责安全的人员。

3. 开槽

混凝土路面和沥青路面的开挖应使用切割机切割。管道沟槽应按设计规定的平面位置和标高开挖。当采用人工开挖且无地下水时，槽底预留值宜为0.05～0.10 m；当采用机械开挖或有地下水时，槽底预留值不应小于0.15 m；管道安装前应人工清底至设计标高。

管沟沟底宽度和工作坑尺寸，应根据现场实际情况和管道敷设方法确定。沟槽一侧或两侧临时堆土位置和高度不得影响边坡的稳定性和管道安装。堆土前应对消火栓、雨水口等设施进行保护。

局部超挖部分应回填压实。当沟底无地下水时，超挖在0.15 m以内，可采用原土回填；超挖在0.15 m及以上，可采用石灰土处理。当沟底有地下水或含水量较大时，应采用级配砂石或天然砂回填至设计标高。超挖部分回填后应压实，其密实度应接近原地基天然土的密实度。

在湿陷性黄土地区，不宜在雨期施工，或在施工时切实排除沟内积水，开挖时应在槽底预留0.03～0.06 m厚的土层进行压实处理。沟底遇有废弃构筑物、硬石、木头、垃圾等杂物时必须清除，并应铺一层厚度不小于0.15 m的砂土或素土，整平压实至设计标高。

对软土基及特殊性腐蚀土壤，应按设计要求处理。当开挖难度较大时，应编制安全施工的技术措施，并向现场施工人员进行安全技术交底。

4. 回填与路面恢复

管道主体安装检验合格后，沟槽应及时回填，但需留出未检验的安装接口。回填前，必须将槽底施工遗留的杂物清除干净。

对特殊地段，应经监理（建设）单位认可，并采取有效的技术措施，方可在管道焊接、防腐检验合格后全部回填。不得采用冻土、垃圾、木材及软性物质回填。管道两侧及管顶以上0.5 m内的回填土，不得含有碎石、砖块等杂物，且不得采用灰土回填。距管顶0.5 m以上的回填土中的石块不得多于10%、直径不得大于0.1 m，且均匀分布。

沟槽的支撑应在管道两侧及管顶以上0.5 m回填完毕并压实后，在保证安全的情况下进行拆除，并应采用细砂填实缝隙。沟槽回填时，应先回填管底局部悬空部位，再回填管道两侧。

回填土应分层压实，每层虚铺厚度宜为0.2～0.3 m，管道两侧及管顶以上0.5 m内的回填土必须采用人工压实，管顶0.5 m以上的回填土可采用小型机械压实，每层虚铺厚度宜为0.25～0.4 m。回填土压实后，应分层检查密实度，并做好回填记录。沟槽各部位的密实度应符合规定。

沥青路面和混凝土路面的恢复，应由具备专业施工资质的单位施工。回填路面的基础和修复路面材料的性能不应低于原基础和路面材料。当地市政管理部门对路面恢复有其他要求时，应按当地市政管理部门的要求执行。

5. 警示带敷设

埋设燃气管道的沿线应连续敷设警示带。警示带敷设前应将敷设面压实，并平整地敷设在管道的正上方，距管顶的距离宜为0.3～0.5 m，但不得敷设于路基和路面里。

警示带平面布置可按规范的规定执行。

警示带宜采用黄色聚乙烯等不易分解的材料，并印有明显、牢固的警示语，字体不宜小于100 mm ×100 mm。

6. 管道路面标志设置

当燃气管道设计压力大于或等于0.8 MPa时，管道沿线宜设置路面标志。对混凝土和沥青路面，宜使用铸铁标志；对人行道和土路，宜使用混凝土方砖标志；对绿化带、荒地和耕地，宜使用钢筋混凝土桩标志。

路面标志应设置在燃气管道的正上方，并能正确、明显地指示管道的走向和地下设施。设置位置应为管道转弯处、三通、四通处、管道末端等，直线管段路面标志的设置间隔不宜大于200 m。路面上已有能标明燃气管线位置的阀门井、凝水缸部件时，可将该部件视为路面标志。路面标志上应标注“燃气”字样,可选择标注“管道标志”“三通”及其他说明燃气设施的字样或符号和“不得移动、覆盖”等警示语。

(三)钢质管道及管件的防腐

埋地钢质输配管道应采用外防腐层辅以阴极保护系统的腐蚀控制措施。新建输配管道的阴极保护系统应与输配管道同时实施,并应同时投入使用。

1. 外防腐层的施工

埋地敷设钢质燃气管道的外防腐涂层,根据工程具体情况,宜采用挤压聚乙烯防腐层、熔结环氧粉末防腐层,也可采用石油沥青、聚乙烯防腐胶带、环氧煤沥青等防腐层;并应符合国家现行标准的有关规定。

管材防腐宜统一在防腐车间(场、站)进行。防腐前应对防腐原材料进行检查,有下列情况之一者,不得使用:

(1)无出厂质量证明文件或检验证明。

(2)出厂质量证明书的数据不全或对数据有怀疑,且未经复验或复验后不合格。

(3)无说明书、生产日期和储存有效期。

管道宜采用喷(抛)射除锈。除锈后的钢管应及时进行防腐,如防腐前钢管出现二次锈蚀,必须重新除锈。

经检查合格的防腐管道,应在防腐层上标明管道的规格、防腐等级、执行标准、生产日期和厂名等。

防腐管道应按防腐类型、等级和管道规格分类堆放,需固化的防腐涂层必须待防腐涂层固化后堆放。防腐层未实干的管道,不得回填。

做好防腐绝缘涂层的管道,在堆放、运输、安装时,必须采取有效措施,保证防腐涂层不受损伤。

补口、补伤、设备、管件及管道套管的防腐等级不得低于管体的防腐层等级。当相邻两管道为不同防腐等级时,应以最高防腐等级为补口标准。当相邻两管道为不同防腐材料时,补口材料的选择应考虑材料的相容性。

关于使用环氧煤沥青涂料对燃气管道进行防腐处理的要求,下面以典型例题的形式进行介绍。

典型例题

【单选题】关于使用环氧煤沥青涂料对燃气管道进行防腐处理的说法,错误的是(　　)。

A. 底层涂料应在表面除锈后的 8 h 之内进行涂刷

B. 管道两端 100~150 mm 范围内不得涂刷

C. 底层涂料与第一道面层涂料涂刷时间间隔不得超过 24 h

D. 缠绕玻璃布时,玻璃布的压边宽度为 20~30 mm

A。【解析】使用环氧煤沥青涂料对燃气管道进行防腐处理时,管道表面应按规定除锈,底层涂料应在表面除锈后的 4 h 之内涂刷,且涂刷应均匀,不得漏涂。故选项 A 错误。

2. 阴极保护系统施工

阴极保护电绝缘装置的安装及测试应符合现行行业标准的有关规定。

电缆安装应符合下列规定：

(1)阴极保护电缆应采用铜芯电缆。

(2)测试电缆的截面积不宜小于 4 mm^2。

(3)用于牺牲阳极的电缆截面积不宜小于 4 mm^2，用于强制电流阴极保护中阴、阳极的电缆截面积不宜小于 16 mm^2。

(4)电缆与管道连接宜采用铝热焊方式，并应连接牢固、电气导通，且在连接处应进行防腐绝缘处理。

(5)测试电缆回填时应保持松弛。

关于燃气管道阴极保护系统施工，下面以典型例题的形式进行介绍。

典型例题

【单选题】关于新建燃气管道阴极保护系统施工的说法，错误的是(　　)。

A. 阳极可采用水平式安装

B. 牺牲阳极与管道间不得有其他地下金属设施

C. 牺牲阳极应埋设在土壤冰冻线以上

D. 每个装置中应至少有 2 根电缆与管道连接

C。【解析】牺牲阳极应埋设在土壤冰冻线以下。故选项 C 错误。根据《城镇燃气埋地钢质管道腐蚀控制技术规程》，棒状牺牲阳极的安装除应符合上述规定外，还应符合下列规定：(1)阳极可采用水平式或立式安装。(2)牺牲阳极距管道外壁宜为 0.5 ~ 3.0 m。成组布置时，阳极间距宜为 2.0 ~ 3.0 m。(3)测试装置处，牺牲阳极引出的电缆应通过测试装置连接到管道上。阴极保护测试装置应坚固耐用、方便测试，装置上应注明编号，并应在运行期间保持完好状态。接线端子和测试柱均应采用铜制品并应封闭在测试盒内。测试装置每个装置中应至少有 2 根电缆或双芯电缆与管道连接，电缆应采用颜色或其他标记法区分，全线应统一。采用地下测试井安装方式时，应在井盖上注明标记。

(四)埋地钢管敷设

1. 一般规定

管道应在沟底标高和管基质量检查合格后，方可安装。燃气钢管的弯头、三通、异径接头，宜采用机制管件。穿越铁路、公路、河流及城市道路时，应减少管道环向焊缝的数量。

2. 管道焊接

管道焊接应按现行国家标准的有关规定执行。管道的切割及坡口加工宜采用机械方法，当采用气割等热加工方法时，必须除去坡口表面的氧化皮，并进行打磨。施焊环境应符合现行国家标准的有关规定。氩弧焊时，焊口组对间隙宜为 2 ~ 4 mm。其他坡口尺寸应符合现行国家标准的规定。

不应在管道焊缝上开孔。管道开孔边缘与管道焊缝的间距不应小于 100 mm。当无法避开时，应对以开孔中心为圆心，1.5 倍开孔直径为半径的圆中所包容的全部焊缝进行

100%射线照相检测。

管道焊接完成后，强度试验及严密性试验之前，必须对所有焊缝进行外观检查和对焊缝内部质量进行检验，外观检查应在内部质量检验前进行。

焊缝内部质量的抽样检验应符合下列要求：

(1)管道内部质量的无损探伤数量，应按设计规定执行。当设计无规定时，抽查数量不应少于焊缝总数的15%，且每个焊工不应少于一个焊缝。抽查时，应侧重抽查固定焊口。

(2)对穿越或跨越铁路、公路、河流、桥梁、有轨电车及敷设在套管内的管道环向焊缝，必须进行100%的射线照相检验。

(3)当抽样检验的焊缝全部合格时，则此次抽样所代表的该批焊缝应为全部合格；当抽样检验出现不合格焊缝时，对不合格焊缝返修后，应按下列规定扩大检验：

①每出现一道不合格焊缝，应再抽检两道该焊工所焊的同一批焊缝，按原探伤方法进行检验。

②如第二次抽检仍出现不合格焊缝，则应对该焊工所焊全部同批的焊缝按原探伤方法进行检验。对出现的不合格焊缝必须进行返修，并应对返修的焊缝按原探伤方法进行检验。

③同一焊缝的返修次数不应超过2次。当返修部位需预热时，预热温度应比相同条件下正常焊接的预热温度提高30～50 ℃。

3. 法兰连接

法兰在安装前应进行外观检查，并应符合下列要求：

(1)法兰的公称压力应符合设计要求。

(2)法兰密封面应平整光洁，不得有毛刺及径向沟槽。法兰螺纹部分应完整，无损伤。凹凸面法兰应能自然嵌合，凸面的高度不得低于凹槽的深度。

(3)螺栓及螺母的螺纹应完整，不得有伤痕、毛刺等缺陷；螺栓与螺母应配合良好，不得有松动或卡涩现象。

法兰应在自由状态下安装连接。法兰与支架边缘或墙面距离不宜小于200 mm。法兰直埋时，必须对法兰和紧固件按管道相同的防腐等级进行防腐。

4. 钢管敷设

燃气管道应按照设计图纸的要求控制管道的平面位置、高程、坡度，与其他管道或设施的间距应符合现行国家标准的相关规定。管道在保证与设计坡度一致且满足设计安全距离和埋深要求的前提下，管线高程和中心线允许偏差应控制在当地规划部门允许的范围内。

管道在套管内敷设时，套管内的燃气管道不宜有环向焊缝。管道下沟前，应清除沟内的所有杂物，管沟内积水应抽净。

埋地钢质输配管道埋设前，应对防腐层进行100%外观检查，防腐层表面不得出现气泡、破损、裂纹、剥离等缺陷。不符合质量要求时，应返工处理直至合格。

(五)钢质燃气管道安装要求

地下燃气管道埋设的最小覆土厚度(路面至管顶)应符合下列要求：

(1)埋设在机动车道下时，不得小于0.9 m。

(2)埋设在非机动车车道(含人行道)下时，不得小于0.6 m。

(3)埋设在机动车不可能到达的地方时，不得小于0.3 m。

(4)埋设在水田下时,不得小于0.8 m。

提示

当不能满足上述规定时,应采取有效的安全防护措施。

输送湿燃气的燃气管道,应埋设在土壤冰冻线以下。燃气管道坡向凝水缸的坡度不宜小于0.003。

地下燃气管道的基础宜为原土层。凡可能引起管道不均匀沉降的地段,其基础应进行处理。

地下燃气管道不得在堆积易燃、易爆材料和具有腐蚀性液体的场地下面穿越,并不宜与其他管道或电缆同沟敷设。当需要同沟敷设时,必须采取有效的安全防护措施。

燃气管道穿越铁路、高速公路、电车轨道或城镇主要干道时应符合下列要求:

(1)穿越铁路或高速公路的燃气管道,应加套管。

提示

当燃气管道采用定向钻穿越并取得铁路或高速公路部门同意时,可不加套管。

(2)穿越铁路的燃气管道的套管,应符合下列要求:

①套管埋设的深度:铁路轨底至套管顶不应小于1.20 m,并应符合铁路管理部门的要求。

②套管宜采用钢管或钢筋混凝土管。

③套管内径应比燃气管道外径大100 mm以上。

④套管两端与燃气管的间隙应采用柔性的防腐、防水材料密封,其一端应装设检漏管。

⑤套管端部距路堤坡脚外的距离不应小于2.0 m。

(3)燃气管道穿越电车轨道或城镇主要干道时宜敷设在套管或管沟内;穿越高速公路的燃气管道的套管、穿越电车轨道或城镇主要干道的燃气管道的套管或管沟,应符合下列要求:

①套管内径应比燃气管道外径大100 mm以上,套管或管沟两端应密封,在重要地段的套管或管沟端部宜安装检漏管。

②套管或管沟端部距电车道边轨不应小于2.0 m;距道路边缘不应小于1.0 m。

(4)燃气管道宜垂直穿越铁路、高速公路、电车轨道或城镇主要干道。

燃气管道通过河流时,可采用穿越河底或采用管桥跨越的形式。当条件许可时,可利用道路桥梁跨越河流,并应符合下列要求:

(1)随桥梁跨越河流的燃气管道,其管道的输送压力不应大于0.4 MPa。

(2)当燃气管道随桥梁敷设或采用管桥跨越河流时,必须采取安全防护措施。

(3)燃气管道随桥梁敷设,宜采取下列安全防护措施:

①敷设于桥梁上的燃气管道应采用加厚的无缝钢管或焊接钢管,尽量减少焊缝,对焊缝进行100%无损探伤。

②跨越通航河流的燃气管道管底标高,应符合通航净空的要求,管架外侧应设置护桩。

③在确定管道位置时,与随桥敷设的其他管道的间距应符合现行国家标准《工业企业煤

气安全规程》支架敷管的有关规定。

④管道应设置必要的补偿和减振措施。

⑤对管道应做较高等级的防腐保护;对于采用阴极保护的埋地钢管与随桥管道之间应设置绝缘装置。

⑥跨越河流的燃气管道的支座(架)应采用不燃烧材料制作。

燃气管道穿越河底时,应符合下列要求:

(1)燃气管道宜采用钢管。

(2)稳管措施应根据计算确定。

(3)穿越或跨越重要河流的燃气管道,在河流两岸均应设置阀门。地下燃气管道上的检测管、凝水缸的排水管、水封阀和阀门,均应设置护罩或护井。

室外架空的燃气管道,可沿建筑物外墙或支柱敷设,并应符合下列要求:

(1)沿建筑物外墙的燃气管道距住宅或公共建筑物中不应敷设燃气管道的房间门、窗洞口的净距:中压管道不应小于0.5 m,低压管道不应小于0.3 m。燃气管道距生产厂房建筑物门、窗洞口的净距不限。

(2)输送湿燃气的管道应采取排水措施,在寒冷地区还应采取保温措施。燃气管道坡向凝水缸的坡度不宜小于0.003。

(3)工业企业内燃气管道沿支柱敷设时,尚应符合现行的国家标准《工业企业煤气安全规程》的规定。

关于燃气管道随桥梁敷设时宜采取的安全防护措施、燃气管道穿越构筑物的套管安装要求,下面以典型例题的形式进行介绍。

典型例题

【单选题】敷设于桥梁上的燃气管道应采用加厚的无缝钢管或焊接钢管,尽量减少焊缝,对焊缝应进行(　　)无损探伤。

A. 50%　　B. 60%

C. 80%　　D. 100%

D。**【解析】**燃气管道随桥梁敷设,宜采取下列安全防护措施:(1)敷设于桥梁上的燃气管道应采用加厚的无缝钢管或焊接钢管,尽量减少焊缝,对焊缝进行100%无损探伤。(2)跨越通航河流的燃气管道管底标高,应符合通航净空的要求,管架外侧应设置护桩。(3)在确定管道位置时,与随桥敷设的其他管道的间距应符合现行国家标准《工业企业煤气安全规程》支架敷管的有关规定。(4)管道应设置必要的补偿和减振措施。(5)对管道应做较高等级的防腐保护;对于采用阴极保护的埋地钢管与随桥管道之间应设置绝缘装置。(6)跨越河流的燃气管道的支座(架)应采用不燃烧材料制作。

【单选题】关于燃气管道穿越构筑物的套管,其安装要求的说法,正确的是(　　)。

A. 套管与管道之间的空隙应采用高标号水泥砂浆填充

B. 防水套管在构筑物混凝土浇筑后尽快安装

C. 穿过结构的套管应与结构两端平齐

D. 穿过楼板的套管应高出板面50 mm

D。【解析】套管与管道之间空隙的填充应采用柔性材料。故选项 A 错误。防水套管应在建(构)筑物砌筑或浇筑混凝土之前安装就位。故选项 B 错误。穿过结构的套管每侧应高出墙面 20 mm。故选项 C 错误。

三、聚乙烯燃气管道施工与安装要求

(一)术语

聚乙烯燃气管道是指由燃气用聚乙烯管材、管件、阀门及附件组成的管道系统。聚乙烯管材是用聚乙烯混配料通过加热熔融挤出成型工艺生产的管材;聚乙烯管件是用聚乙烯混配料通过注塑成型等工艺生产的管件。

热熔对接连接是指采用专用熔接设备,按技术要求加热待连接的管材或管件的端面,在该部位施加一定压力将熔融端面对接,形成一体的连接方式。

电熔连接是指采用内埋电阻丝的专用电熔管件,通过专用设备,控制内埋于管件中的电阻丝的电压或电流及通电时间,使其达到熔接目的的连接方法。电熔连接方式有电熔承插连接、电熔鞍形连接。

钢塑转换管件是指由工厂预制的用于聚乙烯管材与钢管连接,包括钢管部分和 PE 管部分的一类专用机械管件,如钢塑直接头、弯头、法兰、三通钢塑转换件等形式。

(二)材料

1. 一般规定

聚乙烯管材、管件、阀门等入库储存或进场施工前应进行检查验收。检查验收内容应包括合格证、检验报告、原料级别和牌号、外观、颜色、长度、不圆度、生产日期、产品标志、外径或内径及壁厚、包装等,并应逐项核实内容。当存在异议时,应委托第三方进行复验。

聚乙烯管材、管件和阀门不应长期户外存放。当从生产到使用期间,累计受到太阳能辐射量超过 3.5 GJ/m^2 时,或按规定存放,管材存放时间超过 4 年、密封包装的管件存放时间超过 6 年,应对其抽样检验,性能符合要求方可使用。

聚乙烯管材抽检项目应包括静液压强度(165 h/80 ℃)、电熔接头的剥离强度和断裂伸长率。管件抽检项目包括静液压强度(165 h/80 ℃)、热熔对接连接的拉伸强度或电熔管件的熔接强度。阀门抽检项目包括静液压强度(165 h/80 ℃)、电熔接头的剥离强度、操作扭矩和密封性能试验。

链接

聚乙烯等不耐受高温或紫外线的高分子材料管道不得用于室外明设的输配管道。

2. 运输和贮存

聚乙烯管材、管件和阀门的运输应符合下列规定:

(1)管材、管件和阀门搬运时,应小心轻放,不得抛、摔、滚、拖。当采用机械设备吊装管材时,应采用非金属绳(带)绑扎管材两端后吊装。

(2)管材运输时,应水平放置在带挡板的平底车上或平坦的船舱内,堆放处不得有损伤管材的尖凸物,应采用非金属绳(带)捆扎、固定,管口应采取封堵保护措施。

(3)管件、阀门运输时,应按箱逐层码放整齐、固定牢靠。

(4)在运输过程中不应受到曝晒、雨淋、油污及化学品污染。

聚乙烯管材、管件和阀门的贮存应符合下列规定:

(1)管材、管件和阀门应按不同类型、规格和尺寸分别存放,并应遵照"先进先出"原则。

(2)管材、管件和阀门应存放在仓库(存储型物流建筑)或半露天堆场(货棚)内。仓库(存储型物流建筑)或半露天堆场(货棚)的设计应符合现行国家标准的有关规定。存放在半露天堆场(货棚)内的管材、管件和阀门不应受到暴晒、雨淋,应有防紫外线照射措施;仓库的门窗洞口应有防紫外线照射措施。

(3)管材、管件和阀门应远离热源,严禁与油类或化学品混合存放。

(4)管材应水平堆放在平整的支撑物或地面上,管口应采取封堵保护措施。当直管采用梯形堆放或两侧加支撑保护的矩形堆放时,堆放高度不宜超过1.5 m;当直管采用分层货架存放时,每层货架高度不宜超过1 m。

(5)管件和阀门应成箱存放在货架上或叠放在平整地面上;当成箱叠放时,高度不宜超过1.5 m。在使用前,不得拆除密封包装。

(6)管材、管件和阀门在室外临时存放时,管材管口应采用保护端盖封堵,管件和阀门应存放在包装箱或储物箱内,并应采用遮盖物遮盖,防日晒、雨淋。

(三)管道连接

1. 一般规定

聚乙烯燃气管道连接前,应按设计要求在施工现场对管材、管件、阀门及管道附属设备进行查验。管材表面划伤深度不应超过管材壁厚的10%,且不应超过4 mm;管件、阀门及管道附属设备的外包装应完好,符合要求方可使用。

聚乙烯燃气管道的连接应符合下列规定:

(1)聚乙烯管材与管件、阀门的连接应采用热熔对接或电熔连接(电熔承插连接、电熔鞍形连接)方式,不得采用螺纹连接或粘接。

(2)聚乙烯管材与金属管道或金属附件连接时,应采用钢塑转换管件连接或法兰连接;当采用法兰连接时,宜设置检查井。

(3)聚乙烯管材、管件和阀门的连接在下列情况下应采用电熔连接:不同级别(PE80与PE100);熔体质量流动速率差值大于等于0.5 g/10 min(190 ℃,5 kg);焊接端部标准尺寸比(SDR)不同;公称外径小于90 mm或壁厚小于6 mm。

聚乙烯燃气管道连接应根据不同连接形式选用专用的熔接设备。连接时,严禁采用明火加热。熔接设备应定期进行校准和检定,周期不应超过1年。对于电压不稳定区域应增加稳压装置。

聚乙烯燃气管道热熔连接或电熔连接的环境温度宜在-5~40 ℃范围内,并应符合下列规定:当环境温度低于-5 ℃时,应采取保温措施;当风力大于5级时,应采取防风措施;夏季应采取遮阳措施;雨天应采取防雨措施。

聚乙烯管道连接时,管材的切割应采用专用割刀或切管工具,切割端面应垂直于管道轴线,并应平整、光滑、无毛刺。聚乙烯燃气管道连接作业每次收工时,应对管口进行临时封堵。

2. 热熔连接

热熔对接的连接工艺应符合现行国家标准的有关规定。在保证连接质量的前提下，可采用经评定合格的其他热熔对接连接工艺。

热熔对接连接的操作应符合下列规定：

(1)应根据聚乙烯管材、管件或阀门的规格选用适应的机架和夹具。

(2)在固定连接件时，应将连接件的连接端伸出夹具，伸出的自由长度不应小于公称外径的10%。

(3)移动夹具应使待连接件的端面接触，并应校直到同一轴线上，错边量不应大于壁厚的10%。

(4)连接部位应擦净，并应保持干燥，待连接件端面应进行铣削，使其与轴线垂直。连续切屑的平均厚度不宜大于0.2 mm，铣削后的熔接面应保持洁净。

(5)铣削完成后，移动夹具应使待连接件对接管口闭合。待连接件的错边量不应大于壁厚的10%，且接口端面对接面最大间隙应符合表1-39的规定。

表1-39　接口端面对接面最大间隙

管道元件公称外径 d_n/mm	接口端面对接面最大间隙/mm
$d_n \leqslant 250$	0.3
$250 < d_n \leqslant 400$	0.5
$400 < d_n \leqslant 630$	1.0

(6)应按热熔对接的连接工艺要求加热待连接件端面。

(7)吸热时间达到规定要求后，应迅速撤出加热板，待连接件加热面熔化应均匀，不得有损伤。

(8)在规定的时间内使待连接面完全接触，并应保持规定的热熔对接压力。

(9)接头冷却应采用自然冷却。在保压冷却期间，不得拆开夹具，不得移动连接件或在连接件上施加任何外力。

3. 电熔连接

聚乙烯燃气管道电熔连接时，当管材、管件、阀门及熔接设备存放处的温度与施工现场的温度相差较大时，连接前应将管材、管件、阀门及熔接设备在施工现场放置一定时间，使其温度接近施工现场温度。

电熔承插连接的操作应符合下列规定：

(1)管材的连接部位应擦净，并应保持干燥；管件应在焊接时再拆除封装袋。

(2)当管材的不圆度影响安装时，应采用整圆工具对插入端进行整圆。

(3)应测量电熔管件承口长度，并在管材或插口管件的插入端标出插入长度，刮除插入段表皮的氧化层，刮削表皮厚度宜为0.1～0.2 mm，并应保持洁净。

(4)将管材或插口管件的插入端插入电熔管件承口内至标记位置，同时应对配合尺寸进行检查，避免强力插入。

(5)校直待连接的管材和管件，使其在同一轴线上，并应采用专用夹具固定后，方可通电焊接。

(6)通电加热焊接的电压或电流、加热时间等焊接参数的设定应符合电熔连接熔接设备和电熔管件的使用要求。

(7)接头冷却应采用自然冷却。在冷却期间,不得拆开夹具,不得移动连接件或在连接件上施加任何外力。

电熔鞍形连接的操作应符合下列规定:

(1)应标记电熔鞍形管件与管道连接的位置,并应检查连接位置处管道的不圆度,必要时应采用整圆工具对其进行整圆。

(2)管道连接部位应擦拭干净,并应保持干燥,应刮除管道连接部位表皮氧化层,刮削厚度宜为0.1~0.2 mm。

(3)检查电熔鞍形管件鞍形面与管道连接部位的适配性,并应采用支座或机械装置固定管道连接部位的管段,使其保持直线度和圆度。

(4)通电前,应将电熔鞍形管件用专用夹具固定在管道连接部位。

(5)通电加热时的电压或电流、加热时间等焊接参数应符合电熔连接机具和电熔鞍形管件的使用要求。

(6)接头冷却应采取自然冷却。冷却期间,不得拆开夹具,不得移动连接件或在连接件上施加任何外力。

(7)钻孔操作应在支管强度试验和气密性试验合格后进行。

4. 法兰连接

金属管端的法兰盘与金属管道的连接应符合现行行业标准的有关规定。

聚乙烯法兰连接件与聚乙烯管道的连接应符合下列规定:

(1)应将法兰盘套入待连接的法兰连接件的端部。

(2)应按标准规定的热熔连接或电熔连接的要求,将聚乙烯法兰连接件平口端与聚乙烯管道进行连接。

两法兰盘上螺孔应对中,法兰面应相互平行,螺栓孔与螺栓直径应配套,螺栓规格应一致,螺母应在同一侧;紧固法兰盘上的螺栓应按对称顺序分次均匀紧固,不得强力组装;螺栓拧紧后宜伸出螺母1~3扣。法兰盘在静置8~10 h后,应二次紧固。

法兰密封面、密封件不得有影响密封性能的划痕、凹坑等缺陷,材质应符合输送城镇燃气的要求。

法兰盘、紧固件应经防腐处理,并应满足设计要求。

5. 钢塑转换管件连接

钢塑转换管件的聚乙烯管端与聚乙烯管道或管件的连接应符合上述热熔连接或电熔连接的相关规定。钢塑转换管件的钢管端与金属管道的连接应符合现行行业标准的有关规定。钢塑转换管件的钢管端与钢管焊接时,应对钢塑过渡段采取降温措施。钢塑转换管件连接后应对接头进行防腐处理,防腐等级应满足设计要求,并应检验合格。

6. 管道敷设

聚乙烯燃气管道敷设应在沟底标高和管基质量检查合格后进行。

聚乙烯燃气管道下管时,不得采用金属材料直接捆扎和吊运管道,并应防止管道划伤、扭曲和出现过大的拉伸和弯曲。

聚乙烯燃气管道宜呈蜿蜒状敷设,并可随地形在一定的起伏范围内自然弯曲敷设。管道的弯曲半径应符合规定,不得使用机械或加热方法弯曲管道。

采用拖管法埋地敷设时，在管道拖拉的过程中，沟底不应有可能损伤管道表面的石块和尖凸物，拖拉长度不宜超过300 m。

关于示踪线、地面标志、警示带、保护板的敷设和设置，下面以典型例题的形式进行介绍。

典型例题

【单选题】在聚乙烯燃气管道敷设时，以下随管走向敷设警示标识的顺序，由下至上正确的是(　　)。

A. 保护板→警示带→示踪线→地面标志

B. 示踪线→警示带→保护板→地面标志

C. 示踪线→保护板→警示带→地面标志

D. 警示带→保护板→示踪线→地面标志

B。【解析】管道敷设时，应随管走向敷设示踪线、警示带、保护板，设置地面标志。示踪线、地面标志、警示带、保护板的敷设和设置应符合下列规定：(1)示踪线应敷设在聚乙烯燃气管道的正上方；并应有良好的导电性和有效的电气连接，示踪线上应设置信号源井。(2)地面标志应随管道走向设置，并应符合现行行业标准的有关规定。(3)警示带的敷设应符合下列规定：警示带宜敷设在管顶上方300~500 mm处，但不得敷设在路面结构层内；对于公称外径小于400 mm的管道，可在管道正上方敷设1条警示带；对于公称外径大于或等于400 mm的管道，应在管道正上方平行敷设2条水平净距为100~200 mm的警示带；警示带宜采用聚乙烯或不易分解的材料制造，颜色应为黄色，且在警示带上应印有醒目、永久性警示语。(4)保护板应有足够的强度，且上面应有明显的警示标识；保护板宜敷设在管道上方距管顶大于200 mm、距地面300~500 mm处，但不得敷设在路面结构层内。

专家解读

《燃气工程项目规范》中关于燃气管道安装的强制性规定如下：

(1)埋地输配管道应根据冻土层、路面荷载等条件确定其埋设深度。车行道下输配管道的最小直埋深度不应小于0.9 m，人行道及田地下输配管道的最小直埋深度不应小于0.6 m。

(2)输配管道不应在排水管(沟)、供水管渠、热力管沟、电缆沟、城市交通隧道、城市轨道交通隧道和地下人行通道等地下构筑物内敷设。当确需穿过时，应采取有效的防护措施。

(3)当输配管道穿越铁路、公路、河流和主要干道时，应采取不影响交通、水利设施并保证输配管道安全的防护措施。

(4)河底穿越输配管道时，管道至河床的覆土厚度应根据水流冲刷条件及规划河床标高确定。对于通航的河流，应满足疏浚和投锚的深度要求。输配管道穿越河流两岸的上、下游位置应设立标志。

(5)埋地钢质输配管道埋设前，应对防腐层进行100%外观检查，防腐层表面不得出现气泡、破损、裂纹、剥离等缺陷。不符合质量要求时，应返工处理直至合格。

四、燃气管网附属设备安装要求

城镇燃气管网附属设备主要包括阀门、凝水缸(又称凝水器、排水器)、补偿器、绝缘接头与绝缘法兰、其他(如放散管、阀门井)等。

(一)一般规定

安装前应将管道附件及设备的内部清理干净,不得存有杂物。

阀门、凝水缸及补偿器等在正式安装前,应按其产品标准要求单独进行强度和严密性试验,经试验合格的设备、附件应做好标记,并应填写试验记录。

试验使用的压力表必须经校验合格,且在有效期内,量程宜为试验压力的1.5~2.0倍,阀门试验用压力表的精度等级不得低于1.5级。

凝水缸盖和阀门井盖面与路面的高度差应控制在0~+5 mm范围内。管道附件、设备安装完成后,应与管线一起进行严密性试验。

(二)阀门的安装

安装前应检查阀芯的开启度和灵活度,并根据需要对阀体进行清洗、上油。安装有方向性要求的阀门时,阀体上的箭头方向应与燃气流向一致。

法兰或螺纹连接的阀门应在关闭状态下安装,焊接阀门应在打开状态下安装。焊接阀门与管道连接焊缝宜采用氩弧焊打底。安装时,吊装绳索应拴在阀体上,严禁拴在手轮、阀杆或转动机构上。

阀门安装时,与阀门连接的法兰应保持平行,其偏差不应大于法兰外径的0.15%,且不得大于2 mm。严禁强力组装,安装过程中应保证受力均匀,阀门下部应根据设计要求设置承重支撑。

法兰连接时,应使用同一规格的螺栓,并符合设计要求。紧固螺栓时应对称均匀用力,松紧适度,螺栓紧固后螺栓与螺母宜齐平,但不得低于螺母。

在阀门井内安装阀门和补偿器时,阀门应与补偿器先组对好,然后与管道上的法兰组对,将螺栓与组对法兰紧固好后,方可进行管道与法兰的焊接。

对直埋的阀门,应按设计要求做好阀体、法兰、紧固件及焊口的防腐。安全阀应垂直安装,在安装前必须经法定检验部门检验并铅封。

(三)凝水缸的安装

钢制凝水缸在安装前,应按设计要求对外表面进行防腐。安装完毕后,凝水缸的抽液管应按同管道的防腐等级进行防腐。凝水缸必须按现场实际情况,安装在所在管段的最低处。凝水缸盖应安装在凝水缸井的中央位置,出水口阀门的安装位置应合理,并应有足够的操作和检修空间。

(四)补偿器的安装

波纹补偿器的安装应符合下列要求:

(1)安装前应按设计规定的补偿量进行预拉伸(压缩),受力应均匀。

(2)补偿器应与管道保持同轴,不得偏斜。安装时不得用补偿器的变形(轴向、径向、扭转等)来调整管位的安装误差。

(3)安装时应设临时约束装置,待管道安装固定后再拆除临时约束装置,并解除限位装置。

填料式补偿器的安装应符合下列要求：

(1)应按设计规定的安装长度及温度变化，留有剩余的收缩量，允许偏差应满足产品的安装说明书的要求。

(2)应与管道保持同心，不得歪斜。

(3)导向支座应保证运行时自由伸缩，不得偏离中心。

(4)插管应安装在燃气流入端。

(5)填料石棉绳应涂石墨粉并应逐圈装入，逐圈压紧，各圈接口应相互错开。

(五)绝缘接头与绝缘法兰的安装

1. 绝缘接头与绝缘法兰的概述

绝缘接头是指对同时具有埋地钢质管道要求的密封性能和电化学保护工程所要求的电绝缘性能管道接头的统称，包括一对钢质凸缘法兰、固定套、密封件、法兰间的绝缘环及法兰与固定套间的绝缘环、绝缘填料以及与法兰小端分别焊接的一对钢质短管。

绝缘法兰是指对同时具有埋地钢质管道要求的密封性能和电化学保护工程所要求的电绝缘性能的管道法兰的统称，包括一对钢法兰、两法兰间的绝缘环或绝缘密封件、法兰紧固件和绝缘套管、绝缘垫片以及与两片法兰分别焊接的一对钢质短管。

2. 绝缘接头与绝缘法兰的安装环境要求

埋地的绝缘接头应位于管道的水平或竖直管段上，不应安装在常年积水或管道走向的低洼处。绝缘接头、绝缘法兰的安装位置应便于检查和维护，绝缘接头、绝缘法兰宜设置在进、出站 ESD 阀组外。

绝缘接头、绝缘法兰与管件之间宜有不少于 6 倍公称直径且不小于 3 m 的距离，最终应通过所在管系的应力分析计算确定。绝缘接头、绝缘法兰安装两端 12 m 范围内不宜有待焊接死口。绝缘接头、绝缘法兰不应作为热应力变形的补偿件。

3. 绝缘接头与绝缘法兰的安装焊接要求

绝缘接头、绝缘法兰与相连管线焊接前应按规定进行焊接工艺评定。施焊前，应对绝缘接头、绝缘法兰外观、尺寸和质量证明文件进行检查，合格后方可焊接。绝缘接头、绝缘法兰与管道组焊前，应将焊接部位打磨干净，确保焊接部位无油、脂或其他影响焊接质量的缺陷。

绝缘接头、绝缘法兰与管道焊接时应保证与管道对齐，且不应强力组对，且应保证焊接处自由伸缩，无阻碍。现场安装焊接时，绝缘接头中间部位温度不应超过 120 ℃，必要时应采取冷却措施。焊接过程中，不应损坏绝缘接头内、外表面防腐层，确保绝缘接头不受到机械损坏、不出现变形。焊接后的绝缘接头、绝缘法兰头与管线应按管线补口要求进行防腐，防腐作业时绝缘接头的表面温度不应高于 120 ℃。

4. 绝缘法兰安装的其他要求

安装前，应对绝缘法兰进行绝缘试验检查，其绝缘电阻不应小于 1 MΩ；当相对湿度大于 60% 时，其绝缘电阻不应小于 500 kΩ。两对绝缘法兰的电缆线连接应符合设计要求，并应做好电缆线及接头的防腐，金属部分不得裸露于土中。绝缘法兰外露时，应有保护措施。

（六）其他附属设备安装

工业企业用气车间、锅炉房以及大中型用气设备的燃气管道上应设放散管，放散管管口应高出屋脊（或平屋顶）1 m 以上或设置在地面上安全处，并应采取防止雨雪进入管道和放散物进入房间的措施。

设置放散管的目的是为工业企业车间、锅炉房以及大中型用气设备首次使用或长时间不用又再次使用时，用来吹扫积存的燃气管道中的空气、杂质。当停炉时，如果总阀门关闭不严，漏到管道中的燃气可以通过放散管放散出去，以免燃气进入炉膛和烟道发生事故。

放散管应按照燃气流动方向安装在最高点以及每个阀门之前，放散管上安装的球阀应在燃气管道正常运行时关闭。放散管是建筑物的最高点，若处在防雷区之外时，容易遭到雷击而引起火灾或燃气爆炸。所以放散管必须设接地引线，且接地电阻应小于 10 Ω。

典型例题

【多选题】关于燃气管网附属设备安装要求的说法，正确的有（　　）。

A. 阀门上有箭头标志时，应依据介质的流向安装

B. 补偿器按气流方向安装在阀门的上侧

C. 凝水器盖应安装在凝水器井的中央位置

D. 放散管应装在最低点和每个阀门之后

E. 地下燃气管道上的阀门，一般都设置在阀门井外

AC。【解析】燃气管网附属设备安装时，补偿器通常按气流方向安装在阀门的下侧。故选项 B 错误。放散管应按燃气流动方向安装在最高点和每个阀门之前。故选项 D 错误。地下燃气管道上的阀门，一般都设置在阀门井内。故选项 E 错误。

五、燃气管道功能性试验的规定

（一）一般规定

输配管道安装结束后，必须进行管道清扫、强度试验和严密性试验，并应合格。

燃气管道穿（跨）越大中型河流、铁路、二级以上公路、高速公路时，应单独进行试压。

管道吹扫、强度试验及中高压管道严密性试验前应编制施工方案，制定安全措施，确保施工人员及附近民众与设施的安全。

管道上的所有堵头必须加固牢靠，试验时堵头端严禁人员靠近。

在对聚乙烯管道或钢骨架聚乙烯复合管道吹扫及试验时，进气口应采取油水分离及冷却等措施，确保管道进气口气体干燥，且其温度不得高于 40 ℃；排气口应采取防静电措施。

试验时所发现的缺陷，必须待试验压力降至大气压后进行处理，处理合格后应重新试验。

（二）管道吹扫

管道吹扫应按下列要求选择气体吹扫或清管球清扫：

（1）球墨铸铁管道、聚乙烯管道、钢骨架聚乙烯复合管道和公称直径小于 100 mm 或长度小于 100 m 的钢质管道，可采用气体吹扫。

(2)公称直径大于或等于 100 mm 的钢质管道,宜采用清管球进行清扫。

管道吹扫应符合下列要求:

(1)吹扫范围内的管道安装工程除补口、涂漆外,已按设计图纸全部完成。

(2)管道安装检验合格后,应由施工单位负责组织吹扫工作,并应在吹扫前编制吹扫方案。

(3)应按主管、支管、庭院管的顺序进行吹扫,吹扫出的脏物不得进入已合格的管道。

(4)吹扫管段内的调压器、阀门、孔板、过滤网、燃气表等设备不应参与吹扫,待吹扫合格后再安装复位。

(5)吹扫口应设在开阔地段并加固,吹扫时应设安全区域,吹扫出口前严禁站人。

(6)吹扫压力不得大于管道的设计压力,且不应大于 0.3 MPa。

(7)吹扫介质宜采用压缩空气,严禁采用氧气和可燃性气体。

(8)吹扫合格设备复位后,不得再进行影响管内清洁的其他作业。

气体吹扫应符合下列要求:

(1)吹扫气体流速不宜小于 20 m/s。

(2)吹扫口与地面的夹角应在 30°~45°之间,吹扫口管段与被吹扫管段必须采取平缓过渡对焊,吹扫口直径应符合表 1-40 的规定。

表 1-40　吹扫口直径　　单位:mm

末端管道公称直径 DN	$DN<150$	$150 \leqslant DN \leqslant 300$	$DN \geqslant 350$
吹扫口公称直径	与管道同径	150	250

(3)每次吹扫管道的长度不宜超过 500 m;当管道长度超过 500 m 时,宜分段吹扫。

(4)当管道长度在 200 m 以上,且无其他管段或储气容器可利用时,应在适当部位安装吹扫阀,采取分段储气,轮换吹扫;当管道长度不足 200 m,可采用管道自身储气放散的方式吹扫,打压点与放散点应分别设在管道的两端。

(5)当目测排气无烟尘时,应在排气口设置白布或涂白漆木靶板检验,5 min 内靶上无铁锈、尘土等其他杂物为合格。

清管球清扫应符合下列要求:

(1)管道直径必须是同一规格,不同管径的管道应断开分别进行清扫。

(2)对影响清管球通过的管件、设施,在清管前应采取必要措施。

(3)清管球清扫完成后,应按规定进行检验,如不合格可采用气体再清扫至合格。

(三)强度试验

强度试验前应具备下列条件:

(1)试验用的压力计及温度记录仪应在校验有效期内。

(2)试验方案已经批准,有可靠的通信系统和安全保障措施,已进行了技术交底。

(3)管道焊接检验、清扫合格。

(4)埋地管道回填土宜回填至管上方 0.5 m 以上,并留出焊接口。

管道应分段进行压力试验,试验管道分段最大长度宜按表 1-41 执行。

表 1-41 管道试压分段最大长度

设计压力 PN/MPa	试验管段最大长度/m
$PN \leqslant 0.4$	1 000
$0.4 < PN \leqslant 1.6$	5 000
$1.6 < PN \leqslant 4.0$	10 000

管道试验用压力计及温度记录仪表均不应少于两块,并应分别安装在试验管道的两端。试验用压力计的量程应为试验压力的 1.5 ~2 倍,其精度不得低于 1.5 级。

强度试验压力和介质应符合表 1-42 的规定。

表 1-42 强度试验压力和介质

管道类型	设计压力 PN/MPa	试验介质	试验压力/MPa
钢管	$PN > 0.8$	清洁水	$1.5PN$
	$PN \leqslant 0.8$	压缩空气	$1.5PN$ 且 $\geqslant 0.4$
球墨铸铁管	PN		$1.5PN$ 且 $\geqslant 0.4$
钢骨架聚乙烯复合管	PN		$1.5PN$ 且 $\geqslant 0.4$
聚乙烯管	PN(SDR11)		$1.5PN$ 且 $\geqslant 0.4$
	PN(SDR17.6)		$1.5PN$ 且 $\geqslant 0.2$

水压试验时,试验管段任何位置的管道环向应力不得大于管材标准屈服强度的 90%。架空管道采用水压试验前,应核算管道及其支撑结构的强度,必要时应临时加固。试压宜在环境温度 5 ℃以上进行,否则应采取防冻措施。

进行强度试验时,压力应逐步缓升,首先升至试验压力的 50%,应进行初检,如无泄漏、异常,继续升压至试验压力,然后宜稳压 1 h 后,观察压力计不应少于 30 min,无压力降为合格。

水压试验合格后,应及时将管道中的水放(抽)净,并按规范的要求进行吹扫。经分段试压合格的管段相互连接的焊缝,经射线照相检验合格后,可不再进行强度试验。

(四)严密性试验

严密性试验应在强度试验合格、管线全线回填后进行。

试验用的压力计应在校验有效期内,其量程应为试验压力的 1.5 ~2 倍。

严密性试验介质宜采用空气,试验压力应满足下列要求:

(1)设计压力小于 5 kPa 时,试验压力应为 20 kPa。

(2)设计压力大于或等于 5 kPa 时,试验压力应为设计压力的 1.15 倍,且不得小于0.1 MPa。

试压时的升压速度不宜过快。对设计压力大于 0.8 MPa 的管道试压,压力缓慢上升至 30% 和 60% 试验压力时,应分别停止升压,稳压 30 min,并检查系统有无异常情况,如无异常情况继续升压。管内压力升至严密性试验压力后,待温度、压力稳定后开始记录。

严密性试验稳压的持续时间应为 24 h，每小时记录不应少于 1 次，当修正压力降小于 133 Pa 为合格。

所有未参加严密性试验的设备、仪表、管件，应在严密性试验合格后进行复位，然后按设计压力对系统升压，应采用发泡剂检查设备、仪表、管件及其与管道的连接处，不漏为合格。

2K316000　生活垃圾填埋处理工程

一、生活垃圾处理处置工程的规模与布局

根据《生活垃圾处理处置工程项目规范》，生活垃圾处理处置工程的规模，应根据服务范围内垃圾的现状产生量及其预测量，处理处置技术的可行性、经济性和可靠性等因素综合考虑确定。

生活垃圾处埋处置工程设施设备的处理能力，应根据生活垃圾的产生量及性质波动、设备停机时间、备用设施等综合确定，确保服务范围内生活垃圾得到及时有效处理。

生活垃圾处理处置工程应与城乡功能结构相协调，满足城乡建设发展、环境卫生行业发展等需要。选址距居民居住区、人畜供水点等敏感目标的卫生防护距离，应通过环境影响评价确定，且不应设在下列地区：

(1)生活饮用水水源保护区，供水远景规划区。

(2)洪泛区和泄洪道。

(3)尚未开采的地下蕴矿区和岩溶发育区。

(4)自然保护区。

(5)文物古迹区，考古学、历史学及生物学研究考察区。

实施生活垃圾分类收集的区域应实施分类运输和分类处理。

链接

根据《生活垃圾卫生填埋处理技术规范》，生活垃圾卫生填埋场选址除符合上述要求外，应符合下列规定：

(1)应与当地城市总体规划和城市环境卫生专业规划协调一致。

(2)应与当地的大气防护、水土资源保护、自然保护及生态平衡要求相一致。

(3)应交通方便，运距合理。

(4)人口密度、土地利用价值及征地费用均应合理。

(5)应位于地下水贫乏地区、环境保护目标区域的地下水流向下游地区及夏季主导风向下风向。

(6)选址应有建设项目所在地的建设、规划、环保、环卫、自然资源、水利、卫生监督等有关部门和专业设计单位的有关专业技术人员参加。

(7)应符合环境影响评价的要求。

二、生活垃圾卫生填埋场的防渗系统

(一)基本规定

填埋场必须具备防渗功能,防渗系统应符合下列规定:

(1)应能有效地阻止渗沥液透过,以保护地下水和地表水不受污染,同时还应防止地下水进入填埋场。

(2)应覆盖填埋场场底和四周边坡,形成完整的防渗屏障,并在填埋场运行期间及封场后维护期间内均应有效。

膜防渗层主要材料采用 HDPE 土工膜时,厚度不应小于 1.5 mm。

防渗系统铺设和施工应符合下列规定:

(1)HDPE 膜铺设过程中必须进行搭接宽度和焊缝质量控制,并按要求做好焊接和检验记录。

(2)防渗系统工程施工完成后,在填埋垃圾前,应对防渗系统进行全面的渗漏检测,并确认合格方可投入使用。

链接

根据《生活垃圾卫生填埋场防渗系统工程技术标准》,防渗系统结构可分为单层防渗系统结构和双层防渗系统结构。单层防渗系统基本结构应包括渗沥液收集导排系统、防渗层及上下保护层和基础层。双层防渗系统基本结构应包括渗沥液导排系统、主防渗层及上下保护层、渗沥液检测层、次防渗层及上下保护层和基础层。应根据需要设置地下水导排系统和反滤层。

关于渗沥液收集导排系统,下面以典型例题的形式进行介绍。

典型例题

【单选题】生活垃圾填埋场的渗沥液收集导排层滤料优先采用(　　)作为排水材料。

A. 碎石　　B. 卵石

C. 粗砂　　D. 中细砂

B。【解析】填埋场应配置垃圾坝防渗系统、地下水与地表水收集导排系统、渗沥液收集导排系统、填埋作业、封场覆盖及生态修复系统、填埋气导排处理与利用系统、安全与环境监测、污水处理系统、臭气控制与处理系统等。渗沥液收集导排系统应包括导排层、盲沟和渗沥液排出系统。导排层应优先采用卵石作为排水材料,可采用碎石,石材粒径宜为 20 ~ 60 mm。石材碳酸钙含量不应大于 5%,铺设前应洗净,铺设厚度不应小于 300 mm,渗透系数不应小于 1×10^{-3} m/s。

(二)防渗系统工程材料

垃圾填埋场防渗系统工程中使用的材料可包括黏土材料和土工合成材料。

填埋场用土工合成材料可采用高密度聚乙烯(HDPE)膜、土工布、膨润土防水毯(GCL)、土工复合排水网土工滤网、高密度聚乙烯(HDPE)管材等。以下介绍高密度聚乙烯(HDPE)

膜和膨润土防水毯(GCL)。

用于垃圾填埋场防渗系统工程的高密度聚乙烯(HDPE)膜除应符合现行行业标准的有关规定外,尚应符合下列规定:

(1)膜的厚度不应小于1.5 mm。

(2)膜的幅宽不宜小于6.0 m。

当防渗要求严格或垃圾堆高度大于20 m时,宜选用厚度不小于2.0 mm的高密度聚乙烯(HDPE)膜。

生活垃圾填埋场土工合成材料膨润土防水毯(GCL)是两层土工合成材料之间夹封膨润土粉末,通过针刺、黏接或缝合而制成的一种复合材料。用于垃圾填埋场防渗系统工程的膨润土防水毯应使用钠基膨润土防水毯,可选用天然钠基膨润土防水毯或人工钠基膨润土防水毯。

应根据防渗要求选用粉末型膨润土防水毯或颗粒型膨润土防水毯,防渗要求高的工程中应优先选用粉末型膨润土防水毯。

链接

垃圾卫生填埋场填埋区工程的结构层次从下至上,除了基础层为压实土方保护外,依次由GCL膨润土垫、HDPE膜、土工布、渗沥液收集导排系统组成。

(三)防渗系统工程施工质量控制及验收

1. 一般规定

垃圾填埋场的防渗系统工程施工应包括压实黏土层施工和各种防渗系统工程材料的施工。

防渗系统工程材料入场时应检验,应包装完好、标识清楚,厂家、场地、批次等信息清晰,性能检测报告、产品质量合格证等资料应齐全。

防渗系统工程材料应在现场进行抽样检查,并应专业机构进行检测。

防渗系统工程材料和施工作业设备应在施工现场摆放整齐,并做好防护。

施工人员不应穿钉鞋等在土工合成材料上踩踏,车辆不应直接在土工合成材料上碾压。

防渗系统工程各单项施工完成后应及时进行验收,并在下一阶段施工时对以前的工程予以保护。

防渗系统工程施工完成后,在填埋垃圾之前,应按现行行业标准《生活垃圾填埋场防渗土工膜渗漏破损探测技术规程》的规定进行渗漏破损检测。

2. 基础层施工

场底、边坡基础层、锚固平台及回填材料应平整、密实、无裂缝、无松土、无积水、无裸露泉眼,并应无明显凹凸不平,以及无石头砖块、树根、杂草、淤泥、腐殖土等杂物,场底、边坡及锚固平台之间应过渡平缓。

基础层平整度应达到±20 mm,边坡基础层不应出现凹面。

场底和边坡基础层按每500 m^2取一个点检测密实度,合格率应为100%;锚固沟回填土应按每50 m取一个点检测密实度,合格率应为100%。

3. 压实黏土防渗层施工

压实黏土防渗层应选择细粒土含量高、砂砾土含量低的土料，并应符合相关规定。

压实黏土防渗层施工时应严格控制含水率和干密度，以达到防渗和抗剪强度要求。应按照现行国家标准《土工试验方法标准》的规定进行击实试验，并应绘制含水率和干密度图，确定所有满足饱和渗透系数要求的范围。

压实黏土层应分层压实。施工时宜采用无振动的羊足碾分层压实，每层压实土层的厚度宜按 150 mm 控制，各层之间应紧密结合。

压实黏土防渗层施工及质量控制应符合现行行业标准《生活垃圾卫生填埋场岩土工程技术规范》的有关规定。

当压实黏土层施工时，各层压实土层应每 500 m^2 取 3～5 个样品进行压实度测试。

4. 高密度聚乙烯（HDPE）膜铺设

高密度聚乙烯（HDPE）膜材料在填埋场应妥善贮存，应在施工前进行尺寸、外观和物理性能检查，检查应符合下列规定：

（1）尺寸偏差和外观检查应每 10 000 m^2 一批，不足 10 000 m^2 按一批计。在每批产品中随机抽取 3 卷进行尺寸偏差和外观检查；膜的外观应符合相关规定。高密度聚乙烯（HDPE）膜的检测频率宜保证每一批次高密度聚乙烯（HDPE）膜至少取一个样，同一批次高密度聚乙烯（HDPE）膜宜按每 50 000 m^2 增加一个取样。

（2）主要物理性能指标检验应在尺寸偏差和外观检查合格的样品中任取一卷，在距外层端部 500 mm 处裁取 5 m^2 进行主要物理性能指标检验。当有一项指标不符合要求，应加倍取样检测，仍有一项指标不合格，应认定整批材料不合格。

高密度聚乙烯（HDPE）膜铺设应合理规划，应标明膜片在总平面图中的铺设位置。

高密度聚乙烯（HDPE）膜铺设应符合下列规定：

（1）应选择合适的天气施工，高密度聚乙烯（HDPE）膜的每日铺设量不应超过一个工作日能完成的焊接量。

（2）在安装高密度聚乙烯（HDPE）膜之前，应检查膜下保护层的平整度达到铺设的要求。

（3）铺设应一次展开到位，不宜展开后再拖动。

（4）应为材料热胀冷缩导致的尺寸变化留出伸缩量。

（5）应对膜下保护层采取适当的防水、排水措施。

高密度聚乙烯（HDPE）膜展开完成后，应及时焊接，搭接应良好，高密度聚乙烯（HDPE）膜的搭接宽度应符合表 1-43 的规定。高密度聚乙烯（HDPE）膜应无明显损伤、无褶皱、无隆起、无悬空现象。边坡上的接缝应与坡面的坡向平行，场底横向接缝应距坡脚应大于 1.5 m。

高密度聚乙烯（HDPE）膜铺设展开过程应按照要求填写有关记录，焊接施工应按要求填写有关记录。

高密度聚乙烯（HDPE）膜焊接、检测和修补记录标识应明显、清楚，焊缝表面应整齐、美观，不得有裂纹、气孔、漏焊和虚焊现象。高密度聚乙烯（HDPE）膜焊接质量检测应符合下列规定：

(1)对热熔焊接每条焊缝应进行气压检测,合格率应为100%。

(2)对挤压焊接每条焊缝应进行真空检测,合格率应为100%。

(3)焊缝破坏性检测,按每1 000 m焊缝取一个1 000 mm×350 mm样品做强度测试,合格率应为100%。

(4)气压、真空和破坏性检测及电火花测试方法应符合规范规定。

施工中应保护高密度聚乙烯(HDPE)膜不受破坏,车辆不应直接在高密度聚乙烯(HDPE)膜上碾压。

高密度聚乙烯(HDPE)膜铺设过程中应进行搭接宽度和焊缝质量控制。

高密度聚乙烯(HDPE)膜施工工序质量检测评定,应按规范要求填写有关记录。

5.土工布铺设

土工布应铺设平顺,无破损、无褶皱、无跳针、无漏接现象,不得有石块、土块、水和过多的灰尘进入土工布。土工布搭接宽度应符合规范的规定。

土工布缝合应采用双线缝合。用于土工布缝合的线应为最小张力大于60 N的树脂线,并应具有不低于土工布的抗化学腐蚀和抗紫外线能力。当非织造土工布采用热粘连接时,应使搭接宽度范围内的重叠部分全部黏结。

边坡上的土工布施工,应预先将土工布锚固在锚固沟内,再沿斜坡向下铺放,土工布不得折叠,不得打皱。土工布在边坡上的铺设方向应与坡面一致,在坡面上宜整卷铺设,不宜有水平接缝。

土工布每200 m接缝取一个样检测搭接效果,合格率应为95%。

土工布上如果有裂缝和孔洞,应使用相同规格材料进行修补,修补范围应大于破损处周边300 mm。

6.膨润土防水毯(GCL)铺设

膨润土防水毯(GCL)贮存应防水和防潮,并应避免曝晒、直立与弯曲。膨润土防水毯(GCL)不应在雨雪天气下施工。

膨润土防水毯(GCL)施工应符合下列规定:

(1)应自然与基础层贴实,不应折皱、悬空。

(2)应以品字形分布,不得出现十字搭接。

(3)边坡施工应沿坡面铺展,边坡不应存在水平搭接。

施工时,卷材宜绕在刚性轴上,借挖土机、装载机结合专用框架起吊铺设,应铺放平整无折皱,不得在地上拖拉,不得直接在其上行车;当边坡铺设膨润土防水毯(GCL)时,严禁沿边坡向下自由滚落铺设。坡顶处材料应埋入锚固沟锚固。

膨润土防水毯(GCL)的连接应符合下列规定:

(1)现场铺设的连接应采用搭接。搭接膨润土防水毯(GCL)应在下层膨润土防水毯(GCL)的边缘150 mm处撒上膨润土粉状密封剂,其宽度宜为50 mm,重量宜为0.5 kg/m^2。当膨润土防水毯(GCL)材料的一面为土工膜时,应焊接。

(2)膨润土防水毯(GCL)及其搭接部位应与基础层贴实且无折皱和悬空。

(3)搭接宽度应符合表1-43的规定。

(4)局部可用钠基膨润土粉密封。

(5)坡面铺设完成后,应在底面留下不少于 2 m 的膨润土防水毯(GCL)余量。

膨润土防水毯(GCL)铺设应随时检查外观有无缺陷,当发现缺陷时,应及时采取修补措施,修补范围宜大于破损范围 300 mm。膨润土防水毯(GCL)如有撕裂等损伤应全部更换。

膨润土防水毯(GCL)在管道或构筑立柱等特殊部位施工,应加强处理;遇有贯穿物或与结构物连接处,膨润土防水毯(GCL)与周边接触处应密闭。

在膨润土防水毯(GCL)施工验收以后,应做好防水、防潮保护。

7. 土工复合排水网施工

土工复合排水网的排水方向应与水流方向一致。

土工布和排水网都应和同类材料连接。相邻的部位应使用塑料扣件或聚合物编织带连接,底层土工布应搭接,上层土工布应缝合连接,连接部分应重叠。沿材料卷的长度方向,最小连接间距不宜大于 1.5 m。排水网芯复合的土工布应全面覆盖网芯。

管道或构筑立柱等特殊部位施工应进行特殊处理,并保证排水畅通。

土工复合排水网中的破损均应使用相同材料修补,修补范围应大于破损范围周边 300 mm。

8. 防渗系统工程材料连接

防渗系统工程材料连接应符合下列规定:

(1)应合理布局每片材料的位置,力求接缝最少。

(2)应合理选择铺设方向,减少接缝受力。

(3)接缝应避开弯角。

(4)在坡度大于 10% 的坡面上和坡脚向场底方向 1.5 m 范围内不应有水平接缝。

(5)材料与周边自然环境连接应设置锚固沟。

各种防渗系统工程材料的搭接方式和最小搭接宽度应符合表 1-43 的规定。

表 1-43　各种防渗系统工程材料搭接方式和最小搭接宽度

材料	搭接方式	最小搭接宽度
高密度聚乙烯(HDPE)膜	热熔焊接	100 mm ± 20 mm
	挤出焊接	75 mm ± 20 mm
织造土工布	缝合连接	75 mm ± 15 mm
非织造土工布	缝合连接	75 mm ± 15 mm
	热粘连接	200 mm ± 25 mm
膨润土防水毯	自然搭接	250 mm ± 50 mm
土工复合排水网	土工网要求捆扎; 下层土工布要求搭接; 上层土工布要求缝合	75 mm ± 15 mm

2K317000　施工测量与监控量测

2K317010　施 工 测 量

一、施工测量常用仪器

（一）水准仪

水准仪是提供水平视线和对水准标尺进行读数的一种仪器。它主要用于测量两点间高差，由望远镜、水准器（或补偿器）和基座等部件组成。

水准仪按结构可分为微倾水准仪、自动安平水准仪、激光水准仪和数字水准仪（电子水准仪）；按精度分为精密水准仪和普通水准仪。

光学水准仪主要由基座和照准部两部分组成。基座上有三个角螺旋，其作用是整平仪器。照准部是水准仪的主要部件，主要由望远镜、水准器和控制螺旋组成，能绕水准仪竖轴在水平面内作全圈旋转。

数字水准仪是以自动安平水准仪为基础，在望远镜光路中增加了分光镜和探测器，并采用条码标尺和数字图像处理系统而构成的光机电测量一体化的高科技产品。

（二）经纬仪

经纬仪是测量水平角和竖直角的仪器，其由照准部、水平（垂直）度盘和基座等部件组成。常用的有光学经纬仪和电子（自动显示）经纬仪。

经纬仪广泛用于控制、地形和施工放样等测量。在经纬仪上附有专用配件时，可组成激光经纬仪、坡面经纬仪等。此外，还有专用的陀螺经纬仪、矿山经纬仪、摄影经纬仪等。

（三）测距仪和全站仪

电磁波测距仪是应用电磁波运载测距信号测量两点间距离的仪器。电磁波测距有两种方法，即脉冲测距法和相位测距法。

全站仪，即全站型电子测距仪，是一种集光、机、电为一体的高技术测量仪器，是集水平角、垂直角、距离（斜距、平距）、高差测量功能于一体的测绘仪器系统。全站仪由电子经纬仪、光电测距仪和数据记录装置组成。全站仪在测站上一经观测，必要的观测数据如斜距、天顶距（竖直角）、水平角等均能自动显示，而且几乎是在同一瞬间内得到平距、高差、点的坐标和高程。

（四）GPS 卫星定位仪

GPS 卫星定位仪是基于全球卫星定位系统（GPS）的卫星定位仪器。GPS 定位系统分为三个部分，即空间卫星部分、地面控制部分和用户。空间卫星部分与卫星联系；地面控制部分是 GPS 的核心，基本包括主控站、注入站以及监测站三个结构；用户指的是一个服务整个体，即接收机，包括主机、电源和天线。

（五）陀螺全站仪

陀螺全站仪是一种将陀螺仪和全站仪集成于一体的且具有全天候、全天时、快速高效独立的测定正北方位的精密测量仪器，主要用于大型隧道（洞）贯通测量、地铁定向测量、矿山贯通测量、建立方位基准及导航设备标校等领域。

（六）激光准直仪

激光准直仪是以激光束为基准用来测量直线度和与此相关联的平面度、平行度、垂直度以及三度空间形状的新型仪器。与一般光学仪器比较，它具有工作距离大、工作效率较高、测量时不受人为因素的影响等特点，常应用于长距离、大直径的隧道以及桥梁点位坐标的传递及精确定位等场合。

二、平面控制测量

对于一般项目，宜首先建立厂区控制网（包括平面控制网和高程控制网），再以此为基础分别建立各建筑的施工控制网。对于一些规模较小或精度要求较高的项目，可以直接建立建筑物的施工控制网。对于轴线不同的建筑物，应各自建立建筑物施工控制网。

（一）一般规定

平面控制网可按精度划分为等与级两种规格，由高向低依次宜为二、三、四等和一、二、三级。

平面控制网的建立，可采用卫星定位测量、导线测量、三角形网测量等方法。

卫星定位测量可用于二、三、四等和一、二级控制网的建立，导线测量可用于三、四等和一、二、三级控制网的建立，三角形网测量可用于二、三、四等和一、二级控制网的建立。

平面控制网的布设应符合下列规定：

（1）首级控制网的布设应因地制宜且兼顾网的拓展；当与国家坐标系统联测时，还应统筹联测方案。

（2）首级控制网的等级应根据工程规模、控制网的用途和精度要求合理确定。

（3）加密控制网可越级布设或同等级扩展。

（二）卫星定位测量

卫星定位测量控制网的布设应符合下列规定：

（1）应根据工程项目的实际情况、精度要求、卫星状况、接收机的类型和数量以及测区已有的测量资料进行设计，有特殊精度要求的工程项目应进行控制网专项设计，概算的精度尚无法满足要求时，应进行控制网优化设计。

（2）首级网布设时，宜联测 2 个以上国家高等级控制点、国家连续运行基准站点或地方坐标系的高等级控制点。

（3）对控制网内的长边，宜构成大地四边形或中点多边形。

（4）各等级控制网应由独立观测边构成 1 个或若干个闭合环或附合路线，构成闭合环或附合路线的边数不宜多于 6 条。

（5）各等级控制网中独立基线的观测总数，不宜少于必要观测基线数的 1.5 倍。

(6)加密网应根据工程需要,在满足规定精度要求的前提下,采用灵活的布网方式。

(三)导线测量

导线网的布设应符合下列规定:

(1)导线网用作测区的首级控制时,应布设成环形网,且宜联测2个已知方向。

(2)加密网可采用单一附合导线或结点导线网形式。

(3)结点间或结点与已知点间的导线段宜布设成直伸形状,相邻边长不宜相差过大,网内不同环节上的点也不宜相距过近。

水平角观测宜使用全站仪,全站仪的主要技术指标宜符合相关规定。水平角观测宜采用方向观测法,并应符合下列规定:

(1)水平角方向观测法的技术要求应符合表1-44的规定。

表1-44　水平角方向观测法的技术要求

等级	仪器精度等级	半测回归零差(″)限差	一测回内2C互差(″)限差	同一方向值各测回较差(″)限差
四等及以上	0.5″级仪器	≤3	≤5	≤3
	1″级仪器	≤6	≤9	≤6
	2″级仪器	≤8	≤13	≤9
一级及以下	2″级仪器	≤12	≤18	≤12
	6″级仪器	≤18	—	≤24

注:当某观测方向的垂直角超过±3″的范围时,一测回内2C互差可按相邻测回同方向进行比较,比较值应满足表中一测回内2C互差的限值。

(2)当观测方向不多于3个时,可不归零。

(3)当观测方向多于6个时,可进行分组观测。分组观测应包括两个共同方向,其中一个应为共同零方向。两组观测角之差,不应大于同等级测角中误差的2倍。分组观测的最后结果,应按等权分组观测进行测站平差。

(4)各测回间宜按180°除以测回数配置度盘。当采用伺服马达全站仪进行多测回自动观测时,可不配置度盘。

(5)应取各测回水平角观测的平均值作为测站成果。

对于三、四等导线的水平角观测,当测站只有两个方向时,应在观测总测回中以奇数测回的度盘位置观测导线前进方向的左角,以偶数测回的度盘位置观测导线前进方向的右角。左右角的测回数应为总测回数的一半。但在观测右角时,应以左角起始方向为准变换度盘位置。左角平均值与右角平均值之和与360°的差值,不应大于相应等级导线测角中误差的2倍。

(四)三角形网测量

三角形网的布设应符合下列规定:

(1)首级控制网中的三角形,宜布设为近似等边三角形,三角形的内角不宜小于30°;受地形条件限制时，不宜小于25°。

(2)加密的控制网可采用插网或插点的形式。

(3)三角形网点位的选定，除应符合相关规定外，二等网视线距障碍物的距离不宜小于2 m。

三角形网的水平角观测宜采用方向观测法，二等三角形网也可采用全组合观测法。

观测数据中含有偏心测量成果时，应先进行归心改正计算。

二、三等三角形网的水平角观测，在高山地区应对水平方向观测值进行垂线偏差的修正。

三、高程控制测量

(一)一般规定

高程控制测量精度等级宜划分为二、三、四、五等。各等级高程控制宜采用水准测量，四等及以下等级也可采用电磁波测距三角高程测量，五等还可采用卫星定位高程测量。

首级高程控制网的等级应根据工程规模、控制网的用途和精度要求选择。首级网应布设成环形网，加密网宜布设成附合路线或结点网。

测区的高程系统宜采用1985国家高程基准。在已有高程控制网的地区测量时，可沿用原有的高程系统；小测区不具备联测条件时，也可采用假定高程系统。

高程控制点间的距离，一般地区应为1~3 km，工业厂区、城镇建筑区宜小于1 km。但一个测区及周围至少应有3个高程控制点。

(二)水准测量

水准观测应在标石埋设稳定后进行。水准观测宜采用数字水准仪和条形码水准尺作业，也可采用光学水准仪和线条式因瓦尺或黑红面水准尺作业。

两次观测高差较差超限时应重测。重测后，二等水准应选取两次异向观测的合格结果，其他等级应将重测结果与原测结果分别比较，较差不超过限值时，应取两次测量结果的平均数。

(三)电磁波测距三角高程测量

电磁波测距三角高程测量宜在平面控制点的基础上布设成三角高程网或高程导线。

电磁波测距三角高程测量的数据处理应符合下列规定：直返觇的高差应进行地球曲率和大气折光差的改正；平差前应按规定公式计算每千米高差全中误差；各等级高程网应按最小二乘法进行平差并计算每千米高差全中误差；高程成果的取值应精确至1 mm。

(四)卫星定位高程测量

卫星定位高程测量可适用于五等高程测量。若需采用卫星定位技术进行更高等级的高程测量，特别是较大区域范围的高程测量或跨河高程传递，则应进行专项设计与论证，并应符合相关规范中高程精度的相关要求。

卫星定位高程测量作业宜与平面控制测量一起进行，并应符合有关规定。

四、施工测量

(一)一般规定

施工项目宜应先建立场区控制网,再分别建立建筑物施工控制网;小规模或精度高的独立施工项目可直接布设建筑物施工控制网。

场区控制网应利用勘察阶段已有平面和高程控制网。原有平面控制网的边长应归算到场区的主施工高程面上,并应进行复测检查。精度满足施工要求时,可作为场区控制网使用,精度不满足要求时,应重新建立场区控制网。

新建立场区控制网应符合下列规定:

(1)平面控制网宜布设为自由网。

(2)平面控制网的观测数据不宜进行高斯投影改化,观测边长宜归算到测区的主施工高程面上。

(3)自由网可利用原控制网中的点组进行定位,小规模场区控制网也可选用原控制网中一个点的坐标和一条边的方位进行定位。

(4)控制网的平面坐标和高程系统宜与规划设计阶段保持一致。

建筑物施工控制网应根据场区控制网进行定位、定向和起算,控制网的坐标轴应与工程设计所采用的主副轴线一致,建筑物的 ±0 高程面应根据场区水准点测设。

控制网点应根据设计总平面图和施工总布置图布设,并应满足建筑物施工测设的需要。

(二)场区控制测量

1. 场区平面控制网

场区平面控制网可根据场区的地形条件和建(构)筑物的布置情况,布设成建筑方格网、卫星定位测量控制网、导线网或三角形网等形式。

专家解读

历年考试中一般会考查平面控制网形式的选择。例如:可视构筑物定位的需要,灵活布设网点的施工测量平面控制网是导线控制网;大型场区的场地平整控制,采用的施工测量平面控制网经常是建筑方格网;在山区的建筑场地,采用的施工测量平面控制网经常是边角网。

场区平面控制网应根据工程规模和工程需要分级布设。对于建筑场地大于 1 km^2 的工程项目或重要工业区,应建立一级或一级以上精度等级的平面控制网;对于场地面积小于 1 km^2 的工程项目或一般建筑区,可建立二级精度的平面控制网。场区平面控制网相对于勘察阶段控制点的定位精度,不应大于 50 mm。

控制网点位应选在相互通视、便于施测、易于保存的地点,并应埋设标石,标石顶面宜加装强制对中装置。标石的埋设深度应根据地质条件、冻深和场地设计标高确定。

建筑方格网的建立应符合下列规定:

(1)建筑方格网测量的主要技术要求应符合表 1-45 的规定。

表 1-45　建筑方格网测量的主要技术要求

等级	边长/m	测角中误差/(″)	测距相对中误差
一级	100～300	5	≤1/30 000
二级	100～300	8	≤1/20 000

(2)建筑方格网点的布设应与建(构)筑物的设计轴线平行,并应构成正方形或矩形格网。

(3)建筑方格网的测设方法可采用布网法或轴线法。当采用布网法时,宜增测方格网的对角线;采用轴线法时,长轴线的定位点不得少于3点,点位偏离直线应在5″以内,短轴线应根据长轴线定向,其直角偏差应在5″以内。水平角观测的测角中误差不应大于2.5″。

(4)建筑方格网点应埋设顶面为标志板的标石,标石埋设应符合相关规定。

(5)建筑方格网的水平角观测可采用方向观测法,水平角观测的主要技术要求应符合表1-46的规定。

表 1-46　水平角观测的主要技术要求

单位:″

等级	仪器精度等级	测角中误差	测回数	半测回归零差	一测回内2C互差	各测回方向较差
一级	1″级仪器	5	2	≤6	≤9	≤6
	2″级仪器	5	3	≤8	≤13	≤9
二级	2″级仪器	8	2	≤12	≤18	≤12
	6″级仪器	8	4	≤18	—	≤24

(6)建筑方格网的边长应采用电磁波测距仪器往返观测各一测回测定,并应进行温度、气压和仪器加、乘常数改正。

(7)观测数据经平差处理后,应将测量坐标与设计坐标进行比较,应确定归化数据,并应在标石标志板上将点位归化至设计位置。

(8)点位归化后,应进行角度和边长的复测检查。建筑方格网角度和边长复测检查的偏差限值应符合表1-47的规定。

表 1-47　建筑方格网角度和边长复测检查的偏差限值

等级	角度偏差	边长偏差
一级	≤8″	≤D/25 000
二级	≤12″	≤D/15 000

注:D为方格网的边长。

场区控制网采用卫星定位测量的主要技术要求应符合表1-48的规定。

表 1-48　场区控制网采用卫星定位测量的主要技术要求

等级	边长/m	固定误差A/mm	比例误差系数B/(mm·km^{-1})	边长相对中误差
一级	300～500	≤5	≤5	≤1/40 000
二级	100～300			≤1/20 000

场区控制网采用导线网时，相邻边的长度比不宜超过 1∶3，场区导线测量的主要技术要求应符合表 1-49 的规定。

表 1-49 场区导线测量的主要技术要求

等级	导线长度/km	平均边长/m	测角中误差/（″）	测距相对中误差	测回数		方位角闭合差/（″）	导线全长相对闭合差
					2″级仪器	6″级仪器		
一级	2.0	100～300	5	1/30 000	3	—	$10\sqrt{n}$	≤1/15 000
二级	1.0	100～200	8	1/14 000	2	4	$16\sqrt{n}$	≤1/10 000

注：n 为测站数。

场区控制网采用三角形网测量的主要技术要求应符合表 1-50 的规定。

表 1-50 场区三角形网测量的主要技术要求

等级	边长/m	测角中误差/（″）	测边相对中误差	最弱边边长相对中误差	测回数		三角形最大闭合差/（″）
					2″级仪器	6″级仪器	
一级	300～500	5	≤1/40 000	≤1/20 000	3	—	15
二级	100～300	8	≤1/20 000	≤1/10 000	2	4	24

卫星定位测量控制网、导线网及三角形网测量的其他技术要求可按有关规定执行。

2. 场区高程控制网

场区的高程控制网应布设成闭合环线、附合路线或结点网。

大中型施工项目的场区高程测量精度不应低于三等水准，主要技术要求应按有关规定执行。

水准点可单独布设在场地稳定的区域，也可设置在平面控制点的标石上。水准点间距宜小于 1 km，距离建（构）筑物不宜小于 25 m，距离回填土边线不宜小于 15 m。

施工中，高程控制点标石不能保存时，应将控制点高程引测至稳固的建（构）筑物上，引测的精度不应低于原控制点的精度等级。

（三）其他施工测量

1. 工业与民用建筑施工测量

建筑物施工控制网，应根据建筑物的设计形式和特点，布设成十字轴线或矩形控制网。

建筑物施工平面控制网，应根据建筑物的分布、结构、高度、基础埋深和机械设备传动的连接方式、生产工艺的连续程度，分别布设一级或二级控制网。

建筑物高程控制应符合下列规定：建筑物高程控制应采用水准测量，附合路线闭合差不应低于四等水准的要求；水准点可设置在平面控制网的标桩或外围的固定地物上，也可单独埋设；水准点的个数，不应少于 2 个；当场地高程控制点距离施工建筑物小于 200 m 时，可直接利用。

2. 水工建筑物施工测量

施工平面控制网可采用卫星定位测量控制网、导线网、三角形网等形式。水工建筑物施工平面控制网宜按两级布设。

施工高程控制网宜布设成环形或附合路线。

水工建筑物施工控制网应复测,复测精度应与首次测量精度相同。复测周期宜为一年。受施工影响使点位遭到破坏或遇外界因素影响点位稳定性时,应加密复测。

3. 桥梁施工测量

桥梁施工项目应建立桥梁施工专用控制网。对于跨越宽度较小的桥梁,也可利用勘测阶段所布设的等级控制点,但应经过复测,并应满足桥梁控制网的等级和精度要求。

桥梁施工平面控制网的建立应符合下列规定:桥梁施工平面控制网宜布设成自由网,并应根据线路测量控制点定位;控制网可采用卫星定位测量控制网、三角形网或导线网等形式,可采用一次布网,也可采用分级布网;控制网的边长宜为主桥轴线长度的50%~150%;当控制网跨越江河峡谷时,每岸控制点不应少于3点;施工平面控制测量的其他技术要求应符合有关规定。

桥梁施工高程控制网的建立应符合下列规定:两岸的水准测量路线应组成一个统一的水准网;每岸水准点不应少于3点;跨越江河峡谷时,根据需要可进行跨河水准测量;施工高程控制测量的其他技术要求应符合有关规定。

桥梁施工放样前,应根据桥梁施工设计图和施工的特点确定放样方法。平面位置放样宜采用极坐标法、多点交会法等,高程放样宜采用水准测量方法。

4. 核电厂施工测量

核电厂施工平面控制网的等级可划分为初级网、次级网和微网。核电厂施工高程控制网可划分为初级高程控制网、次级高程控制网、微型高程控制网。

5. 隧道施工测量

隧道工程施工前,应根据隧道设计图、隧道长度、线路形状和对贯通误差的要求,进行隧道测量控制网的设计。

隧道洞外平面控制网的建立应符合下列规定:控制网宜布设成自由网,并应根据线路测量的控制点进行定位和定向;控制网可采用卫星定位测量控制网、三角形网或导线网等形式,并应沿隧道两洞口的连线方向布设;隧道的各个洞口应布设不少于2个相互通视的控制点;隧道洞外平面控制测量的其他技术要求应符合有关规定。

隧道洞内平面控制网的建立应符合下列规定:洞内的平面控制网宜采用导线形式,并应以洞口投点(插点)为起始点沿隧道中线或隧道两侧布设成直伸的长边导线或狭长多环导线;导线的边长宜近似相等,直线段不宜短于200 m,曲线段不宜短于70 m;导线边距离洞内设施不应小于0.2 m;当双线隧道或其他辅助坑道同时掘进时,应分别布设导线,并应通过横通道连成闭合环;当隧道掘进至导线设计边长的2~3倍时,应进行1次导线延伸测量;工程需要时,可加测陀螺经纬仪定向边;当隧道封闭采用全气压法施工时,对观测距离应作相应的气压、温度改正;洞内导线测量的其他技术要求应符合有关规定。

隧道高程控制测量应符合下列规定:隧道洞内、外的高程控制测量宜采用水准测量方法;隧道两端的洞口水准点,斜井、竖井、平洞口水准点和临近的洞外水准点,应组成闭合或往返水准路线;洞内每隔200~500 m应设立一个水准点,水准测量应往返观测;隧道高程控制测量的其他技术要求应符合有关规定。

隧道洞内施工测量应符合下列规定:

(1)隧道的施工中线宜根据洞内控制点采用极坐标法测设;当掘进距离在直线段延伸到200 m、曲线段延伸到70 m时,导线点应同时延伸,并应测设新的中线点。

(2)当采用中线法测量时,中线点的间距直线段不宜小于100 m,曲线段不宜小于50 m。

(3)对于掘进机械施工的隧道,宜采用激光准直(指向)仪、激光经纬仪或陀螺仪导向,也可采用掘进自动导向系统,方位应进行校核。

(4)隧道衬砌前,应对中线焦进行复测检查,并应根据需要加密;加密时,中线点间距不宜大于10 m,点位的横向偏差不应大于5 mm。

链接

除上述常见施工测量项目外,市政工程还应注意管道工程施工测量方法。管道工程施工测量控制点有管道中心线、起点、折点、终点、变坡点、管内底高程、井室中心点等。

关于施工测量作业要求,下面以典型例题的形式进行介绍。

典型例题

【单选题】关于施工测量作业要求的说法,正确的是(　　)。

A. 由测绘专业学校毕业人员就可以从事测量工作

B. 常用的控制桩和监测点一经保护,测得的数值永久有用

C. 高级测工测得的测量成果,不得改动

D. 工程测量应以中误差作为衡量测绘精度的标准,并应以2倍误差作为极限误差

D。**【解析】**施工测量人员,应经专业培训、考核合格,方可持证上岗。故选项A错误。施工过程中测量用的控制桩和监测点要注意保护,并应该经常校测,确保准确。故选项B错误。测量成果严禁擦改、涂改,必要时可用斜线划去错误数据,旁注正确数据,但不得转抄。故选项C错误。

五、竣工总图的编绘与实测

(一)一般规定

建筑工程项目施工完成后,应根据工程需要编绘或实测竣工总图。竣工总图应采用数字竣工图。

竣工总图的比例尺,厂区宜选用1∶500,线状工程宜选用1∶2 000;坐标系统、高程基准、图幅大小、图上注记、线条规格,应与原设计图一致;图例符号应符合现行国家标准《总图制图标准》的有关规定。

竣工总图应根据设计和施工资料进行编绘。当资料与实地不符时,应进行实测。

竣工总图编绘完成后,应经委托方审核。

(二)竣工总图的编绘

竣工总图的编绘,应收集下列资料:总平面布置图;施工设计图;设计变更文件;施工检测记录;竣工测量资料;其他相关资料。

编绘前,应对所收集的资料进行实地对照检核,并应实测不符之处的位置、高程及尺寸。

竣工总图的编制应符合下列规定:

(1)地面建(构)筑物应按实际竣工位置和形状进行编制。

(2)地下管道及隐蔽工程应根据回填前的实测坐标和高程记录进行编制。

(3)施工中若有变更,应根据设计变更文件编制。

(4)资料与实地不符时,应按实测资料编制。

竣工总图的绘制应符合下列规定:

(1)应绘出地面的建(构)筑物、道路、铁路、地面排水沟渠、树木及绿化地等。

(2)矩形建(构)筑物的外墙角应注明两个以上点的坐标。

(3)圆形建(构)筑物应注明中心坐标及接地处半径。

(4)主要建筑物应注明室内地坪高程。

(5)道路的起终点、交叉点应注明中心点的坐标和高程;弯道处应注明交角、半径及交点坐标;路面应注明宽度及铺装材料。

(6)铁路中心线的起终点、曲线交点应注明坐标,曲线上应注明曲线的半径、切线长、曲线长、外矢矩、偏角等曲线元素,铁路的起终点、变坡点及曲线的内轨轨面应注明高程。

(7)当不绘制分类专业图时,给水管道、排水管道、动力管道、工艺管道、电力及通信线路等在总图上的绘制,还应符合相关规定。

专家解读

竣工总图的绘制按三种情况进行分类,即简单项目,只绘制一张总图;复杂项目,除绘制总图外,还要求绘制给水排水管道专业图、动力工艺管道专业图、电力及通信线路专业图等;较复杂项目,除绘制总图外,允许将相关专业图合并绘制成综合管线图。

给水排水管道专业图的绘制应符合下列规定:

(1)给水管道应绘出地面给水建筑物及各种水处理设施和地上、地下各种管径的给水管线及其附属设备;管道的起终点、交叉点、分支点应注明坐标;变坡处应注明高程;变径处应注明管径及材料;不同型号的检查井应绘制详图。当图上无法按比例绘制管道结点时,可用放大详图表示。

(2)排水管道应绘出污水处理构筑物、水泵站、检查井、跌水井、水封井、雨水口、排出水口、化粪池以及明渠、暗渠等;检查井应注明中心坐标、出入口管底高程、井底高程、井台高程;管道应注明管径、材质、坡度;对不同类型的检查井,应绘出详图。

(3)给水排水管道专业图上,还应绘出地面有关建(构)筑物、铁路、道路等。

动力、工艺管道专业图的绘制应符合下列规定:

(1)应绘出管道及有关的建(构)筑物;管道的交叉点、起终点应注明坐标、高程、管径和材质。

(2)对于沟道敷设的管道,应在适当地方绘制沟道断面图,并应标注沟道的尺寸及各种管道的位置。

(3)动力、工艺管道专业图上,还应绘出地面有关建(构)筑物、铁路、道路等。

电力及通信线路专业图的绘制应符合下列规定:

(1)电力线路应绘出总变电所、配电站、车间降压变电所、室内外变电装置、柱上变压器、铁塔、电杆、地下电缆检查井等;并应注明线径、输电导线数、电压及送变电设备的型号、容量。

(2)通信线路应绘出中继站、交接箱、分线盒(箱)、电杆、地下通信电缆入孔等。

(3)各种线路的起终点、分支点、交叉点的电杆应注明坐标,线路与道路交叉处应注明净空高。

(4)地下电缆应注明埋设深度或电缆沟的沟底高程。

(5)电力及通信线路专业图上,还应绘出地面有关建(构)筑物、铁路、道路等。

当竣工总图中图面负载较大但管线不密集时,除绘制总图外,可将各种专业管线合并绘制成综合管线图。

(三)竣工总图的实测

竣工总图的实测宜采用全站仪测图、RTK 测图、地面三维激光扫描测图及数字编辑成图的方法。

竣工总图中建(构)筑物细部点的点位和高程中误差应符合相关规定。

竣工总图的实测应在已有的施工控制点上进行。当控制点被破坏时,应进行恢复。

对已收集的资料应进行实地对照检核。满足要求时应充分利用,无法利用时应重新测量。

典型例题

【单选题】下列属于绘制竣工图的依据的是(　　)。

A. 施工前场地绿化图

B. 建(构)筑物所在场地原始地形图

C. 设计变更文件

D. 建筑物沉降、位移等变形观测资料

C。【解析】绘制竣工图的主要依据有单位工程平面图、设计总平面图、纵横断面图、设计变更文件、控制测量资料、施工检查测量资料、竣工测量资料等。

2K317020 监 控 量 测

以下内容主要参考《城市轨道交通工程监测技术规范》进行学习,重点掌握基坑监测的相关内容。

一、基本规定

监测是指采用仪器量测、现场巡查或远程视频监控等手段和方法,长期、连续地采集和收集反映工程施工、运营线路结构以及周边环境对象的安全状态、变化特征及其发展趋势的信息,并进行分析、反馈的活动。

(一)工作流程

工程监测应遵循下列工作流程:

(1)收集、分析相关资料,现场踏勘。

(2)编制和审查监测方案。

(3)埋设、验收与保护监测基准点和监测点。

(4)校验仪器设备,标定元器件,测定监测点初始值。

(5)采集监测信息。

(6)处理和分析监测信息。

(7)提交监测日报、警情快报、阶段性监测报告等。

(8)监测工作结束后,提交监测工作总结报告及相应的成果资料。

(二)工程影响分区及监测范围

工程影响分区应根据基坑、隧道工程施工对周围岩土体扰动和周边环境影响的程度及范围划分,可分为主要、次要和可能等三个工程影响分区。

监测范围应根据基坑设计深度、隧道埋深和断面尺寸、施工工法、支护结构形式、地质条件、周边环境条件等综合确定,并应包括主要影响区和次要影响区。

工程监控测量的内容大致可包括外部观测和内部观测。其中,外部观测项目包括建(构)筑物的垂直位移、水平位移以及渗透及裂缝。内部观测项目包括混凝土应力、钢筋应力、土压力、温度等。

(三)工程监测等级划分

工程监测等级宜根据基坑、隧道工程的自身风险等级、周边环境风险等级和地质条件复杂程度进行划分。

基坑、隧道工程的自身风险等级宜根据支护结构发生变形或破坏、岩土体失稳等的可能性和后果的严重程度,采用工程风险评估的方法确定,也可根据基坑设计深度、隧道埋深和断面尺寸等按表1-51划分。

表1-51　基坑、隧道工程的自身风险等级

工程自身风险等级		等级划分标准
基坑工程	一级	设计深度大于或等于20 m的基坑
	二级	设计深度大于或等于10 m且小于20 m的基坑
	三级	设计深度小于10 m的基坑
隧道工程	一级	超浅埋隧道;超大断面隧道
	二级	浅埋隧道;近距离并行或交叠的隧道;盾构始发与接收区段;大断面隧道
	三级	深埋隧道;一般断面隧道

注:a. 超大断面隧道是指断面尺寸大于100 m^2 的隧道;大断面隧道是指断面尺寸在50~100 m^2 的隧道;一般断面隧道是指断面尺寸在10~50 m^2 的隧道。

b. 近距离隧道是指两隧道间距在一倍开挖宽度(或直径)范围以内。

c. 隧道深埋、浅埋和超浅埋的划分根据施工工法、围岩等级、隧道覆土厚度与开挖宽度(或直径),结合当地工程经验综合确定。

周边环境风险等级宜根据周边环境发生变形或破坏的可能性和后果的严重程度,采用工程风险评估的方法确定,也可根据周边环境的类型、重要性、与工程的空间位置关系和对工程的危害性进行划分,可划分为一级、二级、三级、四级。

地质条件复杂程度可根据场地地形地貌、工程地质条件和水文地质条件划分，可划分为复杂、中等、简单。

工程监测等级可按表 1-52 划分，并应根据当地经验结合地质条件复杂程度进行调整。

表 1-52 工程监测等级

工程监测等级（周边环境风险等级 / 工程自身风险等级）	一级	二级	三级	四级
一级	一级	一级	一级	一级
二级	一级	二级	二级	二级
三级	一级	二级	三级	三级

链接

对于一级基坑，施工过程中应当监测的项目包括支护桩（墙）、边坡顶部水平（竖向）位移，支护桩（墙）体水平位移，立柱结构水平（竖向）位移，支撑轴力，锚杆拉力，地表沉降，竖井井壁支护结构净空收敛，地下水位等。

二、监测方法及技术要求

监测方法应根据监测对象和监测项目的特点、工程监测等级、设计要求、精度要求、场地条件和当地工程经验等综合确定，并应合理易行。

变形监测基准点、工作基点的布设应符合下列规定：基准点应布设在施工影响范围以外的稳定区域，且每个监测工程的竖向位移观测的基准点不应少于 3 个，水平位移观测的基准点不应少于 4 个；当基准点距离所监测工程较远致使监测作业不方便时，宜设置工作基点；基准点和工作基点应在工程施工前埋设，并应埋设在相对稳定土层内，经观测确定稳定后再使用；监测期间，基准点应定期复测，当使用工作基点时应与基准点进行联测；基准点的埋设宜符合相关规定。

监测仪器、设备和元器件应符合下列规定：监测仪器、设备和元器件应满足监测精度和量程的要求，并应稳定、可靠；监测仪器和设备应定期进行检定或校准；元器件应在使用前进行标定，标定记录应齐全；监测过程中应定期进行监测仪器的核查、比对，设备的维护、保养，以及监测元器件的检查。

监测传感器应具备下列性能：与量测的介质特性相匹配；灵敏度高、线性好、重复性好；性能稳定可靠，漂移、滞后误差小；防水性好，抗干扰能力强。

对同一监测项目，现场监测作业宜符合下列规定：宜采用相同的监测方法和监测路线；宜使用同一监测仪器和设备；宜固定监测人员；宜在基本相同的时段和环境条件下工作。

工程周边环境与周围岩土体监测点应在施工之前埋设，工程支护结构监测点应在支护结构施工过程中及时埋设。监测点埋设并稳定后，应至少连续独立进行 3 次观测，并取其稳定值的平均值作为初始值。

关于明挖法、盖挖法基坑支护结构和周围土体监测项目,下面以典型例题的形式进行讲解。

典型例题

【单选题】关于明挖法、盖挖法基坑支护结构和周围土体监测项目,说法正确的是(　　)。

A. 支撑轴力为应测项目　　B. 坑底隆起(回弹)为应测项目

C. 锚杆拉力为选测项目　　D. 地下水位为选测项目

A。【解析】坑底隆起(回弹)为选测项目。故选项 B 错误。锚杆拉力为应测项目。故选项 C 错误。地下水位为应测项目。故选项 D 错误。明挖法和盖挖法基坑支护结构和周围岩土体监测项目见下表。

序号	监测项目	工程监测等级		
		一级	二级	三级
1	支护桩(墙)、边坡顶部水平位移	√	√	√
2	支护桩(墙)、边坡顶部竖向位移	√	√	√
3	支护桩(墙)体水平位移	√	√	○
4	支护桩(墙)结构应力	○	○	○
5	立柱结构竖向位移	√	√	○
6	立柱结构水平位移	√	○	○
7	立柱结构应力	○	○	○
8	支撑轴力	√	√	√
9	顶板应力	○	○	○
10	锚杆拉力	√	√	√
11	土钉拉力	○	○	○
12	地表沉降	√	√	√
13	竖井井壁支护结构净空收敛	√	√	√
14	土体深层水平位移	○	○	○
15	土体分层竖向位移	○	○	○
16	坑底隆起(回弹)	○	○	○
17	地下水位	√	√	√
18	孔隙水压力	○	○	○
19	支护桩(墙)侧向土压力	○	○	○

注:√——应测项目;○——选测项目。

三、监控量测报告

监测报告可分为日报、警情快报、阶段性报告和总结报告。监测报告应采用文字、表格、图形、照片等形式,表达直观、明确。

2K320000 市政公用工程项目施工管理

2K320010 市政公用工程施工招标投标管理

一、施工招标投标管理基本规定

（一）《中华人民共和国招标投标法》相关规定

1. 招标投标活动的规定

招标投标活动应当遵循公开、公平、公正和诚实信用的原则。

依法必须进行招标的项目，其招标投标活动不受地区或者部门的限制。任何单位和个人不得违法限制或者排斥本地区、本系统以外的法人或者其他组织参加投标，不得以任何方式非法干涉招标投标活动。

专家解读

该项规定体现了招标投标的公平原则。公平原则即“机会均等”，要求招标人一视同仁地给予所有投标人平等的机会，使其享有同等的权利并履行相应的义务，不歧视或者排斥任何一个投标人。按照这个原则，招标人不得在招标文件中要求或者标明特定的生产供应者以及含有倾向或者排斥潜在投标人的内容，不得以不合理的条件限制或者排斥潜在投标人，不得对潜在投标人实行歧视待遇。否则，将承担相应的法律责任。

招标投标活动及其当事人应当接受依法实施的监督。有关行政监督部门依法对招标投标活动实施监督，依法查处招标投标活动中的违法行为。对招标投标活动的行政监督及有关部门的具体职权划分，由国务院规定。

投标人和其他利害关系人认为招标投标活动不符合本法有关规定的，有权向招标人提出异议或者依法向有关行政监督部门投诉。

2. 必须招标的情形

在中华人民共和国境内进行下列工程建设项目包括项目的勘察、设计、施工、监理以及与工程建设有关的重要设备、材料等的采购，必须进行招标：

（1）大型基础设施、公用事业等关系社会公共利益、公众安全的项目。

（2）全部或者部分使用国有资金投资或者国家融资的项目。

（3）使用国际组织或者外国政府贷款、援助资金的项目。

前款所列项目的具体范围和规模标准，由国务院发展改革部门会同国务院有关部门制订，报国务院批准。

法律或者国务院对必须进行招标的其他项目的范围有规定的，依照其规定。

链接

必须招标的项目范围可依据《必须招标的工程项目规定》进行学习，具体内容见下表。

条款	说明
第二条：全部或者部分使用国有资金投资或者国家融资的项目	(1)使用预算资金200万元人民币以上，并且该资金占投资额10%以上的项目。 (2)使用国有企业事业单位资金，并且该资金占控股或者主导地位的项目
第三条：使用国际组织或者外国政府贷款、援助资金的项目	(1)使用世界银行、亚洲开发银行等国际组织贷款、援助资金的项目。 (2)使用外国政府及其机构贷款、援助资金的项目
第四条：不属于第二条、第三条规定情形的大型基础设施、公用事业等关系社会公共利益、公众安全的项目	必须招标的具体范围由国务院发展改革部门会同国务院有关部门按照确有必要、严格限定的原则制订，报国务院批准
第五条：第二条至第四条规定范围内的项目，其勘察、设计、施工、监理以及与工程建设有关的重要设备、材料等的采购达到下列标准之一的，必须招标。同一项目中可以合并进行的勘察、设计、施工、监理以及与工程建设有关的重要设备、材料等的采购，合同估算价合计达到上述规定标准的，必须招标	(1)施工单项合同估算价在400万元人民币以上。 (2)重要设备、材料等货物的采购，单项合同估算价在200万元人民币以上。 (3)勘察、设计、监理等服务的采购，单项合同估算价在100万元人民币以上

3. 可以不进行招标的情形

涉及国家安全、国家秘密、抢险救灾或者属于利用扶贫资金实行以工代赈、需要使用农民工等特殊情况，不适宜进行招标的项目，按照国家有关规定可以不进行招标。

4. 招标方式

招标分为公开招标和邀请招标。公开招标，是指招标人以招标公告的方式邀请不特定的法人或者其他组织投标。邀请招标，是指招标人以投标邀请书的方式邀请特定的法人或者其他组织投标。

国务院发展改革部门确定的国家重点项目和省、自治区、直辖市人民政府确定的地方重点项目不适宜公开招标的，经国务院发展改革部门或者省、自治区、直辖市人民政府批准，可以进行邀请招标。

招标人采用邀请招标方式的，应当向3个以上具备承担招标项目的能力、资信良好的特定的法人或者其他组织发出投标邀请书。

链接

根据《工程建设项目施工招标投标办法》,招标公告或者投标邀请书应当至少载明下列内容:招标人的名称和地址;招标项目的内容、规模、资金来源;招标项目的实施地点和工期;获取招标文件或者资格预审文件的地点和时间;对招标文件或者资格预审文件收取的费用;对投标人的资质等级的要求。招标人应当按招标公告或者投标邀请书规定的时间、地点出售招标文件或资格预审文件。自招标文件或者资格预审文件出售之日起至停止出售之日止,最短不得少于5个工作日。

(二)《房屋建筑和市政基础设施工程施工招标投标管理办法》相关规定

1. 招标投标活动的规定

国务院建设行政主管部门负责全国工程施工招标投标活动的监督管理。县级以上地方人民政府建设行政主管部门负责本行政区域内工程施工招标投标活动的监督管理。具体的监督管理工作,可以委托工程招标投标监督管理机构负责实施。

任何单位和个人不得违反法律、行政法规规定,限制或者排斥本地区、本系统以外的法人或者其他组织参加投标,不得以任何方式非法干涉施工招标投标活动。

施工招标投标活动及其当事人应当依法接受监督。建设行政主管部门依法对施工招标投标活动实施监督,查处施工招标投标活动中的违法行为。

2. 工程施工招标条件和投标条件

工程施工招标应当具备下列条件:

(1)按照国家有关规定需要履行项目审批手续的,已经履行审批手续。

(2)工程资金或者资金来源已经落实。

(3)有满足施工招标需要的设计文件及其他技术资料。

(4)法律、法规、规章规定的其他条件。

施工招标的投标人是响应施工招标、参与投标竞争的施工企业。投标人应当具备相应的施工企业资质,并在工程业绩、技术能力、项目经理资格条件、财务状况等方面满足招标文件提出的要求。

3. 资格预审

招标人可以根据招标工程的需要,对投标申请人进行资格预审,也可以委托工程招标代理机构对投标申请人进行资格预审。实行资格预审的招标工程,招标人应当在招标公告或者投标邀请书中载明资格预审的条件和获取资格预审文件的办法。

资格预审文件一般应当包括资格预审申请书格式、申请人须知,以及需要投标申请人提供的企业资质、业绩、技术装备、财务状况和拟派出的项目经理与主要技术人员的简历、业绩等证明材料。

经资格预审后,招标人应当向资格预审合格的投标申请人发出资格预审合格通知书,告知获取招标文件的时间、地点和方法,并同时向资格预审不合格的投标申请人告知资格预审结果。

4. 招标文件和投标文件的内容

招标人应当根据招标工程的特点和需要,自行或者委托工程招标代理机构编制招标文件。招标文件应当包括下列内容：

(1)投标须知，包括工程概况，招标范围，资格审查条件，工程资金来源或者落实情况，标段划分，工期要求，质量标准，现场踏勘和答疑安排，投标文件编制、提交、修改、撤回的要求，投标报价要求，投标有效期，开标的时间和地点，评标的方法和标准等。

(2)招标工程的技术要求和设计文件。

(3)采用工程量清单招标的，应当提供工程量清单。

(4)投标函的格式及附录。

(5)拟签订合同的主要条款。

(6)要求投标人提交的其他材料。

链接

根据《工程建设项目施工招标投标办法》，招标人根据施工招标项目的特点和需要编制招标文件。招标文件一般包括下列内容：招标公告或投标邀请书；投标人须知；合同主要条款；投标文件格式；采用工程量清单招标的，应当提供工程量清单；技术条款；设计图纸；评标标准和方法；投标辅助材料。招标人应当在招标文件中规定实质性要求和条件，并用醒目的方式标明。

投标文件应当包括下列内容：

(1)投标函。

(2)施工组织设计或者施工方案。

(3)投标报价。

(4)招标文件要求提供的其他材料。

5. 澄清或者修改

招标人对已发出的招标文件进行必要的澄清或者修改的，应当在招标文件要求提交投标文件截止时间至少 15 d 前，以书面形式通知所有招标文件收受人，并同时报工程所在地的县级以上地方人民政府建设行政主管部门备案，但实施电子招标投标的项目除外。该澄清或者修改的内容为招标文件的组成部分。

6. 投标担保

招标人可以在招标文件中要求投标人提交投标担保。投标担保可以采用投标保函或者投标保证金的方式。投标保证金可以使用支票、银行汇票等，一般不得超过投标总价的 2%，最高不得超过 50 万元。

投标人应当按照招标文件要求的方式和金额，将投标保函或者投标保证金随投标文件提交招标人。

链接

电子工程施工招标中，也需要提交投标保证金，其主要由投标保函体现。

7. 无效投标文件

投标人应当在招标文件要求提交投标文件的截止时间前，将投标文件密封送达投标地点。招标人收到投标文件后,应当向投标人出具标明签收人和签收时间的凭证,并妥善保存投标文件。在开标前,任何单位和个人均不得开启投标文件。在招标文件要求提交投标文件的截止时间后送达的投标文件,为无效的投标文件,招标人应当拒收。

提交投标文件的投标人少于3个的,招标人应当依法重新招标。

8. 确定中标人

招标人应当在投标有效期截止时限30 d前确定中标人。投标有效期应当在招标文件中载明。

依法必须进行施工招标的工程,招标人应当自确定中标人之日起15 d内,向工程所在地的县级以上地方人民政府建设行政主管部门提交施工招标投标情况的书面报告。

二、施工招标投标程序

(一)施工招标程序

1. 招标资格与备案

招标人自行办理招标事宜的,按规定向建设行政主管部门备案;委托代理招标事宜的应签订委托代理合同。

2. 确定招标方式

按照法律法规和规章确定公开招标或邀请招标。

3. 发布(送)招标公告或投标邀请书

实行公开招标的,应在国家或地方指定的报刊、信息网或其他媒介上发布招标公告;实行邀请招标的,应向3个以上符合资质条件的投标人发送投标邀请书。

4. 编制、发放资格预审文件

采用资格预审的,招标人编制资格预审文件,向参加投标的申请人发放资格预审文件。

5. 资格预审,确定合格的投标申请人

招标人审查、分析投标申请人报送的资格预审申请书的内容,确定合格的投标申请人,并向合格投标申请人发放资格预审合格通知书。

6. 编制、发出招标文件

招标人编制招标文件,并将招标文件发售给合格的投标申请人(含被邀请的投标申请人),同时向建设行政主管部门备案。

7. 踏勘现场和答疑

招标人组织投标人踏勘现场,但实施电子招标投标的项目除外。

招标人接受问题,并准备解答。答疑以书面形式向所有投标人发放并同时向建设行政主管部门备案;或者可召开答疑会解答问题,会后将答疑纪要发放给所有投标人并同时向建设行政主管部门备案。招标人可对招标文件进行必要的澄清或补充修改。

8. 签收投标文件

招标人接收投标文件,记录接收日期、时间,并在开标前妥善保存投标文件。招标人拒收逾期送达的投标文件。

9. 开标

招标人组织并主持开标、唱标。

10. 组建评标委员会

招标人依照法律法规和规章的规定，组建评标委员会。

依法必须进行施工招标的工程，其评标委员会由招标人的代表和有关技术、经济等方面的专家组成，成员人数为5人以上单数，其中招标人、招标代理机构以外的技术、经济等方面专家不得少于成员总数的2/3。评标委员会的专家成员，应当由招标人从建设行政主管部门及其他有关政府部门确定的专家名册或者工程招标代理机构的专家库内相关专业的专家名单中确定。确定专家成员一般应当采取随机抽取的方式。

与投标人有利害关系的人不得进入相关工程的评标委员会。评标委员会成员的名单在中标结果确定前应当保密。

11. 评标

评标委员会应当按照招标文件确定的评标标准和方法，对投标文件进行评审和比较，并对评标结果签字确认；设有标底的，应当参考标底。

评标委员会可以用书面形式要求投标人对投标文件中含义不明确的内容作必要的澄清或者说明。投标人应当采用书面形式进行澄清或者说明，其澄清或者说明不得超出投标文件的范围或者改变投标文件的实质性内容。

评标委员会完成评标后，应当向招标人提出书面评标报告，阐明评标委员会对各投标文件的评审和比较意见，并按照招标文件中规定的评标方法，推荐不超过3名有排序的合格的中标候选人。招标人根据评标委员会提出的书面评标报告和推荐的中标候选人确定中标人。

使用国有资金投资或者国家融资的工程项目，招标人应当按照中标候选人的排序确定中标人。当确定中标的中标候选人放弃中标或者因不可抗力提出不能履行合同的，招标人可以依序确定其他中标候选人为中标人。

招标人也可以授权评标委员会直接确定中标人。

提示

依法必须进行招标的项目，招标人应当自收到评标报告之日起3 d内公示中标候选人，公示期不得少于3 d。

12. 发出中标通知书

招标人向中标人发出中标通知书，并同时向未中标人发出中标结果通知。

13. 签署合同

招标人与中标人签署合同协议并办理合同备案手续。

（二）施工投标程序

1. 获取招标项目信息

投标人通过各种渠道获取招标项目信息。

2. 递交资格预审申请书

采用资格预审的，投标人获取资格预审文件后，按资格预审文件要求填写资格预审申请书（如果联合体投标应分别填报每个成员的情况），并递交资格预审申请书。

3. 获得资格预审合格通知书

合格投标申请人获得资格预审合格通知书，并提交书面回执。

4. 获取招标文件

投标人获取招标文件，开始准备投标文件，并搜集有关资料和相关信息。

5. 参与现场踏勘

投标人参与现场踏勘，对于招标文件和踏勘现场中出现的问题可通过以下方法提出：

(1)以书面形式提出问题，获取问题解答回执。

(2)答疑会前在规定的时间前以书面形式提交质疑问题，获取答疑纪要回执。

6. 获取澄清、修改文件

投标人获取招标人对于招标文件的澄清或者补充修改文件。

7. 编制、提交投标文件，办理投标担保

投标人应根据要求编制、提交投标文件，并在提交投标文件前提交投标保证金。

8. 参加开标

投标人代表准时参加开标会议。

9. 答复或答辩

投标人应对评标委员会要求澄清的内容进行答复或答辩。

10. 接受中标通知书或中标结果通知书

中标人接受中标通知书，未中标人接受中标结果通知书。

2K320020 市政公用工程造价管理

一、施工图预算

建设项目施工图预算是施工图设计阶段合理确定和有效控制工程造价的重要依据。建设项目施工图预算的编制应由相应专业资质的单位和造价专业人员完成。

对于大型或复杂的建设项目，应委托多个单位共同承担其施工图预算文件编制时，委托单位应指定主体承担单位，由主体承担单位负责具体编制工作的总体规划、标准的统一、编制工作的部署、资料的汇总等综合性工作，其他各单位负责其所承担的各个单项、单位工程施工图预算文件的编制。

建设项目施工图预算应按照设计文件和项目所在地的人工、材料和机械等要素的市场价格水平进行编制，应充分考虑项目其他因素对工程造价的影响；并应确定合理的预备费，力求能够使投资额度得以科学合理地确定，以保证项目的顺利进行。

专家解读

市政公用工程大多采用施工图预算控制成本支出。可按施工图预算实行“以收定支”,或者叫“量入为出”。其包括人工费的控制、材料费的控制、支架脚手架和模板等周转设备费的控制、施工机械使用费的控制和构件加工、分包工程费的控制等。签订分包合同时,特别要坚持“以施工图预算控制合同金额”的原则,绝不容许合同金额超过施工图预算。

(一)文件组成

施工图预算根据建设项目实际情况可采用三级预算编制或二级预算编制形式。当建设项目有多个单项工程时,应采用三级预算编制形式,三级预算编制形式由建设项目施工图总预算、单项工程综合预算、单位工程施工图预算组成。当建设项目只有一个单项工程时,应采用二级预算编制形式,二级预算编制形式由建设项目施工图总预算和单位工程施工图预算组成。

总预算是反映施工图设计阶段建设项目投资总额的造价文件,是施工图预算文件的主要组成部分,由组成该建设项目的各个单项工程综合预算和相关费用组成。综合预算是反映施工图设计阶段一个单项工程(设计单元)造价的文件,是总预算的组成部分,由构成该单项工程的各个单位工程施工图预算组成。单位工程预算是依据单位工程施工图设计文件、现行预算定额以及人工、材料和施工机械台班价格等,按照规定的计价方法编制的工程造价文件。

(二)编制依据

建设项目施工图预算的编制依据主要有以下方面:

(1)国家、行业、地方政府发布的计价依据、有关法律法规或规定。

(2)建设项目有关文件、合同、协议等。

(3)批准的设计概算。

提示

施工图预算不得大于设计概算。

(4)批准的施工图设计图纸及相关标准图集和规范。

(5)相应预算定额和地区单位估价表。

(6)合理的施工组织设计和施工方案等文件。

(7)项目有关的设备、材料供应合同,价格及相关说明书。

(8)项目所在地区有关的气候、水文、地质地貌等的自然条件。

(9)项目的技术复杂程度,以及新技术、专利使用情况等。

(10)项目所在地区有关的经济、人文等社会条件。

(三)编制方法

建设项目施工图预算由总预算、综合预算和单位工程预算组成。

建设项目总预算由综合预算汇总而成。综合预算由组成本单项工程的各单位工程预算汇总而成。单位工程预算包括建筑工程预算和设备及安装工程预算。

1. 单位工程预算的编制

单位工程预算的编制应根据施工图设计文件、预算定额（或综合单价）以及人工、材料及施工机械台班等价格资料进行编制。主要编制方法有单价法和实物量法；其中单价法分为定额单价法和工程量清单单价法。

定额单价法是用事先编制好的分项工程的单位估价表来编制施工图预算的方法。工程量清单单价法是指根据招标人按照国家统一的工程量计算规则提供工程数量，采用综合单价的形式计算工程造价的方法。实物量法是依据施工图纸和预算定额的项目划分及工程量计算规则，先计算出分部分项工程量，然后套用预算定额（实物量定额）来编制施工图预算的方法。

2. 综合预算和总预算编制

综合预算造价由组成该单项工程的各个单位工程预算造价汇总而成。

总预算造价由组成该建设项目的各个单项工程综合预算以及经计算的工程建设其他费、预备费、建设期贷款利息汇总而成。

3. 调整预算的编制

工程预算批准后，一般情况下不得调整。由于重大设计变更、政策性调整及不可抗力等原因造成的可以调整。

调整预算编制深度与要求、文件组成及表格形式同原施工图预算。调整预算还应对工程预算调整的原因做详尽分析说明，所调整的内容在调整预算总说明中要逐项与原批准预算对比，并编制调整前后预算对比表，分析主要变更原因。在上报调整预算时，应同时提供有关文件和调整依据。

（四）预算审查

施工图预算文件的审查，应当委托具有相应资质的工程造价咨询机构进行。

施工图预算审查的主要内容包括：

（1）审查施工图预算的编制是否符合现行国家、行业、地方政府有关法律、法规和规定要求。

（2）审查工程量计算的准确性、工程量计算规则与计价规范规则或定额规则的一致性。

（3）审查在施工图预算的编制过程中，各种计价依据使用是否恰当，各项费率计取是否正确；审查依据主要有施工图设计资料、有关定额、施工组织设计、有关造价文件规定和技术规范、规程等。

（4）审查各种要素市场价格选用是否合理。

（5）审查施工图预算是否超过概算以及进行偏差分析。

链接

工程造价控制在合理范围内的正确顺序，依次是：投资估算→设计概算→施工图预算→竣工结算。

施工图预算的审查可采用全面审查法、标准预算审查法、分组计算审查法、对比审查法、筛选审查法、重点审查法、分解对比审查法等。

二、工程量清单计价

根据《建设工程工程量清单计价规范》，工程量清单是指载明建设工程分部分项工程项目、措施项目、其他项目的名称和相应数量以及规费、税金项目等内容的明细清单。

招标工程量清单应以单位（项）工程为单位编制，应由分部分项工程项目清单、措施项目清单、其他项目清单、规费和税金项目清单组成。

（一）工程量清单计价方式

工程量清单计价方式，见表 2-1。

表 2-1 工程量清单计价方式

情形	计价方式
使用国有资金投资的建设工程发承包	必须采用工程量清单计价
非国有资金投资的建设工程	宜采用工程量清单计价
不采用工程量清单计价的建设工程	应执行除工程量清单等专门性规定外的其他规定
措施项目中的安全文明施工费	必须按国家或省级、行业建设主管部门的规定计算，不得作为竞争性费用
规费和税金	必须按国家或省级、行业建设主管部门的规定计算，不得作为竞争性费用

专家解读

实行工程量清单计价应采用综合单价法，不论分部分项工程项目、措施项目、其他项目，还是以单价或以总价形式表现的项目，其综合单价的组成内容是完成一个规定清单项目所需的人工费、材料和工程设备费、施工机具使用费和企业管理费、利润以及一定范围内的风险费用，即包括除规费、税金以外的所有金额。

（二）工程量清单计价风险

建设工程发承包，必须在招标文件、合同中明确计价中的风险内容及其范围，不得采用无限风险、所有风险或类似语句规定计价中的风险内容及范围。

由于下列因素出现，影响合同价款调整的，应由发包人承担：

(1) 国家法律、法规、规章和政策发生变化。

(2) 省级或行业建设主管部门发布的人工费调整，但承包人对人工费或人工单价的报价高于发布的除外。

(3) 由政府定价或政府指导价管理的原材料等价格进行了调整。

由于承包人使用机械设备、施工技术以及组织管理水平等自身原因造成施工费用增加的，应由承包人全部承担。

（三）工程量清单编制内容

工程量清单编制内容见表 2-2。

表 2-2 工程量清单编制内容

项目清单	内容
分部分项工程项目清单	分部分项工程项目清单必须载明项目编码(十二位)、项目名称、项目特征、计量单位和工程量;必须根据相关工程现行国家计量规范规定的项目编码、项目名称、项目特征、计量单位和工程量计算规则进行编制
措施项目清单	措施项目清单必须根据相关工程现行国家计量规范的规定编制;应根据拟建工程的实际情况列项
其他项目清单	其他项目清单应按照下列内容列项:暂列金额;暂估价,包括材料暂估单价、工程设备暂估单价、专业工程暂估价;计日工;总承包服务费
规费项目清单	规费项目清单应按照下列内容列项:社会保险费;住房公积金
税金项目清单	增值税

(四)工程量清单在工程实施阶段的应用

工程量清单在工程实施阶段可作为现场工程师确定进度款支付额度的计算依据,同时也可以作为工程变更时变更工程量确定的依据。

因工程变更引起已标价工程量清单项目或其工程数量发生变化时,应按照下列规定调整:

(1)已标价工程量清单中有适用于变更工程项目的,应采用该项目的单价;但当工程变更导致该清单项目的工程数量发生变化,且工程量偏差超过15%时,该项目单价应按照(2)规定调整。

(2)已标价工程量清单中没有适用但有类似于变更工程项目的,可在合理范围内参照类似项目的单价。

(3)已标价工程量清单中没有适用也没有类似于变更工程项目的,应由承包人根据变更工程资料、计量规则和计价办法、工程造价管理机构发布的信息价格和承包人报价浮动率提出变更工程项目的单价,并应报发包人确认后调整。

(4)已标价工程量清单中没有适用也没有类似于变更工程项目,且工程造价管理机构发布的信息价格缺价的,应由承包人根据变更工程资料、计量规则、计价办法和通过市场调查等取得有合法依据的市场价格提出变更工程项目的单价,并应报发包人确认后调整。

2K320030 市政公用工程合同管理

一、施工阶段合同履约与管理要求

(一)施工阶段合同履约要求

1. 履约担保

发包人需要承包人提供履约担保的,由合同当事人在专用合同条款中约定履约担保的方式、金额及期限等。履约担保可以采用银行保函或担保公司担保等形式,具体由合同当事人在专用合同条款中约定。

因承包人原因导致工期延长的,继续提供履约担保所增加的费用由承包人承担;非因承包人原因导致工期延长的，继续提供履约担保所增加的费用由发包人承担。

2. 质量保证金

经合同当事人协商一致扣留质量保证金的，应在专用合同条款中予以明确。

在工程项目竣工前，承包人已经提供履约担保的，发包人不得同时预留工程质量保证金。

3. 分包工程履约要求

分包工程发包人可以就分包合同的履行，要求分包工程承包人提供分包工程履约担保；分包工程承包人在提供担保后，要求分包工程发包人同时提供分包工程付款担保的，分包工程发包人应当提供。

专家解读

分包工程承包人应当按照分包合同的约定对其承包的工程向分包工程发包人负责。分包工程发包人和分包工程承包人就分包工程对建设单位承担连带责任。

禁止将承包的工程进行转包。不履行合同约定，将其承包的全部工程发包给他人，或者将其承包的全部工程肢解后以分包的名义分别发包给他人的，属于转包行为。分包工程发包人将工程分包后，未在施工现场设立项目管理机构和派驻相应人员，并未对该工程的施工活动进行组织管理的，视同转包行为。

承包人应向监理人提交分包人的主要施工管理人员表，并对分包人的施工人员进行实名制管理，包括但不限于进出场管理、登记造册以及各种证照的办理。

链接

分包合同可分为劳务分包和专业分包两种。劳务分包一般只提供劳动力，取得工程中的劳务费用，该过程中劳务分包单位提供的服务不包含材料和设备。专业分包是指分包单位提供劳动力、设备、原材料、管理等独立完成分包工程。

（二）施工阶段合同管理要求

1. 合同变更管理

除专用合同条款另有约定外，合同履行过程中发生以下情形的，应按照约定进行变更：

（1）增加或减少合同中任何工作，或追加额外的工作。

（2）取消合同中任何工作，但转由他人实施的工作除外。

（3）改变合同中任何工作的质量标准或其他特性。

（4）改变工程的基线、标高、位置和尺寸。

（5）改变工程的时间安排或实施顺序。

发包人和监理人均可以提出变更。变更指示均通过监理人发出，监理人发出变更指示前应征得发包人同意。承包人收到经发包人签认的变更指示后，方可实施变更。未经许可，承包人不得擅自对工程的任何部分进行变更。

涉及设计变更的，应由设计人提供变更后的图纸和说明。如变更超过原设计标准或批准的建设规模时，发包人应及时办理规划、设计变更等审批手续。

工程实施过程中，常见的变更类型包括设计变更、施工顺序变更、工程数量变更、施工条件变更、进度计划变更、技术规范与标准变更等。当发生变更后，工程量、进度、成本都会发生变化，相关人员应详细做好记录为之后索赔和结算提供充足的依据。

2. 合同管理原则

(1)合同管理应以法律为依据，只有以合法为前提进行合同管理，才能切实保障业主的根本利益，促进工程的顺利建设。

(2)合同管理应以建设工程的实际情况为出发点和突破点，保证建设工程在实现质量、进度、投资三大目标的前提下顺利竣工并投入使用。

(3)合同管理应以预防为主，减少甚至避免纠纷和索赔的发生。

(4)最大限度地将建设工程参建各方的权利、义务及责任纳入合同管理的范围中，使参与项目建设的任何一方都能以合同为依据，享有权利，履行义务，共同保证建设工程的顺利竣工和投入使用。

(5)项目管理公司进行建设工程合同管理应以最大限度保护业主的合法利益为出发点，以推进项目顺利建设为中心，尽可能实现包括业主在内的项目各参建方的共赢。

二、施工合同索赔

(一)承包人的索赔

根据合同约定，承包人认为有权得到追加付款和(或)延长工期的，应按以下程序向发包人提出索赔：

(1)承包人应在知道或应当知道索赔事件发生后 28 d 内，向监理人递交索赔意向通知书，并说明发生索赔事件的事由；承包人未在前述 28 d 内发出索赔意向通知书的，丧失要求追加付款和(或)延长工期的权利。

(2)承包人应在发出索赔意向通知书后 28 d 内，向监理人正式递交索赔报告；索赔报告应详细说明索赔理由以及要求追加的付款金额和(或)延长的工期，并附必要的记录和证明材料。

提示

索赔报告的内容：索赔申请表；批复的索赔意向书；索赔报告的编制说明；相关附件。

(3)索赔事件具有持续影响的，承包人应按合理时间间隔继续递交延续索赔通知，说明持续影响的实际情况和记录，列出累计的追加付款金额和(或)工期延长天数。

(4)在索赔事件影响结束后 28 d 内，承包人应向监理人递交最终索赔报告，说明最终要求索赔的追加付款金额和(或)延长的工期，并附必要的记录和证明材料。

链接

承包人可提出索赔的事项有：工程变更(可根据实际具体情况，进行工期与费用的索赔)；监理工程师指令错误(可根据实际具体情况，进行工期与费用的索赔)；延期发出图纸(一般只进行工期索赔)；外部环境不良(可根据实际具体情况，进行工期与费用的索赔)；恶劣的气候条件(若投保，向保险机构索赔；若未投保，根据合同约定索赔)等。

（二）对承包人索赔的处理

（1）监理人应在收到索赔报告后14 d内完成审查并报送发包人。监理人对索赔报告存在异议的，有权要求承包人提交全部原始记录副本。

（2）发包人应在监理人收到索赔报告或有关索赔的进一步证明材料后的28 d内，由监理人向承包人出具经发包人签认的索赔处理结果。发包人逾期答复的，则视为认可承包人的索赔要求。

（3）承包人接受索赔处理结果的，索赔款项在当期进度款中进行支付；承包人不接受索赔处理结果的，按照争议解决约定处理。

（三）发包人的索赔

根据合同约定，发包人认为有权得到赔付金额和（或）延长缺陷责任期的，监理人应向承包人发出通知并附有详细的证明。

发包人应在知道或应当知道索赔事件发生后28 d内通过监理人向承包人提出索赔意向通知书，发包人未在前述28 d内发出索赔意向通知书的，丧失要求赔付金额和（或）延长缺陷责任期的权利。发包人应在发出索赔意向通知书后28 d内，通过监理人向承包人正式递交索赔报告。

（四）对发包人索赔的处理

（1）承包人收到发包人提交的索赔报告后，应及时审查索赔报告的内容、查验发包人证明材料。

（2）承包人应在收到索赔报告或有关索赔的进一步证明材料后28 d内，将索赔处理结果答复发包人。如果承包人未在上述期限内作出答复的，则视为对发包人索赔要求的认可。

（3）承包人接受索赔处理结果的，发包人可从应支付给承包人的合同价款中扣除赔付的金额或延长缺陷责任期；发包人不接受索赔处理结果的，按争议解决约定处理。

（五）提出索赔的期限

（1）承包人按竣工结算审核条款约定接收竣工付款证书后，应被视为已无权再提出在工程接收证书颁发前所发生的任何索赔。

（2）承包人按最终结清条款提交的最终结清申请单中，只限于提出工程接收证书颁发后发生的索赔。提出索赔的期限自接受最终结清证书时终止。

（六）承包人常见的工程索赔

施工过程中，承包人索赔成立应满足以下条件：

（1）索赔事件已造成承包人的费用增加或工期损失。

（2）按照合同约定，事件发生的原因不属于承包人的行为责任或风险。

（3）按照合同规定的程序和时间提交索赔的意向通知和索赔报告。

工程中，承包人索赔的事项主要来自于承包人和环境两方面的原因。其中，承包人原因引起索赔的事件类型主要包括承包人负责提供的信息不及时或不准确、承包人负责提供设备及材料质量存在问题、承包人负责提供的施工现场条件不完善、承包人提出合同外不合理要求等。环境原因引起的索赔事件类型主要包括不可抗力、不利物质条件、施工过程中发现文物等。

三、施工合同风险管理

风险是指不利事件或事故发生的概率(频率)及其损失的组合。常见风险种类有:工程项目的技术、经济、法律等方面的风险;建设单位资信风险;外界环境的风险;合同风险。

(一)不同阶段风险管理

1. 合同签订风险管理

中标单位应单独列出工程建设风险管理费用,包括施工安全措施费用等。

签订合同文件中,中标单位应明确合同项中工程建设风险管理责任以及保险人的赔偿要求。

招标单位与中标单位签订的合同中,工程建设风险管理要点应包括:

(1)合同条款的完整性和准确性风险分析。

(2)以合同为依据,对新辨识的重大建设风险应说明是否需再次风险评估。

(3)合同款项支付及延期支付的风险分析。

(4)建设工期提前或延误风险分析。

(5)重要设备的采购与供货风险分析。

(6)工程材料、构(配)件和设备不符合工程规格、质量及安全要求。

(7)对于未辨识的工程建设风险,合同中应明确与其相关的风险管理责任,具体实施或执行方案可通过双方商定,并应在合同条款中补充说明。

2. 施工准备期风险管理

施工准备期主要风险因素宜包括:自然灾害;不良工程地质和水文地质条件及不明障碍物;施工机械与设备,施工技术、工艺、材料等;周边环境影响因素;其他各类突发事件。

施工准备期风险管理实施主要内容应包括:制定风险管理计划;编制施工风险管理实施说明书;建立风险管理工作制度;根据工程前期阶段已有的风险管理成果,在正式开工前分析施工风险,制定风险处置措施;针对重大风险进行施工专项风险评估,并制定应急预案。

3. 施工期风险管理

施工期风险管理中可采用的风险处置措施应包括下列内容:

(1)编写现场施工风险记录,建立现场风险管理监督机制。

(2)加强风险培训,提高施工管理人员和现场施工人员的风险防范意识。

(3)对Ⅲ级及以上风险编制风险处置措施,建立工程施工预警监控系统。

(4)重大风险必须进行专项风险论证,并编制风险监控方案与应急预案。

(5)保险单位应参与工程施工风险管理,实施风险的均衡控制。

(6)预先成立工程建设风险事故抢险专业队伍,作好人员及物资的储备。

(二)风险识别

识别项目风险应遵循下列程序:

(1)收集与风险有关的信息。

(2)确定风险因素。

(3)编制项目风险识别报告。

提示

历年考试中会考查风险因素的类型，即风险因素根据风险来源可分为技术、经济、政治、商务、管理和公共关系风险；根据风险范围可分为地区、国别、项目风险；根据实施阶段可分为投标阶段、合同谈判阶段、合同实施阶段风险；根据风险严重程度可分为特殊风险和其他风险。

（三）风险防范措施

1. 风险规避

可通过约定相关支付条款、风险合同条款、索赔条款、保值条款等方式规避风险。

2. 风险减轻

可通过降低风险发生的可能性或减少后果的不利影响等手段减轻风险。

3. 风险转移

可通过分包、保险和担保等手段转移风险，如将部分工程分包给分包商；购买保险；找担保公司等。

4. 风险分担

风险分担包括主动分担风险和被动分担风险，如制定风险管理计划主动分担风险；准备相应费用应对材料涨价等风险。

2K320040　市政公用工程施工成本管理

一、施工成本管理的概述

成本管理是为实现项目成本目标而进行的预测、计划、控制、核算、分析和考核活动。成本管理和其他施工目标管理类似，开始于确定目标，继而进行目标分解，组织人员配备，落实相关管理制度和措施，并在实施过程中进行纠偏，以实现预定的目标。

成本管理是与进度管理、质量管理、安全管理和环境管理等同时进行的，是针对整体施工目标系统所实施的管理活动的一个组成部分。在成本管理中，要协调好与进度、质量、安全和环境等的关系，不能片面强调成本节约。

提示

施工成本管理按照类型划分，可分为以下类型：计划管理、成本核算、合同管理、施工组织管理、劳务费用管理、管理费用的管理、材料购置及消耗管理、机具及周转材料租赁费用管理。

二、施工成本管理的相关规定

（一）一般规定

组织应建立项目全面成本管理制度，明确职责分工和业务关系，把管理目标分解到各项技术和管理过程。

项目成本管理应符合下列规定：

(1)组织管理层，应负责项目成本管理的决策，确定项目的成本控制重点、难点，确定项目成本目标，并对项目管理机构进行过程和结果的考核。

(2)项目管理机构，应负责项目成本管理，遵守组织管理层的决策，实现项目管理的成本目标。

项目成本管理应遵循下列程序：

(1)掌握生产要素的价格信息。

(2)确定项目合同价。

(3)编制成本计划，确定成本实施目标。

(4)进行成本控制。

(5)进行项目过程成本分析。

(6)进行项目过程成本考核。

(7)编制项目成本报告。

(8)项目成本管理资料归档。

链接

项目合同价是项目成本管理的基准。根据有关法规规定，建设工程项目一般通过招投标方式确定项目合同价。在施工成本管理中，应在遵循实用性、坚定性、灵活性、开拓性原则的前提下，选择施工成本管理方法。

典型例题

【单选题】施工成本管理的基本流程是(　　)。

A. 成本分析→成本核算→成本预测→成本计划→成本控制→成本考核

B. 成本核算→成本预测→成本考核→成本分析→成本计划→成本控制

C. 成本预测→成本计划→成本控制→成本核算→成本分析→成本考核

D. 成本计划→成本控制→成本预测→成本核算→成本考核→成本分析

C。【解析】施工成本管理的基本流程：成本预测→成本计划→成本控制→成本核算→成本分析→成本考核。

(二)成本计划

项目成本计划编制依据应包括下列内容：

(1)合同文件。

(2)项目管理实施规划。

(3)相关设计文件。

(4)价格信息。

(5)相关定额。

(6)类似项目的成本资料。

项目管理机构应通过系统的成本策划，按成本组成、项目结构和工程实施阶段分别编制项目成本计划。

专家解读

项目管理机构应根据项目成本控制要求编制、确定项目成本计划。其中项目施工成本计划一般由施工单位编制。施工单位应围绕施工组织设计或相关文件进行编制，以确保对施工项目成本控制的适宜性和有效性。具体可按成本组成(如直接费、间接费、其他费用等)、项目结构(如各单位工程或单项工程)和工程实施阶段(如基础、主体、安装、装修等或月、季、年等)进行编制，也可以将几种方法结合使用。

编制成本计划应符合下列规定：

(1)由项目管理机构负责组织编制。

(2)项目成本计划对项目成本控制具有指导性。

(3)各成本项目指标和降低成本指标明确。

项目成本计划编制应符合下列程序：

(1)预测项目成本。

(2)确定项目总体成本目标。

(3)编制项目总体成本计划。

(4)项目管理机构与组织的职能部门根据其责任成本范围，分别确定自己的成本目标，并编制相应的成本计划。

(5)针对成本计划制定相应的控制措施。

(6)由项目管理机构与组织的职能部门负责人分别审批相应的成本计划。

(三)成本控制

项目管理机构成本控制应依据下列内容：

(1)合同文件。

(2)成本计划。

(3)进度报告。

(4)工程变更与索赔资料。

(5)各种资源的市场信息。

项目成本控制应遵循下列程序：

(1)确定项目成本管理分层次目标。

(2)采集成本数据，监测成本形成过程。

(3)找出偏差，分析原因。

(4)制定对策，纠正偏差。

(5)调整改进成本管理方法。

提示

成本控制时应遵循目标管理原则(包含目标的设定和分解)、成本最低化原则、全面成本控制原则(即全企业、全员、全过程管理)、动态控制原则(即中间控制)以及责、权、利相结合原则。发现成本偏差及时调整修正，体现了动态控制原则。

(四)成本核算

项目管理机构应根据项目成本管理制度明确项目成本核算的原则、范围、程序、方法、内容、责任及要求,健全项目核算台账。

项目管理机构应按规定的会计周期进行项目成本核算。

项目成本核算应坚持形象进度、产值统计、成本归集同步的原则。

项目管理机构应编制项目成本报告。

专家解读

成本核算可以结合项目自身情况进行每日成本核算、每周成本核算、每旬成本核算、每月成本核算、每季度成本核算,但每个月必须进行1次成本核算。成本核算的方法有表格核算法和会计核算法两种。其中,前者的优点是便于操作、简单易懂、实用性强、表格形式自由,多用于项目内各岗位成本的责任核算;后者的优点是核算严密、逻辑性强、核算范围大和人为控制因素较小等,故采用此种核算方法的核算人员需具有较高的专业水平,多用于项目成本的核算。

(五)成本分析

项目成本分析依据应包括下列内容:项目成本计划;项目成本核算资料;项目的会计核算、统计核算和业务核算的资料。

成本分析宜包括下列内容:时间节点成本分析;工作任务分解单元成本分析;组织单元成本分析;单项指标成本分析;综合项目成本分析。

成本分析应遵循下列步骤:选择成本分析方法;收集成本信息;进行成本数据处理;分析成本形成原因;确定成本结果。

专家解读

成本分析程序是实施成本管理的重要过程,组织只有按照规定程序实施成本分析,才能有效保证成本分析结果的准确性和完整性。施工成本分析的形式包括按施工进度、按成本费用项目、针对特定问题进行成本分析三种形式。其中,分部分项工程成本分析、年季月(或周、旬等)度成本分析、竣工成本分析等属于按施工进度进行的成本分析;人工费分析、材料费分析、企业管理费分析等属于按成本费用项目进行的成本分析;施工索赔分析、资金成本分析、成本盈亏异常分析等属于针对特定问题进行的成本分析。

成本分析方法需满足项目成本分析的内在需求,包括:基本方法,比较法、因素分析法、差额分析法和比率法(相关比率法、构成比率法、动态比率法);综合成本分析方法,分部分项成本分析、年季月(或周、旬等)度成本分析、竣工成本分析;其他方法。

2K320050 市政公用工程施工组织设计

根据《市政工程施工组织设计规范》,市政工程施工组织设计是以市政工程项目为编制对象并用以指导施工的技术、经济和管理的综合性文件。

一、基本规定

(一)市政工程施工组织设计的编制原则

市政工程施工组织设计的编制应符合下列原则:

(1)符合施工合同有关工程进度、质量、安全、环境保护及文明施工等方面的要求。

(2)优化施工方案,达到合理的技术经济指标,并具有先进性和可实施性。

(3)结合工程特点推广应用新技术、新工艺、新材料、新设备。

(4)推广应用绿色施工技术,实现节能、节地、节水、节材和环境保护。

(二)市政工程施工组织设计的编制依据

市政工程施工组织设计的编制依据应包括下列主要内容:

(1)与工程建设有关的法律、法规、规章和规范性文件。

(2)国家现行标准和技术经济指标。

(3)工程施工合同文件。

(4)工程设计文件。

(5)地域条件和工程特点,工程施工范围内及周边的现场条件,气象、工程地质及水文地质等自然条件。

(6)与工程有关的资源供应情况。

(7)企业的生产能力、施工机具状况、经济技术水平等。

(三)施工组织设计的编制要求和审批

1.施工组织设计编制要求

施工前应以施工内容为对象编制施工组织设计,并应符合下列要求:

(1)施工组织设计应包括工程概况、施工总体部署、施工现场平面布置、施工准备、施工技术方案、主要施工保证措施等基本内容。

(2)施工组织设计应由项目负责人主持编制。

(3)施工组织设计可根据需要分阶段编制。

2.施工组织设计的审批

施工组织设计的审批应符合下列规定:

(1)施工组织设计可根据需要分阶段审批。

(2)施工组织设计应经总承包单位技术负责人审批,并应加盖企业公章。

(四)施工组织设计的审核

施工组织设计应重点审核下列内容:施工总体部署、施工现场平面布置;施工技术方案;

质量保证措施;施工进度计划;安全管理措施;环境保护措施;应急措施。

施工组织设计审核应满足下列要求:施工总体部署、施工现场平面布置的合理性;施工技术方案的可实施性;质量保证措施的可靠性;资源配置与进度计划的协调性;安全管理措施与有关工程建设强制性标准的符合性;环境保护措施的可实施性;应急措施的可实施性。

（五）施工组织设计的动态管理

关于施工组织设计的动态管理,下面以典型例题的形式进行介绍。

典型例题

【单选题】施工作业过程中,不需要及时修改或补充施工组织设计的情形是(　　)。

A. 工程设计有重大变更　　B. 施工环境有重大变更

C. 主要施工设备配置有重大调整　　D. 管理人员有变更

D。【解析】施工作业过程中发生下列情况之一时,施工组织设计应及时修改或补充:(1)工程设计有重大变更。(2)主要施工资源配置有重大调整。(3)施工环境有重大改变。经修改或补充的施工组织设计应按审批权限重新履行审批程序。具备条件的施工企业可采用信息化手段对施工组织设计进行动态管理。

（六）施工组织设计的实施

施工前应进行施工组织设计交底。

施工作业过程中,应对施工组织设计的执行情况进行检查、分析并应适时调整。

工程竣工验收后,施工组织设计应归档,并应符合国家现行标准《建设工程文件归档整理规范》和《建设电子文件与电子档案管理规范》的规定。

二、施工组织设计

施工组织设计的基本内容主要包括工程概况、施工总体部署、施工现场平面布置、施工准备、施工技术方案、主要施工保证措施等。

（一）工程概况

工程概况应包括工程主要情况及现场施工条件等内容。

工程主要情况应包括工程地理位置、承包范围、各专业工程结构形式、主要工程量、合同要求等。

现场施工条件应包括下列内容:

(1)气象、工程地质和水文地质状况。

(2)影响施工的构(建)筑物情况。

(3)周边主要单位(居民区)、交通道路及交通情况。

(4)可利用的资源分布等其他应说明的情况。

（二）施工总体部署

施工总体部署应包括主要工程目标、总体组织安排、总体施工安排、施工进度计划及总体资源配置等。

主要工程目标应包括进度、质量、安全和环境保护等目标。

总体组织安排应确定项目经理部的组织机构及管理层级,明确各层级的责任分工,宜采用框图的形式辅助说明。

总体施工安排应根据工程特点,确定施工顺序、空间组织,并对施工作业的衔接进行总体安排。

划分施工阶段,确定施工进度计划及施工进度关键节点,施工进度计划宜采用网络图或横道图及进度计划表等形式编制,并应附必要说明。

总体资源配置应确定主要资源配置计划,主要资源配置计划应包括下列内容:

(1)确定总用工量、各工种用工量及工程施工过程各阶段的各工种劳动力投入计划。

(2)确定主要建筑材料、构配件和设备进场计划,并明确规格、数量、进场时间等。

(3)确定主要施工机具进场计划,并明确型号、数量、进出场时间等。

应确定专业工程分包的施工安排。

(三)施工现场平面布置

施工现场平面布置应符合下列原则:

(1)占地面积少,平面布置合理。

(2)总体策划满足工程分阶段管理需要。

(3)充分利用既有道路、构(建)筑物,降低临时设施费用。

(4)符合安全、消防、文明施工、环境保护及水土保持等相关要求。

(5)符合当地主管部门、建设单位及其他部门的相关规定。

施工现场平面布置安排应包括下列主要内容:

(1)生产区、生活区、办公区等各类设施建设方式及动态布置安排。

(2)确定临时道路与临时桥梁的位置及结构形式,并对现场交通组织形式进行简要说明。

(3)根据工程量和总体施工安排,确定加工厂、材料堆放场、搅拌站、机械停放场等辅助施工生产区域,并说明位置、面积、结构形式及运输路径。

(4)确定施工现场临时用水、临时用电布置安排,并进行相应的计算和说明。

(5)确定现场消防设施的配置并进行简要说明。

应依据工程项目施工影响范围内的地形、地貌、地物及拟建工程主体等,绘制施工现场总平面布置图。

(四)施工准备

施工准备应根据施工总体部署确定。

施工准备应包括技术准备、现场准备及资金准备等,并应符合下列规定:

(1)技术准备应包括技术资料准备及工程测量方案等。

(2)现场准备应包括现场生产、生活及办公等临时设施的安排与计划。

(3)资金准备应包括资金使用计划及筹资计划等,并结合图表形式辅助说明。

(五)施工技术方案

关于施工技术方案的内容,下面以典型例题的形式进行介绍。

典型例题

【多选题】下列选项中，属于施工技术方案的主要内容有(　　)。

A. 施工机械　　B. 施工组织

C. 作业指导书　　D. 网络技术

E. 施工顺序

ABE。【解析】施工技术方案是施工组织设计的核心，其主要内容除选项 A、B、E 外还包括工程施工方法，季节性措施，针对"四新"技术所采取的技术措施，针对重点分项工程、关键工序所采取的专项施工方案，针对工程特点所采取的针对性的方法及技术措施等。其中，施工方法(工艺)是施工技术方案的核心内容，对施工效果具有决定性作用。各专业工程应通过技术、经济比较编制施工技术方案。施工技术方案应包括施工工艺流程及施工方法，并应满足下列要求：(1)应结合工程特点、国家现行标准、工程图纸和现有的资源，明确施工起点、流向和施工顺序，确定各分部(分项)工程施工工艺流程，宜采用流程图的形式表示。(2)应确定各分部(分项)工程的施工方法，并应结合工程图表等形式进行辅助说明。

(六)主要施工保证措施

应根据工程特点编写主要施工保证措施，并应按下文"四、施工保证措施"执行。

可根据工程特点和复杂程度对季节性施工保证措施、交通组织措施、成本控制措施、构(建)筑物及文物保护措施加以取舍。

三、施工方案

分部(分项)工程施工前应根据施工组织设计单独编制施工方案，并应符合下列要求：

(1)施工方案应包括工程概况、施工安排、施工准备、施工方法及主要施工保证措施等基本内容。

(2)施工方案应由项目负责人主持编制。

(3)由专业承包单位施工的分部(分项)工程，施工方案应由专业承包单位的项目负责人主持编制。

(一)工程概况

工程概况应包括工程主要情况、设计简介和现场施工条件等。

工程主要情况应包括分部(分项)工程的名称、施工范围及施工组织设计的重点要求等。

设计简介应说明施工设计内容和相关要求。

工程施工条件应说明与分部(分项)工程相关的内容。

(二)施工安排

施工安排应确定工程管理的组织机构，并应明确职责和权限。

施工安排应确定工程施工目标。

施工安排应确定施工段的划分及施工顺序。

分部(分项)施工进度计划应满足项目施工进度计划并动态调整，可采用网络图或横道图表示，并应附必要的文字说明。

资源配置计划应包括劳动力配置计划和物资配置计划，并应满足下列要求：

(1)劳动力配置计划应确定各工种用工量并编制各工种劳动力计划表。

(2)物资配置计划应包括建筑材料、构配件和设备、施工机具、检测设备等配置计划。

(三)施工准备

施工准备应根据施工安排确定。

施工准备应包括技术准备、现场准备及资金准备，并应满足下列要求：

(1)技术准备应包括施工所需技术资料的准备、图纸深化的要求、工程测量方案、检测工作计划、试验段(首件)制作计划以及与相关单位的技术交接计划等。

(2)现场准备应包括现场生产、生活及办公等临时设施的安排与计划。

(3)资金准备应包括资金使用计划及筹资计划等，并应结合图表形式辅助说明。

(四)施工方法

施工方法应明确工艺流程、工艺要求及质量检验标准。

施工方法应根据相关技术要求进行必要的核算。

(五)主要保证措施

应根据工程特点编写分部(分项)工程的主要施工保证措施，并应按下文施工保证措施执行。

可根据分部(分项)工程特点和复杂程度对季节性施工保证措施、交通组织措施、成本控制措施、构(建)筑物及文物保护措施加以取舍。

(六)施工方案的审批

施工方案的审批应符合下列规定：

(1)施工方案应由项目技术负责人审批，重点、难点分部(分项)工程的施工方案应由总承包单位技术负责人审批。

(2)由专业承包单位施工的分部(分项)工程，施工方案应由专业承包单位的技术负责人审批，并应由总承包单位项目技术负责人核准备案。

四、施工保证措施

(一)进度保证措施

进度保证措施应包括管理措施、技术措施等。

进度管理措施应包括下列主要内容：

(1)资源保证措施。

(2)资金保障措施。

(3)沟通协调措施等。

进度技术措施应包括下列主要内容：

(1)分析影响施工进度的关键工作，制订关键节点控制措施。

(2)分析影响施工进度的各种因素，进行动态管理，制订必要的纠偏措施。

（二）质量保证措施

质量保证措施应包括管理措施、技术措施等。

质量管理措施应包括下列主要内容：

(1)建立质量管理组织机构、明确职责和权限。

(2)建立质量管理制度。

(3)制订对资源供方及分包方的质量管理措施等。

质量技术措施应包括下列主要内容：

(1)施工测量误差控制措施。

(2)建筑材料、构配件和设备、施工机具、成品(半成品)进场检验措施。

(3)重点部位及关键工序的保证措施。

(4)建筑材料、构配件和设备及成品(半成品)保护措施。

(5)质量通病预防和控制措施。

(6)试验、检测保证措施。

（三）安全管理措施

根据工程特点，项目经理部应建立安全施工管理组织机构，明确职责和权限。

应根据工程特点建立安全施工管理制度。

应根据危险源辨识和评价的结果，按工程内容和岗位职责对安全目标进行分解，并应制订必要的控制措施。

应根据工程特点和施工方法编制安全专项施工方案目录及需专家论证的安全专项施工方案目录。

应确定安全施工管理资源配置计划。

（四）环境保护及文明施工管理措施

应根据工程特点，建立环境保护及文明施工管理组织机构，明确职责和权限。

应建立环境保护及文明施工管理检查制度。

施工现场环境保护措施应包括下列主要内容：

(1)扬尘、烟尘防治措施。

(2)噪声防治措施。

(3)生活、生产污水排放控制措施。

(4)固体废弃物管理措施。

(5)水土流失防治措施等。

施工现场文明施工管理措施应包括下列主要内容：

(1)封闭管理措施。

(2)生产、生活、办公及辅助设施等临时设施管理措施。

(3)施工机具管理措施。

(4)建筑材料、构配件和设备管理措施。

(5)卫生管理措施。

(6)便民措施等。

应确定环境保护及文明施工资源配置计划。

（五）成本控制措施

应建立成本控制体系，对成本控制目标进行分解。

应根据工程规模和特点进行技术经济分析并制订管理和技术措施，控制人工费、材料费、机械费、管理费等成本。

（六）季节性施工保证措施

针对雨期对分部（分项）工程施工的影响，应制订雨期施工保证措施，并应编制施工资源配置计划。

针对低（高）温对分部（分项）工程施工的影响，应制订低（高）温施工保证措施，并应编制施工资源配置计划。

应制订其他季节性施工保证措施。

（七）交通组织措施

应针对施工作业区域内及周边交通编制交通组织措施，交通组织措施应包括交通现状情况、交通组织安排等。

交通现状情况应包括施工作业区域内及周边的主要道路、交通流量及其他影响因素。

交通组织安排应包括下列内容：

（1）依据总体施工安排划分交通组织实施阶段，并确定各实施阶段的交通组织形式及人员配置，绘制各实施阶段交通组织平面示意图，交通组织平面示意图应包括下列内容：

①施工作业区域内及周边的现状道路。

②围挡布置、临时道路与临时桥梁设置。

③车辆及行人通行路线。

④现场临时交通标志、交通设施的设置。

⑤图例及说明。

⑥其他应说明的相关内容。

（2）确定施工作业影响范围内的主要交通路口及重点区域的交通疏导方式，并绘制交通疏导示意图，交通疏导示意图应包括下列内容：

①车辆及行人通行路线。

②围挡布置及施工区域出入口设置。

③现场临时交通标志、交通设施的设置。

④图例及说明。

⑤其他应说明的相关内容。

有通航要求的工程，应制订通航保障措施。例如在通航的河道上修建桥梁围堰时，应考虑航道通航要求。

（八）构（建）筑物及文物保护措施

应对施工影响范围内的构（建）筑物及地表文物进行调查，调查情况宜采用文字、表格或平面布置图等形式说明。

应分析工程施工作业对施工影响范围内构（建）筑物的影响，并应制订保护、监测和管理措施。例如,在爆破,强夯作业施工前,要考虑施工影响范围内构(建)筑物的安全,并制定保护、监测和管理措施。

应制订构(建)筑物发生意外情况时的应急处理措施。

针对施工过程中发现的文物,应制订现场保护措施。

(九)应急措施

应急措施应针对施工过程中可能发生事故的紧急情况编制。

应急措施应包括下列主要内容:

(1)建立应急救援组织机构,组建应急救援队伍,并明确职责和权限。

(2)分析评价事故可能发生的地点和可能造成的后果,制订事故应急处置程序、现场应急处置措施及定期演练计划。

(3)应急物资和装备保障。

五、危险性较大的分部分项工程专项施工方案编制、论证及现场安全管理要求

(一)专项施工方案编制要求

1. 编制专项施工方案的工程

危险性较大的分部分项工程(以下简称“危大工程”)在施工之前应编制专项施工方案,其工程范围包括:基坑工程、模板工程及支撑体系、起重吊装及起重机械安装拆卸工程、脚手架工程、拆除工程、暗挖工程、其他工程。

2. 专项施工方案的编制内容

危大工程专项施工方案的主要内容应当包括:

(1)工程概况:危大工程概况和特点、施工平面布置、施工要求和技术保证条件。

(2)编制依据:相关法律、法规、规范性文件、标准、规范及施工图设计文件、施工组织设计等。

(3)施工计划:包括施工进度计划、材料与设备计划。

(4)施工工艺技术:技术参数、工艺流程、施工方法、操作要求、检查要求等。

(5)施工安全保证措施:组织保障措施、技术措施、监测监控措施等。

(6)施工管理及作业人员配备和分工:施工管理人员、专职安全生产管理人员、特种作业人员、其他作业人员等。

(7)验收要求:验收标准、验收程序、验收内容、验收人员等。

(8)应急处置措施。

(9)计算书及相关施工图纸。

提示

专项施工方案的编制要求具体可见住房与和城乡建设部办公厅发布的《危险性较大的分部分项工程专项施工方案编制指南》。

3. 专项施工方案实施程序规定

《危险性较大的分部分项工程安全管理规定》第十条规定,施工单位应当在危大工程施工

前组织工程技术人员编制专项施工方案。实行施工总承包的,专项施工方案应当由施工总承包单位组织编制。危大工程实行分包的,专项施工方案可以由相关专业分包单位组织编制。

第十一条规定,专项施工方案应当由施工单位技术负责人审核签字、加盖单位公章,并由总监理工程师审查签字、加盖执业印章后方可实施。危大工程实行分包并由分包单位编制专项施工方案的,专项施工方案应当由总承包单位技术负责人及分包单位技术负责人共同审核签字并加盖单位公章。

第十二条规定,对于超过一定规模的危大工程,施工单位应当组织召开专家论证会对专项施工方案进行论证。实行施工总承包的,由施工总承包单位组织召开专家论证会。专家论证前专项施工方案应当通过施工单位审核和总监理工程师审查。专家应当从地方人民政府住房城乡建设主管部门建立的专家库中选取,符合专业要求且人数不得少于5名。与本工程有利害关系的人员不得以专家身份参加专家论证会。

第十三条规定,专家论证会后,应当形成论证报告,对专项施工方案提出通过、修改后通过或者不通过的一致意见。专家对论证报告负责并签字确认。专项施工方案经论证需修改后通过的,施工单位应当根据论证报告修改完善后,重新履行本规定第十一条的程序。专项施工方案经论证不通过的,施工单位修改后应当按照本规定的要求重新组织专家论证。

(二)专项施工方案论证要求

1. 专家论证会参会人员

超过一定规模的危大工程专项施工方案专家论证会的参会人员应当包括:

(1)专家。

(2)建设单位项目负责人。

(3)有关勘察、设计单位项目技术负责人及相关人员。

(4)总承包单位和分包单位技术负责人或授权委派的专业技术人员、项目负责人、项目技术负责人、专项施工方案编制人员、项目专职安全生产管理人员及相关人员。

(5)监理单位项目总监理工程师及专业监理工程师。

链接

以往考试中经常考查需要进行专家论证的工程范围,即超过一定规模的危大工程范围:

(1)深基坑工程:开挖深度超过5 m(含5 m)的基坑(槽)的土方开挖、支护、降水工程。

(2)模板工程及支撑体系:各类工具式模板工程,包括滑模、爬模、飞模、隧道模等工程;混凝土模板支撑工程,包括搭设高度8 m及以上,或搭设跨度18 m及以上,或施工总荷载(设计值)15 kN/m^2及以上,或集中线荷载(设计值)20 kN/m及以上;承重支撑体系,用于钢结构安装等满堂支撑体系,承受单点集中荷载7 kN及以上。

(3)起重吊装及起重机械安装拆卸工程:采用非常规起重设备、方法,且单件起吊重量在100 kN及以上的起重吊装工程;起重量300 kN及以上,或搭设总高度200 m及以上,或搭设基础标高在200 m及以上的起重机械安装和拆卸工程。

(4)脚手架工程:搭设高度50 m及以上的落地式钢管脚手架工程;提升高度在150 m及以上的附着式升降脚手架工程或附着式升降操作平台工程;分段架体搭设高度20 m及以上的悬挑式脚手架工程。

(5)拆除工程:码头、桥梁、高架、烟囱、水塔或拆除中容易引起有毒有害气(液)体或粉尘扩散、易燃易爆事故发生的特殊建、构筑物的拆除工程;文物保护建筑、优秀历史建筑或历史文化风貌区影响范围内的拆除工程。

(6)暗挖工程:采用矿山法、盾构法、顶管法施工的隧道、洞室工程。

(7)其他工程:施工高度50 m及以上的建筑幕墙安装工程;跨度36 m及以上的钢结构安装工程,或跨度60 m及以上的网架和索膜结构安装工程;开挖深度16 m及以上的人工挖孔桩工程;水下作业工程;重量1 000 kN及以上的大型结构整体顶升、平移、转体等施工工艺;采用新技术、新工艺、新材料、新设备可能影响工程施工安全,尚无国家、行业及地方技术标准的分部分项工程。

2. 专家论证内容

对于超过一定规模的危大工程专项施工方案,专家论证的主要内容应当包括:

(1)专项施工方案内容是否完整、可行。

(2)专项施工方案计算书和验算依据、施工图是否符合有关标准规范。

(3)专项施工方案是否满足现场实际情况,并能够确保施工安全。

(三)危险性较大的分部分项工程现场安全管理要求

施工单位应当在施工现场显著位置公告危大工程名称、施工时间和具体责任人员,并在危险区域设置安全警示标志。

专项施工方案实施前,编制人员或者项目技术负责人应当向施工现场管理人员进行方案交底。施工现场管理人员应当向作业人员进行安全技术交底,并由双方和项目专职安全生产管理人员共同签字确认。

施工单位应当严格按照专项施工方案组织施工,不得擅自修改专项施工方案。因规划调整、设计变更等原因确需调整的,修改后的专项施工方案应当按照规定重新审核和论证。涉及资金或者工期调整的,建设单位应当按照约定予以调整。

施工单位应当对危大工程施工作业人员进行登记,项目负责人应当在施工现场履职。项目专职安全生产管理人员应当对专项施工方案实施情况进行现场监督,对未按照专项施工方案施工的,应当要求立即整改,并及时报告项目负责人,项目负责人应当及时组织限期整改。施工单位应当按照规定对危大工程进行施工监测和安全巡视,发现危及人身安全的紧急情况,应当立即组织作业人员撤离危险区域。

监理单位应当结合危大工程专项施工方案编制监理实施细则,并对危大工程施工实施专项巡视检查。

监理单位发现施工单位未按照专项施工方案施工的,应当要求其进行整改;情节严重的,应当要求其暂停施工,并及时报告建设单位。施工单位拒不整改或者不停止施工的,监理单位应当及时报告建设单位和工程所在地住房城乡建设主管部门。

对于按照规定需要进行第三方监测的危大工程，建设单位应当委托具有相应勘察资质的单位进行监测。监测单位应当编制监测方案。监测方案由监测单位技术负责人审核签字并加盖单位公章，报送监理单位后方可实施。监测单位应当按照监测方案开展监测，及时向建设单位报送监测成果，并对监测成果负责；发现异常时，及时向建设、设计、施工、监理单位报告，建设单位应当立即组织相关单位采取处置措施。

对于按照规定需要验收的危大工程，施工单位、监理单位应当组织相关人员进行验收。验收合格的，经施工单位项目技术负责人及总监理工程师签字确认后，方可进入下一道工序。危大工程验收合格后，施工单位应当在施工现场明显位置设置验收标识牌，公示验收时间及责任人员。

危大工程发生险情或者事故时，施工单位应当立即采取应急处置措施，并报告工程所在地住房城乡建设主管部门。建设、勘察、设计、监理等单位应当配合施工单位开展应急抢险工作。

危大工程应急抢险结束后，建设单位应当组织勘察、设计、施工、监理等单位制定工程恢复方案，并对应急抢险工作进行后评估。

施工、监理单位应当建立危大工程安全管理档案。施工单位应当将专项施工方案及审核、专家论证、交底、现场检查、验收及整改等相关资料纳入档案管理。监理单位应当将监理实施细则、专项施工方案审查、专项巡视检查、验收及整改等相关资料纳入档案管理。

六、交通导行方案设计的要点

（一）交通导行方案内容

交通导行方案的主要内容包括工程概况、现状道路及交通状况、编制依据、施工部署（包括总体部署、警示部署等）、交通导行具体方案（包括施工外围交通导行、施工范围交通导行、交通维护保证措施、交通安全措施等）。

（二）交通导行原则

驶入非施工路段公路的施工车辆要对现况公路通行影响最小。

严格按照公路交通导行规范进行，在断交公路处设明显、统一的标识。

（三）交通导行措施

（1）设置施工围挡等隔离设施：在施工中施工区域用标准硬质围挡进行封闭，围挡搭设整齐牢固，并按照规定设置警示和标识。

（2）布设夜间警示灯：

①围挡上方布设警示红灯。

②在施工区域入口及路口拐弯处设置交通警示灯并保证足够的照明，以确保过往车辆及行人的通行安全。

（3）设置交通导行标志及警示标志：

①在施工区域入口处设置醒目的交通导行标志牌，及早对过往车辆进行警示和疏导。

②围挡外侧用隔离桩警示隔离，并安放导向箭头指示灯。

(4)设置专人疏导交通:为保证交通导行的顺利实施、社会车辆及行人安全有序的通行,项目部需成立专门的交通导行疏导小组,设组长及专职交通疏导员,在施工段路口处建执勤岗,专职进行交通疏导的工作。

(5)严格划分交通导行区域:分别设置警告区、缓冲区、作业区、上游过渡区、下游过渡区、终止区。

2K320060　市政公用工程施工现场管理

一、施工现场布置与管理的要点

(一)施工总平面布置

施工总平面布置应符合下列原则:

(1)平面布置科学合理,施工场地占用面积少。

(2)合理组织运输,减少二次搬运。

(3)施工区域的划分和场地的临时占用应符合总体施工部署和施工流程的要求,减少相互干扰。

(4)充分利用既有建(构)筑物和既有设施为项目施工服务,降低临时设施的建造费用。

(5)临时设施应方便生产和生活,办公区、生活区和生产区宜分离设置。

(6)符合节能、环保、安全和消防等要求。

(7)遵守当地主管部门和建设单位关于施工现场安全文明施工的相关规定。

施工总平面布置图应符合下列要求:

(1)根据项目总体施工部署,绘制现场不同施工阶段(期)的总平面布置图。

(2)施工总平面布置图的绘制应符合国家相关标准要求并附必要说明。

施工总平面布置图应包括下列内容:

(1)项目施工用地范围内的地形状况。

(2)全部拟建的建(构)筑物和其他基础设施的位置。

(3)项目施工用地范围内的加工设施、运输设施、存贮设施、供电设施、供水供热设施、排水排污设施、临时施工道路和办公、生活用房等。

(4)施工现场必备的安全、消防、保卫和环境保护等设施。

(5)相邻的地上、地下既有建(构)筑物及相关环境。

(二)施工现场环境与卫生管理

1. 安全警示牌的设置

施工现场应当根据工程特点及施工的不同阶段针对性地设置安全标志。施工现场安全标志应符合下列规定:

(1)施工现场应设置安全标志布置图。

(2)施工现场应设置重大危险源公示牌。

(3)施工现场入口及主要施工区域、危险部位应设置安全警示标志牌,并应根据工程部位和施工现场的变化进行调整。

(4)施工现场安全警示牌移动、损坏时应及时复原。

安全标志根据位置及作用的不同可分为禁止标志、警告标志、指令标志、提示标志四类。禁止标志是指禁止某些不安全行为的标志,如禁止靠近,禁止入内等。警告标志是指用于提醒注意周围环境的标志,如当心触电、当心落水等。指令标志是指要求人员必须做出某些动作或采取方法措施的标志,如必须戴防护帽等。提示标志是指提供某种信息的标志。

2. 现场封闭管理

施工现场应实行封闭管理,并应采用硬质围挡。施工现场出入口应标有企业名称或企业标识,同时设置五牌一图(工程概况牌、管理人员名单及监督电话牌、消防保卫牌、安全生产牌、文明施工牌及施工现场总平面图)。

施工现场围挡设置应符合下列规定:

(1)市区主要路段的施工现场应设置高度不低于2.5 m的封闭围挡。

(2)一般路段的施工现场应设置高度不低于1.8 m的封闭围挡。

(3)围挡基础应坚实、牢固。

(4)围挡立面应顺直、整洁、美观。

施工现场封闭管理应符合下列规定:

(1)施工现场出入口应设置大门和门卫值班室。

(2)施工现场应建立门卫值守制度,并应配备门卫值守人员,施工机械、外来人员出入应登记。

(3)施工人员进入施工现场应佩戴工作卡或其他有效证件。

提示

施工现场管理通常与安全检查一同进行考查。学习过程中应当结合实践经验,将两部分知识结合起来学习。

3. 临时设施

(1)施工现场应设置办公室、宿舍、食堂、厕所、盥洗设施、淋浴房、开水间、文体活动室、职工夜校等临时设施。文体活动室应配备文体活动设施和用品。尚未竣工的建筑物内严禁设置宿舍。

(2)生活区、办公区的通道、楼梯处应设置应急疏散、逃生指示标识和应急照明灯。宿舍内宜设置烟感报警装置。

(3)施工现场应设置封闭式建筑垃圾站。办公区和生活区应设置封闭式垃圾容器。生活垃圾应分类存放,并应及时清运、消纳。

(4)宿舍内应保证必要的生活空间,室内净高不得小于2.5 m,通道宽度不得小于0.9 m,住宿人员人均面积不得小于2.5 m^2,每间宿舍居住人员不得超过16人。宿舍应有专人负责管理,床头宜设置姓名卡。

(5)施工现场生活区宿舍、休息室必须设置可开启式外窗,床铺不应超过2层,不得使用通铺。宿舍内应有防暑降温措施。宿舍应设置生活用品专柜、鞋柜或鞋架、垃圾桶等生活设施。生活区应提供晾晒衣物的场所和晾衣架。宿舍照明电源宜选用安全电压,采用强电照明的宜使用限流器。生活区宜单独设置手机充电柜或充电房间。

(6)食堂应设置在远离厕所、垃圾站、有毒有害场所等有污染源的地方。

(7)食堂应设置隔油池,并应定期清理。

(8)食堂应设置独立的制作间、储藏间,门扇下方应设不低于0.2 m的防鼠挡板。制作间灶台及其周边应采取易清洁、耐擦洗措施,墙面处理高度应大于1.5 m,地面应做硬化和防滑处理,并应保持墙面、地面整洁。

(9)食堂制作间的炊具宜存放在封闭的橱柜内,刀、盆、案板等炊具应生熟分开。

(10)易燃易爆危险品库房应使用不燃材料搭建,面积不应超过200 m^2。

(11)施工现场应设置水冲式或移动式厕所,厕所地面应硬化,门窗应齐全并通风良好。厕位宜设置门及隔板,高度不应小于0.9 m。

(12)厕所面积应根据施工人员数量设置。厕所应设专人负责,定期清扫、消毒,化粪池应及时清掏。高层建筑施工超过8层时,宜每隔4层设置临时厕所。

4. 卫生防疫

施工现场应根据工人数量合理设置临时饮水点施工现场生活饮用水应符合卫生标准。

饮用水系统与非饮用水系统之间不得存在直接或间接连接。

施工现场食堂应设置独立的制作间、储藏间,配备必要的排风和冷藏设施;应制定食品留样制度并严格执行。

链接

食品留样制度:建筑工地食堂每餐次的食品成品应留样。留样食品按照品种分别盛放于清洗消毒后的专用密闭容器内,在专用冷藏设备中冷藏存放48 h以上。每个品种的留样量应能满足检验检测需要,且不少于125 g。

食堂应有餐饮服务许可证和卫生许可证,炊事人员应持有身体健康证。

施工现场应选择满足安全卫生标准的食品,且食品加工、准备、处理、清洗和储存过程应无污染、无毒害。

施工现场应根据施工人员数量设置厕所,厕所应定期清扫、消毒,厕所粪便严禁直接排入雨水管网、河道或水沟内。

施工现场和生活区应设置保障施工人员个人卫生需要的设施。

施工现场生活区宿舍、休息室应根据人数合理确定使用面积、布置空间格局,且应设置足够的通风、采光、照明设施。

办公区和生活区应采取灭鼠、灭蚊蝇、灭蟑螂及灭其他害虫的措施。

办公区和生活区应定期消毒,当遇突发疫情时,应及时上报,并应按卫生防疫部门相关规定进行处理。

办公区和生活区应设置封闭的生活垃圾箱,生活垃圾应分类投放,收集的垃圾应及时清运。

施工现场应配备充足有效的医疗和急救用品，且应保障在需要时方便取用。

二、环境保护管理要点

环境保护是为解决现实的或潜在的环境问题，协调人类与环境的关系，保障经济社会的健康持续发展而采取的各种活动的总称。绿色施工是工程建设中实现环境保护的一种手段，在保证质量、安全等基本要求的前提下，通过科学管理和技术进步，最大限度地节约资源与减少对环境负面影响的施工活动，实现节能、节地、节水、节材和环境保护。主要从以下几个方面进行。

（一）节约能源资源

（1）施工总平面布置、临时设施的布局设计及材料选用应科学合理，节约能源。临时用电设备及器具应选用节能型产品。施工现场宜利用新能源和可再生资源。

（2）施工现场宜利用拟建道路路基作为临时道路路基。临时设施应利用既有建筑物、构筑物和设施。土方施工应优化施工方案，减少土方开挖和回填量。

（3）施工现场应合理安排材料进场计划，减少二次搬运，并应实行限额领料。

（4）施工现场生产生活用水用电等资源能源的消耗应实行计量管理。

（5）施工现场应保护地下水资源。采取施工降水时应执行国家及当地有关水资源保护的规定，并应综合利用抽排出的地下水。

（6）施工现场宜设置废水回收、循环再利用设施，宜对雨水进行收集利用。

（7）施工现场应对可回收再利用物资及时分拣、回收、再利用。

（二）大气污染防治

（1）施工现场的主要道路应进行硬化处理。裸露的场地和堆放的土方应采取覆盖、固化或绿化等措施。

（2）施工现场土方作业应采取防止扬尘措施，主要道路应定期清扫、洒水。

（3）拆除建筑物或构筑物时，应采用隔离、洒水等降噪、降尘措施，并应及时清理废弃物。

（4）土方和建筑垃圾的运输必须采用封闭式运输车辆或采取覆盖措施。施工现场出口处应设置车辆冲洗设施，并应对驶出车辆进行清洗。

（5）建筑物内垃圾应采用容器或搭设专用封闭式垃圾道的方式清运，严禁凌空抛掷。

（6）施工现场严禁焚烧各类废弃物。

（7）在规定区域内的施工现场应使用预拌混凝土及预拌砂浆。采用现场搅拌混凝土或砂浆的场所应采取封闭、降尘、降噪措施。水泥和其他易飞扬的细颗粒建筑材料应密闭存放或采取覆盖等措施。

（8）城镇、旅游景点、重点文物保护区及人口密集区的施工现场应使用清洁能源。

（9）施工现场的机械设备、车辆的尾气排放应符合国家环保排放标准。

（10）当环境空气质量指数达到中度及以上污染时，施工现场应增加洒水频次，加强覆盖措施，减少易造成大气污染的施工作业。

链接

《大气污染防治法》规定，禁止在人口集中地区和其他依法需要特殊保护的区域内焚烧沥青、油毡、橡胶、塑料、皮革、垃圾以及其他产生有毒有害烟尘和恶臭气体的物质。在施工现场应遵守上述规定，且禁止熔融沥青。

（三）水土污染防治

（1）施工现场应设置排水沟及沉淀池，施工污水应经沉淀处理达到排放标准后，方可排入市政污水管网。

（2）废弃的降水井应及时回填，并应封闭井口，防止污染地下水。

（3）施工现场临时厕所的化粪池应进行防渗漏处理。

（4）施工现场存放的油料和化学溶剂等物品应设置专用库房，地面应进行防渗漏处理。

（5）施工现场的危险废物应按国家有关规定处理，严禁填埋。

（四）施工噪声及光污染防治

（1）施工现场场界噪声排放应符合现行国家标准《建筑施工场界环境噪声排放标准》的规定。施工现场应对场界噪声排放进行监测、记录和控制，并应采取降低噪声的措施。

（2）施工现场宜选用低噪声、低振动的设备，强噪声设备宜设置在远离居民区的一侧，并应采用隔声、吸声材料搭设防护棚或屏障。

（3）进入施工现场的车辆严禁鸣笛。装卸材料应轻拿轻放。

（4）因生产工艺要求或其他特殊需要，确需进行夜间施工的，施工单位应加强噪声控制，并应减少人为噪声。在施工前建设单位和施工单位应到有关部门提出申请并经批准，同时需协同当地居委会公告附近居民。

（5）施工现场应对强光作业和照明灯具采取遮挡措施，减少对周边居民和环境的影响。

（6）施工现场应依据《中华人民共和国噪声污染防治法》进行日常生产噪声的管理，制定噪声污染防治实施方案，采取有效措施，减少振动、降低噪声。在噪声敏感建筑物集中区域施工作业，应当优先使用低噪声施工工艺和设备。在噪声敏感建筑物集中区域施工作业，建设单位应当按照国家规定，设置噪声自动监测系统，与监督管理部门联网，保存原始监测记录，对监测数据的真实性和准确性负责。

（五）建筑工地垃圾处理

（1）建设工程要遵循"分类投放、分类收集、分类运输、分类处置"原则，建立完善生活垃圾分类管理制度。

（2）施工现场建筑垃圾按《建筑垃圾处理技术标准》分为工程渣土、工程泥浆、工程垃圾、拆除垃圾；施工现场工程垃圾和拆除垃圾按材料的化学成分可分为金属类、无机非金属类、混合类。施工现场建筑垃圾的就地处置，应遵循因地制宜、分类利用的原则，提高建筑垃圾处置利用水平。施工单位应对出场建筑垃圾进行分类称重（计量）。禁止携载未分类垃圾的运输车辆出场。

三、市政公用工程劳务管理

（一）《建筑工人实名制管理办法（试行）》相关规定

省（自治区、直辖市）级以下住房和城乡建设部门、人力资源社会保障部门负责本行政区域建筑工人实名制管理工作，制定建筑工人实名制管理制度，督促建筑企业在施工现场全面落实建筑工人实名制管理工作的各项要求；负责建立完善本行政区域建筑工人实名制管理平台，确保各项数据的完整、及时、准确，实现与全国建筑工人管理服务信息平台联通、共享。

全面实行建筑业农民工实名制管理制度，坚持建筑企业与农民工先签订劳动合同后进场施工。建筑企业应与招用的建筑工人依法签订劳动合同，对其进行基本安全培训，并在相关建筑工人实名制管理平台上登记，方可允许其进入施工现场从事与建筑作业相关的活动。

项目负责人、技术负责人、质量负责人、安全负责人、劳务负责人等项目管理人员应承担所承接项目的建筑工人实名制管理相应责任。进入施工现场的建设单位、承包单位、监理单位的项目管理人员及建筑工人均纳入建筑工人实名制管理范畴。

建筑工人应配合有关部门和所在建筑企业的实名制管理工作，进场作业前须依法签订劳动合同并接受基本安全培训。

建筑工人实名制信息由基本信息、从业信息、诚信信息等内容组成。基本信息应包括建筑工人和项目管理人员的身份证信息、文化程度、工种（专业）、技能（职称或岗位证书）等级和基本安全培训等信息。从业信息应包括工作岗位、劳动合同签订、考勤、工资支付和从业记录等信息。诚信信息应包括诚信评价、举报投诉、良好及不良行为记录等信息。

（二）劳务实名制管理

进场前，应由劳务分包队伍向项目劳务管理部门报送劳务作业人员花名册及身份证复印件；由项目劳务部门会同安全部门对进场人员进行普法维权教育和安全教育培训。

劳务工人应与分包单位签订劳动合同，其中合同双方当事人基本信息、身份证复印件、劳动合同期限、工作内容和工作地点、工作时间和休息休假、劳动报酬及停工、窝工、零工的计价方式等内容必须填写在劳动合同文件里。

劳务工人需要签订进场施工承诺书。项目劳务管理员应建立进场人员电子档案，对分包单位上报的人员进、退场周报进行核实，并在电脑上对进场人员电子档案定时更新，以便准确掌握项目劳动力流动情况。

项目必须按月编制月考勤表，且签字盖章齐全。工资发放表中必须填写出勤工日、日工资、工资总额、本月实际支付及未支付数等内容，且应签字盖章齐全。

对劳务人员实施实名制管理的主要手段包括 IC 卡、电子 Excel 表格、手工台账。其中，通过 IC 卡可实现对劳务人员的信息管理、考勤管理、门禁管理和工资管理。

除此之外，施工企业应定期组织对劳务人员实名制情况进行监督检查，检查周期如下：法人单位应对项目部的实名制管理每季度检查一次；项目部应对劳务实名制管理每月检查一次。

专家解读

劳务人员出入施工现场时需佩戴工作卡，工作卡上应标明姓名、身份证号、所属劳务企业及工种。

2K320070　市政公用工程施工进度管理

一、施工进度计划的编制

施工进度计划是施工组织设计的关键内容，是控制工程施工进度和工程施工期限等各项施工活动的依据，进度计划是否合理，直接影响施工速度、成本和质量。因此，施工组织设计的一切工作都要以施工进度为中心来安排。

（一）施工进度计划的编制原则

施工进度计划的编制原则包括：

(1)从实际出发，注意施工的连续性和均衡性。

(2)按合同规定的工期要求，做到好中求快，提高竣工率。

(3)讲求综合经济效果。

（二）施工进度计划的编制依据

编制施工进度计划的依据宜包括下列主要内容：

(1)项目合同。

(2)施工执行计划。

(3)施工进度目标。

(4)设计文件。

(5)施工现场条件。

(6)供货计划。

(7)有关技术经济资料。

（三）施工进度计划的编制程序

施工进度计划宜按下列程序编制：

(1)收集编制依据资料。

(2)确定进度控制目标。

(3)计算工程量。

(4)确定分部、分项、单位工程的施工期限。

(5)确定施工流程。

(6)形成施工进度计划。

(7)编写施工进度计划说明书。

（四）施工进度计划的编制方法

编制进度计划应根据需要选用下列方法：里程碑表；工作量表；横道计划；网络计划。选择编制进度计划的相关方法时，还需考虑：作业性进度计划应优先采用网络计划方法；宜借助项目管理软件编制进度计划，并跟踪控制。市政公用工程中，经常采用横道计划和网络计划编制施工进度计划。以下介绍横道计划和网络计划。

横道计划是利用横道图的形式表达施工进度计划，用纵向表示工程项目活动，并将其在图的左侧向排列；用横向线段表示活动时间的延续，横向线段的起点为活动的开始时间，横向线段的终点为活动的结束时间，见图 2-1。

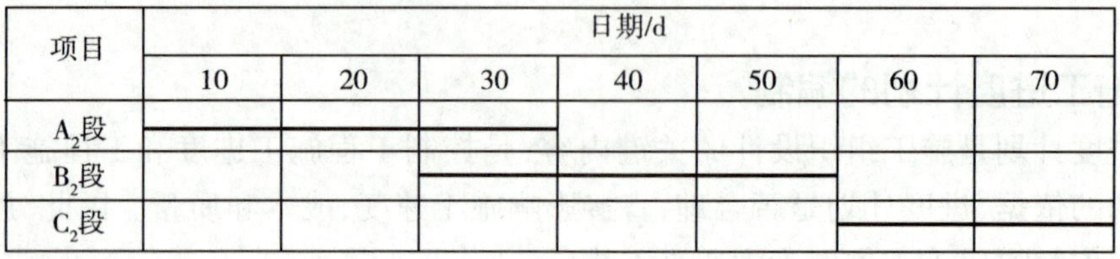

图 2-1 横道图

网络计划是利用网络图的形式表达一项工程中各项工作的先后顺序及逻辑关系，经过计算分析，找出关键工作和关键线路，并按照一定目标使网络计划不断完善，以选择最优方案；在计划执行过程中进行有效的控制和调整，力求以较小的消耗取得最佳的经济效益和社会效益。工程网络计划的形式有双代号网络计划、双代号时标网络计划、单代号网络计划、单代号搭接网络计划等。

双代号网络图中，工作应以箭线表示。箭线应画成水平直线、垂直直线或折线，水平直线投影的方向应自左向右，见图 2-2。单代号网络计划中，一项工作应包括节点编号、工作名称、持续时间，见图 2-3。

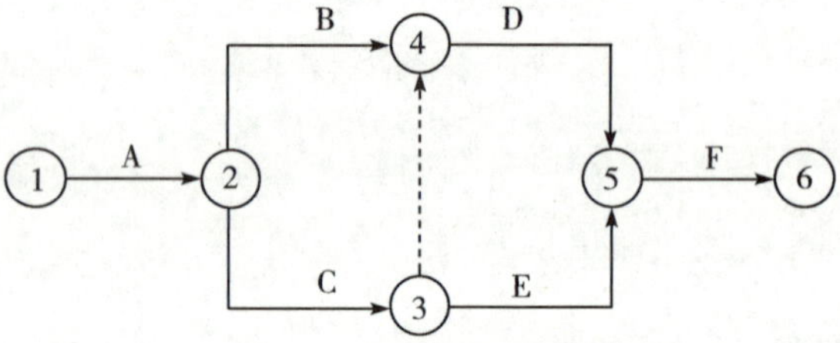

图 2-2 双代号网络图

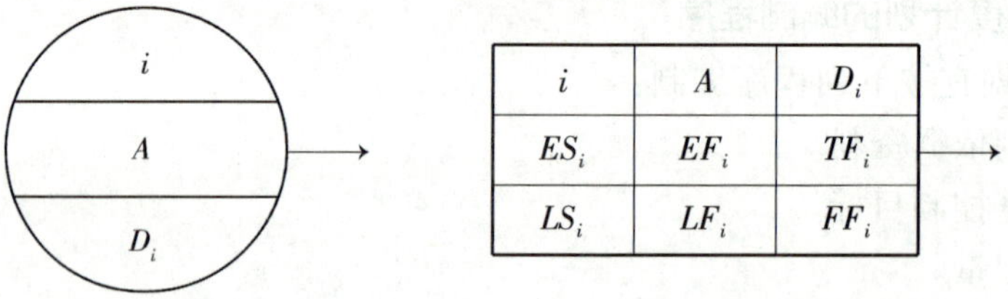

(a)圆节点表示方法　　　　(b)矩形节点表示方法

i—节点编号；A—工作；D_i—持续时间；ES_i—最早开始时间；

EF_i—最早完成时间；LS_i—最迟开始时间；LF_i—最迟完成时间；

TF_i—总时差；FF_i—自由时差

图 2-3 单代号网络图

提示

网络计划的具体内容可参考本系列图书《建设工程施工管理》的相关内容进行学习。

（五）施工进度计划的类型

控制性进度计划可包括以下种类：

(1)项目总进度计划。

(2)分阶段进度计划。

(3)子项目进度计划和单体进度计划。

(4)年(季)度计划。

作业性进度计划可包括下列种类：

(1)分部分项工程进度计划。

(2)月(周)进度计划。

二、施工进度的控制

进度控制应按检查、比较、分析和纠偏的步骤进行,并应符合下列规定：

(1)应对工程项目进度执行情况进行跟踪和检测,采集相关数据。

(2)应对进度计划实际值与基准值进行比较,发现进度偏差。

(3)应对比较的结果进行分析,确定偏差幅度、偏差产生的原因及对项目进度目标的影响程度。

(4)应根据工程的具体情况和偏差分析结果,预测整个项目的进度发展趋势,对可能的进度延迟进行预警,提出纠偏建议,采取适当的措施,使进度控制在允许的偏差范围内。

项目管理机构应按规定的统计周期,检查进度计划并保存相关记录。进度计划检查应包括下列内容：

(1)工作完成数量。

(2)工作时间的执行情况。

(3)工作顺序的执行情况。

(4)资源使用及其与进度计划的匹配情况。

(5)前次检查提出问题的整改情况。

进度计划检查后,项目管理机构应编制进度管理报告并向相关方发布。进度管理报告应包括下列内容：

(1)进度执行情况的综合描述。

(2)实际进度与计划进度对比。

(3)进度计划执行中的问题及其原因分析。

(4)进度计划执行情况对质量、安全、成本、环境的影响分析。

(5)已经采取及拟采取的措施。

(6)对未来计划进度的预测。

(7)需协调解决的问题。

三、施工进度变更管理

进度计划变更可包括下列内容：工程量或工作量；工作的起止时间；工作关系；资源供应。

项目管理机构应识别进度计划变更风险，并在进度计划变更前制定下列预防风险的措施：组织措施；技术措施；经济措施；沟通协调措施。

当采取措施后仍不能实现原目标时，项目管理机构应变更进度计划，并报原计划审批部门批准。

项目管理机构进度计划的变更控制应符合下列规定：

(1)调整相关资源供应计划，并与相关方进行沟通。

(2)变更计划的实施应与组织管理规定及相关合同要求一致。

专家解读

产生进度变更(如延误)后，受损方可按合同及有关索赔规定向责任方进行索赔。进度变更(如延误)索赔应由发起索赔方提交工期影响分析报告，以得到批准确认的进度计划为基准申请索赔。

2K320080　市政公用工程施工质量管理

一、质量计划

项目质量计划是关于项目质量管理体系过程和资源的文件，质量计划需与施工组织设计、施工方案等文件相协调与匹配，体现项目从资源投入到完成工程最终检验试验的全过程质量管理与控制要求，质量计划对外是质量保证文件，对内是质量控制文件。质量计划可以作为项目实施规划的一部分或单独成文。质量计划由组织管理制度规定的责任人负责编制，并按照规定程序进行审批。

项目质量计划编制依据应包括下列内容：合同中有关产品质量要求；项目管理规划大纲；项目设计文件；相关法律法规和标准规范；质量管理其他要求。

项目质量计划应包括下列内容：

(1)质量目标和质量要求。

(2)质量管理体系和管理职责。

(3)质量管理与协调的程序。

(4)法律法规和标准规范。

(5)质量控制点的设置与管理。

(6)项目生产要素的质量控制。

(7)实施质量目标和质量要求所采取的措施。

(8)项目质量文件管理。

专家解读

项目生产要素主要包括人员、材料、机械设备等，应分别采取措施进行质量控制。质量控制点一般设置在关键工序、特殊过程、隐蔽工程、“四新”技术、质量缺陷等薄弱环节。

二、质量控制

施工质量控制应包括下列流程：施工质量目标分解；施工技术交底与工序控制；施工质量偏差控制；产品或服务的验证、评价和防护。

质量控制一般可分为施工准备阶段、施工过程、竣工验收阶段的质量控制。工序施工前，相关负责人应对作业人员进行施工技术交底与相关培训；各施工工序应按施工技术标准进行质量控制。施工过程的质量控制应执行工序自检、互检、专检“三检制”。

三、质量检查与处置

对项目质量计划设置的质量控制点，项目管理机构应按规定进行检验和监测。

经验收不合格的工程材料、构配件和设备，施工企业应采取记录、标识、隔离的措施，防止其被误用的可能，并应按规定的程序进行处理，记录处理结果；当发现发包方提供的工程材料、构配件和设备不符合设计要求和国家现行相关标准规定时，施工企业应向发包方报告，并进行处理，形成记录。

四、质量改进

组织应根据不合格的信息，评价采取改进措施的需求，实施必要的改进措施。当经过验证效果不佳或未完全达到预期的效果时，应重新分析原因，采取相应措施。

项目管理机构应定期对项目质量状况进行检查、分析，向组织提出质量报告，明确质量状况、发包人及其他相关方满意程度、产品要求的符合性以及项目管理机构的质量改进措施。

组织应对项目管理机构进行培训、检查、考核，定期进行内部审核，确保项目管理机构的质量改进。组织应了解发包人及其他相关方对质量的意见，确定质量管理改进目标，提出相应措施并予以落实。

对于项目实施过程质量管理的要求，下面以典型例题的形式进行介绍。

典型例题

【多选题】关于项目实施过程质量管理的说法，正确的有(　　)。

A. 承包方应对分包工程的质量负主要责任，分包方承担连带责任

B. 关键工序、质量风险大的分项工程应作为质量管理控制的重点

C. 隐蔽工程未经检验严禁转入下道工序

D. 质量控制的重点应随工程进度、施工条件变化进行调整

E. 不合格验收批经返工后即可直接进入下道工序

BCD。**【解析】**承包方应对分包工程的质量负连带责任，分包方承担主要责任。故选项 A 错误。不合格验收批经返工后，复检验收合格后才可进入下道工序。故选项 E 错误。

2K320090 城镇道路工程施工质量检查与检验

一、无机结合料稳定基层施工质量检查与验收

不同类型基层的质量检验项目见表2-3。

表2-3 不同类型基层的质量检验项目

质量检验项目		水泥稳定土类基层及底基层	石灰稳定土类基层及底基层	级配砂砾及级配砾石基层及底基层	级配碎石及级配碎砾石基层及底基层
主控项目	原材料	水泥、土类材料、粒料、水应符合相关规定	土、石灰、粉煤灰、砂砾、钢渣、水应符合相关规定	集料质量及级配应符合相关规定	碎石与嵌缝料质量及级配应符合相关规定
	压实度	应满足相关规定			
	7 d无侧限抗压强度	应符合设计要求		—	
	弯沉值	—		不应大于设计规定	
一般项目	外观质量	表面应平整、坚实、接缝平顺,无明显粗、细骨料集中现象,无推移、裂缝、贴皮、松散、浮料	表面应平整、坚实、无粗细骨料集中现象,无明显轮迹、推移、裂缝,接茬平顺,无贴皮、散料	表面应平整、坚实,无松散和粗、细集料集中现象	表面应平整、坚实,无推移、松散、浮石现象
	允许偏差	应符合相关规定			

专家解读

允许偏差项目包括中线偏位、纵断高程、平整度、宽度、横坡、厚度等,其具体要求详见《城镇道路工程施工与质量验收规范》的规定。

二、沥青混合料面层施工质量检查与验收

(一)透层、粘层、封层质量检验

1. 主控项目

透层、粘层、封层所采用沥青的品种、标号和封层粒料质量、规格应符合有关规定。

2. 一般项目

(1)透层、粘层、封层的宽度不应小于设计规定值。

(2)封层油层与粒料洒布应均匀,不应有松散、裂缝、油丁、泛油、波浪、花白、漏洒、堆积、污染其他构筑物等现象。

(二)热拌沥青混合料面层质量检验

1. 主控项目

(1)热拌沥青混合料质量应符合下列要求:

①道路用沥青的品种、标号应符合国家现行有关标准和有关规定。

②沥青混合料所选用的粗集料、细集料、矿粉、纤维稳定剂等的质量及规格应符合有关规定。

③热拌沥青混合料、热拌改性沥青混合料、SMA 混合料,查出厂合格证、检验报告并进场复验,拌合温度、出厂温度应符合有关规定。

④沥青混合料品质应符合马歇尔试验配合比技术要求。

(2)沥青混合料面层压实度,对城市快速路、主干路不应小于 96%;对次干路及以下道路不应小于 95%。

(3)面层厚度应符合设计规定,允许偏差为 -5 ~ +10 mm。

(4)弯沉值,不应大于设计规定。

2. 一般项目

(1)表面应平整、坚实,接缝紧密,无枯焦;不应有明显轮迹、推挤裂缝、脱落、烂边、油斑、掉渣等现象,不得污染其他构筑物。面层与路缘石、平石及其他构筑物应接顺,不得有积水现象。

(2)热拌沥青混合料面层允许偏差应符合相关规定。热拌沥青混合料面层允许偏差项目包括纵断高程、中线偏位、平整度、宽度、横坡、井框与路面高差、抗滑摩擦系数、抗滑构造深度。

链接

沥青面层施工过程中,热拌沥青混合料路面的质量检验项目有外观、接缝、施工温度、矿料级配、沥青用量(油石比)、马歇尔试验、浸水马歇尔试验、压实度、抗滑表层构造深度、外形尺寸(如厚度、平整度、宽度、纵断面高程、横坡度);沥青面层交工时,沥青混凝土的检查项目有面层总厚度、上面层厚度、平整度、宽度、纵断面高程、横坡度、沥青用量、矿料级配、压实度、弯沉、抗滑表层构造深度、抗滑表层摩擦系数摆值、抗滑表层横向力系数。

(三)冷拌沥青混合料面层质量检验

1. 主控项目

(1)面层所用乳化沥青的品种、性能和集料的规格、质量应符合有关规定。

(2)冷拌沥青混合料的压实度不应小于 95%。

(3)面层厚度应符合设计规定,允许偏差为 -5 ~ +15 mm。

2. 一般项目

(1)表面应平整、坚实,接缝紧密,不应有明显轮迹、粗细骨料集中、推挤、裂缝、脱落等现象。

(2)冷拌沥青混合料面层允许偏差应符合相关规定。冷拌沥青混合料面层允许偏差项目包括纵断高程、中线偏位、平整度、宽度、横坡、井框与路面高差、抗滑摩擦系数、抗滑构造深度。

三、水泥混凝土面层施工质量检查与验收

（一）原材料质量检验

水泥混凝土面层原材料质量检验为施工质量验收的主控项目，应符合表2-4的要求。

表2-4 原材料质量检验

质量检验项目	检查要求	检查数量	检验方法
水泥	品种、级别、质量、包装、贮存，应符合国家现行有关标准的规定	按同一生产厂家、同一等级、同一品种、同一批号且连续进场的水泥，袋装水泥不超过200 t为一批，散装水泥不超过500 t为一批，每批抽样1次	检查产品合格证、出厂检验报告，进场复验
混凝土中掺加的外加剂	质量应符合现行国家标准《混凝土外加剂》和《混凝土外加剂应用技术规范》的规定	按进场批次和产品抽样检验方法确定。每批不少于1次	检查产品合格证、出厂检验报告和进场复验报告
钢筋	品种、规格、数量、下料尺寸及质量应符合设计要求及国家现行有关标准的规定	全数检查	观察，用钢尺量，检查出厂检验报告和进场复验报告
钢纤维	规格质量应符合设计要求及有关规定	按进场批次，每批抽检1次	现场取样、试验
粗集料、细集料	质量应符合有关规定	同产地、同品种、同规格且连续进场的集料，每400 m^3为一批，不足400 m^3按一批计，每批抽检1次	检查出厂合格证和抽检报告
水	质量应符合有关规定	同水源检查1次	检查水质分析报告

链接

水泥出厂超过3个月（快硬硅酸盐水泥超过1个月）时，应进行复验，复验合格后方可使用。

（二）混凝土面层质量检验

1. 主控项目

（1）混凝土弯拉强度应符合设计规定。

（2）混凝土面层厚度应符合设计规定，允许误差为±5 mm。

（3）抗滑构造深度应符合设计要求。

2. 一般项目

(1)水泥混凝土面层应板面平整、密实,边角应整齐、无裂缝,并不应有石子外露和浮浆、脱皮、踏痕、积水等现象,蜂窝麻面面积不得大于总面积的0.5%。

(2)伸缩缝应垂直、直顺,缝内不应有杂物。伸缩缝在规定的深度和宽度范围内全部贯通,传力杆应与缝面垂直。

(3)混凝土路面允许偏差应符合相关规定。混凝土路面允许偏差项目包括纵断高程、中线偏位、平整度、宽度、横坡、井框与路面高差、相邻板高差、纵缝直顺度、横缝直顺度、蜂窝麻面面积。

四、冬雨期施工质量检查与验收

(一)一般规定

施工中应根据工程所在地的气候环境,确定冬、雨期的起、止时间。

冬、雨期施工应加强与气象部门联系,及时掌握气象条件变化,做好防范准备。

(二)雨期施工

各地区的防汛期,宜作为雨期施工的控制期。

雨期施工应充分利用地形与既有排水设施,做好防雨和排水工作。

施工中应采取集中工力、设备,分段流水、快速施工,不宜全线展开。

雨中、雨后应及时检查工程主体及现场环境,发现雨患、水毁必须及时采取处理措施。

路基施工应符合下列规定:

(1)路基土方宜避开主汛期施工。

(2)易翻浆与低洼积水地段宜避开雨期施工。

(3)路基因雨产生翻浆时,应及时进行逐段处理,不应全线开挖。

(4)挖方地段每日停止作业前应将开挖面整平,保持基面排水与边坡稳定。

(5)填方地段应符合下列要求:

①低洼地带宜在主汛期前填土至汛期水位以上,且做好路基表面、边坡与排水防冲刷措施。

②填方宜避开主汛期施工。

③当日填土应当日碾压密实。填土过程中遇雨,应对已摊铺的虚土及时碾压。

雨后摊铺基层时,应先对路基状况进行检查,符合要求后方可摊铺。

石灰稳定土类、水泥稳定土类基层施工应符合下列规定:

(1)宜避开主汛期施工。

(2)搅拌厂应对原材料与搅拌成品采取防雨淋措施,并按计划向现场供料。

(3)施工现场应计划用料,随到随摊铺。

(4)摊铺段不宜过长,并应当日摊铺、当日碾压成活。

(5)未碾压的料层受雨淋后,应进行测试分析,按配合比要求重新搅拌。

在土路床上施工级配砂石基层,摊铺后宜当日碾压成活。

沥青混合料类面层施工应符合下列规定:

(1)降雨或基层有集水或水膜时,不应施工。

(2)施工现场应与沥青混合料生产厂保持联系,遇天气变化及时调整产品供应计划。

(3)沥青混合料运输车辆应有防雨措施。

水泥混凝土面层施工应符合下列规定:

(1)搅拌站应具有良好的防水条件与防雨措施。

(2)根据天气变化情况及时测定砂石含水量,准确控制混合料的水灰比。

(3)雨天运输混凝土时,车辆必须采取防雨措施。

(4)施工前应准备好防雨棚等防雨设施。

(5)施工中遇雨时,应立即使用防雨设施完成对已铺筑混凝土的振实成型,不应再开新作业段,并应采用覆盖等措施保护尚未硬化的混凝土面层。

(三)冬期施工

当施工现场环境日平均气温连续 5 d 稳定低于 5 ℃,或最低环境气温低于 -3 ℃时,应视为进入冬期施工。

挖土应符合下列规定:

(1)施工中遇有冻土时,应选择适宜的破冻土机械与开挖机械设备。

(2)施工严禁掏洞取土。

(3)路基土方开挖宜每日开挖至规定深度,并及时采取防冻措施。当开挖至路床时,必须当日碾压成活,成活面亦应采取防冻措施。

(4)路堑的边坡应在开挖过程中及时修整。

路基填方应符合下列规定:

(1)铺土层应及时碾压密实,不应受冻。

(2)填方土层宜用未冻、易透水、符合规定的土。气温低于 -5 ℃时,每层虚铺厚度应较常温施工规定厚度小 20% ~25%。

(3)城市快速路、主干路的路基不应用含有冻土块的土料填筑。次干路以下道路填土材料中冻土块最大尺寸不应大于 10 cm,冻土块含量应小于 15%。

石灰及石灰、粉煤灰稳定土(粒料、钢渣)类基层,宜在进入冬期前 30 ~45 d 停止施工,不应在冬期施工。水泥稳定土(粒料)类基层,宜在进入冬期前 15 ~30 d 停止施工。当上述材料养护期进入冬期时,应在基层施工时向基层材料中掺入防冻剂。

级配砂石、级配砾石、级配碎石和级配碎砾石施工,应根据施工环境最低温度洒布防冻剂溶液,随洒布、随碾压。

沥青类面层施工应符合下列规定:

(1)粘层、透层、封层严禁冬期施工。

(2)城市快速路、主干路的沥青混合料面层严禁冬期施工。次干路及其以下道路在施工温度低于 5 ℃时,应停止施工。

(3)沥青混合料施工时,应视沥青品种、标号,比常温适度提高混合料搅拌与施工温度。

(4)当风力在 6 级及以上时,沥青混合料不应施工。

(5)贯入式沥青面层与表面处治沥青面层严禁冬期施工。

水泥混凝土面层施工应符合下列规定：

（1）施工中应根据气温变化采取保温防冻措施。当连续5昼夜平均气温低于－5 ℃，或最低气温低于－15 ℃时，宜停止施工。

（2）水泥应选用水化总热量大的R型水泥或单位水泥用量较多的32.5级水泥，不宜掺粉煤灰。

（3）对搅拌物中掺加的早强剂、防冻剂应经优选确定。

（4）采用加热水或砂石料拌制混凝土，应依据混凝土出料温度要求，经热工计算，确定水与粗细集料加热温度。水温不得高于80 ℃；砂石温度不宜高于50 ℃。

（5）搅拌机出料温度不得低于10 ℃，摊铺混凝土温度不应低于5 ℃。

（6）养护期应加强保温，保湿覆盖，混凝土面层最低温度不应低于5 ℃。

（7）养护期应经常检查保温、保湿隔离膜，保持其完好，并应按规定检测气温与混凝土面层温度。

五、压实度的检测方法与评定标准

（一）路基压实度

土方路基压实度应符合表2-5的规定。

表2-5 土方路基压实度标准

填挖类型	路床顶面以下深度/cm	道路类别	压实度/%（重型击实）	检验频率		检验方法
				范围	点数	
挖方	0～30	城市快速路、主干路	≥95	1 000 m²	每层3点	环刀法、灌水法或灌砂法
		次干路	≥93			
		支路及其他小路	≥90			
填方	0～80	城市快速路、主干路	≥95			
		次干路	≥93			
		支路及其他小路	≥90			
	>80～150	城市快速路、主干路	≥93			
		次干路	≥90			
		支路及其他小路	≥90			
	>150	城市快速路、主干路	≥90			
		次干路	≥90			
		支路及其他小路	≥87			

（二）基层压实度

水泥稳定土类基层及底基层的压实度应符合下列要求：

（1）城市快速路、主干路基层大于或等于97%；底基层大于或等于95%；其他等级道路基层大于或等于95%；底基层大于或等于93%。

(2)检查数量:每 1 000 m^2,每压实层抽查 1 点。

(3)检查方法:灌砂法或灌水法。

石灰稳定土,石灰、粉煤灰稳定砂砾(碎石),石灰、粉煤灰稳定钢渣基层及底基层的压实度应符合下列要求:

(1)城市快速路、主干路基层大于或等于 97%,底基层大于或等于 95%;其他等级道路基层大于或等于 95%,底基层大于或等于 93%。

(2)检查数量:每 1 000 m^2,每压实层抽检 1 点。

(3)检验方法:环刀法、灌砂法或灌水法。

级配砂砾及级配砾石基层及底基层的压实度应符合下列要求:

(1)基层压实度大于或等于 97%、底基层压实度大于或等于 95%。

(2)检查数量:每压实层,每 1 000 m^2 抽检 1 点。

(3)检验方法:灌砂法或灌水法。

级配碎石及级配碎砾石基层和底基层的压实度应符合下列要求:

(1)级配碎石压实度,基层不得小于 97%,底基层不应小于 95%。

(2)检查数量:每 1 000 m^2 抽检 1 点。

(3)检验方法:灌砂法或灌水法。

(三)面层压实度

热拌沥青混合料面层的压实度应符合下列要求:

(1)沥青混合料面层压实度,对城市快速路、主干路不应小于 96%;对次干路及以下道路不应小于 95%。

(2)检查数量:每 1 000 m^2 测 1 点。

(3)检验方法:查试验记录(马歇尔击实试件密度,试验室标准密度)。

专家解读

热拌沥青混合料面层施工压实度的检查应以现场钻孔法为准,用核子密度仪检查时应通过与钻孔密度的标定关系进行换算,并应增加检测次数。当钻孔检验的各项指标持续稳定并达到质量控制要求时,经主管部门同意,钻孔频度可适当减少,增加核子密度仪检测频度,控制碾压遍数。

冷拌沥青混合料面层的压实度应符合下列要求:

(1)冷拌沥青混合料的压实度不应小于 95%。

(2)检查数量:每 1 000 m^2 测 1 点。

(3)检验方法:检查配合比设计资料、复测。

沥青贯入式面层的压实度应符合下列要求:

(1)压实度不应小于 95%。

(2)检查数量:每 1 000 m^2 抽检 1 点。

(3)检查方法:灌砂法、灌水法、蜡封法。

2K320100 城市桥梁工程施工质量检查与检验

一、钻孔灌注桩施工质量事故预防措施

(一)钻孔

钻孔应一次成孔,不得中途停顿。钻孔达到设计深度后,应对孔位、孔径、孔深和孔形等进行检查。钻孔施工质量问题的产生原因及预防措施如下所述。

1. 孔深不符合要求

孔深不符合要求的产生原因:高程换算不一致;终孔方法不当。

孔深不符合要求的预防措施:保证高程换算的一致性;选择合适的终孔方法。

2. 孔径不符合要求

孔径不符合要求的产生原因:钻头规格选用错误;钻头磨损造成钻头实际规格存在一定偏差。

孔径不符合要求的预防措施:钻孔前认真核对钻头规格。

3. 孔位偏斜

孔位偏斜的产生原因:基架不平;钻杆不直;钻头受力不均;软硬交界。

孔位偏斜的预防措施:平整场地;检查钻杆平整度;钻进时检查主动钻杆垂直度;发现钻杆弯曲时及时更换;软硬交界处低速低压钻进;必要时加设扶正器。

4. 孔口高程不符合要求

孔口高程不符合要求的产生原因:地质勘探后二次回填、施工中的废渣堆积。

孔口高程不符合要求的预防措施:做好施工中的高程校核和复测工作。

5. 塌孔和扩孔

塌孔和扩孔的产生原因:泥浆性能不符合要求,未达到护壁效果;钻进时速度太快,进尺太长;护筒埋置太浅,下端渗水,孔内水头过高,护筒附近地面被水浸泡后变软;成孔后未及时灌注混凝土;地层情况较为复杂等。扩孔是塌孔造成的结果。

塌孔和扩孔的预防措施如下:

(1)钻孔前应埋设护筒。护筒可用钢或混凝土制作,应坚实、不漏水。护筒顶面宜高出施工水位或地下水位 2 m,并宜高出施工地面 0.3 m,其高度尚应满足孔内泥浆面高度的要求。

(2)汛期或潮汐地区水位变化较大时,应采取升高护筒、增加水头等措施保证水头相对稳定。

(3)在松散粉砂土或细砂中钻进时,应控制钻进速度和进尺长度,选用较大比重、黏度、胶体率的泥浆。

(4)成孔后应及时灌注混凝土。

专家解读

塌孔和扩孔的预防措施总结为九个字"稠泥浆 + 慢钻进 + 早灌注"。

6. 缩孔

缩孔的产生原因：钻头磨损后未及时修补，钻头实际直径偏小；地层中存在软塑土，遇水膨胀后使孔径缩小。

缩孔的预防措施：发现钻头磨损时，应及时修补磨损部位并核实钻头直径；遇软塑土时，应选用失水率小的优质泥浆护壁，钻进时应快转慢进，反复扫孔以扩大孔径至设计要求尺寸。

链接

钻孔中出现异常情况的处理措施如下：

(1)钻孔偏斜、弯曲不严重时，可重新调整钻机在原位反复扫孔，钻孔正直后继续钻进。发生严重偏斜、弯曲、梅花孔、探头石时，应回填重钻。

(2)坍孔不严重时，可加大泥浆相对密度继续钻进，严重时必须回填重钻。

(3)出现缩孔时，可提高孔内泥浆量或加大泥浆相对密度采用上下反复扫孔的方法，恢复孔径。

(4)冲击钻孔发生卡钻时，不宜强提。应采取措施，使钻头松动后再提起。

(5)出现流沙现象时，应增大泥浆相对密度，提高孔内压力或用黏土、大泥块、泥砖投下。

(二)灌注

灌注施工质量问题主要包括：首批灌注混凝土时导管埋置深度不符合要求；混凝土拌合物质量不符合要求；堵管；断桩；桩身混凝土夹渣；钢筋骨架上浮；桩顶混凝土强度和密实度不符合要求等。

链接

混凝土断桩时应采取的措施：导管埋入混凝土深度宜为 2 ~ 6 m；混凝土灌筑过程中拔管应有专人指挥，并应保证导管的埋置深度不低于 2 m，可采取重锤实测和理论灌入量计算孔内混凝土面二者的低值以达到控制拔管长度的目的；单桩混凝土灌注时间宜控制在 1.5 倍混凝土初凝时间内。

关于灌注水下混凝土时发生堵管的主要原因，下面以典型例题的形式进行介绍。

典型例题

【多选题】灌注水下混凝土时，发生导管堵管的可能原因有(　　)。

A. 导管漏水
B. 导管底距孔底深度太小
C. 孔内泥浆黏度偏大
D. 混凝土配制质量差
E. 混凝土缓凝时间较长

ABD。【解析】灌注水下混凝土时发生堵管的主要原因：(1)灌注导管破漏(存在裂缝、孔洞、接头密封性不好、厚度不合格)。(2)隔水栓不规范(其长度、直径、椭圆度不符合要求)。(3)没有连续工作，灌注混凝土的准备时间太长。(4)灌注导管底部距孔底深度太小。(5)混凝土配制质量差。(6)灌注过程中灌注导管埋深过大等。

针对灌注施工质量问题应从施工过程着手预防,具体如下。

灌注水下混凝土之前,应再次检查孔内泥浆性能指标和孔底沉渣厚度,如超过规定,应进行第二次清孔,符合要求后方可灌注水下混凝土。

水下混凝土施工应符合下列要求:

(1)在灌注水下混凝土前,宜向孔底射水(或射风)翻动沉淀物3~5 min。

(2)混凝土应连续灌注,中途停顿时间不宜大于30 min。

(3)在灌注过程中,导管的埋置深度宜控制在2~6 m。

(4)灌注混凝土应采取防止钢筋骨架上浮的措施。

(5)灌注的桩顶标高应比设计高出0.5~1 m。

(6)使用全护筒灌注水下混凝土时,护筒底端应埋于混凝土内不小于1.5 m,随导管提升逐步上拔护筒。

水下混凝土的原材料及配合比应符合下列规定:

(1)水泥的初凝时间,不宜小于2.5 h。

(2)粗骨料优先选用卵石,如采用碎石宜增加混凝土配合比的含砂率。粗骨料的最大粒径不得大于导管内径的1/8~1/6和钢筋最小净距的1/4,同时不得大于40 mm。

(3)细骨料宜采用中砂。

(4)混凝土配合比的含砂率宜采用0.4~0.5,水胶比宜采用0.5~0.6。经试验,可掺入部分粉煤灰。

(5)水下混凝土拌合物应具有足够的流动性和良好的和易性。

(6)灌注时坍落度宜为180~220 mm。

(7)混凝土的配制强度应比设计强度提高10%~20%。

浇筑水下混凝土的导管应符合下列规定:

(1)导管内壁应光滑圆顺,直径宜为20~30 cm,节长宜为2 m。

(2)导管不得漏水,使用前应试拼、试压,试压的压力宜为孔底静水压力的1.5倍。

(3)导管轴线偏差不宜超过孔深的0.5%,且不宜大于10 cm。

(4)导管采用法兰盘接头宜加锥形活套;采用螺旋丝扣型接头时必须有防止松脱装置。

开始灌注混凝土时,导管底部至孔底的距离宜为300~500 mm。首批灌注混凝土的数量应满足导管首次埋置深度,埋置深度应满足填充导管底部的需要,且不应小于1.0 m。首批灌注混凝土所需数量按下式计算:

$$V \geqslant h_1 \pi d^2/4 + \pi D_1^2 (H_1 + H_2)/4。$$

式中 V——灌注首批混凝土所需数量(m^3);

D_1——桩孔直径(m);

H_1——桩孔底至导管底端间距,一般为0.4 m;

H_2——导管初次埋入混凝土的深度,不小于1.0 m;

d——导管内径(m);

h_1——桩孔内混凝土达到埋置深度H_2时,导管内混凝土柱平衡导管外(或泥浆)压力所需的高度(m)。

提示

以往考试中考查过桩顶混凝土强度和密实度不符合要求的产生原因及预防措施。

产生原因：在混凝土浇筑过程中有泥浆沉淀，浮浆厚度难以准确估计，在桩顶混凝土超灌不足时，混凝土中难免有夹泥现象产生，影响混凝土质量。其次，孔内混凝土面测定不准确，在灌注最后阶段，孔内混凝土面测定应采用硬杆筒式取样法测定。最后，混凝土浮浆太多，影响混凝土质量。

预防措施：灌注的桩顶标高应比设计高出0.5 ~1 m，确保桩头浮浆层凿除后桩基面混凝土达到设计强度。调整大体积混凝土桩桩顶10 m内混凝土的配合比，增加碎石的含量，以减少桩顶的浮浆。在灌注最后阶段，应采用硬杆筒式取样法测定孔内混凝土面。

二、大体积混凝土浇筑施工质量检查与验收

（一）原材料和混凝土配合比

1. 原材料

水泥选择：应选用水化热低的通用硅酸盐水泥，3 d水化热不宜大于250 kJ/kg，7 d水化热不宜大于280 kJ/kg；当选用52.5强度等级水泥时，7 d水化热宜小于300 kJ/kg。

骨料选择：细骨料宜采用中砂，细度模数宜大于2.3，含泥量不应大于3%；粗骨料粒径宜为5.0 ~31.5 mm，并应连续级配，含泥量不应大于1%；应选用非碱活性的粗骨料；当采用非泵送施工时，粗骨料的粒径可适当增大。

2. 混凝土配合比

大体积混凝土配合比设计，除应符合现行行业标准《普通混凝土配合比设计规程》的有关规定外，尚应符合下列规定：

（1）当采用混凝土60 d或90 d强度验收指标时，应将其作为混凝土配合比的设计依据。

（2）混凝土拌合物的坍落度不宜大于180 mm。

（3）拌合水用量不宜大于170 kg/m^3。

（4）粉煤灰掺量不宜大于胶凝材料用量的50%，矿渣粉掺量不宜大于胶凝材料用量的40%；粉煤灰和矿渣粉掺量总和不宜大于胶凝材料用量的50%。

（5）水胶比不宜大于0.45。

（6）砂率宜为38% ~45%。

（二）混凝土施工

1. 一般规定

大体积混凝土施工组织设计，应包括下列主要内容：大体积混凝土浇筑体温度应力和收缩应力计算结果；施工阶段主要抗裂构造措施和温控指标的确定；原材料优选、配合比设计、制备与运输计划；主要施工设备和现场总平面布置；温控监测设备和测试布置图；浇筑顺序

和施工进度计划；保温和保湿养护方法；应急预案和应急保障措施；特殊部位和特殊气候条件下的施工措施。

大体积混凝土施工宜采用整体分层或推移式连续浇筑施工。整体分层或推移式连续浇筑施工是目前大体积混凝土施工中普遍采用的方法。工程实践中也有称其为“全面分层、分段分层、斜面分层”“斜向分层、阶梯状分层”“分层连续，大斜坡薄层推移式浇筑”等，此处强调整体连续浇筑施工，不留施工缝，确保结构整体性强。

全面分层即第一层全面浇筑完毕，在初凝前回来浇筑第二层，施工时从短边开始，沿长边逐层进行，适用于平面尺寸不大的基础；分段分层即混凝土从底层开始浇筑，进行一定距离后回来浇筑第二层，依次向前浇筑以上各层，适用于厚度不大而长度或面积较大的基础；斜面分层即浇筑工作从浇筑层的下端开始，逐渐上移，适用于基础长度超过厚度3倍的基础。全面分层、分段分层、斜面分层具体见图2-4。

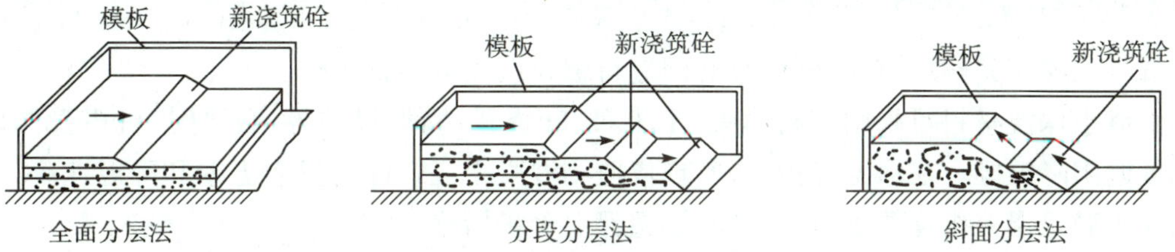

图2-4　分层连续浇筑法

分层连续浇筑施工的特点：

(1)混凝土一次需要量相对较少，便于振捣，易保证混凝土的浇筑质量。

(2)可利用混凝土层面散热，对降低大体积混凝土浇筑体的温升有利。

(3)可确保结构的整体性，减少混凝土裂缝。

对于实体厚度一般不超过2 m、浇筑面积大、工程总量较大，且浇筑综合能力有限的混凝土工程，宜采用整体推移式连续浇筑法。

当大体积混凝土施工设置水平施工缝时，位置及间歇时间应根据设计规定、温度裂缝控制规定、混凝土供应能力、钢筋工程施工、预埋管件安装等因素确定。

混凝土入模温度宜控制在5～30 ℃。

2. 混凝土浇筑

大体积混凝土浇筑应符合下列规定：

(1)混凝土浇筑层厚度应根据所用振捣器作用深度及混凝土的和易性确定，整体连续浇筑时宜为300～500 mm，振捣时应避免过振和漏振。

(2)整体分层连续浇筑或推移式连续浇筑，应缩短间歇时间，并应在前层混凝土初凝之前将次层混凝土浇筑完毕。层间间歇时间不应大于混凝土初凝时间。混凝土初凝时间应通过试验确定。当层间间歇时间超过混凝土初凝时间时，层面应按施工缝处理。

(3)混凝土的浇灌应连续、有序，宜减少施工缝。

(4)混凝土宜采用泵送方式和二次振捣工艺。二次振捣工艺，即在混凝土浇筑后即将凝固前，在适当的时间和位置给予再次振捣，以排除混凝土因泌水在粗骨料、水平钢筋下部生成的水分和孔隙，增加混凝土的密实度，减少内部微裂缝，改善混凝土强度，提高抗裂性。振捣时间长短应根据混凝土的流动性大小确定。

3. 混凝土养护

大体积混凝土应采取保温保湿养护。保温覆盖层拆除应分层逐步进行，当混凝土表面温度与环境最大温差小于 20 ℃时，可全部拆除。

专家解读

保温养护是大体积混凝土施工的关键环节。保温养护的主要目的是通过减少混凝土表面的热扩散，从而降低大体积混凝土浇筑体的里外温差值，降低混凝土浇筑体的自约束应力，其次是降低大体积混凝土浇筑体的降温速率，延长散热时间，充分发挥混凝土强度的潜力和材料的松弛特性，利用混凝土的抗拉强度，以提高混凝土承受外约束应力时的抗裂能力，达到防止或控制温度裂缝的目的。

混凝土浇筑完毕后，在初凝前宜立即进行覆盖或喷雾养护工作。

混凝土保温材料可采用塑料薄膜、土工布、麻袋、阻燃保温被等，必要时，可搭设挡风保温棚或遮阳降温棚。在保温养护中，应现场监测混凝土浇筑体的里表温差和降温速率，当实测结果不满足温控指标要求时，应及时调整保温养护措施。

大体积混凝土应采取循环水冷却、蓄热保温等控制体内外温差的措施，并及时测定浇筑后混凝土表面和内部的温度，其温差应符合设计要求，当设计无规定时不宜大于 25 ℃。

大体积混凝土湿润养护时间应符合表 2-6 规定。

表 2-6 大体积混凝土湿润养护时间

水泥品种	养护时间/d
硅酸盐水泥、普通硅酸盐水泥	14
火山灰质硅酸盐水泥、矿渣硅酸盐水泥、低热微膨胀水泥、矿渣硅酸大坝水泥	21
在现场掺粉煤灰的水泥	

注：高温期施工湿润养护时间均不得少于 28 d。

（三）施工质量检验标准

1. 主控项目

水泥进场除全数检验合格证和出厂检验报告外，应对其强度、细度、安定性和凝固时间抽样复验。混凝土外加剂除全数检验合格证和出厂检验报告外，应对其减水率、凝结时间差、抗压强度比抽样检验。

混凝土配合比设计应符合规范规定。混凝土强度等级应按规定检验评定，其结果必须符合设计要求。用于检查混凝土强度的试件，应在混凝土浇筑地点随机抽取。

2. 一般项目

混凝土掺用的矿物掺合料除全数检验合格证和出厂检验报告外，应对其细度、含水率、抗压强度比等项目抽样检验。

对细骨料，应抽样检验其颗粒级配、细度模数、含泥量及规定要求的检验项，并应符合标准的规定。对粗骨料，应抽样检验其颗粒级配、压碎值指标、针片状颗粒含量及规定要求的检验项，并应符合标准的规定。

混凝土拌合物的坍落度应符合设计配合比要求。

（四）施工质量事故预防措施

大体积混凝土浇筑过程中容易出现裂缝，其形式包括表层裂缝、深层裂缝和贯穿裂缝三种。其中，表层裂缝深度较小，一般只影响混凝土外观质量；深层裂缝可能会对结构的耐久性产生影响；贯穿裂缝是由表面或深层裂缝发展而形成，其切断了整个结构的断面，影响到结构的整体性和稳定性，危害较大。

裂缝的产生原因一般由以下几种：

（1）水泥水化热和外界温度变化引起的混凝土内外温度差造成混凝土收缩不均匀而产生裂缝。

（2）内外约束条件的作用，即结构外部约束和混凝土各质点间的约束阻止了混凝土的变形，从而产生温度应力，进而产生裂缝。

（3）混凝土收缩变形和沉降的影响。

控制温差是解决混凝土裂缝的关键，温差控制主要通过混凝土覆盖或带模养护过程进行。大体积混凝土施工时，应对混凝土进行温度控制，并应符合下列规定：

（1）混凝土入模温度不宜大于 30 ℃；混凝土浇筑体最大温升值不宜大于 50 ℃。

（2）在覆盖养护或带模养护阶段，混凝土浇筑体表面以内 40～100 mm 位置处的温度与混凝土浇筑体表面温度差值不应大于 25 ℃；结束覆盖养护或拆模后，混凝土浇筑体表面以内 40～100 mm 位置处的温度与环境温度差值不应大于 25 ℃。

（3）混凝土浇筑体内部相邻两测温点的温度差值不应大于 25 ℃。

（4）混凝土降温速率不宜大于 2.0 ℃/d；当有可靠经验时，降温速率要求可适当放宽。

典型例题

【多选题】大体积混凝土采用分层浇筑，其目的有（　　）。

A. 利用浇筑面散热　　B. 延长混凝土拌合物的初凝时间

C. 延长混凝土拌合物的终凝时间　　D. 提高混凝土的后期强度

E. 减少混凝土裂缝

AE。【解析】采取分层浇筑混凝土，可利用浇筑面散热，减少混凝土裂缝，确保结构的整体性。

三、预应力张拉施工质量事故预防措施

（一）施工质量控制

预应力张拉施工方法主要分为先张法施工和后张法施工（图 2-5），具体施工技术要求详见本书“2K31200　城市桥梁工程”的相关内容。

图 2-5　先张法和后张法施工工艺

施工质量控制时，应做到准备工作不充分安全设施不完善不张拉、预应力筋没有出厂合格证不张拉、预应力筋规格不符合要求不张拉、施工前技术交底不清楚不张拉、配套件不符合要求不张拉、混凝土强度不符合要求不张拉，即“六不张拉”。

（二）施工质量检验标准

1. 主控项目

预应力筋进场检验应符合规范规定。预应力筋用锚具、夹具和连接器进场检验应符合规范规定。检验方法：检查产品合格证、出厂检验报告和进场试验报告。

预应力筋的品种、规格、数量必须符合设计要求。预应力筋张拉和放张时，混凝土强度必须符合设计规定；设计无规定时，不得低于设计强度的75%。

孔道压浆的水泥浆强度必须符合设计规定，压浆时排气孔、排水孔应有水泥浓浆溢出。锚具的封闭保护应符合规范规定。

2. 一般项目

预应力筋使用前应进行外观质量检查，不得有弯折，表面不得有裂纹、毛刺、机械损伤、氧化铁锈、油污等。

预应力筋用锚具、夹具和连接器使用前应进行外观质量检查，表面不得有裂纹、机械损伤、锈蚀、油污等。

预应力混凝土用金属螺旋管使用前应按规定进行检验。

锚固阶段张拉端预应力筋的内缩量，应符合规范规定。

2K320110　城市轨道交通工程施工质量检查与检验

一、地铁车站施工质量检查与验收

（一）基坑土方工程

土方开挖应根据地面坡度、开挖断面、纵向长度及出土方向等因素结合土方调配，选用安全、经济的开挖方案。挖土时应自上向下分层开挖，严禁掏洞开挖。作业中断或作业后，开挖面应做成稳定边坡。

基坑回填前应清除基坑内的杂物、建筑垃圾，并将积水排除干净；不应使用淤泥、沼泽土、过湿土、冻土、有机土（有机质含量大于8%）以及含生活垃圾的土做回填料。填土应分层进行，下层填土验收合格后，方可进行上层填筑。

（二）主体结构防水施工

卷材防水层施工的方法有满粘法、空铺法、点粘法、条粘法等。其中，采用满粘法时搭接宽度可为80 mm；采用其他方法施工时搭接宽度可为100 mm。

防水卷材施工前，基面应干净、干燥，并应涂刷基层处理剂；当基面潮湿时，应涂刷湿固化型胶粘剂或潮湿界面隔离剂。同时，基层面需要保持一定的平整度，允许偏差为3 mm。

为了防止防水卷材下部薄弱地方出现漏水等现象，需要铺设附加层。一般设置在穿墙管四周以及阴阳角和变形缝处，其设置幅宽分别为300 mm、500 mm、600 mm，须注意的是变形缝处需要在上下两处各设置一层。

结构底板防水卷材应先铺平面，后铺立面，交接处应交叉搭接。从底面折向立面的卷材与永久性保护墙应粘贴严密，接触部位应采用空铺法施工；卷材与临时性保护墙或围护结构模板的接触部位，应将卷材临时贴附在该墙上，并应将顶端临时固定。临时性保护墙宜采用石灰砂浆砌筑，内表面宜做找平层，保护墙找平层采用1∶3水泥砂浆抹面，厚度15～20 mm。

立面和顶板的卷材与基层面、附加层与基层面、附加层与卷材以及卷材之间必须全粘贴。

防水涂料施工操作应符合下列规定：双组分涂料应按配比要求在现场配制，并应使用机械搅拌均匀，不得有颗粒悬浮物；防水涂料应薄涂、多遍施工，前后两遍的涂刷方向应相互垂直，涂层厚度应均匀，不得有漏刷或堆积现象；应在前一遍涂层实干后，再涂刷下一遍涂料；施工时宜先涂刷立面，后涂刷平面；夹铺胎体增强材料时，应使防水涂料充分浸透胎体层，不得有折皱、翘边现象。

典型例题

【单选题】地铁车站主体结构防水卷材施工时，不需加铺附加层的部位是（　　）。

A. 阴阳角处　　B. 变形缝处

C. 施工缝处　　D. 穿墙管周围

C。【解析】防水卷材在阴阳角处、变形缝处、穿墙管周围必须铺设附加层。

（三）细部构造防水

1. 变形缝

变形缝应满足密封防水、适应变形、施工方便、检修容易等要求，变形缝处的止水带应无气泡、无裂纹，且不得穿孔。

用于伸缩的变形缝宜少设，可根据不同的工程结构类别、工程地质情况采用后浇带、加强带、诱导缝等替代措施。

用于沉降的变形缝最大允许沉降差值不应大于30 mm。

变形缝的宽度以及变形缝处止水带的宽度应符合设计要求，且止水带不能用铁钉固定。

中埋式止水带施工应符合下列规定：

(1)止水带埋设位置应准确，其中间空心圆环应与变形缝的中心线重合。

(2)止水带应固定，顶、底板内止水带应成盆状安设。

(3)中埋式止水带先施工一侧混凝土时，其端模应支撑牢固，并应严防漏浆。

(4)止水带的接缝宜为一处，应设在边墙较高位置上，不得设在结构转角处，接头宜采用热压焊接。

(5)中埋式止水带在转弯处应做成圆弧形，(钢边)橡胶止水带的转角半径不应小于200 mm，转角半径应随止水带的宽度增大而相应加大。

变形缝与施工缝均用外贴式止水带(中埋式)时，其相交部位宜采用十字配件。变形缝用外贴式止水带的转角部位宜采用直角配件。

2. 后浇带

后浇带宜用于不允许留设变形缝的工程部位。

后浇带应在其两侧混凝土龄期达到42 d后再施工；高层建筑的后浇带施工应按规定时间进行。

后浇带应采用补偿收缩混凝土浇筑，其抗渗和抗压强度等级不应低于两侧混凝土。

后浇带应设在受力和变形较小的部位，其间距和位置应按结构设计要求确定，宽度宜为700～1 000 mm。

后浇带混凝土应一次浇筑，不得留设施工缝；混凝土浇筑后应及时养护，养护时间不得少于28 d。

3. 穿墙管(盒)

穿墙管(盒)应在浇筑混凝土前预埋。

穿墙管与内墙角、凹凸部位的距离应大于250 mm。

结构变形或管道伸缩量较小时，穿墙管可采用主管直接埋入混凝土内的固定式防水法，主管应加焊止水环或环绕遇水膨胀止水圈，并应在迎水面预留凹槽，槽内应采用密封材料嵌填密实。

穿墙管防水施工时应符合下列要求：

(1)金属止水环应与主管或套管满焊密实，采用套管式穿墙防水构造时，翼环与套管应满焊密实，并应在施工前将套管内表面清理干净。

(2)相邻穿墙管间的间距应大于300 mm。

(3)采用遇水膨胀止水圈的穿墙管，管径宜小于50 mm，止水圈应采用胶粘剂满粘固定于管上，并应涂缓胀剂或采用缓胀型遇水膨胀止水圈。

二、喷锚支护施工质量检查与验收

(一)土方开挖

土方开挖应符合下列规定：

(1)宜用激光准直仪控制中线和隧道断面仪控制外轮廓线。

(2)按设计要求确定开挖方式,内径小于3 m的管道,宜用正台阶法或全断面开挖。

(3)每开挖一榀钢拱架的间距,应及时支护、喷锚、闭合,严禁超挖。

(4)土层变化较大时,应及时控制开挖长度;在稳定性较差的地层中,应采用保留核心土的开挖方法,核心土的长度不宜小于2.5 m。

(5)在稳定性差的地层中停止开挖,或停止作业时间较长时,应及时喷射混凝土封闭开挖面。

(6)相向开挖的两个开挖面相距约2倍管(隧)径时,应停止一个开挖面作业,进行封闭;由另一开挖面作贯通开挖。

(二)初期衬砌施工

初期衬砌施工应符合下列规定:

(1)混凝土的强度符合设计要求,且宜采用湿喷方式。

(2)按设计要求设置变形缝,且变形缝间距不宜大于15 m。

(3)支护钢格栅、钢架以及钢筋网的加工、安装符合设计要求;运输、堆放应采取防止变形措施;安装前应除锈,并抽样试拼装,合格后方可使用。

(4)喷射混凝土施工前应做好下列准备工作:

①钢格栅、钢架及钢筋网安装检查合格。

②埋设控制喷射混凝土厚度的标志。

③检查管道开挖断面尺寸,清除松动的浮石、土块和杂物。

④作业区的通风、照明设置符合规定。

⑤做好排、降水;疏干地层的积、渗水。

(5)喷射混凝土原材料及配合比应符合相关规定;干拌混合料应符合相关规定。

(6)喷射混凝土设备应符合相关规定;操作人员应穿着安全防护衣具;大断面分部开挖应设置临时支护。

(7)初期衬砌应尽早闭合,混凝土达到设计强度后,应及时进行背后注浆,以防止土体扰动造成土层沉降。

关于喷射混凝土施工技术,下面以典型例题的形式进行介绍。

典型例题

【单选题】关于喷射混凝土施工技术的说法,错误的是(　　)。

A. 喷射应分段、分层进行

B. 喷头应保持垂直于工作面

C. 喷射顺序由上而下

D. 应在前一层混凝土终凝后喷下一层

C。【解析】喷射混凝土时,工作面应平整、光滑、无干斑或流淌滑坠现象;喷射顺序由下而上。故选项C错误。喷射混凝土作业应符合的规定还包括:(1)喷射混凝土时,喷头应保持垂直于工作面,喷头距工作面不宜大于1 m。(2)采取措施减少喷射混凝土回弹损失。(3)一次喷射混凝土的厚度:侧壁宜为60~100 mm,拱部宜为50~60 mm;分层喷射时,应在前一层喷混凝土终凝后进行。(4)钢格栅、钢架、钢筋网的喷射混凝土保护层不应小于20 mm。(5)应在喷射混凝土终凝2 h后进行养护,时间不小于14 d;冬期不得用水养护;混凝土强度低于6 MPa时不得受冻。(6)冬期作业区环境温度不低于5 ℃;混合料及水进入喷射机口温度不低于5 ℃。

(三)防水层施工

防水层施工应符合下列规定:

(1)应在初期支护基本稳定,且衬砌检查合格后进行。

(2)防水层材料应符合设计要求,排水管道工程宜采用柔性防水层。

(3)清理混凝土表面,剔除尖、突部位,并用水泥砂浆压实、找平,防水层铺设基面凹凸高差不应大于50 mm,基面阴阳角应处理成圆角或钝角,圆弧半径应符合规定。

(4)初期衬砌表面塑料类衬垫应符合下列规定:

①衬垫材料应直顺,用垫圈固定,钉牢在基面上;固定衬垫的垫圈,应与防水卷材同材质,并焊接牢固。

②衬垫固定时宜交错布置,间距应符合设计要求;固定钉距防水卷材外边缘的距离不应小于0.5 m。

③衬垫材料搭接宽度不宜小于500 mm。

(5)防水卷材铺设时应符合下列规定:

①牢固地固定在初期衬砌面上;采用软塑料类防水卷材时,宜采用热焊固定在垫圈上。

②采用专用热合机焊接;双焊缝搭接,焊缝应均匀连续,焊缝的宽度不应小于10 mm。

③宜环向铺设,环向与纵向搭接宽度不应小于100 mm。

④相邻两幅防水卷材的接缝应错开布置,并错开结构转角处,且错开距离不宜小于600 mm。

⑤焊缝不得有漏焊、假焊、焊焦、焊穿等现象;焊缝应经充气试验,合格条件为:气压0.15 MPa,经3 min其下降值不大于20%。

(四)二次衬砌施工

二次衬砌施工应符合下列规定:

(1)在防水层验收合格后,结构变形基本稳定的条件下施作。

(2)采取措施保护防水层完好。

(3)伸缩缝应根据设计设置,并与初期支护变形缝位置重合;止水带安装应在两侧加设支撑筋,并固定牢固,浇筑混凝土时不得有移动位置、卷边、跑灰等现象。

(4)模板施工应符合下列规定:

①模板和支架的强度、刚度和稳定性应满足设计要求,使用前应经过检查,重复使用时应经修整。

②模板支架预留沉落量应符合规定。

③模板接缝拼接严密,不得漏浆。

④变形缝端头模板处的填缝中心应与初期支护变形缝位置重合，端头模板支设应垂直、牢固。

（5）混凝土浇筑应符合下列规定：

①应按施工方案划分浇筑部位。

②灌筑前，应对设立模板的外形尺寸、中线、标高、各种预埋件等进行隐蔽工程检查，并填写记录；检查合格后，方可进行灌筑。

③应从下向上浇筑，各部位应对称浇筑振捣密实，且振捣器不得触及防水层。

④应采取措施做好施工缝处理。

（6）泵送混凝土应符合下列规定：

①坍落度应符合规定。

②碎石级配，骨料最大粒径≤25 mm。

③减水型、缓凝型外加剂，其掺量应经试验确定；掺加防水剂、微膨胀剂时应以动态运转试验控制掺量。

④骨料的含碱量控制符合规定。

（7）拆模时间应根据结构断面形式及混凝土达到的强度确定；矩形断面，侧墙应达到设计强度的70%；顶板应达到100%。

2K320120　城镇水处理场站工程施工质量检查与检验

一、水处理构筑物施工质量检查与验收

（一）模板质量检查与验收

1. 主控项目

模板及其支架应满足浇筑混凝土时的承载能力、刚度和稳定性要求，且应安装牢固。检查方法：观察；检查模板支架设计、验算。

各部位的模板安装位置正确、拼缝紧密不漏浆；对拉螺栓、垫块等安装稳固；模板上的预埋件、预留孔洞不得遗漏，且安装牢固。检查方法：观察；检查模板设计、施工方案。

模板清洁、脱模剂涂刷均匀，钢筋和混凝土接茬处无污渍。检查方法：观察。

2. 一般项目

浇筑混凝土前，模板内的杂物应清理干净；钢模板板面不应有明显锈渍。检查方法：观察。

对清水混凝土工程及装饰混凝土工程，应使用能达到设计效果的模板。检查方法：观察。

整体现浇混凝土模板安装允许偏差应符合相关规定。

（二）钢筋质量检查与验收

1. 主控项目

进场钢筋的质量保证资料应齐全，每批的出厂质量合格证明书及各项性能检验报告应

符合国家有关标准规定和设计要求；受力钢筋的品种、级别、规格和数量必须符合设计要求；钢筋的力学性能检验、化学成分检验等应符合现行国家标准《混凝土结构工程施工质量验收规范》的相关规定。检查方法：观察；检查每批的产品出厂质量合格证明、性能检验报告及有关的复验报告。

钢筋加工时，受力钢筋的弯钩和弯折、箍筋的末端弯钩形式等应符合现行国家标准《混凝土结构工程施工质量验收规范》的相关规定和设计要求。检查方法：观察；检查施工记录，用钢尺量测。

纵向受力钢筋的连接方式应符合设计要求；受力钢筋采用机械连接接头或焊接接头时，其接头应按现行国家标准《混凝土结构工程施工质量验收规范》的相关规定进行力学性能检验。检查方法：观察；检查施工记录，检查连接材料的产品质量合格证及接头力学性能检验报告。

同一连接区段内的受力钢筋，采用机械连接或焊接接头时，接头面积百分率应符合现行国家标准《混凝土结构工程施工质量验收规范》的相关规定；采用绑扎接头时，接头面积百分率及最小搭接长度应符合相关规定。检查方法：观察；检查施工记录；用钢尺量测（检查数量：底板、侧墙、顶板以及柱、梁、独立基础等部位抽测均不少于20%）。

2. 一般项目

钢筋应平直、无损伤，表面不得有裂纹、油污、颗粒状或片状老锈。检查方法：观察；检查施工记录。

成型的网片或骨架应稳定牢固，不得有滑动、折断、位移、伸出等情况；绑扎接头应扎紧并向内折。检查方法：观察。

钢筋安装就位后应稳固，无变形、走动、松散等现象；保护层符合要求。检查方法：观察。

钢筋加工的形状、尺寸应符合设计要求，其偏差应符合相关规定。

典型例题

【单选题】根据《混凝土结构工程施工质量验收规范》，不属于钢筋工程主控项目的是（　　）。

A. 钢筋的力学性能　　B. 钢筋的重量偏差

C. 钢筋的安装间距偏差　　D. 钢筋的连接方式

C。**【解析】**《混凝土结构工程施工质量验收规范》规定，钢筋工程质量的主控项目包括：钢筋的力学性能和重量偏差，受力钢筋的品种、级别、规格、数量、连接方式、弯钩和弯折，机械连接接头、焊接接头的力学性能。

（三）现浇混凝土质量检查与验收

1. 主控项目

现浇混凝土所用的水泥、细骨料、粗骨料、外加剂等原材料的产品质量保证资料应齐全，每批的出厂质量合格证明书及各项性能检验报告应符合规定和设计要求。检查方法：观察；检查每批的产品出厂质量合格证明、性能检验报告及有关的复验报告。

混凝土配合比应满足施工和设计要求。检查方法：观察；检查混凝土配合比设计，检查试配混凝土的强度、抗渗、抗冻等试验报告；对于商品混凝土还应检查出厂质量合格证明等。

结构混凝土的强度、抗渗和抗冻性能应符合设计要求；其试块的留置及质量评定应符合相关规定。检查方法：检查施工记录；检查混凝土试块的试验报告、混凝土质量评定统计报告。

混凝土结构应外光内实；施工缝后浇带部位应表面密实，无冷缝、蜂窝、露筋现象，否则应修理补强。检查方法：观察；检查施工缝处理方案，检查技术处理资料。

拆模时的混凝土结构强度应符合相关规定和设计要求。检查方法：观察；检查同条件养护下的混凝土强度试块报告。

2. 一般项目

浇筑现场的混凝土坍落度或维勃稠度符合配合比设计要求。检查方法：观察；检查混凝土坍落度或维勃稠度检验记录，检查施工配合比；检查现场搅拌混凝土原材料的称量记录。

模板在浇筑中无变位、变形、漏浆等现象，拆模后无粘模、缺棱掉角及损伤表面等现象。检查方法：观察；检查施工记录。

施工缝后浇带位置应符合设计要求，表面平顺，无明显漏浆、错台、色差等现象。检查方法：观察；检查施工记录。

混凝土表面无明显收缩裂缝。检查方法：观察；检查混凝土记录。

对拉螺栓孔的填封应密实、平整，无收缩现象。检查方法：观察；检查填封材料的配合比。

（四）装配式混凝土结构的构件安装质量检查与验收

1. 主控项目

装配式混凝土所用的原材料、预制构件等的产品质量保证资料应齐全，每批的出厂质量合格证明书及各项性能检验报告应符合国家有关标准规定和设计要求。检查方法：观察；检查每批的原材料、构件出厂质量合格证明、性能检验报告及有关的复验报告；对于现场制作的混凝土构件应按规定执行。

预制构件上的预埋件、插筋、预留孔洞的规格、位置和数量应符合设计要求。检查方法：观察。

预制构件的外观质量不应有严重质量缺陷，且不应有影响结构性能和安装、使用功能的尺寸偏差。检查方法：观察；检查技术处理方案、资料；用钢尺量测。

预制构件与结构之间、预制构件之间的连接应符合设计要求；构件安装应位置准确，垂直、稳固；相邻构件湿接缝及杯口、杯槽填充部位混凝土应密实，无漏筋、孔洞、夹渣、疏松现象；钢筋机械或焊接接头连接可靠。检查方法：观察；检查预留钢筋机械或焊接接头连接的力学性能检验报告，检查混凝土强度试块试验报告。

安装后的构筑物尺寸、表面平整度应满足设计和设备安装及运行的要求。检查方法：观察；检查安装记录；用钢尺等量测。

2. 一般项目

预制构件的混凝土表面应平整、洁净，边角整齐；外观质量不宜有一般缺陷。检查方法：观察；检查技术处理方案、资料。

构件安装时，应将杯口、杯槽内及构件连接面的杂物、污物清理干净，界面处理满足安装要求。检查方法：观察。

现浇混凝土杯口、杯槽内表面应平整、密实；预制构件安装不应出现扭曲、损坏、明显错台等现象。检查方法：观察。

预制构件制作的允许偏差应符合规定；钢筋混凝土池底板及杯口、杯槽的允许偏差应符合规定；预制混凝土构件安装允许偏差应符合规定。

（五）后张法预应力混凝土质量检查与验收

1. 主控项目

预应力筋和预应力锚具、夹具、连接器以及有黏结预应力筋孔道灌浆所用水泥、砂、外加剂、波纹管等的产品质量保证资料应齐全，每批的出厂质量合格证明书及各项性能检验报告应符合相关规定和设计要求。检查方法：观察；检查每批的原材料出厂质量合格证明、性能检验报告及有关的复验报告。

预应力筋的品种、级别、规格、数量下料加工必须符合设计要求。检查方法：观察。

张拉时混凝土强度应符合的规定。检查方法：观察；检查混凝土试块的试验报告。

后张法张拉应力和伸长值、断裂或滑脱数量、内缩量等应符合规定和设计要求。检查方法：观察；检查张拉记录。

有黏结预应力筋孔道灌浆应饱满、密实；灌浆水泥砂浆强度应符合设计要求。检查方法：观察；检查水泥砂浆试块的试验报告。

2. 一般项目

有黏结预应力筋应平顺，不得有弯折，表面不应有裂纹、刺、机械损伤、氧化铁皮和油污；无黏结预应力筋护套应光滑，无裂缝和明显褶皱。检查方法：观察。

预应力锚具、夹具、连接器等的表面应无污物、锈蚀、机械损伤和裂纹；波纹管外观应符合规定。检查方法：观察。

后张法有黏结预应力筋预留孔道的规格、数量、位置和形状应符合设计要求，并应符合下列规定。检查方法：观察；用钢尺量。

（1）预留孔道的位置应牢固，浇筑混凝土时不应出现位移和变形。

（2）孔道应平顺，端部的预埋锚垫板应垂直于孔道中心线。

（3）成孔用管道应封闭良好，接头应严密且不得漏浆。

（4）灌浆孔的间距：预埋波纹管不宜大于 30 m；抽芯成型孔道不宜大于 12 m。

（5）曲线孔道的曲线波峰部位应设排气（泌水）管，必要时可在最低点设置排水孔。

（6）灌浆孔及泌水管的孔径应能保证浆液畅通。

无黏结预应力筋的铺设应符合下列规定。检查方法：观察。

（1）无黏结预应力筋的定位牢固，浇筑混凝土时不应出现移位和变形。

（2）端部的预埋锚垫板应垂直于预应力筋。

（3）内埋式固定端垫板不应重叠，锚具与垫板应贴紧。

（4）无黏结预应力筋成束布置时应能保证混凝土密实并能裹住预应力筋。

(5)无黏结预应力筋的护套应完整,局部破损处应采用防水胶带缠绕紧密。

预应力筋张拉后与设计位置的偏差不得大于5 mm,且不得大于池壁截面短边边长的4%。检查方法:每工作班检查3%、且不少于3束预应力筋,用钢尺量。

(六)混凝土结构水处理构筑物质量检查与验收

1. 主控项目

关于混凝土结构水处理构筑物质量验收的主控项目,下面以典型例题的形式进行介绍。

典型例题

【单选题】下列不属于混凝土结构水处理构筑物质量验收主控项目的是(　　)。

A. 结构类型和结构尺寸符合设计要求

B. 混凝土结构外观无严重质量缺陷

C. 构筑物外壁不得渗水

D. 结构表面应光洁平顺,线形流畅

D。【解析】混凝土结构水处理构筑物质量验收主控项目包括:(1)水处理构筑物结构类型、结构尺寸以及预埋件、预留孔洞、止水带等规格、尺寸应符合设计要求。(2)混凝土强度符合设计要求;混凝土抗渗、抗冻性能符合设计要求。(3)混凝土结构外观无严重质量缺陷。(4)构筑物外壁不得渗水。(5)构筑物各部位以及预埋件、预留孔洞、止水带等的尺寸、位置、高程、线形等的偏差,不得影响结构性能和水处理工艺平面布置、设备安装、水力条件。选项D属于混凝土结构水处理构筑物质量验收的一般项目。

2. 一般项目

混凝土结构外观不宜有一般质量缺陷。检查方法:观察;检查技术处理方案、资料。

结构无明显湿渍现象。检查方法:观察。

结构表面应光洁和顺、线形流畅。检查方法:观察。

混凝土结构水处理构筑物允许偏差应符合规定。

(七)其他项目质量检查与验收

1. 构筑物变形缝的主控项目质量检查与验收

构筑物变形缝的止水带、柔性密封材料等的产品质量保证资料应齐全,每批的出厂质量合格证明书及各项性能检验报告应符合相关规定和设计要求。检查方法:观察;检查产品质量合格证、出厂检验报告及有关的进场复验报告。

止水带位置应符合设计要求;安装固定稳固,无孔洞、撕裂、扭曲、褶皱等现象。检查方法:观察,检查施工记录。

先行施工一侧的变形缝结构端面应平整、垂直,混凝土或砌筑砂浆应密实,止水带与结构咬合紧密;端面混凝土外观严禁出现严重质量缺陷,且无明显一般质量缺陷。检查方法:观察。

变形缝应贯通,缝宽均匀一致;柔性密封材料嵌填应完整、饱满、密实。检查方法:观察。

2. 塘体结构质量检查与验收

基槽开挖允许偏差应符合相关规定;塘体结构质量应符合《给水排水构筑物工程施工及验收规范》的相关规定。

3. 水处理工艺的辅助构筑物的主控项目质量检查与验收

有关工程材料、型材等的产品质量保证资料应齐全,并符合国家有关标准的规定和设计要求。检查方法:观察,检查产品质量合格证、出厂检验报告及有关的进场复验报告。

位置、高程、结构和工艺线形尺寸、数量等应符合设计要求,满足运行功能。检查方法:观察;检查施工记录、测量放样记录。

混凝土、水泥砂浆抹面等光洁密实、线形和顺,无阻水、滞水现象。检查方法:观察。

堰板、槽板、孔板等安装应平整、牢固,安装位置及高程应准确,接缝应严密;堰顶、穿孔槽、孔眼的底缘在同一水平面上。检查方法:观察;检查安装记录;用钢尺、水准仪等量测检查。

二、给水排水混凝土构筑物防渗漏措施

(一)施工基本规定

施工单位应具备相应的施工资质,施工人员应具有相应资格。施工项目质量控制应有相应的施工技术标准、质量管理体系、质量控制和检验制度。

给排水构筑物施工时,应按"先地下后地上、先深后浅"的顺序施工,并应防止各构筑物交叉施工相互干扰。对建在地表水水体中、岸边及地下水位以下的构筑物,其主体结构宜在枯水期施工;抗渗混凝土宜避开低温及高温季节施工。

施工临时设施应根据工程特点合理设置,并有总体布置方案。对不宜间断施工的项目,应有备用动力和设备。

(二)混凝土配合比及拌制规定

混凝土配合比及拌制应符合下列规定:

(1)配合比的设计,应保证结构设计要求的强度和抗渗、抗冻性能,并满足施工的要求。

(2)配合比应通过计算和试配确定。

(3)宜选择具有一定自补偿性能的材料配比;或在满足设计和施工要求的前提下,应适量降低水泥用量。

(4)混凝土拌制前,应测定砂、石含水率并根据测试结果调整材料用量,提出施工配合比。

(5)首次使用的混凝土配合比应进行开盘鉴定,其工作性质满足设计配合比的要求;开始生产时应至少留置一组标准养护试件,作为验证配合比的依据。

(6)混凝土原材料每盘称量的偏差应符合规定。

(三)混凝土浇筑规定

混凝土浇筑的施工方案应包括以下主要内容:混凝土配合比设计及外加剂的选择;混凝

土的搅拌及运输；混凝土的分仓布置、浇筑顺序、速度及振捣方法；预留施工缝后浇带的位置及要求；预防混凝土施工裂缝的措施；季节性施工的特殊措施；控制工程质量的措施；搅拌、运输及振捣机械的型号与数量。

混凝土的浇筑必须在模板和支架检验符合施工方案要求后，方可进行；入模时应防止离析，连续浇筑时每层浇筑高度应满足振捣密实的要求。混凝土入模后应及时振捣，不过振、不漏振，必要时可增加二次振捣。

混凝土运输、浇筑及间歇时间不应超过混凝土的初凝时间。同一施工段的混凝土应连续浇筑，并应在底层混凝土初凝之前将上一层混凝土浇筑完毕。底层混凝土初凝后浇筑上一层混凝土时，应留置施工缝。

冬期浇筑的混凝土冷却前应达到设计要求的临界强度。在满足临界强度情况下，宜降低入模温度。

（四）混凝土养护规定

混凝土浇筑完成后，应按施工方案及时采取有效的养护措施，并应符合下列规定：

（1）应在浇筑完成后的 12 h 以内，对混凝土加以覆盖并保湿养护。

（2）混凝土浇水养护的时间不得少于 14 d，保持混凝土处于湿润状态。

（3）用塑料布覆盖养护时，敞露的混凝土表面应覆盖严密，并应保持塑料布内有凝结水。

（4）混凝土强度达到 1.2 MPa 前，不得在其上踩踏或安装模板及支架。

（5）环境最低气温不低于 -15 ℃时，可采用蓄热法养护；对预留孔、洞以及迎风面等容易受冻部位，应加强保温措施。

蒸汽养护时，应使用低压饱和蒸汽均匀加热，最高温度不宜大于 30 ℃；升温速度不宜大于 10 ℃/h；降温速度不宜大于 5 ℃/h。

2K320130 城镇管道工程施工质量检查与检验

一、城镇供热管道施工质量检查与验收

（一）土建工程施工质量检查

1. 明挖

开挖过程中应对开槽断面的中线、横断面、高程进行校核。当采用机械开挖时，应预留不少于 150 mm 厚的原状土，人工清底至设计标高，不得超挖。

土方开挖完成后，应对槽底高程、坡度、平面拐点、坡度折点等进行测量检查，并应合格。

土方开挖至槽底后，应对地基进行验收。

沟槽开挖与地基处理后的质量应符合下列规定：

（1）沟槽开挖不应扰动原状地基。

（2）槽底不得受水浸泡或受冻。

（3）地基处理应符合设计要求。

（4）槽壁应平整，边坡坡度应符合规定。

(5)沟槽中心线每侧的最小净宽不应小于管道沟槽设计底部开挖宽度的1/2。

(6)槽底高程的允许偏差:开挖土方应为±20 mm;开挖石方应为-200~+20 mm。

2. 回填

沟槽、检查室的主体结构经隐蔽工程验收合格及测量后应及时进行回填,在固定支架、导向支架承受管道作用力之前,应回填到设计高度。

直埋保温管道沟槽回填还应符合下列规定:

(1)回填前,直埋管外护层及接头应验收合格,不得有破损。

(2)管道接头工作坑回填可采用水撼砂的方法分层撼实。

(3)管顶应铺设警示带,警示带距离管顶不得小于300 mm,且不得敷设在道路基础中。

(4)弯头、三通等管路附件处的回填应按设计要求进行。

(5)设计要求进行预热伸长的直埋管道,回填方法和时间应按设计要求进行。

沟槽回填土种类、密实度应符合下列规定:

(1)回填土种类、密实度应符合设计要求。

(2)回填土的密实度应逐层进行测定。当设计对回填土的密实度无规定时,应按下列规定执行(图2-6):

①胸腔部位:Ⅰ区不应小于95%。

②结构顶上500 mm范围内:Ⅱ区不应小于87%。

③Ⅲ区不应小于87%,或符合道路、绿地等对回填的要求。若处于道路路基范围,Ⅲ区回填密度应符合规范规定;若处于绿地或农田范围,表层500 mm范围内不宜压实,但可将表面整平,并宜预留沉降量。

图2-6 回填土部位划分示意图

(二)管道安装施工质量检查

1. 管道支架、吊架

管道支架、吊架安装的允许偏差及检验方法应符合表2-7的规定。

表2-7 管道支架、吊架安装的允许偏差及检验方法

项目		允许偏差/mm	量具
支架、吊架中心点平面位置		0~25	钢尺
支架标高△		-10~0	水准仪
两个固定支架间的其他支架中心线	距固定支架每10 m处	0~5	钢尺
	中心处	0~25	钢尺

注:表中带"△"为主控项目,其余为一般项目。

2. 管道安装

管道安装的允许偏差及检验方法应符合表 2-8 的规定，管件安装对口间隙允许偏差及检验方法应符合表 2-9 的规定。

表 2-8 管道安装允许偏差及检验方法

项目		允许偏差	检验频率		量具
			范围	点数	
高程△		±10 mm	50 m	—	水准仪
中心线位移		每 10 m≤5 mm 全长≤30 mm	50 m	—	挂边线、量尺
立管垂直度		每米≤2 mm 全高≤10 mm	每根	—	垂线、量尺
对口间隙△/mm	管道壁厚 4～9 间隙 1.5～2.0	±1.0 mm	每 10 个口	1	焊口检测器
	管道壁厚≥10 间隙 2.0～3.0	-2.0 mm +1.0 mm			

注：表中带"△"为主控项目，其余为一般项目。

表 2-9 管件安装对口间隙允许偏差及检验方法

项目		允许偏差/mm	检验频率		量具
			范围	点数	
对口间隙/mm	管件壁厚 4～9 间隙 1.0～1.5	±1.0	每个口	2	焊口检测器
	管件壁厚≥10 间隙 1.5～2.0	-1.5 + 1.0			

注：表中为主控项目。

3. 焊接及检验

焊缝应进行 100% 外观质量检验，并应符合下列规定：

(1) 焊缝表面应清理干净，焊缝应完整并圆滑过渡，不得有裂纹、气孔、夹渣及熔合性飞溅物等缺陷。

(2) 焊缝高度不应小于母材表面，并应与母材圆滑过渡。

(3) 加强高度不得大于被焊件壁厚的 30%，且应小于或等于 5 mm。焊缝宽度应焊出坡口边缘 1.5～2.0 mm。

(4) 咬边深度应小于 0.5 mm，且每道焊缝的咬边长度不得大于该焊缝总长的 10%。

(5) 表面凹陷深度不得大于 0.5 mm，且每道焊缝表面凹陷长度不得大于该焊缝总长的 10%。

(6)焊缝表面检查完毕后应填写检验报告。

焊缝应进行无损检测,并应符合下列规定:

(1)应由有资质的单位进行检测。

(2)宜采用射线探伤。当采用超声波探伤时,应采用射线探伤复检,复检数量应为超声波探伤数量的20%。角焊缝处的无损检测可采用磁粉或渗透探伤。

(3)无损检测数量应符合设计的要求,当设计未规定时应符合下列规定:

①干线管道与设备、管件连接处和折点处的焊缝应进行100%无损探伤检测。

②穿越铁路、高速公路的管道在铁路路基两侧各10 m范围内,穿越城市主要道路的不通行管沟在道路两侧各5 m范围内,穿越江、河或湖等的管道在岸边各10 m范围内的焊缝应进行100%无损探伤。

③不具备强度试验条件的管道焊缝,应进行100%无损探伤检测。

④现场制作的各种承压设备和管件,应进行100%无损探伤检测。

⑤其他无损探伤检测数量应按规范的规定执行,且每个焊工不应少于一个焊缝。

(4)无损检测合格标准应符合设计的要求。当设计未规定时,应符合下列规定:

①要求进行100%无损探伤的焊缝,射线探伤不得小于现行国家标准《无损检测 金属管道熔化焊环向对接接头射线照相检测方法》的Ⅱ级质量要求,超声波探伤不得小于现行国家标准《焊缝无损检测 超声检测 技术、检测等级和评定》的Ⅰ级质量要求。

②要求进行无损检测抽检的焊缝,射线探伤不得小于现行国家标准《无损检测 金属管道熔化焊环向对接接头射线照相检测方法》的Ⅲ级质量要求,超声波探伤不得小于现行国家标准《焊缝无损检测 超声检测 技术、检测等级和评定》的Ⅱ级质量要求。

(5)当无损探伤抽样检出现不合格焊缝时,对不合格焊缝返修后,并应按规定扩大检验。

(6)对焊缝无损探伤记录应进行整理,并应纳入竣工资料中。

管道焊接完成并检验合格后应进行强度和严密性试验,并应符合规范的规定。

关于热力管道对口焊接质量检验项目,下面以典型例题的形式进行介绍。

典型例题

【多选题】热力管道对口焊接质量检验项目包括(   )。

A. 坡口质量　　B. 对口间隙

C. 焊缝高度和宽度　　D. 错边量

E. 纵焊缝位置

ABDE。【解析】热力管道对口焊接质量检验项目包括坡口质量、对口间隙、错边量、纵焊缝位置。焊接质量检验应按下列次序进行:对口质量检验;外观质量检验;无损探伤检验;强度和严密性试验。

(三)热力站和中继泵站施工质量检查

1. 站内设备

水泵安装应符合下列规定:

(1)水泵安装前应做下列检查:

①基础的尺寸、位置、标高应符合设计要求和规范的规定。

②设备应完好，盘车应灵活，不得有阻滞、卡涩和异常声响现象。

③出厂前已配装、调试完善的部位应无拆卸现象。

(2)水泵安装应在泵的进出口法兰面或其他水平面上进行找平，纵向安装水平允许偏差为0～0.1‰，横向安装水平偏差为0～0.2‰。

(3)当水泵主、从动轴用联轴器连接时，两轴的同轴度、两半联轴节端面的间隙应符合设备技术文件的规定。主、从动轴找正及连接后应进行盘车检查。

(4)当同型号水泵并列安装时，水泵轴线标高的允许偏差为±5 mm。

水处理装置的安装应符合下列规定：

(1)设备的产品质量证明书、水处理设备图、设备安装使用说明书等资料应齐全。

(2)水处理专用材料应符合设计要求，并应抽样检验。材料应分类存放，并应妥善保管。

(3)所有进出口管路应有独立支撑，不得使用阀体做支撑。

(4)每个树脂罐应设单独的排污管。

(5)水处理系统中的设备、再生装置等在系统安装完毕后应单体进行工作压力水压试验。

(6)水处理系统的严密性试验合格后应进行试运行，并应进行水质化验，水质应符合相关规定。

2. 通用组装件

减压器安装应符合下列规定：应按设计或标准图组装；应安装在便于观察和检修的托架(或支座)上，安装应平整牢固；安装完成后，应根据使用压力进行调试，并应填写调试记录。

疏水器应按设计或标准图组装，安装位置应便于操作和检修。安装应平整，支架应牢固。连接管路应有坡度，当出口的排水管与凝结水干管相接时，应连接在凝结水干管的上方。

水位计安装应符合下列规定：水位计应有指示最高、最低水位的明显标志；玻璃管水位计的最低水位可见边缘应比最低安全水位低25 mm；最高可见边缘应比最高安全水位高25 mm；玻璃管水位计应设置保护装置。放水管应引至安全处。

安全阀安装应符合下列规定：

(1)安全阀在安装前，应送有检测资质的单位按设计要求进行调校。

(2)安全阀应垂直安装，并应在两个方向检查其垂直度，发现倾斜应予以校正。

(3)安全阀的开启压力和回座压力应符合设计规定值，安全阀最终调校后，在工作压力下不得泄漏。

(4)安全阀调校合格后应对安全阀调整试验进行记录，并可按相关的规定填写。

压力表安装应符合下列规定：

(1)压力表应安装在便于观察的位置，不得受高温、振动的影响。

(2)压力表宜安装缓冲管，缓冲管的内径不应小于10 mm。

(3)压力表和缓冲管之间应安装阀门，当蒸汽管道安装压力表时不得使用旋塞阀。

(4)当设计对压力表的量程无要求时，压力表量程应为工作压力的1.5～2倍。

（四）防腐和保温施工质量检查

1. 防腐

当采用涂料和玻璃纤维做加强防腐层时，应符合下列规定：

(1)底漆应涂刷均匀完整，不得有空白、凝块和流痕。

(2)玻璃纤维的厚度、密度、层数应符合设计要求，缠绕重叠部分宽度应大于布宽的1/2，压边量应为10～15 mm。当采用机械缠绕时，缠布机应稳定匀速，并应与钢管旋转转速相配合。

(3)玻璃纤维两面沾油应均匀，经刮板或挤压滚轮后，布面应无空白，且不得淌油和滴油。

(4)防腐层的厚度不得小于设计厚度。玻璃纤维与管壁黏结牢固应无空隙，缠绕应紧密且无皱褶。防腐层表面应光滑，不得有气孔、针孔和裂纹。钢管两端应留200～250 mm空白段。

埋地钢管牺牲阳极防腐应符合下列规定：

(1)安装的牺牲阳极规格、数量及埋设深度应符合设计要求。

(2)牺牲阳极填包料应注水浸润。

(3)牺牲阳极电缆焊接应牢固，焊点应进行防腐处理。

(4)对钢管的保护电位值应进行检查，且不应小于－0.85 Vcse。

2. 保温

现场保温层施工质量检验应符合下列规定：

(1)保温固定件、支承件的安装应正确、牢固，支承件不得外露，其安装间距应符合设计要求。

(2)保温层厚度应符合设计要求。

(3)保温层密度应现场取试样检查。对棉毡类保温层，密度允许偏差为0～10%，保温板、壳类密度允许偏差为0～5%；聚氨酯类保温层的密度不得小于设计要求。

(4)保温层施工允许偏差检验工具用1 m钢尺和靠尺、塞尺检查。

3. 保护层

保护层质量检验应符合下列规定：

(1)缠绕式保护层应裹紧，搭接部分应为100～150 mm，不得有松脱、翻边、皱褶和鼓包等缺陷，缠绕的起点和终点应采用镀锌钢丝或箍带捆扎结实，接缝处应进行防水处理。

(2)保护层表面应平整光洁、轮廓整齐，镀锌钢丝头不得外露，抹面层不得有酥松和裂缝。

(3)金属保护层不得有松脱、翻边、豁口、翘缝和明显的凹坑。保护层的环向接缝应与管道轴线保持垂直。纵向接缝应与管道轴线保持平行。保护层的接缝方向应与设备、管道的坡度方向一致。保护层的不圆度不得大于10 mm。

(4)保护层表面不平度允许偏差检验工具用1 m钢尺和靠尺、塞尺检查。

（五）压力试验、清洗、试运行施工质量检查

压力试验、清洗、试运行施工质量检查可结合本书“2K315020　城镇供热管网工程施

工”的相关内容进行学习，此处不再赘述。

（六）城镇供热管道施工质量验收

关于工程质量验收的划分，下面以典型例题的形式进行介绍。

典型例题

【单选题】城市热力管道工程质量验收标准分为(　　)几个等级。

A. 优秀、良好、合格、不合格

B. 优秀、合格、不合格

C. 合格、不合格

D. 合格、基本合格、不合格

C。【解析】工程质量验收分为合格和不合格。不合格项目应进行返修、返工至合格。工程质量验收可划分为分项、分部、单位工程。分部工程可按长度划分为若干个部位，当工程规模较小时，可不划分。分项工程可按下列规定划分：(1)沟槽、模板、钢筋、混凝土(垫层、基础、构筑物)、砌体结构、防水、止水带、预制构件安装、检查室、回填土等工序。(2)管道安装、焊接、无损检验、支架安装、设备及管路附件安装、除锈及防腐、水压试验、管道保温等工序。(3)热力站、中继泵站的建筑和结构部分等的质量验收应符合国家现行有关标准的规定。单位工程为具备试运行条件的工程，可以是一个或几个设计阶段的工程。

工程质量的验收应按分项、分部及单位工程三级进行，当工程不划分分部工程时，可按分项、单位工程两级进行验收。

竣工验收合格判定应符合下列要求：

(1)分项工程符合下列条件为合格：

①主控项目的合格率应达到100%。

②一般项目的合格率达到80%，且最大偏差小于允许偏差的1.5倍，可判定为合格。

(2)分部工程应所有分项为合格，则该分部工程为合格。

(3)单位工程应所有分部为合格，则该单位工程为合格。

工程竣工质量验收还应符合下列规定：

(1)工序(分项)交接检验应在施工班组自检、互检的基础上由检验人员进行工序交接检验，检验完成后应填写质量验收报告。

(2)分部检验应在工序交接检验的基础上进行，检验完成后应填写质量验收报告。

(3)单位工程检验应在分部检验或工序交接检验的基础上进行，检验完成后应填写质量验收报告。

二、城镇燃气管道施工质量检查与验收

（一）土方工程施工质量检查

回填土压实后，应分层检查密实度，并做好回填记录。沟槽各部位的密实度应符合下列要求(图2-7)：

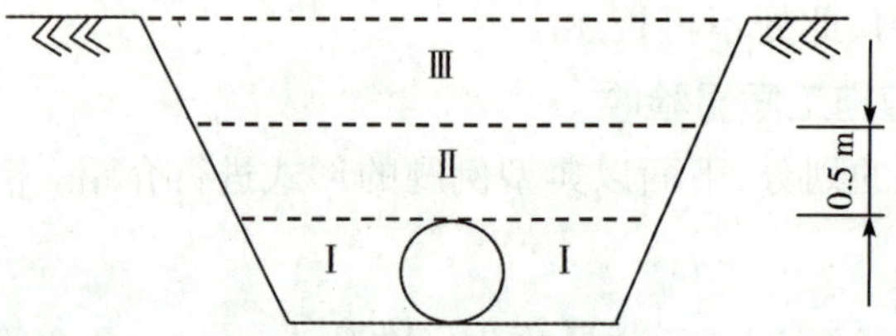

图 2-7　回填土断面图

(1)对Ⅰ,Ⅱ区部位,密实度不应小于 90%。

(2)对Ⅲ区部位,密实度应符合相应地面对密实度的要求。

(二)钢质管道及管件的防腐施工质量检查

管材及管件防腐前应逐根进行外观检查和测量,并应符合下列规定:

(1)钢管弯曲度应小于钢管长度的 0.2%,椭圆度应小于或等于钢管外径的 0.2%。

(2)焊缝表面应无裂纹、夹渣、重皮、表面气孔等缺陷。

(3)管材表面局部凹凸应小于 2 mm。

(4)管材表面应无斑疤、重皮和严重锈蚀等缺陷。

防腐前应对防腐原材料进行检查,有下列情况之一者,不得使用:

(1)无出厂质量证明文件或检验证明。

(2)出厂质量证明书的数据不全或对数据有怀疑,且未经复验或复验后不合格。

(3)无说明书、生产日期和储存有效期。

关于燃气钢管防腐层质量检验项目,下面以典型例题的形式进行介绍。

典型例题

【多选题】燃气钢管防腐层质量检验项目有(　　)。

A. 外观　　B. 厚度

C. 黏结力　　D. 漏点

E. 热稳定性

ABCD。【解析】燃气钢管防腐层质量检查项目有外观(无缺陷)、防腐层厚度(每 20 根抽查 1 根,随机选 3 个位置进行检测)、黏结力、漏点(无漏点)。

(三)埋地钢管敷设施工质量检查

1. 管道焊接

管道焊接完成后,强度试验及严密性试验之前,必须对所有焊缝进行外观检查和对焊缝内部质量进行检验,外观检查应在内部质量检验前进行。

设计文件规定焊缝系数为 1 的焊缝或设计要求进行 100% 内部质量检验的焊缝,其外观质量不得低于现行国家标准《现场设备、工业管道焊接工程施工质量验收规范》要求的Ⅱ级质量要求。

焊缝内部质量应符合下列要求:

(1)设计文件规定焊缝系数为 1 的焊缝或设计要求进行 100% 内部质量检验的焊缝,焊缝内部质量射线照相检验不得低于现行国家标准《无损检测 金属管道熔化焊环向对接接头射线照相检测方法》中的Ⅱ级质量要求，超声波探伤不得小于现行国家标准《焊缝无损检测 超声检测 技术、检测等级和评定》中的Ⅰ级质量要求。当采用100%射线照相或超声波检测方法时，还应按设计的要求进行超声波或射线照相复查。

(2)对内部质量进行抽检的焊缝，焊缝内部质量射线照相检验不得低于现行国家标准《无损检测 金属管道熔化焊环向对接接头射线照相检测方法》中的Ⅲ级质量要求；超声波检验不得低于现行国家标准《焊缝无损检测 超声检测 技术、检测等级和评定》中的Ⅱ级质量要求。

2. 法兰连接

法兰与管道组对应符合下列要求：

(1)法兰端面应与管道中心线相垂直，其偏差值可采用角尺和钢尺检查，当管道公称直径小于或等于300 mm时，允许偏差值为1 mm；当管道公称直径大于300 mm时，允许偏差值为2 mm。

(2)管道与法兰的焊接结构应符合标准的要求。

法兰应在自由状态下安装连接，并应符合下列要求：

(1)法兰连接时应保持平行，其偏差不得大于法兰外径的1.5‰，且不得大于2 mm，不得采用紧螺栓的方法消除偏斜。

(2)法兰连接应保持同一轴线，其螺孔中心偏差不宜超过孔径的5%，并应保证螺栓自由穿入。

(3)法兰垫片应符合标准，不得使用斜垫片或双层垫片。采用软垫片时，周边应整齐，垫片尺寸应与法兰密封面相符。

(4)螺栓与螺孔的直径应配套，并使用同一规格螺栓，安装方向一致，紧固螺栓应对称均匀，紧固适度，紧固后螺栓外露长度不应大于1倍螺距，且不得低于螺母。

(5)螺栓紧固后应与法兰紧贴，不得有楔缝。需要加垫片时，每个螺栓所加垫片每侧不应超过1个。

3. 焊工

从事燃气钢质管道焊接的人员必须具有锅炉压力容器压力管道特种设备操作人员资格证书，且应在证书的有效期及合格范围内从事焊接工作。间断焊接时间超过6个月，再次上岗前应重新考试合格。

4. 焊接环境

当有下列情况之一且未采取有效防护措施时，不得施焊：

(1)雨天或雪天。

(2)大气相对湿度超过90%。

(3)气体保护焊时，风速超过2 m/s；低氢焊条电弧焊时，风速超过5 m/s；纤维素焊条电弧焊时，风速超过8 m/s；药芯焊丝自保护焊时，风速超过8 m/s。

(4)环境温度低于焊接工艺规程中规定的温度。

(四)城镇燃气管道施工质量验收

工程质量验收应在施工单位自检合格的基础上,按分项、分部(子分部)、单位(子单位)工程进行。

三、柔性管道回填施工质量检查与验收

(一)柔性管道回填施工质量检查

回填土或其他回填材料运入槽内时不得损伤管道及其接口,并应符合下列规定:

(1)根据每层虚铺厚度的用量将回填材料运至槽内,且不得在影响压实的范围内堆料。

(2)管道两侧和管顶以上500 mm范围内的回填材料,应由沟槽两侧对称运入槽内,不得直接回填在管道上;回填其他部位时,应均匀运入槽内,不得集中推入。

(3)需要拌合的回填材料,应在运入槽内前拌合均匀,不得在槽内拌合。

柔性管道回填至设计高程时,应在12~24 h内测量并记录管道变形率,管道变形率应符合设计要求;设计无要求时,钢管或球墨铸铁管道变形率应不超过2%,化学建材管道变形率应不超过3%;当超过时,应采取下列处理措施:

(1)当钢管或球墨铸铁管道变形率超过2%,但不超过3%时;化学建材管道变形率超过3%,但不超过5%时;应采取下列处理措施:

①挖出回填材料至露出管径85%处,管道周围内应人工挖掘以避免损伤管壁。

②挖出管节局部有损伤时,应进行修复或更换。

③重新夯实管道底部的回填材料。

④选用适合回填材料按规定重新回填施工,直至设计高程。

⑤按规定重新检测管道变形率。

(2)钢管或球墨铸铁管道的变形率超过3%时,化学建材管道变形率超过5%时,应挖出管道,并会同设计单位研究处理。

关于管道回填土的施工要求,下面以典型例题的形式进行讲解。

典型例题

【案例题】某公司承建一项道路扩建工程,在原有道路一侧扩建,并在路口处与现况道路平接。现况道路下方有多条市政管线,新建雨水管线接入现况路下既有雨水管线。项目部进场后,编制了施工组织设计、管线施工方案、道路施工方案、交通导行方案及季节性施工方案。道路中央分隔带下布设一条*DN*1 200 mm雨水管线,管线长度800 m,采用平接口钢筋混凝土管。

【问题】写出管道两侧及管顶以上500 mm范围内回填土应注意的施工要点。

【答案】管道两侧及管顶以上500 mm范围内回填土应注意的施工要点有:(1)回填材料应由沟槽两侧对称运入槽内,不得直接回填在管道上;回填其他部位时,应均匀运入槽内,不得集中推入。(2)管道回填时间宜在一昼夜中气温最低时段,从管道两侧同

时回填，同时夯实。(3)必须采用人工回填。(4)胸腔夯实应采用轻型压实机具，管道两侧压实面的高差不应超过 300 mm。(5)压实时，管道两侧应对称进行，且不得使管道位移或损伤。

【解析】本题考查管道回填土的施工要求。管道两侧和管顶以上 500 mm 范围内的回填材料，应由沟槽两侧对称运入槽内，不得直接回填在管道上；回填其他部位时，应均匀运入槽内，不得集中推入。管道回填时间宜在一昼夜中气温最低时段，从管道两侧同时回填，同时夯实。沟槽回填从管底基础部位开始到管顶以上 500 mm 范围内，必须采用人工回填；管顶 500 mm 以上部位，可用机械从管道轴线两侧同时夯实；每层回填高度应不大于 200 mm。管道两侧和管顶以上 500 mm 范围内胸腔夯实，应采用轻型压实机具，管道两侧压实面的高差不应超过 300 mm。管道基础为土弧基础时，应填实管道支撑角范围内腋角部位；压实时，管道两侧应对称进行，且不得使管道位移或损伤。采用轻型压实设备时，应夯夯相连；采用压路机时，碾压的重叠宽度不得小于 200 mm。

(二)柔性管道回填施工质量验收

1. 主控项目

回填材料符合设计要求。沟槽不得带水回填，回填应密实。

柔性管道的变形率不得超过设计要求或上述的规定，管壁不得出现纵向隆起、环向扁平和其他变形情况。检查数量：试验段(或初始 50 m)不少于 3 处，每 100 m 正常作业段(取起点、中间点、终点近处各一点)，每处平行测量 3 个断面，取其平均值。

回填土压实度应符合设计要求，设计无要求时，应符合规范的规定。

2. 一般项目

回填应达到设计高程，表面应平整。

回填时管道及附属构筑物无损伤、沉降、位移。

链接

柔性管道变形率的检查方法：(1)观察方便时用钢尺直接量测。(2)观察不方便时用圆度测试板或芯轴仪在管内拖拉量测管道变形率。

2K320140 市政公用工程施工安全管理

一、施工安全风险(危险源)识别与预防措施

(一)概述

市政公用工程在施工过程中具有产品固定、人员流动，露天高处作业多，手工操作体力劳动繁重，施工变化大，规则性差，不安全因素随工程进度变化而变化等特点。因此，在施工过程中，应随着施工进度的推进，及时调整安全防护设施，方能保证市政公用工程施工的安全。

根据《企业职工伤亡事故分类》,职业伤害事故分成20类:物体打击;车辆伤害;机械伤害;起重伤害;触电;淹溺;灼烫;火灾;高处坠落;坍塌;冒顶片帮;透水;放炮;火药爆炸;瓦斯爆炸;锅炉爆炸;容器爆炸;其他爆炸;中毒和窒息;其他伤害。其中,市政公用工程施工过程中的主要事故类型包括高处坠落、物体打击、触电、机械伤害、坍塌中毒和窒息、火灾等,主要事故类型及其危险源见表2-10。

表2-10　市政公用工程施工过程中的主要事故类型及其危险源

事故类型	危险源
高处坠落	作业人员可能从临边、洞口、电梯井口、楼梯口、预留洞口、脚手架处坠落;安装、拆除龙门架(井字架)、物料提升机和塔吊过程中坠落;在安装、拆除模板时坠落;在吊装结构和设备时坠落
物体打击	作业人员受到同一垂直作业面的交叉作业中和通道口处坠落物体的打击
触电	对经过或靠近施工现场的外电线路没有或缺少防护,作业人员在搭设钢管架、绑扎钢筋或起重吊装过程中,碰触这些线路,造成触电;使用各类电器设备触电;因电线破皮、老化等原因触电
机械伤害	主要是垂直运输设备、吊装设备、各类桩机和场内驾驶(操作)机械对人的伤害
坍塌	现浇混凝土梁、板的模板支撑失稳倒塌;基坑沟槽边坡失稳引起土石方坍塌;施工现场的围墙及挡墙质量低劣坍落;暗挖施工掌子面和地面坍塌;拆除工程中的坍塌

(二)危险源识别

施工现场生产的危险源一般可分为第一类危险源和第二类危险源。能量和危险物质的意外释放是伤亡事故发生的物理本质,这些可能释放的能量和危险物质属于第一类危险源。生产过程中的能量或危险物质受到约束或限制,不会发生事故。一旦约束或限制受到破坏或失效,就将发生事故。这些导致事故的因素属于第二类危险源。

施工过程中,危险和有害因素大致分为物的因素、人的因素、管理因素、环境因素四类,见表2-11。

表2-11　危险和有害因素类型

危险和有害因素类型	特征
物的因素	机械设备、装置、元件自身存在的性能不可靠
人的因素	人在劳动过程中存在的误操作、违反规定操作
管理因素	管理制度本身存在缺陷
环境因素	施工作业环境中的温度、湿度、噪声、振动、照明或通风等不符合安全生产条件

危险源识别应根据工程特点明确给出危险源存在的部位、根源、状态和特性。

项目部应根据工程的类型、特点、规模,结合自身管理水平,在充分了解现场危险源分布的情况下,识别各个施工阶段、部位和场所需要控制的危险源,列出清单。

在危险源识别过程中,应清楚危险源伤害的方式和途径,确认危险源伤害的范围,特别应关注重大危险源,对危险源保持高度警惕,持续进行动态识别。识别施工现场危险源常用的方法有人的可靠性分析(HRA)、预计危险分析(PHA)、安全检查表、危险与可操作性研究(HAZOP)、事件树分析(ETA)、故障树分析(FTA)、故障类型及影响分析(FMEA)等。

专家解读

危险源识别应覆盖与施工相关的所有场所、环境、材料、设备、设施、方法、施工过程中的危险源。

典型例题

【单选题】安全风险识别方法不包括( )。

A. 故障类别及影响分析　　B. 预计危险分析

C. 事故树分析　　D. 突发性事故模拟

D。【解析】识别安全风险(危险源)常用的方法有人的可靠性分析(HRA)、预计危险分析(PHA)、安全检查表、危险与可操作性研究(HAZOP)、事件树分析(ETA)、故障树分析(FTA)、故障类型及影响分析(FMEA)等。

(三)危险源评价

危险源评价的关键是围绕可能性和后果两方面来确定,估计其潜在伤害的严重程度和发生的可能性,然后进行分级。评价方法主要有定性分析法和定量分析法。其中,定性分析法主要是根据估算的伤害的可能性和严重程度进行风险分级。根据危险源发生的可能性和风险带来的后果,一般可将危险源划分为五个等级。

(四)危险源的预防措施

针对危险源评价中确定的重大危险源,项目部应针对危险源安排编制安全生产管理计划、专项施工方案以及应急预案等,具体可按下列要点执行:

(1)针对一般的危险源,编制施工组织设计和施工方案,制定相应的安全技术措施,制定出具体的安全技术、安全防护措施、临时用电方案和作业安全注意事项等。

(2)针对危险性较大的分部分项工程(如基坑工程、降水、模板与支撑体系、脚手架、起重吊装、拆除与爆破等),必须编制专项施工方案,制定详细的安全技术和安全管理措施。对于超过一定规模的危险性较大的分部分项工程,还应对专项施工方案进行专家论证。

(3)对于采用新结构、新材料、新工艺的建筑施工和特殊结构的建筑施工,相关单位的设计文件中应提出保障施工作业人员安全和预防生产安全事故的安全技术措施;制订和实施施工方案时,应有专项施工安全技术分析报告。

二、施工项目安全生产管理内容

(一)安全管理目标

施工企业应依据企业的总体发展规划,制订企业年度及中长期安全管理目标。安全管理目标应包括生产安全事故控制指标、安全生产及文明施工管理目标。安全管理目标应分解到各管理层及相关职能部门和岗位，并应定期进行考核。施工企业各管理层及相关职能部门和岗位应根据分解的安全管理目标，配置相应的资源，并应有效管理。

安全管理目标应易于考核，制订时应综合考虑以下因素：

(1)政府部门的相关要求。

(2)企业的安全生产管理现状。

(3)企业的生产经营规模及特点。

(4)企业的技术、工艺、设施和设备。

(二)安全生产管理计划

项目管理机构应根据合同的有关要求，确定项目安全生产管理范围和对象，制定项目安全生产管理计划，在实施中根据实际情况进行补充和调整。

项目安全生产管理计划应满足事故预防的管理要求，并应符合下列规定：

(1)针对项目危险源和不利环境因素进行辨识与评估的结果，确定对策和控制方案。

(2)对危险性较大的分部分项工程编制专项施工方案。

(3)对分包人的项目安全生产管理、教育和培训提出要求。

(4)对项目安全生产交底、有关分包人制定的项目安全生产方案进行控制的措施。

(5)应急准备与救援预案。

项目安全生产管理计划应按规定审核、批准后实施。

项目管理机构应开展有关职业健康和安全生产方法的前瞻性分析，选用适宜可靠的安全技术，采取安全文明的生产方式。

项目管理机构应明确相关过程的安全管理接口，进行勘察、设计、采购、施工、试运行过程安全生产的集成管理。

(三)安全生产责任制及安全生产责任体系

1.安全生产责任制

工程项目安全生产责任制应符合下列要求：

(1)工程项目部应建立以项目经理为第一责任人的各级管理人员安全生产责任制。

(2)安全生产责任制应经责任人签字确认。

(3)工程项目部应有各工种安全技术操作规程。

(4)工程项目部应按规定配备专职安全员。

(5)对实行经济承包的工程项目，承包合同中应有安全生产考核指标。

(6)工程项目部应制定安全生产资金保障制度。

(7)按安全生产资金保障制度，应编制安全资金使用计划，并应按计划实施。

(8)工程项目部应制定以伤亡事故控制、现场安全达标、文明施工为主要内容的安全生产管理目标。

(9)按安全生产管理目标和项目管理人员的安全生产责任制，应进行安全生产责任目标分解。

(10)应建立对安全生产责任制和责任目标的考核制度。

(11)按考核制度,应对项目管理人员定期进行考核。

链接

各级管理人员安全生产责任见下表。

安全管理人员	主要职责
项目负责人	安全生产第一责任人,对项目生产安全负全面领导责任
项目生产安全负责人	对项目的安全生产负直接领导责任
项目技术负责人	对项目的安全生产负技术责任
专职安全员	负责安全生产,对现场安全生产进行监督检查
班组长	本班组安全生产第一责任人
工长	所管辖区域范围内安全生产第一责任人

2. 安全生产责任体系

企业主要负责人应领导企业安全管理工作,组织制订企业中长期安全管理目标和制度,审议、决策重大安全事项。

各管理层主要负责人应明确并组织落实本管理层各职能部门和岗位的安全生产职责,实现本管理层的安全管理目标。

各职能部门(或岗位)应负责实施分管业务范围内相关的安全管理活动,并配合其他职能部门(或岗位)安全管理活动的实施,其主要安全职责分别为:

(1)技术管理部门(或岗位)负责安全生产的技术保障和改进。

(2)施工管理部门(或岗位)负责生产计划、布置、实施的安全管理。

(3)材料管理部门(或岗位)负责物资和劳动防护用品的安全管理。

(4)动力设备管理部门(或岗位)负责临时用电及机具设备的安全管理。

(5)专职安全生产管理机构(或岗位)负责安全管理的检查、处理。

(6)其他管理部门(或岗位)分别负责人员配备、资金、教育培训、卫生防疫、消防等安全管理。

(四)安全生产管理制度

施工企业应依据法律法规,结合企业的安全管理目标、生产经营规模、管理体制建立安全生产管理制度。

施工企业安全生产管理制度应包括安全生产教育培训,安全费用管理,施工设施、设备及劳动防护用品的安全管理,安全生产技术管理,分包(供)方安全生产管理,施工现场安全管理,应急救援管理,生产安全事故管理,安全检查和改进,安全考核和奖惩等制度。

施工企业安全生产管理制度,应随有关法律法规以及企业生产经营、管理体制的变化,适时更新、修订完善。

施工企业各项安全生产管理活动必须依据企业安全生产管理制度开展。

（五）安全生产管理评价

项目部应按相关规定实施项目安全生产管理评价，评估项目安全生产能力满足规定要求的程度。

安全生产管理宜由组织的主管部门或其授权部门进行检查与评价。评价的程序、方法、标准、评价人员应执行相关规定。

项目管理机构应按规定实施项目安全管理标准化工作，开展安全文明工地建设活动。

（六）安全生产教育培训

工程项目部应建立安全生产教育培训制度。施工管理人员、专职安全员每年度应进行安全教育培训和考核。

安全教育与培训主要包括以下内容：

(1)各类安全生产管理人员的安全教育培训和继续教育培训。

(2)新入场员工的三级安全教育培训。

(3)特种作业人员的安全继续教育培训。

(4)“四新”技术的安全教育培训。

(5)新冠疫情防控常态化下的专项疾病防控教育培训。

(6)其他日常进行的季节性教育培训、经常性教育培训。

（七）施工现场安全生产管理

施工现场的安全生产管理应符合下列要求：

(1)应落实各项安全管理制度和操作规程，确定各级安全生产责任人。

(2)各级管理人员和施工人员应进行相应的安全教育，依法取得必要的岗位资格证书。

(3)各施工过程应配置齐全劳动防护设施和设备，确保施工场所安全。

(4)作业活动严禁使用国家及地方政府明令淘汰的技术、工艺、设备、设施和材料。

(5)作业场所应设置消防通道、消防水源，配备消防设施和灭火器材，并在现场入口处设置明显标志。

(6)作业现场场容、场貌、环境和生活设施应满足安全文明达标要求。

(7)食堂应取得卫生许可证，并应定期检查食品卫生，预防食物中毒。

(8)项目管理团队应确保各类人员的职业健康需求，防治可能产生的职业和心理疾病。

(9)应落实减轻劳动强度、改善作业条件的施工措施。

（八）安全生产应急响应与事故处理

生产经营单位应当根据有关法律、法规、规章和相关标准，结合本单位组织管理体系、生产规模和可能发生的事故特点，与相关预案保持衔接，确立本单位的应急预案体系，编制相应的应急预案，并体现自救互救和先期处置等特点。生产经营单位应急预案分为综合应急预案、专项应急预案和现场处置方案。

项目管理机构应对应急预案进行专项演练，对其有效性和可操作性实施评价并修改完善。

发生安全生产事故时,项目管理机构应启动应急准备与响应预案,采取措施进行抢险救援,防止发生二次伤害。

项目管理机构在事故应急响应的同时,应按规定上报上级和地方主管部门,及时成立事故调查组对事故进行分析,查清事故发生原因和责任,进行全员安全教育,采取必要措施防止事故再次发生。

组织应在事故调查分析完成后进行安全生产事故的责任追究。

(九)安全技术管理

施工过程中,各分部分项工程、各工序应按相应专业技术标准进行安全技术控制;对关键环节、特殊环节、采用新技术或新工艺的环节,应提高一个危险等级进行安全技术控制。

施工负责人在分派生产任务时,应对相关管理人员、施工作业人员进行书面安全技术交底;安全技术交底应按施工工序、施工部位、施工栋号分部分项进行;安全技术交底应结合施工作业场所状况、特点、工序,对危险因素、施工方案、规范标准、操作规程和应急措施进行交底;安全技术交底应由交底人、被交底人、专职安全员进行签字确认。

(十)施工组织设计及专项施工方案

工程项目部在施工前应编制施工组织设计,施工组织设计应针对工程特点、施工工艺制定安全技术措施。危险性较大的分部分项工程应按规定编制安全专项施工方案,专项施工方案应有针对性,并按有关规定进行设计计算。超过一定规模危险性较大的分部分项工程,施工单位应组织专家对专项施工方案进行论证。

施工组织设计、专项施工方案,应由有关部门审核,施工单位技术负责人、监理单位项目总监批准。工程项目部应按施工组织设计、专项施工方案组织实施。

(十一)分包方安全生产管理

分包方安全生产管理应包括分包单位以及供应商的选择、施工过程管理、评价等工作内容。施工企业应依据安全生产管理责任和目标,明确对分包(供)单位和人员的选择和清退标准、合同约定和履约控制等的管理要求。

施工企业对分包单位的安全生产管理应符合下列要求:

(1)选择合法的分包(供)单位。

(2)与分包(供)单位签订安全协议,明确安全责任和义务。

(3)对分包单位施工过程的安全生产实施检查和考核。

(4)及时清退不符合安全生产要求的分包(供)单位。

(5)分包工程竣工后对分包(供)单位安全生产能力进行评价。

施工企业对分包(供)单位检查和考核,应包括下列内容:分包单位安全生产管理机构的设置、人员配备及资格情况;分包(供)单位违约、违章情况;分包单位安全生产绩效。

(十二)安全检查和改进

安全检查是指企业安全生产管理部门和项目部对贯彻国家安全生产法律法规情况、安全生产情况、劳动条件、事故隐患等所进行的检查,是安全控制工作的重要内容。

企业、项目部必须建立完善的安全检查制度。项目安全检查应由项目负责人组织，专职安全员和相关专业人员参加，定期进行并填写检查记录。

施工企业安全检查的形式应包括各管理层的自查、互查以及对下级管理层的抽查等；安全检查的类型应包括日常巡查、专项检查、季节性检查、定期检查、不定期抽查等，并应符合下列要求：

(1)工程项目部每天应结合施工动态，实行安全巡查。

(2)总承包工程项目部应组织各分包单位每周进行安全检查。

(3)施工企业每月应对工程项目施工现场安全生产情况至少进行一次检查，并应针对检查中发现的倾向性问题、安全生产状况较差的工程项目，组织专项检查。

(4)施工企业应针对承建工程所在地区的气候与环境特点，组织季节性的安全检查。

施工企业安全检查应配备必要的检查、测试器具，对存在的问题和隐患，应定人、定时间、定措施组织整改，并应跟踪复查直至整改完毕。施工企业对安全检查中发现的问题，宜按隐患类别分类记录，定期统计，并应分析确定多发和重大隐患类别，制订实施治理措施。施工企业应定期对安全生产管理的适宜性、符合性和有效性进行评估，应确定改进措施，并对其有效性进行跟踪验证和评价。

关于施工项目部安全检查，下面以典型例题的形式进行介绍。

典型例题

【单选题】每年六月份由项目负责人组织实施的安全检查属于(　　)。

A. 综合安全检查　　B. 安全巡视检查

C. 季节性安全检查　　D. 特定条件下安全检查

D。【解析】施工项目部安全检查包括专项安全检查、综合安全检查、季节性安全检查、特定条件下的安全检查、事故隐患排查及安全巡查等。其中，特定条件下的安全检查，由项目负责人组织实施。该检查具有较明显的形势要求，即随国家、地方及企业各上级主管部门的具体要求进行，如每年六月份“全国安全月”等。

(十三)安全考核和奖惩

施工企业安全考核和奖惩管理应包括确定对象、制订内容及标准、实施奖惩等内容。安全考核的对象应包括施工企业各管理层的主要负责人、相关职能部门及岗位和工程项目的参建人员。

企业各管理层的主要负责人应组织对本管理层各职能部门、下级管理层的安全生产责任进行考核和奖惩。

安全考核应包括下列内容：安全目标实现程度；安全职责履行情况；安全行为；安全业绩。

施工企业应针对生产经营规模和管理状况，明确安全考核的周期，并应及时兑现奖惩。

(十四)人员的配备

项目经理部应按规定配备专职安全生产管理人员。

建筑工程、装修工程按建筑面积配备专职安全员：

(1)1 万 m^2 以下的工程不少于 1 人。

(2)1 万 m^2 ~5 万 m^2 的工程不少于 2 人。

(3)5 万 m^2 及以上的工程不少于 3 人，且按专业配备专职安全生产管理人员。

土木工程、线路管道、设备安装工程按工程合同价配备专职安全员：

(1)5 000 万元以下的工程不少于 1 人。

(2)5 000 万元 ~1 亿元的工程不少于 2 人。

(3)1 亿元及以上的工程不少于 3 人，且按专业配备专职安全生产管理人员。

2K320150　明挖基坑与隧道施工安全事故预防

城市轨道交通工程基坑、隧道属于危大工程，必须严格执行《危险性较大的分部分项工程安全管理规定》及相关要求。防范基坑、隧道施工坍塌是确保施工过程安全的主要内容。

一、明挖基坑施工安全事故预防

（一）管理行为

建设单位牵头构建勘察、设计、施工、监理、监测、检测等参建单位共同参与、各负其责的基坑、隧道防坍塌管理体系，明确参建各方管理责任，督促落实防坍塌措施，加强各阶段组织衔接与工作协调，加强对参建各方的履约管理。

施工单位负责施工阶段的坍塌风险辨识、分析评价和动态管控，排查治理坍塌隐患，建立应急制度，完善应急措施。施工单位应配备相关专业人员，对施工过程中的地质风险进行日常巡查，评估现场风险状况，及时采取处置措施。施工单位应严格按照设计文件、施工方案及相关技术标准进行施工，深入辨识工程自身、不良地质、周边环境和自然灾害等可能造成的坍塌风险，明确风险等级和管控措施，形成风险分析报告并进行专家评审。

开工前应详细核查施工区域周边地下管线情况，做好废弃管线排查并与管线产权单位会签确认。施工过程中应随时检查地下管线渗漏水情况，发现地面出现沉降、开裂、渗涌水等情况应及时启动应急预案并协调会商相关部门妥善处理。

（二）施工阶段基坑坍塌预防措施

基坑开挖前应组织开展关键节点施工前安全条件核查，包括钻孔、成槽等动土作业和土方开挖施工，重点核查可能出现渗漏的围护体系施工质量。未经安全条件核查或条件核查不合格的，不得开挖施作。

土方开挖时严格遵循自上而下分层分段进行，严格控制开挖与支撑之间的时间、空间间隔，严禁超挖；软弱地层支撑应采用钢筋砼支撑等加强措施；应先撑后挖，采用换撑方案时应先撑后拆；支撑不到位严禁开挖土体；严格换撑、拆撑验收，严禁支撑架设滞后、违规换撑、拆撑。

基坑内土坡坡度和支护方法应符合施工方案规定，基坑开挖分层分段时，应做好超前降水、排水，确保坑内土体安全坡度，基坑分段分期开挖时，必须保证临时隔离结构及支护的工程质量。对周边环境要求严格的地区，可采用伺服式钢支撑。

钢支撑架设必须设置防坠落装置；钢支撑架设时严格按规范要求分级施加预应力，做好钢支撑预应力锁定，钢支撑出现应力损失应及时查明原因并进行应力补偿。

基坑分段开挖长度应符合施工方案要求。基坑开挖见底后尽早施作底板结构，确保基底及时封闭，严禁长距离、长时间暴露。

严格控制基坑边堆载，不得超过设计文件和施工方案规定允许值；加强设备、车辆管理，车辆通行尽量远离基坑，严禁重型机械在基坑边长时间停放；应对基坑两侧的不对称荷载进行专项风险分析。

基坑(槽)开挖后应及时进行地下结构和安装工程施工，基坑(槽)开挖或回填应连续进行。施工过程中应随时检查坑(槽)壁稳定情况。

应防止地表水流入基坑(槽)内造成边坡塌方或土体破坏，基坑施工时应做好坑内和地表排水组织，调查基坑周边的管网渗漏情况，避免地表水流入基坑或给排水管网渗漏、爆管。场地周围出现地表水汇流、排泄或地下水管渗漏时，应组织排水，对基坑采取保护措施。

采用爆破施工时，应编制专项方案，防止爆破震动影响边坡及周边建(构)筑物稳定，并符合当地管理部门要求。

基坑工程应按照设计文件规定进行支撑轴力、围护结构变形、地下水位、地面沉降等监控量测，监控量测数据超过预警值应科学分析并及时处置，超过控制值时应分析查明原因并制定有效处置措施，未采取处置措施前，严禁组织后续施工。

链接

基坑施工必须有可靠的地下水控制方案，临河道、湖泊基坑应做好防汛措施，应在确保地下水得到有效控制的前提下开挖。

二、喷锚暗挖（矿山）法隧道施工安全事故预防措施

施工单位应按设计和施工方案要求进行降(止)水施工，确保矿山法隧道施工的安全作业条件。掌子面出现线状或股状的明流水，施工单位应查明水的来源，组织相关方会商，采取引排水、注浆止水等措施；应采取降(止)水的矿山法隧道工程，未按降(止)水设计图纸和降(止)水方案实施的，严禁开挖施工。

严格控制超前注浆量，超前支护效果达到安全作业条件时方可进行土方开挖。回填土、砂层等松散地层超前支护加固效果不能满足开挖安全需要的，或开挖后出现流砂、土体坍塌等现象，隐患未处理完成的，严禁继续开挖施工。注浆人员应经专业培训考核合格后上岗；加强格栅及丝头加工质量控制；格栅安装时，节点板及连接筋连接不满足要求应采用帮条焊补强。

矿山法隧道开挖进尺应严格执行相关规范、标准、规定及设计要求，严禁超挖，严禁仰

挖,严禁以土柱代替格栅支护。

矿山法隧道(非爆破)掌子面应安装视频监控设备,全面记录掌子面围岩情况、地下水控制、超前支护、土方开挖、格栅钢架安装及喷射混凝土等施工全过程。

矿山法隧道格栅钢架、型钢及连接节点应逐榀进行隐蔽工程验收,并留存照片等影像资料。

矿山法隧道贯通、初期支护封闭成环后,结合监控量测资料拆除临时支撑,尽快施作二次衬砌,发挥二次衬砌承载力。

施工单位应严格按照设计图纸和方案开展监测工作。监测数据出现预警时,及时按方案要求及规定程序启动响应处置。未按设计和方案开展监测工作的,严禁开挖施工。

矿山法施工作业前,应确保主要人员、机械设备、物资到位,保持掌子面连续作业;机械设备(包括:注浆设备、喷射混凝土设备)能够保障超前支护注浆效果,开挖后及时喷射混凝土;开挖前,钢格栅(或型钢构件)、喷射混凝土所用的材料等物资准备齐全。分部施工的,格栅架设完成后应及时喷射混凝土;暂停开挖施工的应按要求及时封闭掌子面。

采用冻结法施工的通道,土方开挖前(积极冻结期结束)及停止冻结前应进行条件验收。

加强矿山法隧道施工期间上部道路管理,有条件时采取铺设钢板、车辆限重、限速等措施,确保隧道施工安全。

应对初期支护与围岩之间空隙进行检测,避免围岩松动,造成地表沉降等破坏。应对中隔壁及仰拱施工质量、垂直度进行验收,避免初支破坏。

开挖阶段隧道内应配置应急抢险物资(工字钢、小导管、加气块、钢筋网片等),根据工程进度就近放置。

三、开挖过程中地下管线的安全保护措施

施工单位编制管线防护措施时,可以邀请管线权属单位和有关部门参与。管线防护措施必须经建设单位驻工地代表、项目经理、技术负责人和总监理工程师共同签字认可。施工前项目部的技术负责人应组织相关岗位人员依据风险控制措施要求,组织对专业分包单位、施工作业班组安全技术交底并形成双方签字的交底记录。

在施工过程中,应分析地下管线的安全状态,针对中度、高度危险因素应制定安全技术措施;对于重要的地下管线,还应进行基坑开挖工况影响的分析,从而采取合理的基坑开挖方法,保证管线的安全。

在施工过程中,若地下管线处于基坑开挖影响范围内,施工单位应与建设单位、管理单位和规划单位协商确定地下管线的拆迁、改移和悬吊加固措施,并设专人检查地下管线、维护加固措施。

施工单位在施工中如果发现管线资料有未标注或标注与实际不符的管线,应当立即停止施工,即时向建设单位和工程监理单位报告,并要求补充相关资料。监理单位应当认真审查施工单位管线防护措施,在相关施工时进行重点检查,并做好检查记录。监理单位在实施监理过程中,发现存在危及基础设施管线的事故隐患时,应当要求施工单位整改;情况严重

的,应当要求施工单位暂时停止施工,并及时报告建设单位。

施工单位未收到建设单位提供的管线资料但在交接手续上盖章签字的,管线损坏事故主要责任由施工单位承担。

(1)隧道施工过程中,一般采取先开挖后支护的方式进行,在岩体稳定的条件下,支护与开挖面的距离不宜超过 5 m;若在不稳定岩体的条件下施工,应在开挖后立即进行支护。

(2)施工过程中应根据地质条件、开挖方式、进度要求、施工机械等情况,采取超前小导管或管棚支护等方式,维持隧道的稳定。

(3)初期支护时,钢架之间应采用纵向钢筋连成整体,连接钢筋直径、间距应符合设计要求;初期支护应按设计要求及时封闭成环;支护结构变形、损坏应及时进行处理;初期支护应及时进行背后回填注浆;喷射混凝土外观应完好,不应有裂缝、脱落或钢筋、锚杆外露现象。

(4)二次衬砌的施工应在初期支护变形稳定后进行。二次衬砌施工时,侧墙和拱部的混凝土浇筑应先自两端拱脚开始,对称进行。

专家解读

由以上内容可知,基坑(槽)开挖过程中地下管线的安全保护措施主要有调查工程地质条件和现况管线、编制施工保护方案、对现况管线进行改移和保护、编制应急预案、组织抢险。

2K320160　城市桥梁工程施工安全事故预防

一、桩基础施工安全措施

桩基础施工前,现场应根据所掌握的管线资料,做好管线标识、拆迁、改移或保护工作。

(一)沉入桩施工安全措施

沉桩前应对预制桩进行检查,确认合格。沉桩施工应根据现场环境状况采取防噪声措施。在城区、居民区等人员密集的场所不得进行沉桩施工。对地质复杂的大桥、特大桥,为检验桩的承载能力和确定沉桩工艺应进行试桩。

吊装作业必须由信号工指挥,桩的吊点位置应符合设计或施工组织设计规定,钢桩吊装应由具有吊装施工经验的施工技术人员主持。

预制桩的起吊强度应符合设计要求;当设计无规定时,预制桩达设计强度的 75% 方可起吊,起吊应平稳,不得损坏桩身混凝土。预制桩强度达到设计强度的 100% 方可运输,运输时桩身应平置。

沉桩作业应由具有经验的技术工人指挥。锤击沉桩时,混凝土预制桩达到设计强度后方可沉桩;沉型钢桩时,应采取防止桩横向失稳的措施;振动沉桩时,每根桩的沉桩作业,应一次完成,中途不宜停顿过久;射水沉桩时,应根据土层情况,选择高压泵压力和排水量。

提示

此部分知识可结合“2K312020 城市桥梁下部结构施工”的相关内容进行学习。

(二)钻孔灌注桩施工安全措施

1. 钻孔施工准备

钻孔场地应符合下列要求:

(1)在旱地上,应清除杂物,平整场地;遇软土应进行处理。

(2)在浅水中,宜用筑岛法施工。

(3)在深水中,宜搭设平台。如水流平稳,钻机可设在船上,船必须锚固稳定。

钻孔前应埋设护筒。护筒可用钢或混凝土制作,应坚实、不漏水。

2. 钻孔施工

钻孔时,孔内水位宜高出护筒底脚0.5 m以上或地下水位以上1.5~2 m。

钻孔时,起落钻头速度应均匀,不得过猛或骤然变速。孔内出土,不得堆积在钻孔周围。

钻孔应一次成孔,不得中途停顿。钻孔达到设计深度后,应对孔位、孔径、孔深和孔形等进行检查。

钻孔场地不得设在高压线下,施工现场附近有电力架空线路时,应由专人监护。

钻孔过程中应及时检查钻渣,核实地质条件,发现与现有资料不匹配时,应及时采取安全技术措施。

因故停止钻进时,钻具应当提升至孔外地面,孔口采取相应的防护措施。钻机周围人员应在安全区域内。

3. 清孔

钻孔至设计标高后,应对孔径、孔深进行检查,确认合格后即进行清孔。清孔时,必须保持孔内水头,防止坍孔;清孔后应对泥浆试样进行性能指标试验;清孔后的沉渣厚度应符合设计要求。

4. 吊装钢筋笼

关于钻孔灌注桩时的钢筋笼的制作与安装,下面以典型例题的形式进行介绍。

典型例题

【单选题】加工成型的基桩钢筋笼水平码放层数不宜超过(　　)层。

A. 3　　B. 4

C. 5　　D. 6

A。【解析】加工成型的基桩钢筋笼水平码放层数不宜超过3层,码放高度不得超过2 m。钻孔灌注桩施工场地应平整坚实能满足钻机工作的要求,并应满足下列条件:(1)在旱地上,应清除杂物,平整场地;遇软土应进行处理。(2)在浅水中,宜用筑岛法施工。(3)在深水中,宜搭设平台。如水流平稳,钻机可设在船上,船必须锚固稳定。

5. 灌注水下混凝土

灌注水下混凝土之前，应再次检查孔内泥浆性能指标和孔底沉渣厚度，如超过规定，应进行第二次清孔，符合要求后方可灌注水下混凝土。

灌注水下混凝土作业必须由作业组长指挥，用于灌注水下混凝土的导管应采用起重机进行吊装。

灌注过程中，作业组长应注意观测现场情况，正确指挥导管的提升和拆除。

浇筑水下混凝土的导管内壁应光滑圆顺，不得漏水，使用前应试拼、试压，试压的压力宜为孔底静水压力的1.5倍；导管轴线偏差不宜超过孔深的0.5%，且不宜大于10 cm。

提示

为施工安全，存在下列条件之一的区域不得使用人工挖孔：(1)地下水丰富、软弱土层、流沙等不良地质条件的区域。(2)孔内空气污染物超标准。(3)机械成孔设备可以到达的区域。

二、模板、支架和拱架施工安全措施

(一)模板、支架和拱架设计

模板、支架和拱架应结构简单、制造与装拆方便，应具有足够的承载能力、刚度和稳定性，并应根据工程结构形式、设计跨径、荷载、地基类别、施工方法、施工设备和材料供应等条件及有关标准进行施工设计。

脚手架搭设和拆除作业以前，应根据工程特点编制脚手架专项施工方案，并应经审批后实施。脚手架专项施工方案应包括下列主要内容：工程概况和编制依据；脚手架类型选择；所用材料、构配件类型及规格；结构与构造设计施工图；结构设计计算书；搭设、拆除施工计划；搭设、拆除技术要求；质量控制措施；安全控制措施；应急预案。

(二)模板、支架和拱架的制作与安装

安设支架、拱架过程中，应随安装随架设临时支撑。采用多层支架时，支架的横垫板应水平，立柱应铅直，上下层立柱应在同一中心线上。施工脚手架禁止采用竹(木)材料搭设。

安装模板应符合下列规定：

(1)支架、拱架安装完毕，经检验合格后方可安装模板。

(2)安装模板应与钢筋工序配合进行，妨碍绑扎钢筋的模板，应待钢筋工序结束后再安装。

(3)安装墩、台模板时，其底部应与基础预埋件连接牢固，上部应采用拉杆固定。

(4)模板在安装过程中，必须设置防倾覆设施。

支架、脚手架必须设置斜道、安全梯等攀登设施；攀登设施应坚固，并与支架、脚手架连接牢固。支架、模板、脚手架支搭完成后，必须进行质量检查，经验收合格，并形成文件后，方可交付使用。支架、模板、脚手架使用期间，应经常检查、维护，保持完好状态。

（三）模板、支架和拱架的拆除

模板、支架和拱架严禁使用机械牵引、推倒的方法拆除。拆除前，应先清理施工现场，划定作业区。拆除时应设专人值守，非作业人员禁止入内。拆除模板、支架和拱架时，必须确保未拆除部分的稳定，必要时应对未拆部分采取临时加固、支撑措施，确认安全后，方可拆除。模板、支架和拱架拆除应按设计要求的程序和措施进行，遵循“先支后拆、后支先拆”的原则。拆除模板、支架和拱架时不得猛烈敲打、强拉和抛扔。模板、支架和拱架拆除后，应维护整理，分类妥善存放。

三、箱涵顶进施工安全措施

（一）施工前安全措施

箱涵顶进宜避开雨期施工，如需跨雨期施工，必须编制专项防洪排水方案。顶进箱涵施工前，应调查下列内容：

（1）调查现况铁道、道路路基填筑、路基中地下管线等情况及所属单位对施工的要求。

（2）穿越铁路、道路运行及设施状况。

（3）施工现场现况道路的交通状况，施工期间交通疏导方案的可行性。

箱涵顶进施工前，应按施工方案要求完成后背施工和线路加固；工作坑内无关人员及其他设备、设施应撤出现场。

（二）施工时安全防护措施

箱涵在穿越铁路、桥涵和管线等结构时可采取以下安全防护措施：

（1）铁路路基下顶进箱涵时，为确保行车与施工安全，必须进行铁道线路加固，并限制行车速度。在铁路路基下吃土顶进，不宜对箱涵做较大的轴线、高程调整动作。

（2）小型箱涵可用调轨梁、轨束梁加固线路。

（3）孔径较大的箱涵可用横梁加盖、纵横梁加固、工字轨束梁体及钢板脱壳法，同时应严加控制车速。

（4）在土质差、承载力低、土壤含量水分高、铁路行车繁忙、不允许限速太多的情况下，可采用低高度施工便梁的方法。

（5）箱涵穿越管线时可采用暴露管线和加强施工监测的保护方法。在顶进过程中，应对原线路加固系统、箱体各部位、顶力系统和后背进行测量监控，应重点监测底板、顶板、中边墙、中继间牛腿或剪力铰和顶板前、后悬臂板。测量监控方案应纳入施工组织设计或施工技术方案中。

（6）应根据计算的最大顶力确定顶进设备，高压油泵及其控制阀等工作压力应与千斤顶匹配。顶进过程中，当液压系统发生故障时应立即停止运转，严禁在工作状态下检修。

（7）列车或车辆通过时严禁挖土，人员应撤离至土方可能坍塌范围以外。当挖土或顶进过程中发生塌方，影响行车安全时，必须停止顶进，迅速组织抢修加固。

（8）挖运土方与顶进作业应循环交替进行，严禁同时进行。

2K320170 市政公用工程职业健康安全与环境管理

一、基本规定

工程项目专项施工方案和应急预案应根据工程类型、环境地质条件和工程实践制定。

工程项目应根据工程特点及环境条件进行安全分析、危险源辨识和风险评价，编制重大危险源清单并制定相应的预防和控制措施。

施工现场规划、设计应根据场地情况、入住队伍和人员数量、功能需求、工程所在地气候特点和地方管理要求等各项条件，采取满足施工生产、安全防护、消防、卫生防疫、环境保护、防范自然灾害和规范化管理等要求的措施。

应根据各工种的作业条件和劳动环境等为作业人员配备安全有效的劳动防护用品，并应及时开展劳动防护用品使用培训。

二、安全管理

工程项目应根据工程特点制定各项安全生产管理制度，建立健全安全生产管理体系。

施工现场应合理设置安全生产宣传标语和标牌，标牌设置应牢固可靠。应在主要施工部位、作业层面、危险区域以及主要通道口设置安全警示标识。

施工现场应根据安全事故类型采取防护措施。对存在的安全问题和隐患，应定人、定时间、定措施组织整改。

不得在外电架空线路正下方施工、吊装、搭设作业棚、建造生活设施或堆放构件、架具、材料及其他杂物等。

对于施工过程中高处坠落、物体打击、起重伤害、坍塌、机械伤害、冒顶片帮、车辆伤害、中毒和窒息、触电、爆炸、透水、淹溺、灼烫等事故应注意制定相关安全制度，严格遵照《建筑与市政施工现场安全卫生与职业健康通用规范》的相关规定。

三、环境管理

主要通道、进出道路、材料加工区及办公生活区地面应全部进行硬化处理；施工现场内裸露的场地和集中堆放的土方应采取覆盖、固化或绿化等防尘措施。易产生扬尘的物料应全部篷盖。

施工现场出口应设冲洗池和沉淀池，运输车辆底盘和车轮全部冲洗干净后方可驶离施工现场。施工场地、道路应采取定期洒水抑尘措施。

建筑垃圾应分类存放、按时处置。收集、储存、运输或装卸建筑垃圾时应采取封闭措施或其他防护措施。

施工现场严禁熔融沥青及焚烧各类废弃物。

严禁将有毒物质、易燃易爆物品、油类、酸碱类物质向城市排水管道或地表水体排放。

施工现场应设置排水沟及沉淀池，施工污水应经沉淀处理后，方可排入市政污水管网。

严禁将危险废物纳入建筑垃圾回填点、建筑垃圾填埋场，或送入建筑垃圾资源化处理厂处理。

施工现场应编制噪声污染防治工作方案并积极落实，并应采用有效的隔声降噪设备、设施或施工工艺等，减少噪声排放，降低噪声影响。

施工现场应在安全位置设置临时休息点。施工区域禁止吸烟。

四、职业健康管理

架子工、起重吊装工、信号指挥工配备劳动防护用品应符合下列规定：

(1)架子工、塔式起重机操作人员、起重吊装工应配备灵便紧口的工作服、系带防滑鞋和工作手套。

(2)信号指挥工应配备专用标识服装，在强光环境条件作业时，应配备有色防护眼镜。

电工配备劳动防护用品应符合下列规定：

(1)维修电工应配备绝缘鞋、绝缘手套和灵便紧口的工作服。

(2)安装电工应配备手套和防护眼镜。

(3)高压电器作业时，应配备相应等级的绝缘鞋、绝缘手套和有色防护眼镜。

电焊工、气割工配备劳动防护用品应符合下列规定：

(1)电焊工、气割工应配备阻燃防护服、绝缘鞋、鞋盖、电焊手套和焊接防护面罩；高处作业时，应配备安全帽与面罩连接式焊接防护面罩和阻燃安全带。

(2)进行清除焊渣作业时，应配备防护眼镜。

(3)进行磨削钨极作业时，应配备手套、防尘口罩和防护眼镜。

(4)进行酸碱等腐蚀性作业时，应配备防腐蚀性工作服、耐酸碱胶鞋、耐酸碱手套、防护口罩和防护眼镜。

(5)在密闭环境或通风不良的情况下，应配备送风式防护面罩。

普通工进行淋灰、筛灰作业时，应配备高腰工作鞋、鞋盖、手套和防尘口罩，并应配备防护眼镜；进行抬、扛物料作业时，应配备垫肩；进行人工挖扩桩孔井下作业时，应配备雨靴、手套和安全绳；进行拆除重程作业时，应配备保护是安全鞋和手套。

电梯、起重机械安装拆卸工进行安装、拆卸和维修作业时，应配备紧口工作服、保护足趾安全鞋和手套。

2K320180 市政公用工程竣工验收备案

一、工程竣工验收要求

(一)施工质量验收要求

1. 基本要求

工程施工质量应按下列要求进行验收：

(1)工程施工质量应符合相关专业验收规范的规定。

(2)工程施工应符合工程勘察、设计文件的要求。

(3)参加工程施工质量验收的各方人员应具备规定的资格。

(4)工程质量的验收均应在施工单位自行检查评定合格的基础上进行。

(5)隐蔽工程在隐蔽前,应由施工单位通知监理工程师和相关单位人员进行隐蔽验收,确认合格,并形成隐蔽验收文件。

(6)监理工程师应按规定对涉及结构安全的试块、试件和现场检测项目,进行平行检测、见证取样检测并确认合格。

(7)检验批的质量应按主控项目和一般项目进行验收。

(8)对涉及结构安全和使用功能的分部工程应进行抽样检测。

(9)承担复验或检测的单位应为具有相应资质的独立第三方。

(10)工程的外观质量应由验收人员通过现场检查共同确认。

2. 验收组织要求

隐蔽工程应由专业监理工程师负责验收。检验批及分项工程应由专业监理工程师组织施工单位项目专业质量(技术)负责人等进行验收。关键分项工程及重要部位应由建设单位项目负责人组织总监理工程师、施工单位项目负责人和技术质量负责人、设计单位专业设计人员等进行验收。分部工程应由总监理工程师组织施工单位项目负责人和技术质量负责人等进行验收。

链接

勘察、设计单位项目负责人和施工单位技术、质量部门负责人应参加地基与基础分部工程的验收。设计单位项目负责人和施工单位技术、质量部门负责人应参加主体结构、节能分部工程的验收。

3. 验收程序要求

单位工程中的分包工程完工后,分包单位应对所承包的工程项目进行自检,并应按规定的程序进行验收。验收时,总包单位应派人参加。分包单位应将所分包工程的质量控制资料整理完整,并移交给总包单位。

单位工程完工后,施工单位应组织有关人员进行自检。总监理工程师应组织各专业监理工程师对工程质量进行竣工预验收。存在施工质量问题时,应由施工单位整改。整改完毕后,由施工单位向建设单位提交工程竣工报告,申请工程竣工验收。

4. 验收合格要求

检验批合格质量应符合下列规定:

(1)主控项目的质量应经抽样检验合格。

(2)一般项目的质量应经抽样检验合格;当采用计数检验时,除有专门要求外,一般项目的合格点率应达到80%及以上,且不合格点的最大偏差值不得大于规定允许偏差值的1.5倍。

(3)具有完整的施工原始资料和质量检查记录。

分项工程质量验收合格应符合下列规定：

(1)分项工程所含检验批均应符合合格质量的规定。

(2)分项工程所含检验批的质量验收记录应完整。

分部工程质量验收合格应符合下列规定：

(1)分部工程所含分项工程的质量均应验收合格。

(2)质量控制资料应完整。

(3)涉及结构安全和使用功能的质量应按规定验收合格。

(4)外观质量验收应符合要求。

单位工程质量验收合格应符合下列规定：

(1)单位工程所含分部工程的质量均应验收合格。

(2)质量控制资料应完整。

(3)单位工程所含分部工程验收资料应完整。

(4)影响道路安全使用和周围环境的参数指标应符合设计规定。

(5)外观质量验收应符合要求。

(二)竣工验收要求

工程竣工验收,应由建设单位组织验收组进行。验收组应由建设、勘察、设计、施工、监理、设施管理等单位的有关负责人组成,亦可邀请有关方面专家参加。验收组组长由建设单位担任。

竣工验收时,应对各单位工程的实体质量进行检查。当参加验收各方对工程质量验收意见不一致时,应由政府行业行政主管部门或工程质量监督机构协调解决。

工程竣工验收应当按以下程序进行：

(1)工程完工后,施工单位向建设单位提交工程竣工报告,申请工程竣工验收。实行监理的工程,工程竣工报告须经总监理工程师签署意见。

(2)建设单位收到工程竣工报告后,对符合竣工验收要求的工程,组织勘察、设计、施工、监理等单位组成验收组,制定验收方案。对于重大工程和技术复杂工程,根据需要可邀请有关专家参加验收组。

(3)建设单位应当在工程竣工验收7个工作日前将验收的时间、地点及验收组名单书面通知负责监督该工程的工程质量监督机构。

(4)建设单位组织工程竣工验收。

工程竣工验收合格后,建设单位应当及时提出工程竣工验收报告。工程竣工验收报告主要包括工程概况,建设单位执行基本建设程序情况,对工程勘察、设计、施工、监理等方面的评价,工程竣工验收时间、程序、内容和组织形式,工程竣工验收意见等内容。

工程竣工验收报告还应附有下列文件：

(1)施工许可证。

(2)施工图设计文件审查意见。

(3)工程竣工报告。施工单位在工程完工后对工程质量进行了检查,确认工程质量符合有关法律、法规和工程建设强制性标准，符合设计文件及合同要求，并提出工程竣工报告。工程竣工报告应经项目经理和施工单位有关负责人审核签字。

（4）工程质量评估报告。对于委托监理的工程项目，监理单位对工程进行了质量评估，具有完整的监理资料，并提出工程质量评估报告。工程质量评估报告应经总监理工程师和监理单位有关负责人审核签字。

（5）质量检查报告。勘察、设计单位对勘察、设计文件及施工过程中由设计单位签署的设计变更通知书进行了检查，并提出质量检查报告。质量检查报告应经该项目勘察、设计负责人和勘察、设计单位有关负责人审核签字。

（6）有施工单位签署的工程质量保修书。

（7）验收组人员签署的工程竣工验收意见。

（8）法规、规章规定的其他有关文件。

二、工程文件资料归档要求

（一）一般规定

工程文件的形成和积累应纳入工程建设管理的各个环节和有关人员的职责范围。

工程文件应随工程建设进度同步形成，不得事后补编。

建设单位应按下列流程开展工程文件的整理、归档、验收、移交等工作：

（1）在工程招标及与勘察、设计、施工、监理等单位签订协议、合同时，应明确竣工图的编制单位、工程档案的编制套数、编制费用及承担单位、工程档案的质量要求和移交时间等内容。

（2）收集和整理工程准备阶段形成的文件，并进行立卷归档。

（3）组织、监督和检查勘察、设计、施工、监理等单位的工程文件的形成、积累和立卷归档工作。

（4）收集和汇总勘察、设计、施工、监理等单位立卷归档的工程档案。

（5）收集和整理竣工验收文件，并进行立卷归档。

（6）在组织工程竣工验收前，应按规范的要求将全部文件材料收集齐全并完成工程档案的立卷；在组织竣工验收时，应组织对工程档案进行验收，验收结论应在工程竣工验收报告、专家组竣工验收意见中明确。

（7）对列入城建档案管理机构接收范围的工程，工程竣工验收备案前，应向当地城建档案管理机构移交一套符合规定的工程档案。

勘察、设计、施工、监理等单位应将本单位形成的工程文件立卷后向建设单位移交。

建设工程项目实行总承包管理的，总包单位应负责收集、汇总各分包单位形成的工程档案，并应及时向建设单位移交；各分包单位应将本单位形成的工程文件整理、立卷后及时移交总包单位。建设工程项目由几个单位承包的，各承包单位应负责收集、整理立卷其承包项目的工程文件，并应及时向建设单位移交。

（二）工程文件归档范围

根据《建设工程文件归档规范》，市政工程中道路工程文件的归档范围如下：

(1)工程准备阶段文件(A类)。立项文件;建设用地、拆迁文件;勘察、设计文件;招投标文件;开工审批文件;工程造价文件;工程建设基本信息。

(2)监理文件(B类)。监理管理文件;进度控制文件;质量控制文件;造价控制文件;工期管理文件;监理验收文件。

(3)施工文件(C类)。施工管理文件;施工技术文件;进度造价文件;施工物资文件(出厂质量证明文件及检测报告、进场检验通用表格、进场复试报告);施工记录文件;施工试验记录及检测文件;施工质量验收文件;施工验收文件。

(4)竣工图(D类)。

(5)工程竣工文件(E类)。竣工验收与备案文件;竣工决算文件;工程声像文件;其他工程文件。

(三)工程归档文件质量要求

归档的纸质工程文件应为原件。工程文件的内容及其深度应符合国家现行有关工程勘察、设计、施工、监理等标准的规定。工程文件的内容必须真实、准确,应与工程实际相符合。

计算机输出文字、图件以及手工书写材料,其字迹的耐久性和耐用性应符合现行国家标准的规定。

工程文件应字迹清楚,图样清晰,图表整洁,签字盖章手续应完备。工程文件中文字材料幅面尺寸规格宜为A4幅面(297 mm×210 mm)。图纸宜采用国家标准图幅。工程文件的纸张,其耐久性和耐用性应符合现行国家标准的规定。

所有竣工图均应加盖竣工图章,并应符合下列规定:

(1)竣工图章的基本内容应包括:“竣工图”字样、施工单位、编制人、审核人、技术负责人、编制日期、监理单位、现场监理、总监。

(2)竣工图章尺寸应为:50 mm×80 mm。

(3)竣工图章应使用不易褪色的印泥,应盖在图标栏上方空白处。

(四)工程文件归档要求

勘察、设计、施工单位在收齐工程文件并整理立卷后,建设单位、监理单位应根据城建档案管理机构的要求,对归档文件完整、准确、系统情况和案卷质量进行审查。审查合格后方可向建设单位移交。

工程档案的编制不得少于两套,一套应由建设单位保管,一套(原件)应移交当地城建档案管理机构保存。勘察、设计、施工、监理等单位向建设单位移交档案时,应编制移交清单,双方签字、盖章后方可交接。

(五)工程档案管理

1.工程档案验收与移交要求

城建档案管理机构应对工程文件的立卷归档工作进行指导和服务,并按规范的要求对建设单位移交的建设工程档案进行联合验收。工程资料管理人员应经过工程文件归档整理的专业培训。

建设工程档案验收时,应查验下列主要内容:

(1)工程档案齐全、系统、完整,全面反映工程建设活动和工程实际状况。

(2)工程档案已整理立卷,立卷符合规范的规定。

(3)竣工图的绘制方法、图式及规格等符合专业技术要求,图面整洁,盖有竣工图章。

(4)文件的形成、来源符合实际,要求单位或个人签章的文件,其签章手续完备。

(5)文件的材质、幅面、书写、绘图、用墨、托裱等符合要求。

(6)电子档案格式、载体等符合要求。

(7)声像档案内容、质量、格式符合要求。

列入城建档案管理机构接收范围的工程,建设单位在工程竣工验收备案前,必须向城建档案管理机构移交一套符合规定的工程档案。

停建、缓建建设工程的档案,可暂由建设单位保管。对改建、扩建和维修工程,建设单位应组织设计、施工单位对改变部位据实编制新的工程档案,并应在工程竣工验收备案前向城建档案管理机构移交。当建设单位向城建档案管理机构移交工程档案时,应提交移交案卷目录,办理移交手续,双方签字、盖章后方可交接。

2. 工程档案重点管理范围

城建档案馆、城建档案室应重点管理下列档案:

(1)城乡建设工程档案,包括下列内容:工业与民用建筑工程档案;市政基础设施工程档案;公用基础设施工程档案;交通基础设施工程档案;园林建设、风景名胜建设工程档案;市容环境卫生设施建设工程档案;城市防洪、抗震、人防工程档案;军事工程中,除军事禁区和军事管理区以外的穿越城乡行政区域的地下管线走向和有关隐蔽工程的位置图。

(2)建设系统各行业管理部门形成的建设系统业务管理档案和业务技术档案。

(3)有关城乡规划、建设和管理的方针、政策、法规、计划方面的文件、科学研究成果和城乡历史、自然、经济等方面的基础资料。

三、工程竣工备案的有关规定

(一)工程竣工验收备案程序

建设单位应当自工程竣工验收合格之日起 15 d 内,依照法律规定,向工程所在地的县级以上地方人民政府建设主管部门(以下简称备案机关)备案。

备案机关收到建设单位报送的竣工验收备案文件,验证文件齐全后,应当在工程竣工验收备案表上签署文件收讫。工程竣工验收备案表一式两份,一份由建设单位保存,一份留备案机关存档。

工程质量监督机构应当在工程竣工验收之日起 5 d 内,向备案机关提交工程质量监督报告。

(二)工程竣工验收备案应提供的资料

建设单位办理工程竣工验收备案应当提交下列文件:

(1)工程竣工验收备案表。

(2)工程竣工验收报告。竣工验收报告应当包括工程报建日期,施工许可证号,施工图设计文件审查意见,勘察、设计、施工、工程监理等单位分别签署的质量合格文件及验收人员签署的竣工验收原始文件,市政基础设施的有关质量检测和功能性试验资料以及备案机关认为需要提供的有关资料。

(3)法律、行政法规规定应当由规划、生态环境等部门出具的认可文件或者准许使用文件。

(4)法律规定应当由相关部门出具的对大型的人员密集场所和其他特殊建设工程验收合格的证明文件。

(5)施工单位签署的工程质量保修书。

(6)法规、规章规定必须提供的其他文件。

住宅工程还应当提交《住宅质量保证书》和《住宅使用说明书》。

2K330000 市政公用工程项目施工相关法规与标准

2K331000 市政公用工程项目施工相关法律规定

2K331010 城市道路管理有关规定

《城市道路管理条例》规定，城市道路管理实行统一规划、配套建设、协调发展和建设、养护、管理并重的原则。

一、城市道路的规划和建设

城市道路的规划和建设应符合下列规定：

(1)城市道路的建设应当符合城市道路技术规范。

(2)政府投资建设城市道路的，应当根据城市道路发展规划和年度建设计划，由市政工程行政主管部门组织建设。单位投资建设城市道路的，应当符合城市道路发展规划。城市住宅小区、开发区内的道路建设，应当分别纳入住宅小区、开发区的开发建设计划配套建设。

(3)城市供水、排水、燃气、热力、供电、通信、消防等依附于城市道路的各种管线、杆线等设施的建设计划，应当与城市道路发展规划和年度建设计划相协调，坚持先地下、后地上的施工原则，与城市道路同步建设。

(4)建设跨越江河的桥梁和隧道，应当符合国家规定的防洪、通航标准和其他有关技术规范。

(5)承担城镇道路设计、施工任务的单位，应当具有相应的资质等级，并要按照资质等级承担相应的城镇道路设计、施工任务。

(6)城市道路的设计、施工，应当严格执行国家和地方规定的城市道路设计、施工的技术规范。城市道路施工，实行工程质量监督制度。城市道路工程竣工，经验收合格后，方可交付使用；未经验收或者验收不合格的，不得交付使用。

(7)城市道路实行工程质量保修制度。城市道路的保修期为1年，自交付使用之日起计算。保修期内出现工程质量问题，由有关责任单位负责保修。

二、城市道路的养护和维修

城市道路的养护、维修工程应当按照规定的期限修复竣工，并在养护、维修工程施工现场设置明显标志和安全防围设施，保障行人和交通车辆安全。

三、城市道路的路政管理

（一）城市道路范围内禁止的行为

城市道路范围内禁止下列行为：

(1)擅自占用或者挖掘城市道路。

(2)履带车、铁轮车或者超重、超高、超长车辆擅自在城市道路上行驶。

(3)机动车在桥梁或者非指定的城市道路上试刹车。

(4)擅自在城市道路上建设建筑物、构筑物。

(5)在桥梁上架设压力在 4 kg/cm^2(0.4 MPa)以上的煤气管道、10 kV 以上的高压电力线和其他易燃易爆管线。

(6)擅自在桥梁或者路灯设施上设置广告牌或者其他挂浮物。

(7)其他损害、侵占城市道路的行为。

链接

违反上述规定，由市政工程行政主管部门或者其他有关部门责令限期改正，可以处以 2 万元以下的罚款；造成损失的，应当依法承担赔偿责任。

（二）其他管理规定

城市道路的路政管理还应符合下列规定：

(1)依附于城市道路建设各种管线、杆线等设施的，应当经市政工程行政主管部门批准，方可建设。

(2)未经市政工程行政主管部门和公安交通管理部门批准，任何单位或者个人不得占用或者挖掘城市道路。

(3)因特殊情况需要临时占用城市道路的，须经市政工程行政主管部门和公安交通管理部门批准，方可按照规定占用。经批准临时占用城市道路的，不得损坏城市道路；占用期满后，应当及时清理占用现场，恢复城市道路原状；损坏城市道路的，应当修复或者给予赔偿。

(4)城市政府应当严格控制占用城市道路作为集贸市场。

(5)因工程建设需要挖掘城市道路的，应当提交城市规划部门批准签发的文件和有关设计文件，经市政工程行政主管部门和公安交通管理部门批准，方可按照规定挖掘。新建、扩建、改建的城市道路交付使用后 5 年内、大修的城市道路竣工后 3 年内不得挖掘；因特殊情况需要挖掘的，须经县级以上城市人民政府批准。

(6)经批准挖掘城市道路的,应当在施工现场设置明显标志和安全防围设施;竣工后,应当及时清理现场,通知市政工程行政主管部门检查验收。

(7)经批准占用或者挖掘城市道路的,应当按照批准的位置、面积、期限占用或者挖掘。需要移动位置、扩大面积、延长时间的,应当提前办理变更审批手续。

2K331020　城市绿化管理有关规定

一、基本规定

根据《城市绿化条例》,城市绿化管理的基本规定有:

(1)任何单位和个人都不得擅自改变城市绿化规划用地性质或者破坏绿化规划用地的地形、地貌、水体和植被。

(2)任何单位和个人都不得擅自占用城市绿化用地;占用的城市绿化用地,应当限期归还。因建设或者其他特殊需要临时占用城市绿化用地,须经城市人民政府城市绿化行政主管部门同意,并按照有关规定办理临时用地手续。

(3)任何单位和个人都不得损坏城市树木花草和绿化设施。砍伐城市树木,必须经城市人民政府城市绿化行政主管部门批准,并按照国家有关规定补植树木或者采取其他补救措施。

(4)在城市的公共绿地内开设商业、服务摊点的,应当持工商行政管理部门批准的营业执照,在公共绿地管理单位指定的地点从事经营活动,并遵守公共绿地和工商行政管理的规定。

(5)城市的绿地管理单位,应当建立、健全管理制度,保持树木花草繁茂及绿化设施完好。

二、违法处理规定

有下列行为之一的,由城市人民政府城市绿化行政主管部门或者其授权的单位责令停止侵害,可以并处罚款;造成损失的,应当负赔偿责任;应当给予治安管理处罚的,依照《中华人民共和国治安管理处罚法》的有关规定处罚;构成犯罪的,依法追究刑事责任:

(1)损坏城市树木花草的。

(2)擅自砍伐城市树木的。

(3)砍伐、擅自迁移古树名木或者因养护不善致使古树名木受到损伤或者死亡的。

(4)损坏城市绿化设施的。

未经同意擅自占用城市绿化用地的,由城市人民政府城市绿化行政主管部门责令限期退还、恢复原状,可以并处罚款;造成损失的,应当负赔偿责任。

提示

法规部分考查最多的就是占路、占绿。占路批准的两个单位，即市政工程行政主管部门和公安交通管理部门。占绿批准的单位是城市人民政府城市绿化行政主管部门。

2K332000　市政公用工程项目施工相关标准

2K332010　城镇道路工程施工及质量验收的有关规定

一、城镇道路工程的施工准备

开工前，建设单位应向施工、监理、设计等单位有关人员进行交底，并应形成文件。

开工前，建设单位应向施工单位提供施工现场及其毗邻区域内各种地下管线等构筑物的现况详实资料和地勘、气象、水文观测资料，相关设施管理单位应向施工、监理单位的有关技术管理人员进行详细的交底；应研究确定施工区域内地上、地下管线等构筑物的拆移或保护、加固方案，并应形成文件后实施。

开工前，施工技术人员应对施工图进行认真审查，发现问题应及时与设计人联系，进行变更，并形成文件。

开工前施工单位应编制施工组织设计。施工组织设计应根据合同、标书、设计文件和有关施工的法规、标准、规范、规程及现场实际条件编制。内容应包括施工部署、施工方案、保证质量和安全的保障体系与技术措施、必要的专项施工设计，以及环境保护、交通疏导措施等。

施工前应做好量具、器具的检定工作与有关原材料的检验。

二、城镇道路工程的路面施工

路面施工应符合下列规定：

(1)热拌普通沥青混合料施工环境温度不应低于5 ℃，热拌改性沥青混合料施工环境温度不应低于10 ℃。沥青混合料分层摊铺时，应避免层间污染。

(2)水泥混凝土路面抗弯拉强度应达到设计强度，并应在填缝完成后开放交通。

提示

更多城镇道路工程的有关规定可参考《城市道路交通工程项目规范》《城镇道路工程施工与质量验收规范》《城镇道路路面设计规范》等文件学习。

2K332020 城市桥梁工程施工及质量验收的有关规定

一、施工质量控制

桥梁结构支承体系应满足桥梁的受力和变形要求。

对位于通航河流或有漂流物的河流中的桥梁墩台应采取防撞措施。

桥梁结构应满足抗倾覆安全度的要求，并应避免局部构件失效引起的整体倒塌。

桥梁引道及引桥与两侧街区的衔接布设应满足消防、救护、抢险的要求。

桥梁和地道应设置防水措施和排水系统。

位于生态环境敏感区和饮用水源保护区的桥梁，应采取环境保护措施。

当桥梁基础的基坑施工，存在危及施工安全和周围建筑安全风险时，应制定基坑围护设计、施工、监测方案及应急预案。

水中设墩的桥梁汛期施工时，应制定度汛措施及应急预案。

当运输和安装桥梁长大构件影响道路交通安全时，应制定专项施工方案。

二、工程施工质量验收

隐蔽工程应由专业监理工程师负责验收。检验批及分项工程应由专业监理工程师组织施工单位项目专业质量（技术）负责人等进行验收。关键分项工程及重要部位应由建设单位项目负责人组织总监理工程师、专业监理工程师、施工单位项目负责人和技术质量负责人、设计单位专业设计人员等进行验收。分部工程应由总监理工程师组织施工单位项目负责人和技术质量负责人、专业监理工程师等进行验收。

关于工程施工质量验收，下面以典型例题的形式进行介绍。

典型例题

【多选题】根据《城市桥梁工程施工与质量验收规范》，关于工程施工质量验收的说法，正确的有（　　）。

A. 工程施工质量应符合相关规定

B. 参加工程施工质量验收的人员应具备规定的资格

C. 只有具备相应检测资质的单位才能承担见证取样检测业务

D. 隐蔽工程验收可在下道工序开始后组织

E. 工程施工结束后，应先由施工单位自行组织验收

ABC。【解析】工程施工质量应按下列要求进行验收：(1)工程施工质量应符合相关专业验收规范的规定。(2)工程施工应符合工程勘察、设计文件的要求。(3)参加工程施工质量验收的各方人员应具备规定的资格。(4)工程质量的验收均应在施工单位自行检查评定合格的基础上进行。(5)隐蔽工程在隐蔽前，应由施工单位通知监理工程师和相关单位人员进行隐蔽验收，确认合格后，形成隐蔽验收文件。(6)监理工程师应按规定

对涉及结构安全的试块、试件和现场检测项目，进行平行检测、见证取样检测并确认合格。(7)检验批的质量应按主控项目和一般项目进行验收。(8)对涉及结构安全和使用功能的分部工程应进行抽样检测。(9)承担见证取样检测及有关结构安全检测的单位应具有相应资质。(10)工程的外观质量应由验收人员通过现场检查共同确认。

2K332030 地下铁道工程施工及质量验收的有关规定

一、矿山法施工的一般规定

根据《地下铁道工程施工标准》，矿山法施工应符合下列规定：

(1)矿山法施工开挖后应及时施作初期支护并封闭，当开挖面围岩稳定时间不能满足初期支护结构施工时，应采取超前支护及加固措施。

(2)矿山法施工应在无水条件下进行，需要采取降水或止水措施时，应符合地下水控制的规定。

(3)矿山法隧道采用钻爆法施工时，应编制爆破方案，并应符合现行国家标准《爆破安全规程》的规定。

(4)隧道施工过程中应进行监控量测，监控量测应符合相关规定。

(5)隧道初期支护、二次衬砌完成后，均应进行贯通测量。

二、地下铁道工程施工质量验收的一般规定

(一)明挖法

明挖法施工质量验收应符合下列规定：

(1)采用明挖法施工结构的质量验收应包括基坑围护、地基处理、结构部分。

(2)基坑应保持地下水位稳定在基底 500 mm 以下。

(二)盖挖法

盖挖法施工质量验收应符合下列规定：

(1)采用盖挖法施工的结构应包括围护结构、铺盖体系、地基处理、主体结构和内部结构。

(2)基坑应保持地下水位稳定在开挖基底 500 mm 以下。

(三)矿山法

矿山法施工质量验收应符合下列规定：

(1)采用矿山法修建的结构质量验收应包括地层超前支护及加固、土石方工程、初支结构、钢筋混凝土主体结构工程、附属结构工程部分。

(2)矿山法施工竖井的质量验收，当采用有支护结构的竖井时，应符合明挖法施工的相关规定；当采用喷锚逆筑法时，应符合矿山法施工的相关规定。

(四)盾构法

盾构法施工质量验收应符合下列规定:

(1)盾构法隧道工程的施工质量验收应包括管片进场验收、盾构始发与接收、盾构掘进、管片拼装、壁后注浆、隧道防水、成型隧道验收的内容。

(2)盾构机在现场组织完成后,应进行各系统调试和整机联调,调试完成后应进行盾构现场验收报告,验收合格后方可进行始发施工。

(五)沉管法

沉管法施工质量验收应符合下列规定:

(1)采用沉管法施工的隧道应包括干坞、隧道基槽、管节、接头、舾装部分。

(2)工程中使用的 GINA 止水带、OMEGA 止水带,进场使用前应按设计文件要求进行检验或试验,合格后方可使用。

提示

更多地下铁道工程的有关规定可参考《地下铁道工程施工标准》《地下铁道工程施工质量验收标准》等文件学习。

2K332040 给水排水构筑物工程施工及质量验收的有关规定

给水排水构筑物工程在质量检查、验收中使用的计量器具和检测设备,应经计量检定、校准合格后方可使用;承担材料和设备检测的单位,应具备相应的资质。

给水排水构筑物工程所用材料、半成品、构(配)件、设备等在运输、保管和施工过程中。必须采取有效措施防止损坏、锈蚀或变质。

给水排水构筑物的防渗、防腐、防冻层施工应符合国家有关标准的规定和设计要求。

给水排水构筑物工程应经过竣工验收合格后,方可投入使用。

给排水构筑物工程施工质量验收应在施工单位自检合格基础上,按分项工程(验收批)、分部(子分部)工程、单位(子单位)工程的顺序进行。

提示

更多给水排水构筑物工程的有关规定可参考《给水排水构筑物工程施工及验收规范》等文件学习。

2K332050 给水排水管道工程施工及质量验收的有关规定

一、《给水排水管道工程施工及验收规范》的有关规定

给排水管道工程施工质量控制应符合下列规定:

(1)各分项工程应按照施工技术标准进行质量控制,每分项工程完成后,必须进行检验。

(2)相关各分项工程之间,必须进行交接检验,所有隐蔽分项工程必须进行隐蔽验收,未经检验或验收不合格不得进行下道分项工程。

给水排水管道附属设备安装前应对有关的设备基础、预埋件、预留孔的位置、高程、尺寸等进行复核。

给水排水管道施工单位应按照相应的施工技术标准对工程施工质量进行全过程控制,建设单位、勘察单位、设计单位、监理单位等各方应按有关规定对工程质量进行管理。

给水排水管道工程应经过竣工验收合格后,方可投入使用。

二、《建筑给水排水与节水通用规范》的有关规定

建筑给水排水与节水工程施工验收应符合下列规定:

(1)给水管道应经水压试验合格后方可投入运行。水压试验应包括水压强度试验和严密性试验。

(2)污水管道及湿陷土、膨胀土、流砂地区等的雨水管道,必须经严密性试验合格后方可投入运行。

(3)建筑中水、雨水回用、海水利用等非传统水源管道验收时,应逐段检查是否与生活饮用水管道混接。

(4)经返修或加固处理仍不能满足安全或使用要求的分部工程及单位工程,严禁验收。

(5)预制直埋保温管接头安装完成后,必须全部进行气密性检验。

2K332060 城镇供热管网工程施工及质量验收的有关规定

一、直埋保温接头的有关规定

接头保温施工应符合下列规定:

(1)现场保温接头使用的原材料在存放过程中应根据材料特性采取保护措施。

(2)接头保温的结构、保温材料的材质及厚度应与直埋管相同。

(3)接头保温施工应在工作管强度试验合格,且在沟内无积水、非雨天的条件下进行,当雨、雪天施工时应采取防护措施。

(4)接头的保温层应与相接的直埋管保温层衔接紧密,不得有缝隙。

当管段被水浸泡时,应清除被浸湿的保温材料后方可进行接头保温。

供热管道焊接接头应按规定进行无损检测,对于不具备强度试验条件的管道对接焊缝应进行100%射线或超声检测。直埋敷设管道接头安装完成后,应对外护层进行气密性检验。管道现场安装完成后,应对保温材料裸露处进行密封处理。

提示

更多城镇供热管网工程的有关规定可参考《城镇供热管网工程施工及验收规范》等文件学习。

二、管道焊接的有关规定

焊接材料应按设计规定选用，当设计无规定时应选用焊缝金属性能、化学成分与母材相应且工艺性能良好的焊接材料。

焊接施工单位应符合下列规定：

(1)应有负责焊接工艺的焊接技术人员、检查人员和检验人员。

(2)应有符合焊接工艺要求的焊接设备且性能应稳定可靠。

(3)应有保证焊接工程质量达到标准的措施。

焊工应持有效合格证，并应在合格证准予的范围内焊接。对焊工应进行资格审查，并应按规定填写焊工资格备案表。

当首次使用钢材品种、焊接材料、焊接方法和焊接工艺时，在实施焊接施前应进行焊接工艺评定。

2K332070　城镇燃气输配工程施工及质量验收的有关规定

埋地钢质输配管道埋设前，应对防腐层进行100%外观检查，防腐层表面不得出现气泡、破损、裂纹、剥离等缺陷。不符合质量要求时，应返工处理直至合格。

输配管道的外防腐层应保持完好，并应定期检测。阴极保护系统在输配管道正常运行时不应间断。

聚乙烯管道的连接不得采用螺纹连接或粘接。不得采用明火加热连接。

输配管道安装结束后，必须进行管道清扫、强度试验和严密性试验，并应合格。

输配管道进行强度试验和严密性试验时，所发现的缺陷必须待试验压力降至大气压后方可进行处理，处理后应重新进行试验。

提示

更多城镇燃气工程的有关规定可参考《聚乙烯燃气管道工程技术标准》《燃气工程项目规范》等文件学习。

2K332080 工程测量及监控量测的有关规定

建设工程施工和使用期间进行变形监测时，应根据项目合同要求，通过项目技术设计对监测内容、监测精度、监测频率、变形预警值、变形速率阈值等作出规定。当监测对象对周边道路、地面、管线及其他对象产生影响时，应将受影响的对象纳入监测中。

在下列对象的施工期间应进行变形监测：

(1)基坑安全设计等级为一级、二级的基坑。

(2)地基基础设计等级为甲级，或软弱地基上的地基基础设计等级为乙级的建筑。

(3)长大跨度或体形狭长的工程结构。

(4)重要基础设施工程。

(5)工程设计或施工要求监测的其他对象。

基坑工程监测应符合下列规定：

(1)应至少进行围护墙顶部水平位移、沉降以及周边建筑、道路等沉降的监测，并应根据项目技术设计要求对围护墙或土体深层水平位移、支护结构内力、土压力、孔隙水压力等进行监测。

(2)监测点应沿基坑围护墙顶部周边布设，周边中部、阳角处应布点。

(3)当基坑监测达到变形预警值，或基坑出现流沙、管涌、隆起、陷落，或基坑支护结构及周边环境出现大的变形时，应立即进行预警。

提示

更多工程测量的有关规定可参考《工程测量标准》《工程测量通用规范》等文件学习。

2K333000 二级建造师（市政公用工程）注册执业管理规定及相关要求

根据《注册建造师执业管理办法(试行)》，大中型工程施工项目负责人必须由本专业注册建造师担任。一级注册建造师可担任大、中、小型工程施工项目负责人，二级注册建造师可以承担中、小型工程施工项目负责人。

提示

二级建造师(市政公用工程)的各专业大、中、小型工程分类标准按《关于印发〈注册建造师执业工程规模标准〉(试行)的通知》执行。

二级建造师(市政公用工程)注册执业工程范围包括城镇道路工程、城市桥梁工程、城市供水工程、城市排水工程、城市供热工程、城市地下交通工程、城市供气工程、城市公共广场工程、生活垃圾处理工程、交通安全设施工程、机电设备安装工程、轻轨交通工程、园林绿化工程。

担任建设工程施工项目负责人的注册建造师对其签署的工程管理文件承担相应责任。注册建造师签章完整的工程施工管理文件方为有效。注册建造师有权拒绝在不合格或者有弄虚作假内容的建设工程施工管理文件上签字并加盖执业印章。

担任建设工程施工项目负责人的注册建造师在执业过程中,应当及时、独立完成建设工程施工管理文件签章,无正当理由不得拒绝在文件上签字并加盖执业印章。担任工程项目技术、质量、安全等岗位的注册建造师,是否在有关文件上签章,由企业根据实际情况自行规定。

建设工程合同包含多个专业工程的,担任施工项目负责人的注册建造师,负责该工程施工管理文件签章。专业工程独立发包时,注册建造师执业范围涵盖该专业工程的,可担任该专业工程施工项目负责人。分包工程施工管理文件应当由分包企业注册建造师签章。分包企业签署质量合格的文件上,必须由担任总包项目负责人的注册建造师签章。

关于注册建造师签章的修改,下面以典型例题的形式进行介绍。

典型例题

【单选题】依据规定,注册建造师本人无法修改所签章施工管理文件时,应由所在企业指定(　　)签字用章。

A. 项目安全负责人　　B. 项目技术负责人

C. 注册一级建筑师　　D. 同等资格条件注册建造师

D。【解析】修改注册建造师签字并加盖执业印章的工程施工管理文件,应当征得所在企业同意后,由注册建造师本人进行修改;注册建造师本人不能进行修改的,应当由企业指定同等资格条件的注册建造师修改,并由其签字并加盖执业印章。因续期注册、企业名称变更或印章污损遗失不能及时盖章的,经注册建造师聘用企业出具书面证明后,可先在规定文件上签字后补盖执业印章,完成签章手续。

附录 参考规范、标准及法律法规文件

[1]《城市道路工程设计规范》CJJ 37—2012(2016 年版)
[2]《城市道路交通工程项目规范》GB 55011—2021
[3]《城镇道路路面设计规范》CJJ 169—2012
[4]《公路沥青路面设计规范》JTG D50—2017
[5]《公路水泥混凝土路面设计规范》JTG D40—2011
[6]《城镇道路工程施工与质量验收规范》CJJ 1—2008
[7]《公路路基施工技术规范》JTG/T 3610—2019
[8]《土的工程分类标准》GB/T 50145—2007
[9]《城市轨道交通岩土工程勘察规范》GB 50307—2012
[10]《岩土工程勘察规范》GB 50021—2001(2009 版)
[11]《公路土工合成材料应用技术规范》JTG/T D32—2012
[12]《公路沥青路面施工技术规范》JTG F40—2004
[13]《路面稀浆罩面技术规程》CJJ/T 66—2011
[14]《城市桥梁设计规范》CJJ 11—2011(2019 年版)
[15]《城市道路交通设施设计规范》GB 50688—2011(2019 年版)
[16]《混凝土结构设计规范》GB 50010—2010(2015 年版)
[17]《公路工程技术标准》JTG B01—2014
[18]《城市桥梁工程施工与质量验收规范》CJJ 2—2008
[19]《城市桥梁桥面防水工程技术规程》CJJ 139—2010
[20]《公路桥涵施工技术规范》JTG/T 3650—2020
[21]《建筑桩基技术规范》JGJ 94—2008
[22]《公路涵洞设计规范》JTG/T 3365—02—2020
[23]《地铁设计规范》GB 50157—2013
[24]《地下铁道工程施工标准》GB/T 51310—2018
[25]《城市地下空间工程技术标准》T/CECS 772—2020
[26]《建筑基坑支护技术规程》JGJ 120—2012
[27]《建筑与市政工程地下水控制技术规范》JGJ 111—2016
[28]《建筑地基基础工程施工规范》GB 51004—2015
[29]《城市轨道交通工程基本术语标准》GB/T 50833—2012
[30]《型钢水泥土搅拌墙技术规程》JGJ/T 199—2010
[31]《建筑深基坑工程施工安全技术规范》JGJ 311—2013
[32]《城镇污水处理厂工程施工规范》GB 51221—2017
[33]《建筑与市政地基基础通用规范》GB 55003—2021

[34]《公路隧道施工技术规范》JTG/T 3660—2020
[35]《给水排水管道工程施工及验收规范》GB 50268—2008
[36]《地下防水工程质量验收规范》GB 50208—2011
[37]《城镇供水管网运行、维护及安全技术规程》CJJ 207—2013
[38]《城镇供热管网工程施工及验收规范》CJJ 28—2014
[39]《城镇燃气输配工程施工及验收规范》CJJ 33—2005
[40]《燃气工程项目规范》GB 55009—2021
[41]《聚乙烯燃气管道工程技术标准》CJJ 63—2018
[42]《生活垃圾卫生填埋处理技术规范》GB 50869—2013
[43]《生活垃圾卫生填埋场防渗系统工程技术标准》GB/T 51403—2021
[44]《工程测量标准》GB 50026—2020
[45]《中华人民共和国招标投标法》(2017 年修正)
[46]《房屋建筑和市政基础设施工程施工招标投标管理办法》(建设部令第 89 号发布,2018 年修正)
[47]《建设项目施工图预算编审规程》CECA/GC 5—2010
[48]《建设工程施工合同(示范文本)》GF—2017—0201
[49]《房屋建筑和市政基础设施工程施工分包管理办法》(建设部令第 124 号发布,2019 年修正)
[50]《城市轨道交通地下工程建设风险管理规范》GB 50652—2011
[51]《建设工程项目管理规范》GB/T 50326—2017
[52]《建筑施工组织设计规范》GB/T 50502—2009
[53]《市政工程施工组织设计规范》GB/T 50903—2013
[54]《危险性较大的分部分项工程安全管理规定》(建设部令第 37 号)
[55]《住房城乡建设部办公厅关于实施〈危险性较大的分部分项工程安全管理规定〉有关问题的通知》(建办质〔2018〕31 号)
[56]《建设工程施工现场环境与卫生标准》JGJ 146—2013
[57]《建筑工人实名制管理办法(试行)的通知》(建市〔2019〕18 号,2022 年修正)
[58]《工程建设施工企业质量管理规范》GB/T 50430—2017
[59]《地下工程防水技术规范》GB 50108—2008
[60]《大体积混凝土施工标准》GB 50496—2018
[61]《给水排水构筑物工程施工及验收规范》GB 50141—2008
[62]《建筑施工安全技术统一规范》GB 50870—2013
[63]《房屋建筑和市政基础设施工程竣工验收规定》(建质〔2013〕171 号)
[64]《建设工程文件归档规范》GB/T 50328—2014(2019 年版)
[65]《城市道路管理条例》(国务院令第 198 号,2019 年修正)